高等学校智能建造专业系列教材

装配式建筑 EPC 管理教程

齐宏拓　刘界鹏　丁　尧
周绪红　马玉锰　王　涛　编著

中国建筑工业出版社

图书在版编目（CIP）数据

装配式建筑 EPC 管理教程 / 齐宏拓等编著. — 北京 ：
中国建筑工业出版社，2022.11
高等学校智能建造专业系列教材
ISBN 978-7-112-27549-6

Ⅰ. ①装… Ⅱ. ①齐… Ⅲ. ①装配式构件-建筑施工
-高等学校-教材 Ⅳ. ①TU3

中国版本图书馆 CIP 数据核字（2022）第 112436 号

本书围绕装配式建筑的基本概念，PMI 项目管理知识体系以及 EPC 项目的设计、施工和生产三个主要部分展开，共分为 6 个章节：装配式建筑概论、项目管理概论、EPC 项目管理、EPC 项目设计管理、EPC 项目施工管理、EPC 项目信息化管理。

本书可作为高等院校和职业院校的装配式建筑相关课程教材，也可作为装配式建筑从业人员的参考指南。

为方便教师授课，本教材作者自制免费课件，索取方式为：1. 邮箱 jckj@cabp.com.cn；2. 电话（010）58337285；3. 建工书院 http：//edu.cabplink.com。

责任编辑：李天虹
责任校对：姜小莲

高等学校智能建造专业系列教材
装配式建筑 EPC 管理教程
齐宏拓 刘界鹏 丁 尧
周绪红 马玉锰 王 涛 编著

*

中国建筑工业出版社出版、发行（北京海淀三里河路 9 号）
各地新华书店、建筑书店经销
北京鸿文瀚海文化传媒有限公司制版
天津安泰印刷有限公司印刷

*

开本：787 毫米×1092 毫米 1/16 印张：20 字数：498 千字
2022 年 9 月第一版 2022 年 9 月第一次印刷
定价：**60.00** 元（赠教师课件）
ISBN 978-7-112-27549-6
（39724）

前　言

20 世纪 20 年代，现代主义大师勒·柯布西耶在《走向新建筑》一书中提出“像造汽车一样造房子”，促使人们开始思考如何采用工业化的方式提升建筑行业的生产效率。借鉴制造业的生产管理模式，将建筑中的构部件设计成“零件”后，经一系列工序完成生产并在施工现场完成总装，形成高性价比的预制装配式建筑，可将建筑业分散、落后的手工业生产方式转变为以先进制造技术为基础的社会化大工业生产方式。我国建筑业长期的粗放式发展模式使我国能源与资源不足的问题日益严峻，加之人口红利的逐步消失，造成我国建筑业的效率和效益严重不足，亟需转型升级。采用工厂预制＋现场装配的工业化建造方式，提高生产效率和经济效益、改善作业环境、降低劳动力依赖度、减少污染和建筑垃圾排放，符合国家碳中和战略发展需求，对建筑业的绿色发展有着至关重要的意义。

总结近年来装配式建筑项目的实施经验，作者发现决定装配式建筑项目成败的关键往往不是技术问题，而是管理问题，特别是建设方、设计方和施工方等主体干系人的利益不一致、管理责任不明确，导致新技术难以落实、项目成本失控、质量目标偏离预期等问题的发生。

工程总承包（Engineering Procurement Construction，简称 EPC）管理模式起源于美国，是国际上流行的工程承包模式，其核心是效率，基本出发点在于明确项目管理责任主体，促进设计和施工的早期结合，充分整合项目资源，实现建造全过程的无缝对接，提高建设项目的效率和效益。EPC 项目的设计、采购、施工方为同一主体，可通过统一策划、统一组织、统一协调，局部服从整体、阶段服从全过程，实现对项目范围、成本、进度、质量、风险的全过程管控，确保项目最优目标实现。针对装配式建筑项目专业性强、技术含量高、制造工艺要求较高、实施过程协调配合难度大等特征，EPC 模式在装配式项目管理中的优势明显，可从管理维度大幅度提升项目成功的概率。

本书在经典管理学理论的基础上，汇集了作者对装配式建筑项目研发、设计、施工、生产过程中所遇问题的系统性思考，旨在为读者提供一个全面综合的视角，将科学的 EPC 管理模式应用于装配式建筑项目中。

本书遵循 PMI（Project Management Institute）项目管理知识体系，介绍了项目管理过程，强调了项目管理概念、原则和工具如何在装配式建筑工程项目中发挥作用。本书围绕装配式建筑的基本概念，PMI 项目管理知识体系以及 EPC 项目的设计、施工和生产三个主要部分展开，共分为 6 个章节：装配式建筑概论、项目管理概论、EPC 项目管理、EPC 项目设计管理、EPC 项目施工管理、EPC 项目信息化管理。本书将理论与实际工程案例紧密结合，便于学习掌握。本书可以为在校师生提供装配式建筑及其管理的基本概念和理论参考，也可以为从事装配式建筑行业的管理和技术人员提供建议、工具和技巧。

本书的工作得到了中国工程院重庆战略研究院咨询项目（2022-CQ-XZ-2）、中央高校基金（2033CDJXY-015）的资助。本书参考或引用了国内外管理学和装配式建筑领域大量的论文和著作，在此向这些作者表示诚挚的谢意。团队研究生刘召阳、黄学思、汤雨欣、胡佳豪、姚成等承担了大量的资料查找和图形绘制工作，在此谨向参与本书工作的研究生们表示诚挚的感谢！同时，感谢中建科技集团樊则森副总经理、恒昇大业吕剑董事长、华姿建设刘伟总经理、蓝本科技程耀贵董事长、中亚建业邓斌总工程师为本书提供的素材和建议，你们的支持让本书更加贴近工程实践，使管理的基本理论更具应用价值。

作为我国建筑业当前一个新的发展方向，装配式建筑方面的人才培养模式和教材体系还处于探索性阶段。作者期待本书的出版对装配式建筑方向的管理人才培养起到一定的作用。由于作者的知识范围有限，书中难免有不足之处，敬请读者批评指正。

目　录

第1章　装配式建筑概论

1.1　装配式建筑的发展历程[1]

装配式建筑的发展，主要源于人们对居住条件改善的要求及对快速建造价格合理的房屋的需求。工业革命引领的技术创新和现代管理制度，使制造业的生产效率大幅度提高。如果工业化的生产过程可以在单位时间内为社会提供更多的商品，那么工业化的生产过程可否用来建造品质更优且价格更低的建筑？现代建筑大师勒·柯布西耶、密斯·凡·德·罗、格罗皮乌斯、莱特，以及工程师福勒、普鲁维都曾提出过这个问题。然而，想要充分解答这个问题，我们必须首先梳理工业化生产与建筑之间的关系及历史变革，理解当今建筑所处的时代背景，同时运用历史唯物主义客观地审视工业化生产过程在建筑领域的尝试、创新和应用成果，获得经验教训，为未来发展指明方向。

现代预制建筑的思想起源于十六七世纪，在此期间西方列强进入了殖民扩张时代，势力范围到达了今天的美国、加拿大、澳大利亚、新西兰甚至非洲和印度等地。新移民的居住需求激发了巨大的刚需市场。由于殖民者对当地的建筑材料和建筑工艺了解甚少，短时间内无法建立完整的工业生产体系，因此，在殖民国家生产并通过航运等方式将预制构件运送至殖民地国家组装的装配方式逐渐形成并快速发展。英国作为最早发生工业革命和最积极推行海外殖民扩张的国家，对殖民地国家的建筑发展产生了巨大的影响。英国早期的预制房屋类型主要包括农舍、医院、零售店，这些房屋由木制框架、楼面板、屋面板和填充墙体简单组成，围护结构主要是帆布或轻型木龙骨加防雨板。这类房屋最早的记录可以追溯到1624年，是一所由英国运送到美国马萨诸塞州一个渔村的住宅。1820年，英国派遣营救人员到南非，并为营救人员在当地建造了可供集体居住的木架构农舍。这类农舍采用预制木龙骨结构，外墙附加防雨板，在现场切割固定，门窗也为预制并在现场进行组装。虽然这类装配式建筑没有实现大规模的生产，但这种预制加装配的方式解决了早期殖民者在殖民地国家的居住需求，节省了大量的劳动力和时间。

1830年，伦敦的建造师H. 约翰·曼宁（H. John Manning），为其移民到澳大利亚的儿子修建了舒适而易于施工的农舍，这类农舍被称为曼宁农舍（Manning Portable Colonial Cottage）（图1-1）。曼宁本人也提到，组成这种农舍的任何零部件都可由一个人搬运，易于建造。曼宁农舍对早期英国装配式建筑系统的改进之处在于进一步协调了所有柱、板和填充墙板的尺寸模数，提升了易建造性。赫伯特提到："曼宁系统是装配式技术中核心概念的先兆，这个概念就是尺寸协调和标准化。"

同时期，英国也把铸铁技术引入了建筑行业。梁、柱、桁架、过梁、窗等构件在铸造厂生产，在工厂加工，最后运至施工现场进行拼装，组成结构体系或围护系统。在英国，

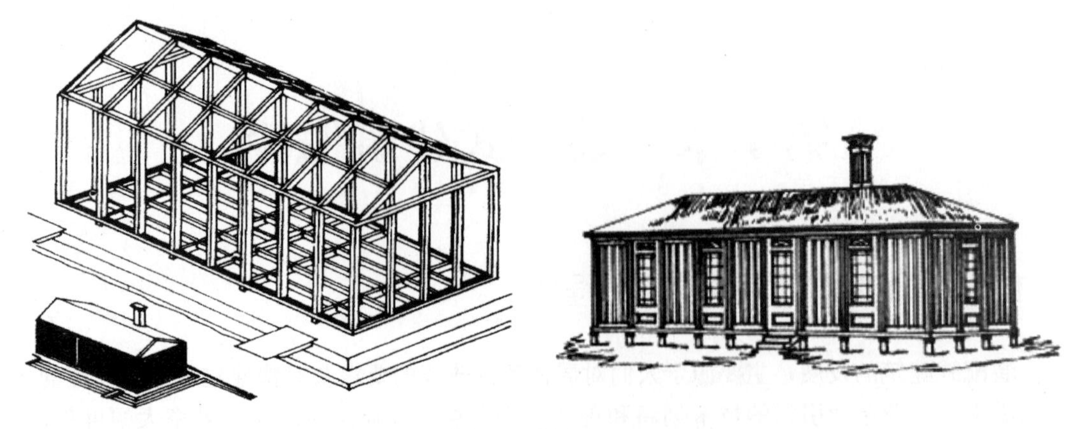

图 1-1　曼宁农舍

最早使用铸铁的预制结构形式为桥梁。1807 年，梅溪谷公司的铁桥的几乎全部构件均由预制生产并在现场组装。随后出现的一大批桥梁纷纷采用标准化的可重复制造的铸铁构件运至工地现场进行拼装，逐步实现了组装线式的生产和施工方式。到 19 世纪中期，英国的轻型房屋和其他类型的建筑也会采用铁板铆接。铸铁建筑是当代钢结构建筑的先驱，同传统的手工木结构建筑和砌体结构建筑相比，铸铁构件的标准化大规模生产实现了成本和时间的集约化。1851 年英国世界博览会主会馆"水晶宫"为一次性大量运用铸铁的单体建筑，主会馆的主体结构由标准化生产的构件组装形成（图 1-2）。约瑟夫·帕克斯顿在形容自己设计的建筑时说："所有屋面系统和竖直窗框的制作都应实现机械化生产，应该最快地和玻璃拼接，建造中大部分工作都已提前完成，因此除了拼装这些材料，现场无他事可做。""水晶宫"虽然不是第一个铁制建筑，但它将曼宁农舍的预制木龙骨结构和当时的新材料铸铁巧妙地结合在一起，并考虑了建筑的功能性发展，成为预制装配式建筑的代表。

图 1-2　水晶宫全貌及修建过程

在工业革命的持续推动下，第一次世界大战前夕，工业发展水平达到新高度。1914 年亨利·福特发明的 T 型车的流水线装配工艺使汽车的生产成本更低，质量更高，且单位产量所消耗的劳动力和时间同步减少（图 1-3）。福特汽车工厂的高效率及低成本的生产策略，推动了工业制造的普及。经济学界用"福特主义"来描述在装配线生产过程中，采用高度专业化的技术，进行的大规模标准化生产。这一标准化、大规模生产、互换性和流水化的生产原则被工业化社会默认为标准，并在很多方面成为社会运行的法令，也逐渐渗透至住宅产业。到 1910 年，一些公司已开始提供规模各异的预制房屋，标志着工业化建筑的第一次实质性发展。“标准化”是对产品变化的限制，这样机器就可以输出固定长度、宽度的装配件，消除了与可变性相关的浪费和终端产品的误差幅度。“大规模经济”是标准化的衍生概念，所谓大规模经济就是某物品生产得越多，它的质量就越高，价格也越便宜。“互换性”是指同一种零件可用在不同的终端产品中。将这个概念延伸至建筑产业，最典型的例子是构造 2×4 的住宅，如图 1-4 所示。“流水化”是装配线的概念，装配线上的劳动者在操作中只需执行有限的作业步骤便可驱动产品生产，显著缩短了生产时间。史蒂芬・巴特勒指出，福特的生产原则对技术发展的影响相当重要，“在更广阔的世界里，福特主义被视为 20 世纪的重要思想之一，它从根本上改变了西方生活的质感，艺术、音乐、文学、戏剧、绘画、雕塑、建筑和设计都受到影响”。

图 1-3　底特律福特 T 型车生产线

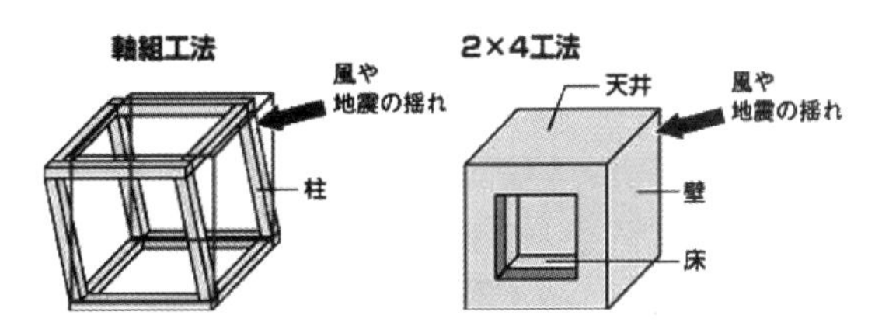

图 1-4　2×4 工法
（由 2×4 英寸的木质框架和木质面板组成）

装配式建筑的第二次快速发展是在第二次世界大战后的欧洲、日本和美国。欧洲和亚洲是第二次世界大战的主要战场，战争带来的严重破坏造成战后房屋的大量短缺，各国对住宅的需求量都急剧增加，成为当时严重的社会问题。为了快速解决居住问题，维持社会稳定，各国开始尝试采用工业化的生产方式建造住宅。因此，装配式住宅大量涌现，并随之形成了一套完整的装配式住宅建筑体系。特别是欧洲和日本，得到了大量的战后援助，现实的需求和资金的支持，使装配式建筑得到了快速发展。

德国以及其他欧洲发达国家的建筑工业化起源于 19 世纪 20 年代，推动因素主要有两方面。首先是社会经济因素：城市化发展需要以较低的造价快速建设大量住宅、办公和厂房等建筑；其次是建筑审美因素：建筑及设计界摒弃古典建筑形式及其复杂的装饰，崇尚极简的新型建筑美学，尝试新建筑材料（混凝土、钢材、玻璃）的表现力[2]。德国最早的预制混凝土板式建筑是 1926—1930 年间在柏林利希藤伯格-弗里德希菲尔德建造的战争伤残军人住宅区——施普朗曼居住区（图 1-5）。该项目共有 138 套住宅，均为两到三层的建筑，采用预制混凝土板材构件，单个构件的最大重量达到 7t[3]。第二次世界大战结束后，德国用预制混凝土大板技术建造了大量住宅，有力地解决了住宅的严重紧缺问题。1953

年民主德国地区在柏林约翰尼斯塔进行了预制混凝土大板建造技术的第一次尝试。1972—1990 年期间，民主德国采用预制混凝土大板技术，建造了大量预制板式居住区、城区，如 10 万人口规模的哈勒新城（图 1-6）；新建、改建了共计 300 万套住宅，其中 180 万～190 万套采用预制混凝土大板建造，占比达到 60％以上，如果每套住宅按平均 60㎡计算，则预制混凝土大板的住宅面积在 1.1 亿㎡以上。东柏林地区在 1963—1990 年间共新建住宅 27.3 万套，其中预制混凝土大板住宅占比达到 93％[2]。同时期，混凝土预制大板技术在联邦德国地区也有大面积应用，主要用于建设社会保障性住宅。1957 年，联邦德国政府通过了《第二部住宅建设法》，将短期内建设满足大部分社会阶层居民需求的，包括具有适当面积、设施、可承受租金的住宅，作为住宅建设的首要任务。联邦德国地区的预制混凝土大板建筑虽然在总建设量中占比不高，但总量保守估计也有数千万平方米，较著名的项目包括：柏林汉莎街区的住宅项目、慕尼黑纽帕拉赫居住区、纽伦堡朗瓦萨居住区、柏林曼基仕居住区、科隆克厥勒新城。采用预制混凝土大板技术建造的工业化住宅，功能基本完整，拥有现代化的供暖和生活热水系统，有独立卫生间，比更新改造前的老旧住宅舒适度高。然而，预制混凝土大板住宅项目大量重复使用同样的户型及类似的立面设计，导致建筑的立面造型僵硬、缺少变化，建筑缺少个性，难以满足现今的社会审美要求，1999 年以后基本不再使用，取而代之的是混凝土叠合墙板技术。装配式建筑在德国住宅中的占比最高，2015 年达到 16％。2015 年 1 月至 7 月德国共有 59752 套独栋或双拼式住宅通过审批开工建设，其中预制装配式建筑为 8934 套，同比增长 7.5％，表明装配式建筑在住宅领域受到市场的欢迎和认可[2]。

图 1-5　柏林施普朗曼居住区

图 1-6　哈勒新城大板住宅

日本建筑工业化的发展道路与其他国家差异较大，除了主体结构的工业化之外，借助其在内装方面的成熟的产品体系，形成了主体工业化与内装工业化协调发展的装配式建筑体系[4]，其发展脉络为：建筑体系的发展、主体结构的发展及内装部品工业化的发展。从日本的住宅发展经验来看，走工业化生产的道路是其核心所在。日本建设省制定了一系列住宅工业化方针、政策，组织专家建立了统一的模数标准，逐步实现了标准化和部件化，降低了现场施工难度，提高了质量和效率，典型的装配式住宅项目如图 1-7 及图 1-8 所示。到 20 世纪 80 年代中期，以产业化方式建造的住宅数量占竣工住宅总数的比例已增至 15％～20％，住宅的质量和功能也有所提高，日本的工业化住宅产业进入稳定发展时期。到 20 世纪 90 年代，采用产业化方式建造的住宅数量占竣工住宅总数的 25％～28％。1990 年，日本推出了部件化、工业化、高生产效率、住宅内部结构可变、适应居民不同需求的“中高层住宅生产体系”，住宅产业在满足高品质需求的同时，也完成了产业的规模化和结构化调整，进入成熟阶段。根据日本总务省统计局数据，截至 2008 年，日本装配式集合住宅占全部住宅的 42%，其中木结构占装配式集合住宅总数的 13%左右[3]。

图 1-7　日本神户某高层装配式住宅

图 1-8　幕张新都心事业住宅项目

美国与其他国家的住宅产业化发展道路不同，发展初期就更为重视装配住宅的个性化与多样性，市场也主要集中在远离大城市的郊区，以低层木结构住宅为主。20 世纪 40 年代后，随着战后移民涌入与大量军人复员，美国出现了严重的住房荒，联邦政府开始推行汽车房屋；同时，一些装配住宅生产工厂开始生产外观与传统装配住宅类似、底部配有滑轨、可用拖车托运的产业化装配住宅。20 世纪 40 年代末到 50 年代初，随着美国建筑界对高层建筑的需求及塔式起重机的出现，具备标准化与模数化特征的预制建筑材料——幕墙被大范围应用。1952 年美国 SOM 事务所设计建造的纽约利华公司办公大厦是大面积使用玻璃幕墙的高层建筑代表作，也是当时宣传装配式建筑的绝佳实例（图 1-9）。20 世纪 60 年代后，通货膨胀带来的房地产领域的资金抽逃，专业工人的短缺进一步促进了建筑部品的机械化生产，促使美国装配式建筑进入一个新阶段，其特点是从现浇体系向全装配体系转变，从专项体系向通用体系过渡。由轻质高强的建筑材料如钢、铝、石棉板、石膏、木材料、结构塑料等构成的轻型体系（图 1-10），成为当时装配体系的主流。美国国会在 1976 年通过了《国家产业化住宅建造及安全法案》，同年出台了美国装配住宅的一系列严格的行业标准。其中，强制性标准《制造装配住宅建造和安全标准》一直沿用至今，并与后来的美国建筑体系逐步融合。在 1991 年 PCI 年会上，预制混凝土结构的发展被视为美国乃至全球建筑业发展的新契机。特别是 1997 年《美国统一建筑规范》UBC-97 规定，预制混凝土结构在承载力、刚度方面应等同于甚至优于相应的现浇混凝土结构。2000 年后，美国通过产业化装配住宅法律，明确了装配住宅的安装标准和安装企业的法律责任，政策的推动使美国装配式建筑走上了快速发展的道路。至此，建筑产业化发展进入成熟期，关注的重点转化为进一步降低装配式建筑的消耗和环境负荷、发展资源循环型和可持续型的绿色装配式建筑[5]。

图 1-9　纽约利华公司办公大厦

图 1-10　旧金山泛美金字塔大厦
（采用预制装饰外墙，1972 年建成）

在信息时代到来的当下，数字化渗透到装配式建筑发展的各个层面，大数据、建筑信息模型（BIM）等新概念和新技术不断涌现（图 1-11），各种建筑技术、建筑工具的精细化发展（图 1-12），推进了钢结构、混凝土结构、木结构装配式技术体系的研发和应用，使装配式建筑进入新的发展阶段。

图 1-11　北京凤凰国际传媒中心（BIM 参数化设计）

为了清晰地梳理工业化建筑的发展历史，可将迄今为止工业化建筑的发展划分为五代。总的来讲，前三代的工业化建筑，是依循建筑整体—建筑部分—建筑单元的轨迹，即按照“从整体到部分，从部分到单元”的趋势，依次递进逐步发展、渐进细化。随着研究的深入，第四代工业化建筑的每个构件都可灵活使用并组成建筑的一部分。随着工业化建筑的发展以及智能技术的应用，当今第五代工业化建筑则可基于个性化的设计，生产定制化的建筑构件，并将各个独立的个性化构件进行预制化生产及拼装。

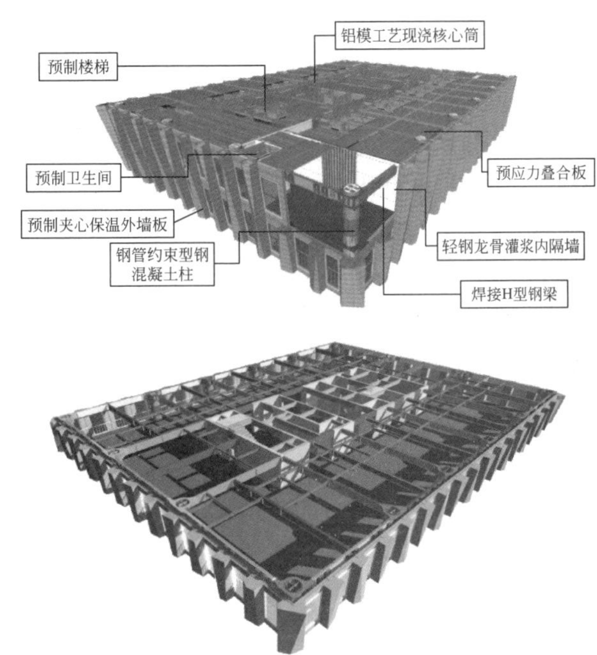

图 1-12　重庆中科大厦（BIM 全过程应用）

第一代工业化建筑的建造逻辑可以同国际象棋的棋盘进行比较：在建筑的结构体系已经限定的前提下，不能根据建筑场地条件调整建筑形态，也不能在现有建筑的基础上进行组合。该类型的预制建筑是一个建筑整体，各个建筑组成部分不能进一步拆分（图 1-13）。因此，第一代工业化建筑的最小单位是整座建筑，在城市空间结构中一般都是以排列规整的建筑群出现，形式较为单调。

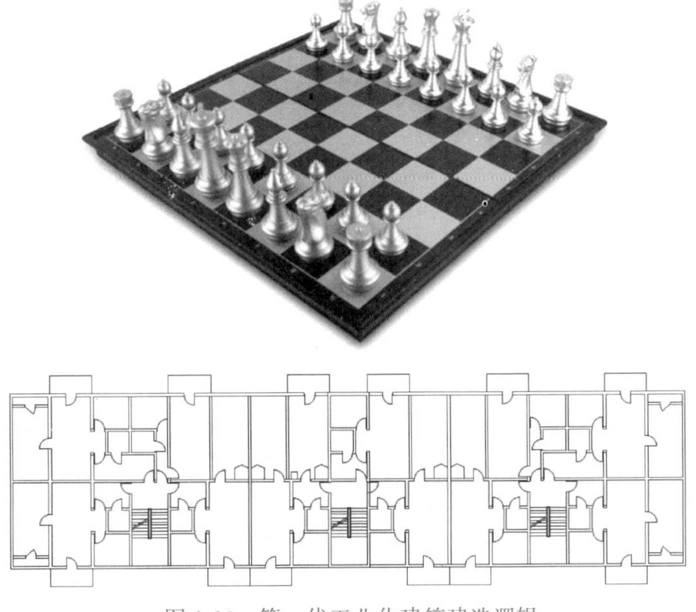

图 1-13　第一代工业化建筑建造逻辑

第二代工业化建筑的建造逻辑与多米诺骨牌游戏类似，通过将各个建筑部分（单元模块）串联，形成建筑整体（图 1-14）。第二代工业化建筑的出现，使城市规划师和建筑师可以在系列化、类型化产品的基础上变换建筑形式，灵活的预制单元模块可满足建筑造型曲折变化的需要，进行角度变化、方向偏转甚至圆形排列，为城市规划带来了根本性的转变，将建筑群形态从第一代工业化建筑的单一呆板的线性排列方式中解放出来，实现了建筑群造型自由变化的愿景。重型起重设备在施工现场的应用及预制混凝土板建造方式的不断成熟，如预制混凝土大板体系，是第二代工业化建筑的重要特点。然而，第二代工业化建筑的地域性转强，需因地制宜开发适宜当地条件的产品类型。

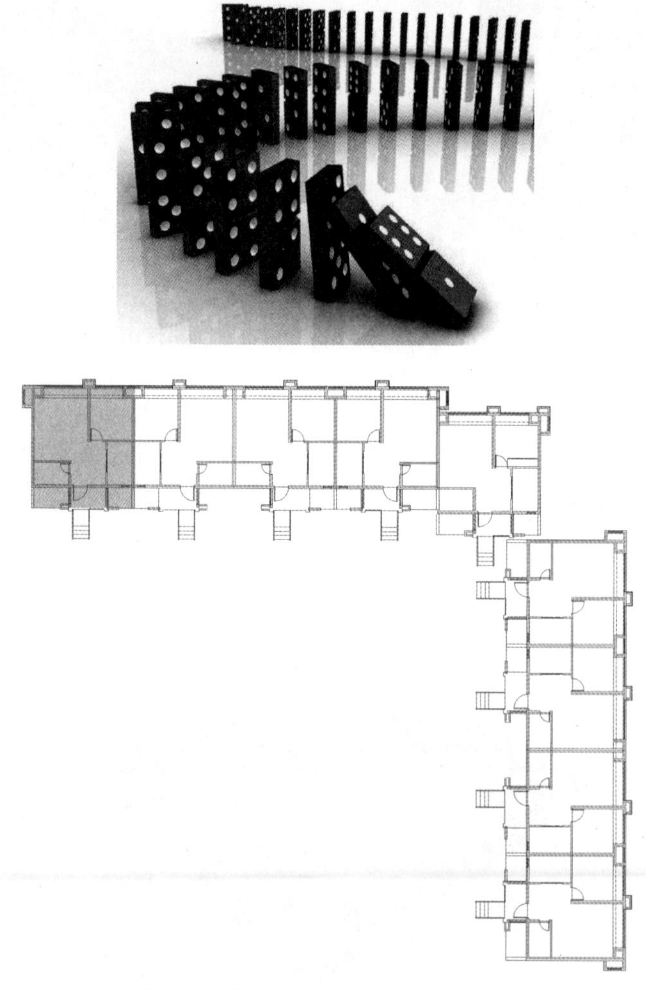

图 1-14　第二代工业化建筑建造逻辑

随着建造技术的发展和政策方针的改变，第三代工业化建筑的发展更加强调建筑质量及建筑表现力。第三代工业化建筑的建造逻辑与“俄罗斯方块”游戏类似，建筑单元（如单套独立住宅）作为最小建筑单位在不同的建筑尺度和平面中进行自由组合，可实现建筑外立面及建筑平面的多种变化（图 1-15）。第三代工业化建筑旨在减少系列类型和标准化构件目录的同时，增加建筑的多样性与独特性，不仅可通过较大尺度的建筑造型的弯曲折叠丰富城市面貌，也可以通过较小尺度的建筑造型变化来适应建造环境。

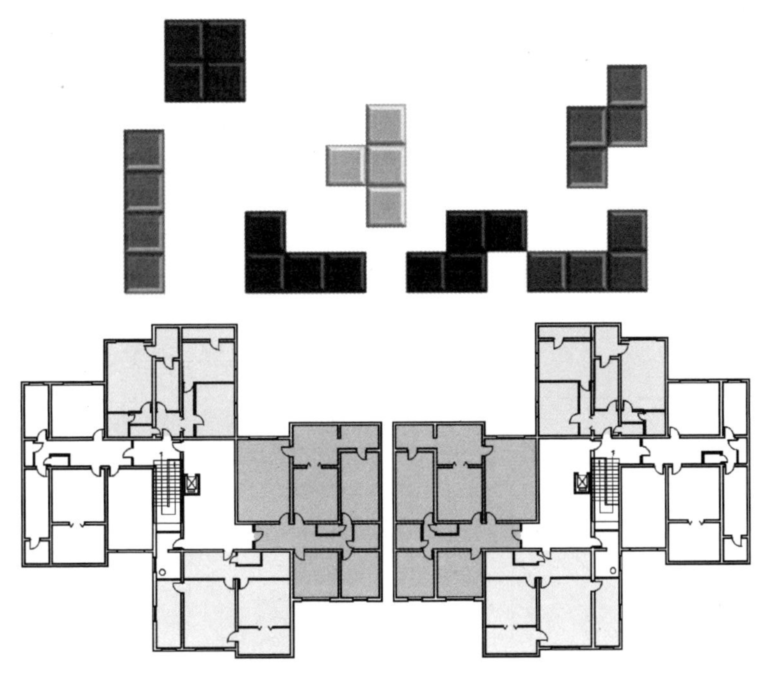

图 1-15　第三代工业化建筑建造逻辑

第四代工业化建筑的建造逻辑与乐高玩具中的单个零件类似，要求预制构件不能仅用于生产固定系列的产品，同时还可实现不同系列产品的拼接转换，实现跨系列的自由组合(图 1-16)。与之前的工业化建筑类型相比，第四代工业化建筑的不同之处在于最小的可组合单元是单独的建筑部件，如梁、柱、墙板和屋面板等，这使基于单独的预制部件目录进行个性化建筑设计成为可能。因此，开发通用的系列预制构件分类目录，使其能在所有的项目中应用，建造耳目一新的建筑，成为第四代工业化建筑关注的重点。

随着数字化、智能化的辅助手段在设计优化、构件生产和物流运输环节的应用，以及新型建筑材料，如纤维混凝土（FRC)、超高性能混凝土（UHPC)、高延性水泥基复合材料（ECC）等在实际工程中的应用及推广，第五代工业化建筑应运而生。第五代工业化建筑以经济和技术最优原则，运用智能设计手段，将建筑拆解成独立构件的集合体，通过预制工厂生产，在施工现场完成组装。第五代工业化住宅的建造逻辑就像智力拼图游戏，每个建筑都有针对其特点的独特解决方案。特别是 BIM 技术在建筑设计中的应用，可进行构件拆分与深化设计，使设计流程精细化；可建立 BIM 构件库，对构件几何尺寸进行精准设计，使构件设计标准化（图 1-17)；各专业可同时进行设计优化，缩短设计时间，使各专业协同化；可进行造价管理，使成本管理具体化。同时，随着 3D 打印技术在建筑领域的应用，可以利用自动化设备实现全天候不间断打印，大幅节省人工，实现绿色施工；可与 BIM 技术结合，进行复杂建筑建造，实现建筑标准化与个性化的统一（图 1-18)。因此，标准化建筑不能实现个性化设计的偏见将随着建筑技术的发展被破除。在面向未来的工业化建筑中，标准化预制装配的份额将再次增加，工业化预制建造模式将在未来的建筑业发展中占据更大的市场份额，对工业化建造技术及管理技术则提出了更高的要求。

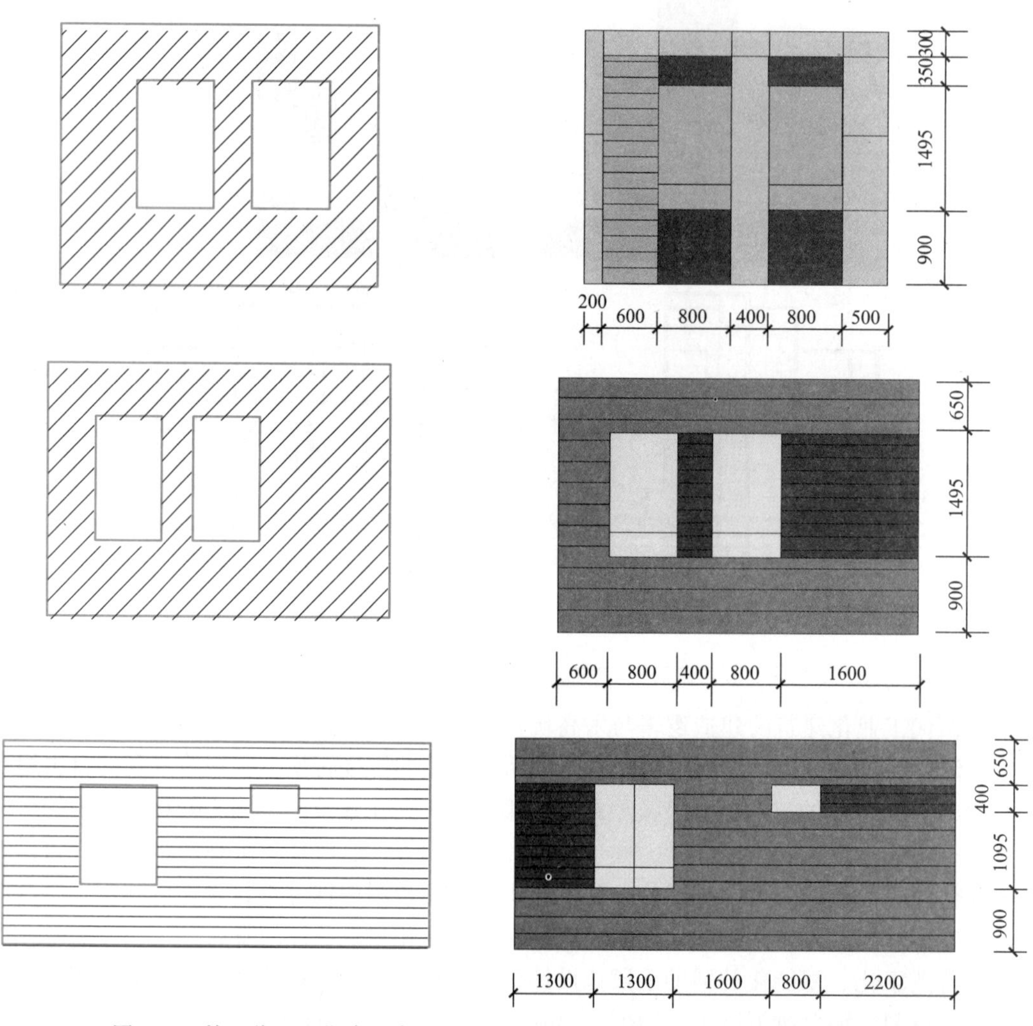

图 1-16　第四代工业化建筑建造逻辑（左侧为玩具拼块，右侧为预制构件示例）

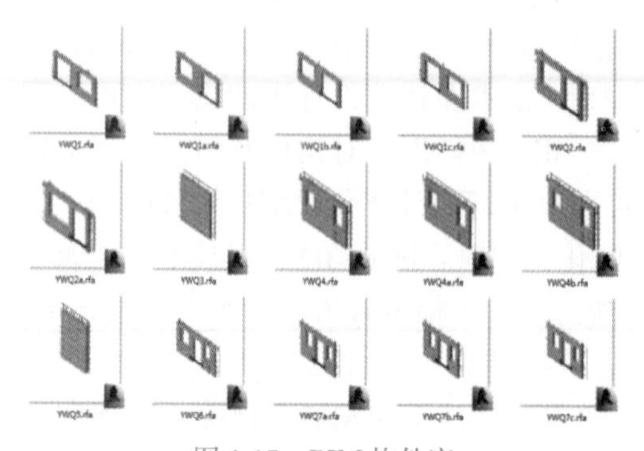

图 1-17　BIM 构件库

图 1-18　3D 打印办公楼

1.2 装配式建筑的设计参数

装配式建筑的基本思路是遵循工业化生产的设计理念，采用预制的单一构件，实现系统性的大规模生产，推行模数协调和标准化设计。由于预制生产过程中高度机械化及构件模块化、标准化的特点，为了达到装配式建筑的标准化与多样化的协同目标，建筑师需要与结构工程师以及施工人员协作，在设计方案阶段就对建筑结构方案及施工方案提出建设性的建议和意见。在积极推动装配式建筑的过程中，应从顶层设计开始，针对不同建筑类型和部品部件的特点，结合建筑功能需求，关注下文所述的各项设计参数，将标准化模块进行组合和集成，达到多样化的目的。

1. 结构形式

原则上，所有常见的建筑材料都可用于工业化预制生产，包括混凝土和钢铁等。一般来说，任何结构形式的混凝土结构，都可以建造装配式混凝土建筑。但根据各自结构的特点，有的结构具有很好的装配式适应性，有的结构在装配式适应性上的表现则差强人意。同时，有的结构体系装配式技术已较为成熟，并有诸多工程应用，而部分结构体系的装配式技术还在不断摸索中。根据现有的较为成熟的装配式结构体系，根据结构形式的不同，可将装配式混凝土结构分为装配式框架结构、装配式剪力墙结构、装配式框架-剪力墙结构等[6]。而钢结构则自带装配式属性，钢结构构件在工厂中生产，在施工现场进行安装连接。

2. 运输、装配条件

装配式建筑建造技术的可行性，在很大程度上取决于预制构件的运输和装配。尽管在预制工厂能够生产长度超过 20m、复杂多变且规格不同的预制构件，但物流运输及现场组装困难且不经济。因此，在对结构进行拆分时，需要考虑预制构件在制作、运输、安装环节的可行性和便利性。对于装配式建筑构件的选择还取决于起重设备的类型和工作半径：1）工厂起重机的起重能力（工厂桁架式起重机起重量一般为 12～25t）；2）施工塔式起重机的起重能力（塔式起重机起重量一般为 10t 以内）（图 1-19）；3）汽车起重机的起重能力（起重量的范围很大，可从 8～1600t）；4）运输车辆限重一般为 20～30t。在建造多座建筑时，受施工现场物流组织的影响，出于经济性及便捷性考虑，起重机的工作半径应尽可能覆盖建筑物的每个部分（图 1-19），此外，还要考虑工厂到现场的道路、桥梁限重等的要求。同时，还应考虑运输尺寸对装配式建筑构件尺寸的限制：1）运输超宽的尺寸限制为 2.2～2.45m；2）运输超高的尺寸限制为 4m，车体高度的尺寸限制为 1.2m，构件高度的尺寸限制在 2.8m 以内；有专业运输预制板的低车体车辆，构件高度可以达到 3.5m；3）运输长度依据车辆不同，最长不超过 15m；4）还需要调查道路转弯半径、途中隧道或过道电线通信线路的限高等[7]。

3. 构件拆分

将构件在预制工厂进行生产，在施工现场以较短时间周期完成装配，那么相同类型构件的数量将是决定项目经济性和项目周期的重要因素。批量化生产的预制构件种类越少，生产成本就越低。这一原则既适用于预制混凝土，也适用于木材和钢材等其他材料。装配式建筑在经过结构设计程序计算调整后，应进行合理的结构构件拆分。因此，在设计阶段

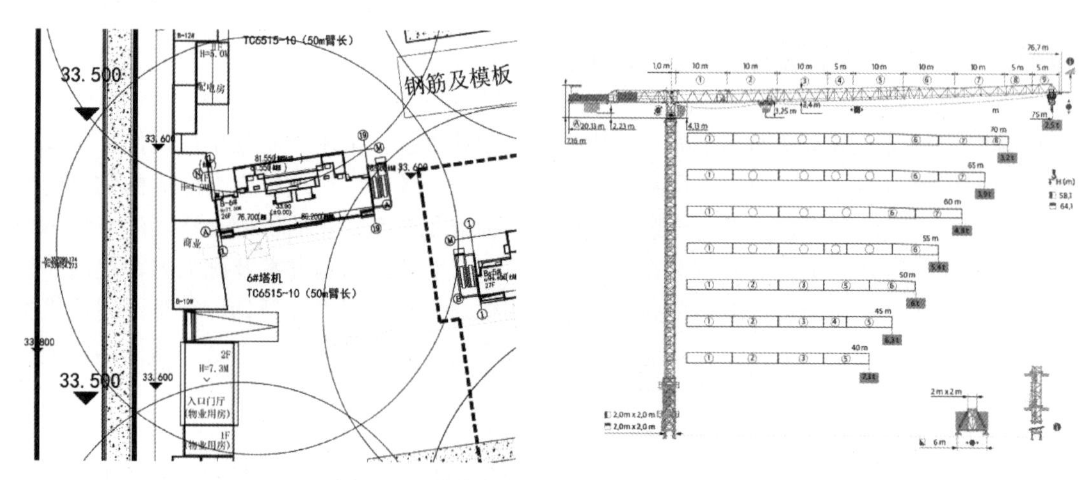

图 1-19　塔式起重机工作范围及参数示例

对建筑师提出了更高的要求，应建立灵活的构件调整机制，减少构件种类，提高构件的利用率。随着数字化手段的介入，可以使构件拆分过程更加精准、便捷，使构件形式及尺寸变得更加灵活，满足个性化预制构件的定制生产需求，实现装配式建筑的多样性。重庆某项目标准层构件的拆分方案如图 1-20 所示。

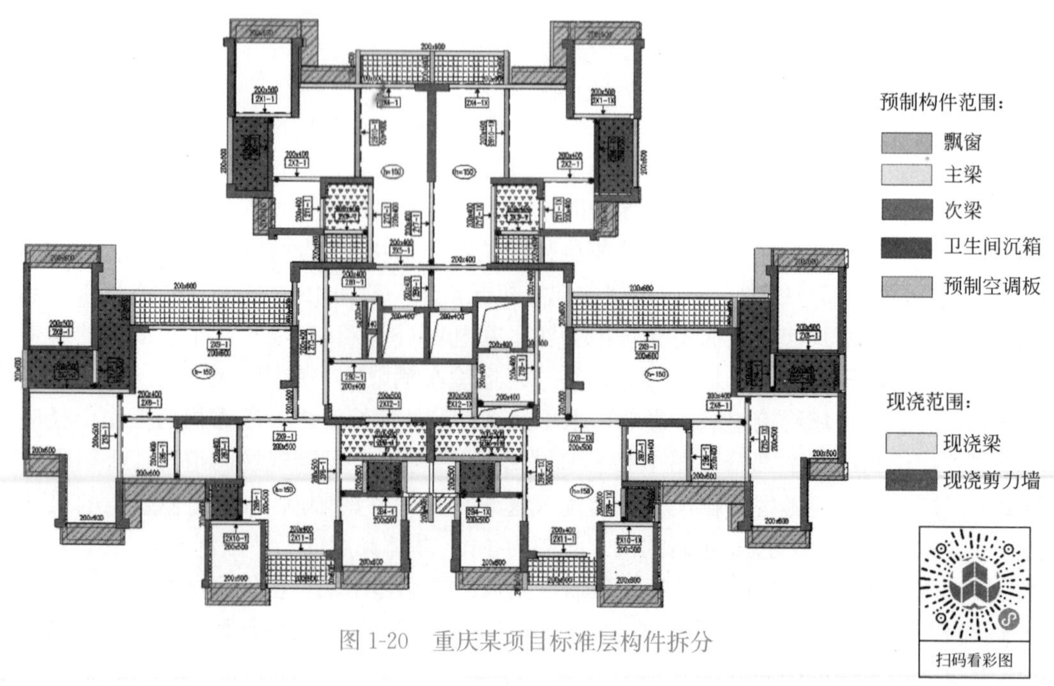

图 1-20　重庆某项目标准层构件拆分

4. 建筑材料

许多建筑师都在建筑理论中提到，在设计建造过程中要充分考虑材料特性。选择合适的建筑材料，对于提高设计的艺术性、结构的安全性及居住环境的舒适性，具有重要的意义。建筑材料是现代建筑的基础，建筑材料演绎下的现代建筑，充分展现了建筑形体的美，是人们情感和记忆的一部分。混凝土、木材、钢或其他复合材料，如高性能混凝土

(UHPC) 的应用（图 1-21)，塑造着我们的城市。清水混凝土（图 1-22)、透光混凝土等新型建筑材料的应用，激发了建筑师的设计灵感，在坚硬与轻盈之间造就了一种和谐的表达。

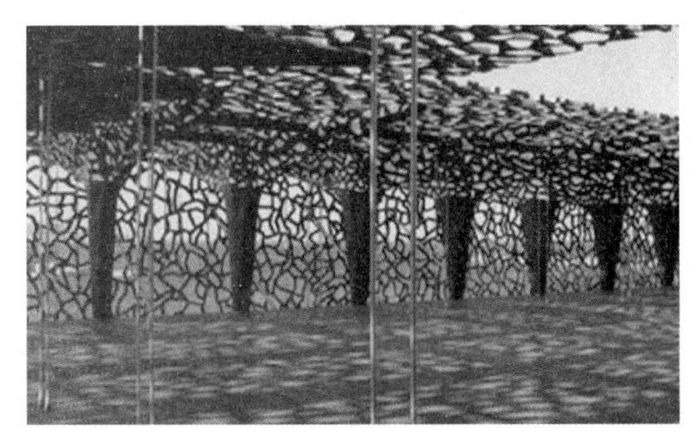

图 1-21　UHPC 镂空幕墙（MuCEM）

图 1-22　清水混凝土（良渚文化艺术中心）

5. 建筑转角和接缝部位

建筑墙体交接部位的处理，是建筑设计的重要工作。在工业化预制建筑中，外墙板交接部分和夹角的解决方案非常重要。建筑交接部分的处理方案不同，造就了变化多样的建筑造型。

预制墙体的接缝处理，是预制装配式建筑的难点之一，也是建造过程中最具特色的部分。从较远的距离观察，这些接缝就像给整座建筑穿上了一件细条纹衫（图 1-23)。如果建筑师想强化板间过渡，可以通过在接缝位置周边安装框架，或通过调整缝隙宽度等手段获得不同的视觉效果；如果建筑师想弱化接缝和缝隙位置，也有很多处理方法，如混凝土面层处理或配以纹饰。

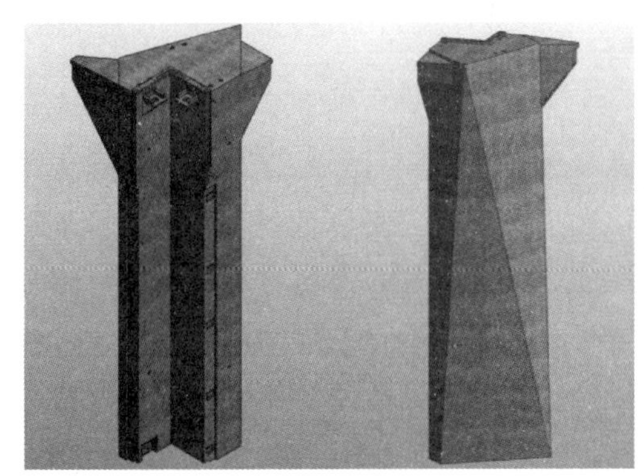

图 1-23　接缝和转角处理

6. 表面处理和色彩搭配

混凝土预制构件的表面处理方法，主要有三种：第一，脱模后对构件表面进行机械加工或印刷喷涂；第二，在混凝土浇筑之前预置橡胶底模或模具；第三，在预制板生产过程中对饰面砖进行加压塑形处理。不同的表面处理方法，将形成不同的建筑表现形态（图 1-24)。

图 1-24　表面处理

色彩设计和搭配在建筑设计中的作用非常重要，色彩选择也受很多主观和客观因素的支配，同时与个人感受相关。色彩的喜好及传达的寓意，因不同的种族和文化而异，每一种文明都通过不同的色彩来传达他们的宗教、自然和文化。目前通用的色彩体系，是在 1925 年德国 RAL 体系或瑞典 NCS 体系（自然颜色体系）基础上发展完善的。除了红色、黄色和蓝色这三种基本原色外，还围绕着这些基本颜色，建立了红色-绿色、黄色-紫色和蓝色-橙色一系列互补色关系，这些色彩规则也是建筑设计颜色搭配的基础（图 1-25）。

图 1-25　色彩搭配

扫码看彩图

7. 建筑技术

在装配式建筑设计过程中，如果没有从初始阶段就将建筑技术的影响考虑在内的话，那么任何形式的结构创新都是多余的。在设计过程中，应充分利用 BIM 等技术，将建筑结构、机电设备及管线、生产、施工、装修有效地串联，形成一体化设计整体，这将有利于实现装配式建筑建造的技术要求，达到设计效率和设计质量的提升。同时，建筑技术也会对建筑外观产生影响。

1.3　装配式建筑分类

托马斯·施密特和卡罗·特斯塔在 1969 年撰写的《建筑系统》一书中指出，“建筑系统的性质和内容可以从三个不同的角度描述：结构、技术体系和规划设计”。阿夫拉姆·

沃索萨斯基在1999年指出，随着技术不断进步，可按照技术水平和建造水平，将建筑按照不同的方式进行分类，以便于生产活动的展开。类似的，对装配式建筑而言，可依照建筑类型、结构体系、建造技术和建筑材料等多方面因素进行划分，建立相应的装配式建筑评价体系，确保装配式建筑的标准化设计、批量化生产、装配化施工等环节的顺利实施，规范装配式建筑的建造过程，保证项目质量。

1. 按照装配式建筑中模数是否固定，可将其分为“固定型”建筑系统和“开放型”建筑系统。

“固定型”建筑系统：是指在建筑项目开始时，根据项目特点和项目周期，定制特定的建筑解决方案，将建筑部品部件纳入固定的体系中。在构件生产过程中，固定模数，通过模数协调体系确定尺寸标准，并以此标准来协调供应商的配套产品和服务。该系统制约了建筑设计的灵活性，不同建筑之间的部品部件很难替换，后期修改或调整相对复杂。但“固定型”建筑由于部品部件类型有限、规格明确、数量较大，可实现大批量预制生产，在施工过程中组装效率高、施工质量好、建筑产品稳定性强。

“开放型”建筑系统：是指在建筑项目初期，建立产品规范、产品标准等，通过开放的模数系统将不同供应商的不同模数构件目录囊括其中，以便供应商能够按照各自分工完成生产，并按照装配方案进行组装。由于不同供应商的产品可以相互兼容，部品部件的替换相对便捷，并且能够提供多种建筑解决方案，建筑设计灵活性较大。为了最大程度挖掘部品部件的替换潜力，可通过标准化设计将已经在市场上广泛使用的批量化构件，如预制混凝土构件纳入建筑系统，降低生产成本。

2. 按照建筑结构的不同，可将装配式建筑分为框架结构、剪力墙结构、空间结构等几大类，并在相应的结构体系下进行细分。

3. 预制构件的体积和重量对预制加工、批量生产、物流运输及施工过程有较大影响，按照单位体积和重量对装配式建筑进行分类有助于明确预制结构的适用范围，并且据此来确定与之相适应的建筑材料。按照装配式建筑的体积和质量，可将其划分为以下三类：

“重型”建筑系统：通常情况下，用大型预制墙板、楼板、屋面板等“重型”板材进行预制装配的建筑被称作“重型”建筑系统。大型预制构件的尺寸和重量，对物流运输和现场施工产生一定影响，导致现场装配方法和施工组织模式较为特殊。“重型”建筑系统的原材料一般采用砖、石或混凝土等传统建筑材料，在预制过程中需要一定的养护时间，现场施工时需要湿作业配合。该系统对建筑物造型和布局有较大的制约性，缺少灵活性，建筑材料的预制水平也会影响建筑结构的受力性能。

“中型”建筑系统：一般是指使用木材、木材制品、钢铁以及钢-木复合材料、钢-混凝土复合材料、木-混凝土复合材料的建筑系统。由于材料重量适中、尺寸适当，可实现加工、运输和组装的轻便化，因此该系统相较于“重型”系统具有较大的灵活性，几乎可以应用到所有的预制装配式建筑类型。部品部件的装配方式一般与建筑规模、结构形式、生产方式、施工条件以及运输能力有关。

“轻型”建筑系统：是指适用于框架结构或空间结构的轻型木结构、轻型钢结构，或者钢木混合结构的建筑系统。该系统通常由两部分组成：内部为核心结构，通常用型钢或木材制成骨架结构；外部则是符合美学要求的附加层。“轻型”建筑系统自重较小、便于工业化生产，施工方便、组装快捷，特别适于要求快速建造和需要移动的建筑。

1.4 装配式建筑建造技术

20 世纪初，第二次工业革命向人类展示了新的发展前景，在一系列新的科学理论和技术创新的驱动下，生产力大幅度提升。受到福特与泰勒的工业化生产和标准化制造思路的启发，建筑的工业化生产方式被越来越多的人所接受。通过大规模生产提高效率的策略，也在建筑领域获得了广泛共识。下文将追寻装配式建筑的发展历程，对其中主要建筑形式的技术体系进行介绍。

1.4.1 装配式木结构

人类使用木材作为建筑材料已有数千年历史，世界各地都有大量的木结构建筑。从装配式建筑发展的历史角度观察，生产加工简单、装配安装便捷、拆卸运输方便的木结构体系，满足预制装配的基本要求。木结构不仅便于加工成需要的尺寸，而且自重较轻，使参与施工活动的人数较少，施工过程较为简单。我国木结构建筑历史可以追溯到 3500 年前，山西应县木塔、故宫太和殿等代表了我国木结构建筑的辉煌成就[8]。相比钢材、混凝土而言，木材每生长 $1m^3$ 能吸收约 1t 的 CO_2，并释放 0.75t 的 O_2，是一种“负碳”型材料，符合建筑全寿命周期中的可持续性原则。

装配式木结构建筑是指主要的木结构承重构件、木组件和部品在工厂预制生产，并通过现场安装而成的木结构建筑[9]，采用的材料包括规格材、木基结构板材、工字形搁栅、结构复合材和金属连接件等（图 1-26）。木结构构件之间的连接主要采用钉连接，部分构件之间也采用金属齿板连接和专用金属连接件连接[10]，具有施工简便、材料成本低、抗震性能好等优点[9]。

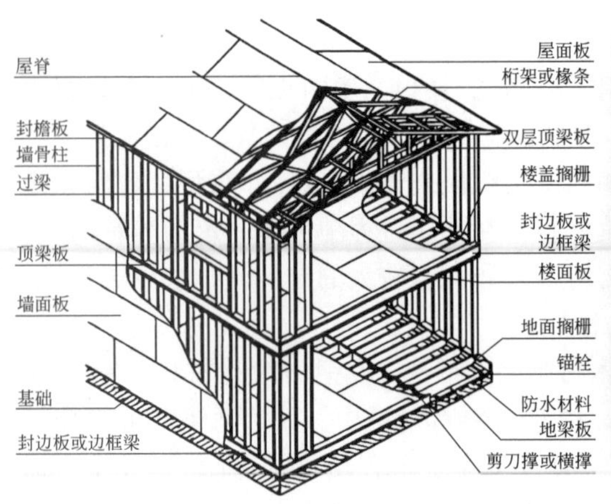

图 1-26 装配式木结构

装配式木结构建筑根据施工现场的运输条件，可将木结构的墙体、楼面和屋面承重体系（如楼面梁、屋面桁架）等构件，采取在工厂制作成基本单元，然后在现场进行安装的方式建造；也可在工厂将基本单元制作成预制板式组件或预制空间组件，将整栋建筑进行整体制作或分段预制，运输到现场后与基础连接或分段安装建造。在工厂制作的基本单元，可将保温材料、通风设备、水电设备和基本装饰装修一并安装到预制单元内，实现更高的预制率和装配率[9]。

木结构的承载力、刚度和整体性是通过主要结构构件（骨架构件）和次要结构构件（墙面板，楼面板和屋面板）共同作用得到，主要的结构形式包括木梁柱框架结构、木空间结构和木框架剪力墙结构（图 1-27）。木梁柱式结构的承重构件梁和柱是采用胶合木制作而成，并用金属连接件连接组成的共同受力的梁柱结构体系[11]。胶合木空间结构是采用胶合木构件作为大跨空间结构的主要受力构件，其结构体系包括空间木桁架、空间钢木组合桁架和空间壳体结构，适用于大跨度、大空间的体育建筑、展览馆及交通枢纽等公共建筑。木框架剪力墙结构是在由地梁、梁、横架梁与柱构成的木构架上铺设木基结构板，以承受水平作用的木结构。木框架剪力墙结构的构件通常采用方木或胶合原木制作，梁柱连接节点和梁与梁连接节点处通常采用钢板、螺栓或销钉，以及专用连接件等钢连接件进行连接[9]。

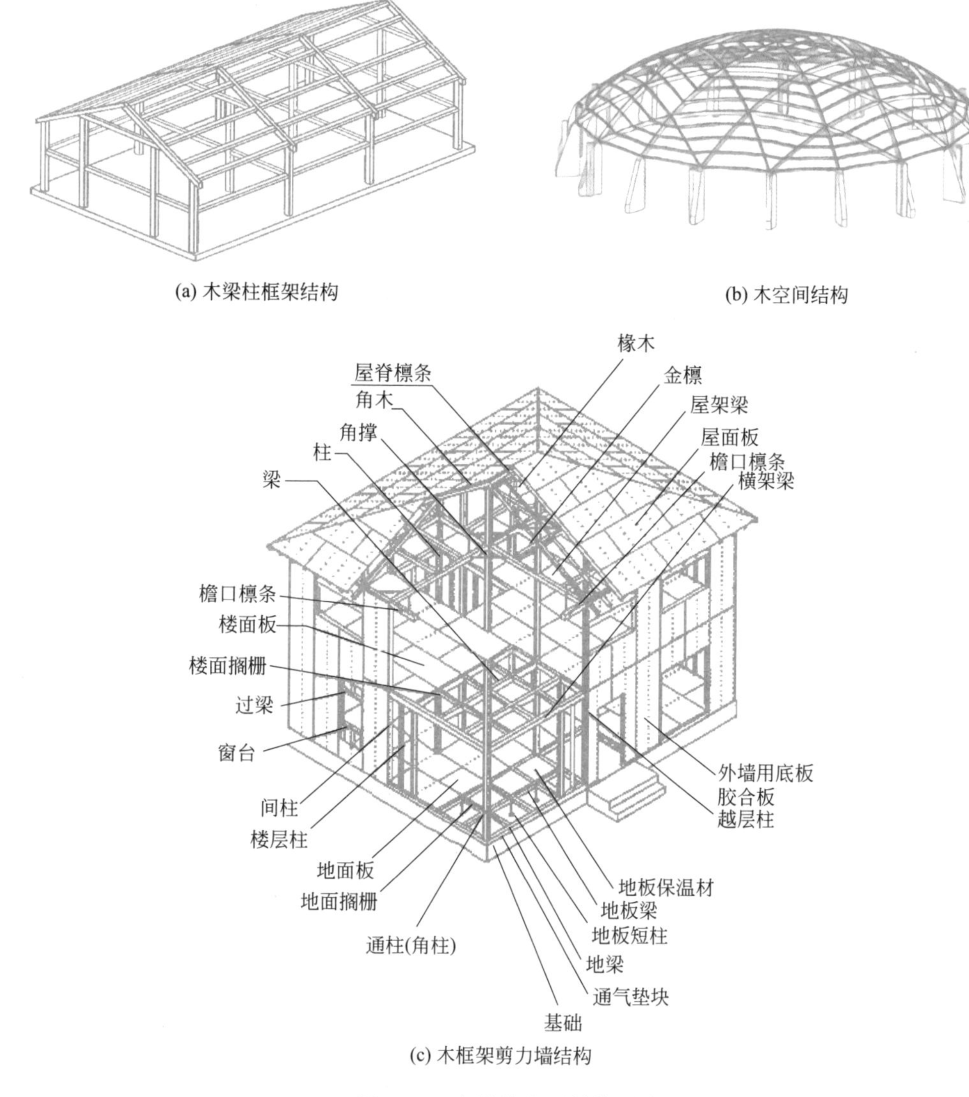

图 1-27　木结构主要结构形式

在过去的 10～15 年，木造建筑逐步形成了新的建造体系和设计策略。现代木结构建筑与传统木结构建筑不同，利用最新的科技手段，通过将木材经过层压、胶合、金属连接等工艺处理，构成整体结构性能远超原木结构的现代木结构体系[8]。现代木造产品在加工和连接方法上的改良，解除了原有尺度的限制，使木材突破了原先只能建造小型建筑的局限，应用于更多建筑类型中，包括高层、大跨的预制加工以及装配式模块化建筑上，能够与混凝土、钢结构建筑同台竞争[12]。

1.4.2 装配式钢结构建筑

在第二次工业革命的推动下，20 世纪初，钢材和钢结构在建筑领域得到了应用。最初主要集中在工业建筑领域，特别是作为承重柱和梁，以及大跨度厂房的屋面板或楼面板等建筑构件应用。随着建造手段的进步及钢材和玻璃的组合使用，钢框架和幕墙结合的设计思路不断发展。

钢结构具有先天的装配化和工业化优势，符合建筑产业的工业化和装配化进程要求。按照《装配式钢结构建筑技术标准》GB/T 51232—2016[13] 关于装配式钢结构建筑的定义，装配式钢结构建筑是建筑的结构系统由钢部（构）件构成的装配式建筑。与普通钢结构建筑相比，其装配性质不仅仅体现在结构体系的装配式，还强调部品部件的集成，这就涉及结构系统、外围护系统、设备和管线系统和内装系统的装配集成。

《装配式钢结构建筑技术标准》GB/T 51232—2016[13] 中规定重点设防类和标准设防类多高层装配式钢结构建筑适用的最大高度见表 1-1。

装配式钢结构建筑最大适用高度（m）　　表 1-1

结构体系	6 度	7 度		8 度		9 度
	(0.05g)	(0.10g)	(0.15g)	(0.20g)	(0.30g)	(0.40g)
钢框架结构	110	110	90	90	70	50
钢框架-中心支撑结构	220	220	200	180	150	120
钢框架-偏心支撑结构 钢框架-屈曲约束支撑结构 钢框架-延性墙板结构	240	240	220	200	180	160
筒体（框筒、筒中筒、桁架筒、束筒）结构巨型结构	300	300	280	260	240	180
交错桁架	90	60	60	40	40	—

下文将对主要的装配式钢结构形式进行介绍。

1. 单层排架或刚架结构

在工业建筑中，单层厂房是最普遍采用的一种结构形式，便于定型设计、构配件的标准化、通用化、生产工业化、施工机械化，主要用于冶金、机械、化工、纺织等工业厂房[14]。单层厂房常采用排架结构或刚架结构。

排架结构的承重结构是由屋架（或屋面梁）、柱、基础等构件组成，柱与屋架铰接，与基础刚接（图 1-28）。此类结构能承受较大的荷载作用，在冶金和机械工业厂房中广泛应用，其跨度可达 30m，高度可达 20～30m，吊车吨位可达 150t 或 150t 以上。

刚架结构的承重结构采用变截面或等截面实腹刚架，围护系统采用轻钢屋面和轻钢外

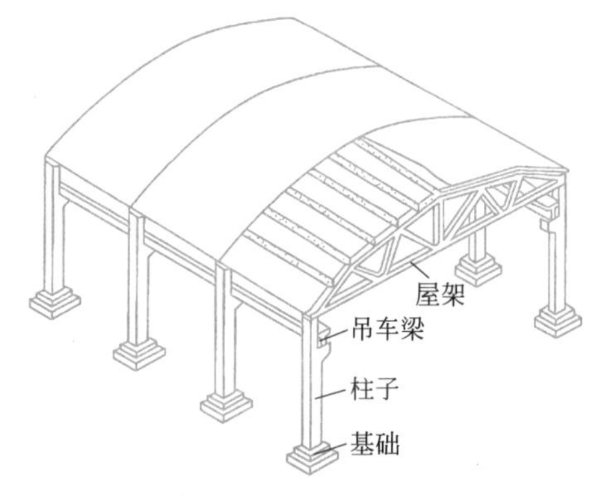

图1-28 排架结构

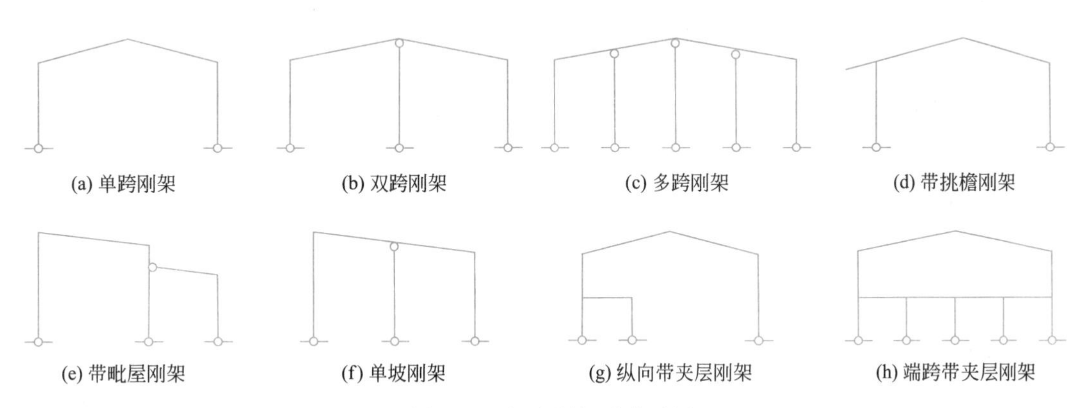

图1-29 门式刚架形式示例

墙，主要特点是梁与柱刚接，柱与基础通常为铰接（图1-29）。刚架结构的刚度较差，仅适用于屋盖较轻的厂房或吊车吨位不超过10t，跨度不超过10m的轻型厂房或仓库等。

2. 钢框架结构

钢框架结构是一种常用的钢结构形式，也是现在工业化程度最高及施工技术实践经验较为成熟的结构体系。钢框架是由沿建筑物的横向和纵向布置的梁与框架柱作为承重和抗侧力主要构件的结构体系（图1-30），多应用于低多层建筑以及抗震设防烈度相对较低的地区。

图1-30 钢框架结构

钢框架结构的梁和柱截面较小而跨度比较大，灵活的平面布置使建筑可以组成较大的开间。同时，钢框架的设计较为简单，受力和传力体系明确，构件形状较为规则，制造安装简单，适宜于预制装配式的施工模式[15]。

3. 钢框架-支撑结构

钢框架-支撑结构（图1-31）由钢框架和钢支撑组成，可共同承担竖向、水平作用。钢支撑分中心支撑、偏心支撑和屈曲约束支撑等，构造较为简单，且具有良好的抗震性能。

图1-31　钢框架-支撑结构

4. 交错桁架体系

根据《装配式钢结构建筑技术标准》GB/T 51232—2016[13]，交错桁架体系为在建筑物横向的每个轴线上，平面桁架各层设置，而在相邻轴线上交错布置的结构，基本结构体系由柱子、交错桁架和楼板组成（图1-32），是一种经济、实用和高效的结构体系，典型案例为芝加哥Godfrey酒店（图1-33）。交错桁架结构可有效降低层高至2.65m，同时得到18m×30m×2.4m的净空，经济跨度一般选择在18～24m之间，这是普通钢筋混凝土和普通钢框架无法满足的。

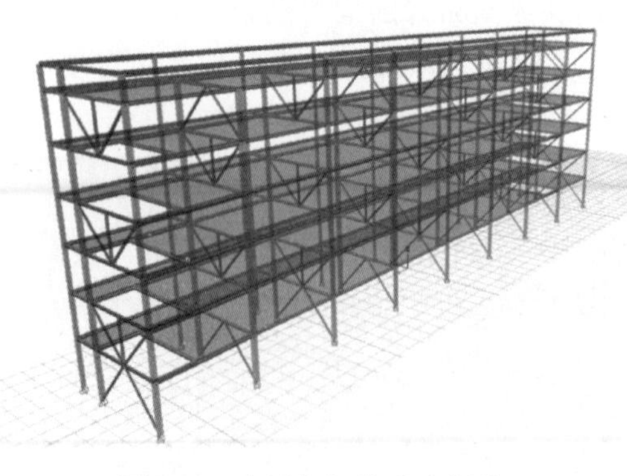

图1-32　交错桁架体系示意图

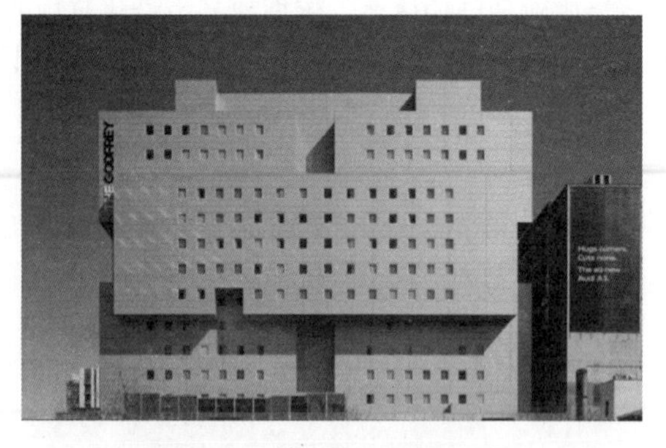

图1-33　芝加哥Godfrey酒店

5. 冷弯薄壁型钢体系

冷弯薄壁型钢体系，是以冷弯型钢为承重骨架，以轻型墙体为围护结构所构成的结构体系（图1-34）。冷弯薄壁型钢体系具有造价低、质量轻、所有构件均可实现预制、可在

图 1-34　冷弯薄壁型钢体系

工厂完成预拼装、装配过程简单、全部是干作业等优点；同时，钢结构构件本身可以回收再加工，符合当前的环保要求。

1.4.3　装配式混凝土结构

20 世纪最初十年间，混凝土和钢材在建筑行业的使用逐渐增加，推动了这两种材料的应用创新研究。然而，第一次世界大战的爆发，导致和国防工业发展相关的钢铁等材料的应用受到制约。而混凝土以优良的力学性能及巨大的经济效益，得到建筑业的不断重视，逐渐发展为大规模住房建设的主要建筑材料。

根据国家行业标准《装配式混凝土结构技术规程》JGJ 1—2014[16] 关于装配式混凝土结构的定义，装配式混凝土结构为由预制混凝土构件通过可靠的连接方式装配而成的混凝土结构，包括装配整体式混凝土结构、全装配式混凝土结构等[17]。根据该定义，装配式混凝土结构具有两大明显特征：组成建筑结构的主要结构构件为预制构件且材料为混凝土材料；各预制混凝土构件之间通过可靠的连接组成结构体系。

根据现有较为成熟的装配式结构体系，可将装配式混凝土结构分为装配整体式框架结构、装配整体式剪力墙结构、装配式整体框架-现浇剪力墙结构等[6]，其中各装配式混凝土结构体系房屋最大适用高度应满足表 1-2 的要求。

装配式混凝土结构体系房屋最大适用高度（m）　　表 1-2

结构类型	非抗震设计	抗震设防烈度			
		6 度	7 度	8 度(0.2g)	8 度(0.3g)
装配整体式框架结构	70	60	50	40	30
装配整体式框架-现浇剪力墙结构	150	130	120	100	80
装配整体式剪力墙结构	140(130)	130(120)	110(100)	90(80)	70(60)
装配整体式部分框支剪力墙结构	120(110)	110(100)	90(80)	70(60)	40(30)

注：表中括号数值表示根据剪力和框架剪力分配比例所进行的最大适用高度调整。

下文将介绍主要的装配式混凝土结构的形式及特点。

1. 装配式框架结构

框架结构是由梁、柱作为主要受力构件而组成的结构（图 1-35）。其优势主要体现在两方面：一是框架结构的主要受力构件为梁、柱，无承重墙，设计者可根据用户需求，进

图 1-35　混凝土框架结构

行户内的布置与调整；二是框架结构可形成较大的无柱、开阔的户内空间，内部管线布置也较为方便。

就框架结构进行装配式设计与建造的必要性而言，首先是框架结构截面通常较为规则，构件种类少，易于实现模数化和标准化，适合进行构件拆分和生产安装；其次是框架结构与其他常用结构相比较，混凝土用量少，主体结构自重轻，预制构件数量和结构连接点都较少，采用装配式工艺有利于成本的控制。

除常规框架结构和装配式结构两者优势外，装配式框架结构的结构高度也不会受到装配式的影响而限制。根据我国现行规范，现浇混凝土框架结构在无抗震设计时，结构最大建筑适用高度为 70m，在有抗震设计要求下的结构最大适用高度为 35～60m。装配式混凝土框架结构与现浇混凝土框架结构具有相同的结构最大适用高度。

2. 装配式框架-剪力墙结构和装配式剪力墙结构

框架-剪力墙结构是由梁、柱和剪力墙共同承担竖向和水平作用的结构。在框架结构中增加了剪力墙，弥补了框架结构抗侧能力的不足，有效地增加了结构的最大适用高度；并且在结构布置的过程中，可通过剪力墙的合理布置，来保证框架结构的大空间需求。目前，装配式框架-剪力墙结构，主要分为四类：装配整体式框架-现浇剪力墙结构、装配整体式框架-现浇核心筒结构、装配整体式框架-剪力墙结构和装配整体式剪力墙结构（图 1-36）。

图 1-36　装配整体式剪力墙结构及构件吊装

1.5　装配式建筑管理模式

我国建筑业正在由粗放型的生产模式向着集约型、精细化的模式转变，这种模式是实现建筑生产工业化的主要内容，也是进行建筑行业产业化的核心要求。装配式建筑项目具有“设计标准化、生产工厂化、施工装配化、主体机电装修一体化、全过程管理信息化”的特征，需要系统化的工程管理模式与之相匹配。

目前，装配式建筑仍偏向采用传统的项目管理模式（DBB 模式）。DBB 模式即设计-招标-建造模式，由业主与设计单位、施工单位、供货商分别签订合同，工程项目的实施必须按照设计-招标-建造的顺序方式进行。装配式建筑项目采用 DBB 模式，容易导致设计、生产和施工各个环节脱节，一体化管理程度不高，在设计阶段不能充分考虑对装配式建筑构件生产和装配施工的需求，信息沟通不及时，导致设计变更多，业主协调工作量大等问题，不符合装配式建筑通过构件工厂化生产实现设计、生产和施工一体化的特点，很难发挥装配式建筑集成的优势[18]。

EPC 总承包模式是国际通行的建设项目组织实施方式，是设计（Engineering)-采购(Procurement)-施工（Construction）模式的简称，是由一家承包商或承包商联合体对整个工程的设计、采购、施工直至交付使用进行全过程的统筹管理。在 EPC 总承包模式下，业主将项目的设计、采购、施工工作全部交由总承包商来完成，由总承包商统筹管理，并对业主负责。这种模式对总承包商的要求比较高，业主在工程项目中参与度比较低，能发挥总承包商的管理经验和主观能动性，优化、整合全产业链资源，各阶段和各专业可深度交叉、协调工作[18]。通过先进的信息化管理手段，可实现全过程信息化管理，解决管理与技术脱节的问题，实现建设项目的高度组织化，降低建造成本[19]，响应建筑产业化发展的本质要求。

EPC 总承包模式的管理理念和装配式建筑项目特点相契合，具体体现在：

1. EPC 总承包模式有利于实现装配式建筑项目的高度组织化

装配式建筑项目应用 EPC 总承包管理模式，业主只需表明投资意图，完成项目的方案设计、功能策划等，之后由总承包单位完成全部工作。总承包单位从设计阶段介入项目，以工程质量、安全、进度、造价为管控目标，对整个工程项目的参与各方进行系统化的统筹协调管理，可以依据管控目标，对设计、生产、采购和装配化施工进行全方位统筹，系统配置各项资源，实现设计-生产-施工-运营全生命周期的统一管理，实现装配式建筑的高度组织化[20]。

2. EPC 总承包模式有助于降低装配式建筑项目的工程造价

装配式建筑在推进过程中存在的突出问题之一就是成本问题，在 EPC 总承包管理模式下，总承包商作为项目的主导者，从全局角度出发，对项目全生命周期进行管理[18]。在设计阶段就能初步确定部品部件、物料的内容和数量，随着深化设计的不断推进，可以更加精准地确定不同阶段的采购内容和采购数量等。由分批、分次、临时性、无序性的采购模式转变为精准化、规模化的集中采购，减少应急性集中生产成本、物料库存成本以及相关的间接成本，从而降低工程项目整体采购成本。在总承包商的统一管理下，各参与方将目标统一为项目整体造价最低。通过全过程优化资源配置，统筹各专业和各参与方工作，减少工作界面，降低建造成本。同时，EPC 模式下，装配式建造将实现人工成本的大幅度节约，无论产业工人需求数量的减少还是管理团队的有效整合，都将进一步降低建造过程中的人工成本和间接成本[21]。

3. EPC 总承包模式有利于缩短装配式建筑项目的建造工期

EPC 总承包模式下，总承包单位在设计阶段对装配式建筑项目展开整体规划，且能够对施工的各个环节进行合理的管控，各项工作能够合理穿插、深度融合，工作顺序转变为叠加型、融合性作业，后续工作可与前置工作交融，如在设计阶段就可以部署采购工作，在构件的生产阶段就可以摸索现场的装配方案等[22]。其次，EPC 模式下，原来传统的现场施工分成为工厂预制和现场组装两个板块，可以实现由原来同一现场空间的交叉性流水作业，转变成工厂和现场两个空间的部分同步作业和流水性组装作业，缩短了整体建造时间。再次，基于精益建造思想，工厂机械化、自动化作业，现场的高效化装配，可以大大提高生产和装配的效率，进而大大节省整体工期[21]。最后，借助信息化管理技术，各参与方、各专业的信息能够及时交互共享，减少了沟通协调时间，缩短工期[20]。

EPC 总承包模式在装配式建筑中的构建思路可简单概述如下：1）充分考虑装配式建筑与 EPC 总承包模式的契合点，两者的核心理念都是一体化管理，用集成化的管理理念构建适合装配式建筑项目的 EPC 总承包模式，使设计、生产、施工三个阶段相互联系、相互融合；2）详细分解 EPC 总承包模式下的组织模式、范围管理、质量管理、进度管理、成本管理等方面在装配式建筑项目设计、生产、施工、运营四个阶段的具体管理内容；3）结合先进的信息化管理工具，通过数字化方法，实现业主、总承包商、分包商、供应商的信息交互和共享，确保项目信息流的系统运转，实现管理信息化、规范化、系统化、科学化，提高项目管理的效率和效益[18]。

参考文献

[1] 莫伊泽．装配式住宅建筑设计与建造指南——建筑与类型［M］．高喆，译．北京：中国建筑工业出版社，2019.

[2] 卢求．德国装配式建筑及全装修发展趋势［J］．建设科技，2018（20）：96-103.

[3] 彭柳，易郴，马骋．“一带一路”国家建筑工业化的发展研究［J］．建筑与装饰，2020（4）：53-54.

[4] 鞠丽．国际装配式建筑发展盘点［N］．中国建材报，2017-03-29（4）．

[5] 王志成．美国装配式建筑产业发展态势（一）［J］．建筑，2017（09）：59-62.

[6] 张超．基于 BIM 的装配式结构设计与建造关键技术研究［D］．东南大学，2016.

[7] 余腾飞．BIM 技术在装配式建筑设计阶段中的应用研究［D］．重庆大学，2018.

[8] 王洁凝．国外发展木结构建筑的经验及对我国的启示［J］．工程质量，2017，35（06）：16-20.

[9] 杨学兵，欧加加．我国装配式木结构建筑体系发展趋势［J］．建设科技，2018（05）：6-11.

[10] 张翩翩．装配式住宅建筑在乡村发展中的探索［D］．浙江大学，2018.

[11] 杨学兵．装配式木结构建筑体系发展与应用［J］．建设科技，2017（19）：57-62.

[12] 李珺杰，王庆国，吕帅，等．现代木造建筑工法与预制装配式设计的关系——以加拿大建造技术为例 [J]. 建筑学报，2018（06）：106-111.
[13] 中华人民共和国住房和城乡建设部．装配式钢结构建筑技术标准：GB/T 51232—2016 [S]. 北京：中国建筑工业出版社，2016.
[14] 朱守见．浅析在老旧的排架结构厂房内施工深基坑的新方法 [J]. 中国房地产业，2016（4）.
[15] 崔璐．预制装配式钢结构建筑经济性研究 [D]. 山东建筑大学，2015.
[16] 中华人民共和国住房和城乡建设部．装配式混凝土结构技术规程：JGJ 1—2014 [S]. 北京：中国建筑工业出版社，2014.
[17] 杨哲慧．面向安全的装配式建筑施工现场平面布置研究 [D]. 东南大学，2018.
[18] 金晨晨．基于装配式建筑项目的 EPC 总承包管理模式研究 [D]. 山东建筑大学，2017.
[19] 姚卫涛．EPC 模式下装配式住宅建筑总承包商成本控制研究 [D]. 河北工程大学，2019.
[20] 叶浩文．推行一体化建造推动建筑业高质量发展 [J]. 建筑，2019（09）：20-22.
[21] 叶浩文，周冲，王兵．以 EPC 模式推进装配式建筑发展的思考 [J]. 工程管理学报，2017，31（02）：17-22.
[22] 徐贵潭．EPC 模式在装配式建筑发展中的应用 [J]. 砖瓦，2021（6）：65-66.

第 2 章　项目管理概论

20 世纪 50 年代至今，项目管理理论和项目管理实践得到了长足的发展。项目无论大小，均可应用项目管理理论高效实现项目目标。美国曼哈顿计划及阿波罗计划、我国太空空间站的建设、载人航天器的发射、北京 2008 年奥运会和 2010 年世博会等大型项目的成功举办，无一不是项目管理理论在实际项目中的成功实践。

为了更加深入地理解项目管理理论如何指导工程项目建设，并且探索如何将项目管理理论应用于装配式建筑 EPC 项目中，首先要了解项目管理的产生与发展过程，掌握项目管理的基本概念，学习先进的项目管理知识体系和常用的项目管理工具。

2.1　项目管理的产生和发展

公元前三世纪，战国时代蜀郡守李冰父子就已将系统管理的思想运用至四川都江堰水利工程的设计修建过程。北宋科学家沈括在《梦溪笔谈》中记载的关于北宋祥符年间大臣丁谓受命修复皇宫时“一举而三役济，省费以亿万计”的事例，体现了统筹管理的思想。北宋时期曾任主管营造的将作少监李诫编撰的《营造法式》一书，体现出明显的质量控制和标准化管理思想，并且完整记录了劳动定额的计算方法。然而，早期的项目管理并没有形成系统的理论与方法，仅依靠管理者的个人经验执行。随着人类社会的进步与社会生产活动的开展，项目管理方法在实践中不断得到总结、深化和发展，逐步形成完善的理论体系。项目管理的发展历程如图 2-1 所示。

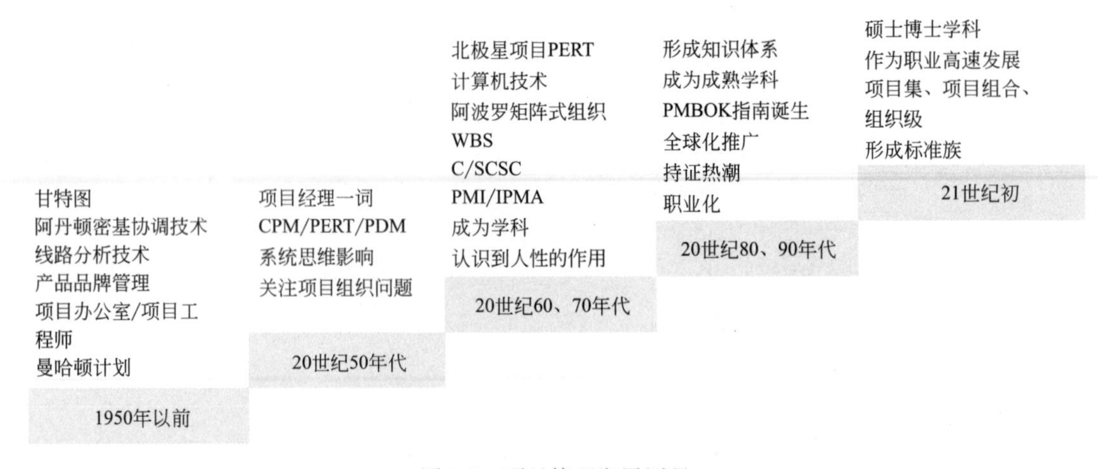

图 2-1　项目管理发展历程

20 世纪初期，随着科学技术的发展和产业规模的扩大，人们开始有意识地探索科学的项目管理方法。亨利 · 甘特（Henry Gantt）在 19 世纪初期发明了甘特图（又称横道图)，被广泛应用于项目进度的计划与控制。

20 世纪 50 年代，工程技术人员应用网络计划技术（Network Planning Techniques）编制复杂项目的进度计划。1957 年，美国杜邦公司将关键路线法（Critical Path Method，简称 CPM）应用于化工项目，大大缩短了建设工期，节省了项目投资。

20 世纪 50 年代后期，美国海军部在“北极星导弹计划”中利用计算机作为管理工具，采用计划评审技术（Program Evaluation & Review Technique，简称 PERT），解决了涉及 48 个州的 200 多个主要承包商和 11000 多家企业的组织和协调问题，缩短工期约两年。PERT 的出现，被公认为是现代项目管理的起点。1962 年，美国国防部规定，凡承包美国国防部有关工程的单位都必须采用 PERT，为项目管理学科的发展奠定了基础。同时期，美国在“阿波罗计划”中，通过立案、规划、实施和评价，开发了著名的矩阵管理技术和计划项目预算体系。冷战时期，为推进航天技术的发展，美国召开全国技术管理会议，出版了会议论文汇编集《科学、技术与管理》，首次对项目管理的理论与实践、技术与方法进行了系统的归纳和总结。

1969 年美国项目管理学会（Project Management Institute，简称 PMI）成立，同时期欧洲成立了国际项目管理协会（International Project Management Association，简称 IP-MA)。经过长期的探索和总结，在发达国家中，项目管理已逐步发展成为独立的学科体系，并成为管理学的重要分支。PMI 从 1976 年开始进行项目管理标准的编制工作，于 1987 年正式出版了《项目管理知识体系》(Project Management Body of Knowledge，简称 PMBOK，PMBOK 的第七版在 2021 年发布)。

我国项目管理理论的发展较为缓慢。1966 年华罗庚[1] 出版了《统筹方法平话及补充》，对网络计划技术、关键路径法和计划评审技术进行了描述。1978 年，钱学森[2] 发表了《组织管理的技术——系统工程》，对系统工程的概念、内涵、应用前景等作了说明。同时，我国项目管理实践开展得也较晚。20 世纪 80 年代初，鲁布革水电站项目作为我国最早借鉴和采用国际先进项目管理方法的项目，对项目实施了有效管理。1999 年我国正式引入 PMI 的《PMBOK 指南》(第一版）和 PMP 认证。21 世纪初，高等院校开始开设项目管理的相关课程，项目管理在我国得到了迅速发展，项目管理的应用也从建设工程领域逐步扩展到各行各业。

随着信息时代的来临和高新技术产业的飞速发展，企业从提供标准化产品转型为提供创新型产品与服务，基于制造业生产模式下的企业管理方法已无法快速响应当前客户不断变化的、个性化的产品和服务需求。项目管理方法正在深刻影响着企业的发展与未来。

2.2　项目管理

本节主要介绍项目管理的基本概念以及企业通过项目管理可以实现哪些目标。在介绍项目管理之前我们需要先了解项目是什么，具有哪些特征。

2.2.1　项目的定义

项目的具体例子在生活中随处可见，例如，举行一次研讨会，开发一个软件，盖一栋大楼等。那么，项目到底是什么?

哈罗德·科兹纳博士认为，项目是具有以下特征的一系列活动和任务：

- 有一个在特定计划内要完成的具体目标；
- 有明确的开始和结束日期；
- 有经费限制；
- 需要消耗人力和非人力资源。

R. J. 格雷厄姆认为，项目是为了达到特定目标而调集到一起的资源组合，是一次性的、独特的工作集合，即按某种规范及应用标准创造某种新产品或某项新服务。这些工作应当在限定的时间、成本、资源等约束下完成。

Joan Knutson 和 Ira Bits 认为：项目是为达到某种目标而精心组织的过程，该目标起初较为模糊，但采用渐进明细的方法可以使其在每个细度层级拥有逐步明确的目标和计划。

《PMBOK 指南》(第六版)[3] 中项目的定义为：项目是为创造独特的产品、服务或成果而进行的临时性工作，并具有以下特征：

(1) 唯一性。是指组成项目的工作及其环境必定在某一方面与以前的不同，即不存在完全一样的项目，每个项目都会创造独特的产品、服务或成果。简言之就是“世界上没有两片完全相同的树叶”，即使项目的产品是完全相同的，执行项目的环境会不同，也会造成不同项目之间或多或少的差异。这些差异的存在，使项目的展开总存在一定的风险。例如：依照相同的图纸在已建大楼旁修建另一座大楼，尽管所得产品可能完全相同，但项目所需集成的资源、所处的市场环境和市场风险可能有很大不同。

(2) 临时性。指每个项目都有明确的开始时间和结束时间，具有时间约束性，持续时间可长可短；且项目是一次性的，项目组织机构可随项目的结束而重组。例如：三峡工程持续了 10 多年时间，而一个软件开发项目可能仅持续几个月。

(3) 多目标性。项目的目标包括成果性目标和约束性目标。项目的成果性目标是项目必须实现的，约束性目标是项目管理者努力的方向。在项目实施过程中，成果性目标由一系列技术指标定义，并同时受到多种约束性目标的制约。项目目标属性的根源是使利益相关者获益，利益相关者的多元性，导致了项目目标的多样性。项目多个目标之间可以相互协调，也可能相互制约。在项目执行过程中必须注意各目标之间的平衡，在各利益相关者满意的前提下，实现系统目标最优。

(4) 相互依赖性。项目由若干相互关联、相互依赖的子过程组成，是一个相互关联的系统，应当采用系统的观点和方法去组织项目。一个项目各阶段、各环节之间是相互影响、相互依赖的有机整体，不应只考虑某一环节的优化，而应考虑整体最优。

(5) 冲突性。冲突性是指项目的不一致性会导致项目中存在各种各样的冲突。项目管理中唯一不变的是变化，不确定性贯穿于项目整个生命周期，不确定性引起不一致性从而产生冲突。

由此可见，项目是一个广义的概念，凡符合项目定义和特点的活动都可称之为项目。工程项目是广义项目中的重要一类，《建设工程项目管理规范》GB/T 50326—2017[4] 根据工程项目的特征将其界定为：为完成依法立项的新建、扩建、改建等各类工程而进行的、有起止日期的、达到规定要求的一组相互关联的受控活动组成的特定过程，包括策划、勘察、设计、采购、施工、试运行、竣工验收和考核评价等。《建设项目全过程造价咨询规程》CECA/GC 4—2017[5] 则从工程项目的活动内容角度将其定义为：需要一定的投资，经过决策和实施的一系列程序，在一定的约束条件下，以形成固定资产为明确目标的一次性的活动，是按一个总体规划或在设计范围内进行建设的，实行统一施工、统一管理、统一核算的工程，往往是由一个或数个单项工程构成的总和。工程项目除具有项目的一般特性以外，还具有其自身的特点[6]：

- 项目的产品是工程；
- 以形成固定资产作为特定目标；
- 需要遵循必要的建设程序和特定的建设过程，例如经过设计、采购、施工等；
- 项目实施主体的多元性，尤其是大型复杂工程项目，通常由多个分项目组成；
- 项目管理模式的多样性，工程项目可以分解或组合成多种多样的管理模式，例如设计、采购、施工采用分别发包的模式或采用总体发包的模式等。

2.2.2　项目的生命周期

正所谓“土木之工，不可擅动”，无论采用哪种生产方式，工程所需的资源、信息和资金都是巨大的，任何一点失误都将产生相应的损失。如果将建造的全过程比作一首交响乐，那么每个演奏者的乐器、技艺、配合对于整个作品的表现都至关重要。对应于建筑工程项目漫长的生命周期，不同的参与者饰演不同的角色，角色的出场顺序和表演时间至关重要。

项目的生命周期是指项目从启动到完成所经历的各个阶段，通常根据管理需求、项目性质、行业技术特性或项目决策点进行划分，可为管理项目提供基本框架。一般可将项目生命周期结构划分为“启动项目、组织与准备、执行项目、结束项目”四个阶段。启动项目是要明确项目要求及目标；组织与准备是为实现项目目标制定出一个切实可行的实施计划；执行项目是实现项目产品并进行监控；结束项目是将项目产品移交给客户并将项目文件进行归档。

项目生命周期结构通常具有以下特征：

1. 成本与人力投入在项目初始阶段较低，在项目执行期间达到最高，并在项目逼近结束时迅速降低，如图 2-2 所示。

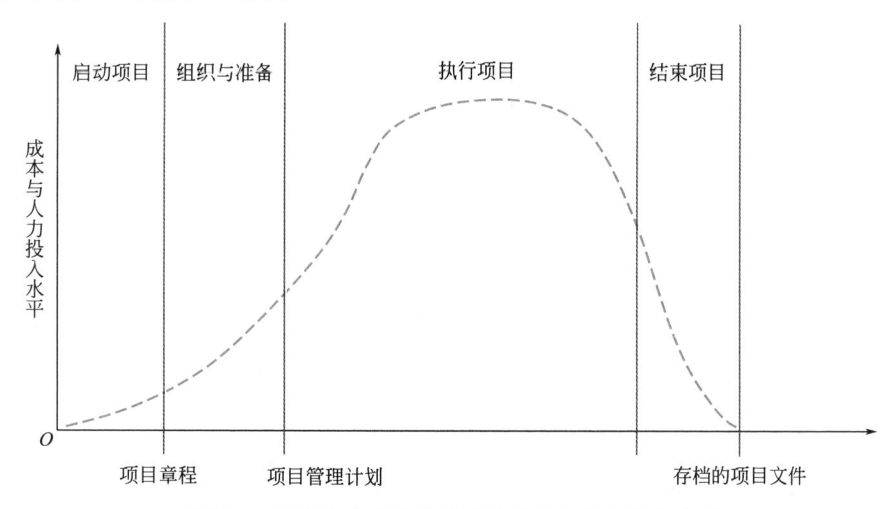

图 2-2　项目生命周期中典型的成本与人力投入水平

2. 干系人影响力、项目风险与不确定性在项目初始阶段最大，并在项目的整个生命周期中随着项目的进行递减，如图 2-3 所示。

3. 项目变更的影响在项目初始阶段最小，并随着项目的进行快速增加。因此，在不显著影响项目成本的前提下，如有项目变更情况，应尽早执行，如图 2-3 所示。

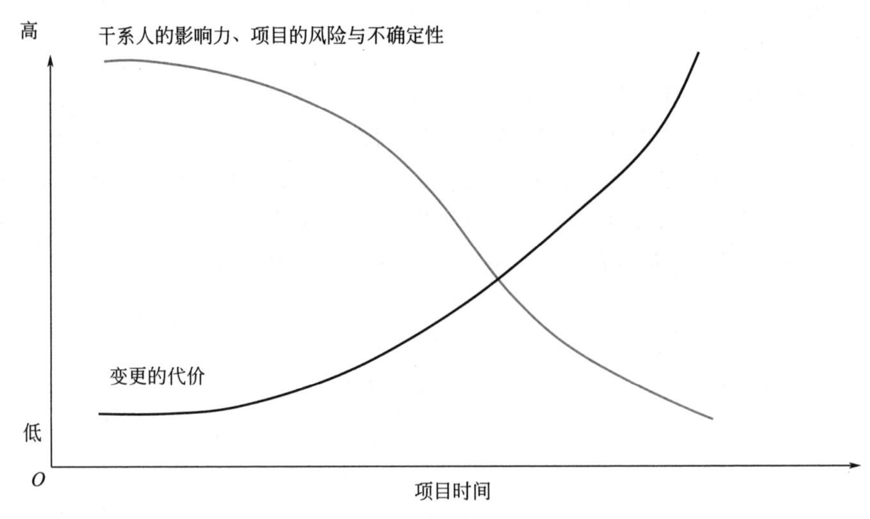

图 2-3　随项目时间而变化的变量影响

项目阶段一般具有以下特征：一是每个阶段的结束点上，都会有一个或多个可交付成果，可交付成果的实现是一个阶段完成的标志，是衡量项目的关键里程碑；二是各个阶段的工作重点不同，需要涉及不同的组织及不同的技能组合；三是项目各阶段均需要进行过程控制，并以成功实现项目各个阶段的主要可交付成果为目标。

项目阶段大多数按顺序完成，但在某些情况下也可重叠。项目阶段与阶段之间的关系通常有三种，顺序关系、交叉关系和迭代关系：1）顺序关系，是指在前一个阶段完成后才能开始下一阶段的工作。例如工程建设项目，通常情况下要在设计阶段完成后，才可以进入施工阶段。2）交叉关系，是指在前一阶段完成前就开始下一阶段的工作，可作为进度压缩的一种技术，被称为“快速跟进”。例如在高层建筑施工阶段，在主体结构施工完成前，可以进行下部楼层的机电安装和装饰装修工作，缩短项目工期。3）迭代关系，即一次只规划一个阶段，下一阶段的规划取决于前一阶段的成果；迭代关系适合在快速变化或者高度不明确的环境中使用。例如在大型住宅开发项目中，由于开发周期较长，通常需要分阶段开发，后一阶段的产品形态应根据前一阶段的销售情况和市场需求进行调整，使项目商业价值最大化。

2.2.3　项目管理的定义

《PMBOK 指南》（第六版）[3] 中对项目管理的定义为：将各种知识、技能、工具与技术应用于项目活动，以满足项目的要求。可以借用法国管理学先驱亨利·法约尔在 1916 年提出的管理概念来进行进一步说明。亨利·法约尔认为“管理是预测和计划、组织、协调以及控制。预测和计划指预测未来并确定行动计划；组织指建立二元结构（材料和人员）；协调指统一步伐、团结一致；控制指使一切事情按原定标准和指令实现”[7]。

项目管理应在项目生命周期内实现动态管理，不断综合协调与优化资源配置，作出科学决策，从而使项目执行的全过程处于最佳状态，产生最佳效果。项目管理是以项目经理负责制为基础的目标管理，一般在三个维度展开管理活动：1）时间维度，即把项目生命周期划分为若干阶段，进行阶段管理；2）知识维度，即针对项目生命周期的不同阶段采用不用的管理技术方法；3）保障维度，即对项目执行过程中的人力、物力、财力、技术及信息等的保障管理。

2.3　项目集与项目组合管理

2.3.1　项目集管理

项目集是通过协调管理而取得单独管理这些项目时无法获得的利益的一组相互关联的项目。项目集中的各个单项目间必须相互依赖，同时，必须对这些项目进行统一协调管理，可能包括项目集中各单项目范围之外的相关工作，以获得对单项目分别管理所无法实现的利益和控制，即实现 1+1>2 的效果，最终实现整体管理目标。项目集应用知识、技能、工具、技术以实现增值收益。项目集中的项目需要共担风险，共享组织的资源，同样也需要进行项目之间的资源调配。同项目管理相比，项目集管理是对一个项目集采取集中式的协调管理，对多个组件进行组合调整，通常在高于单个项目管理层面的层级上进行。项目集管理不直接参与单项目的日常管理，而是侧重在整体上进行计划、控制和协调，指导各个单项目的具体管理工作。项目集管理与项目管理的主要区别在于：项目集管理一般以实现某一综合能力为目标；项目管理一般以完成一个既定产品为目标，如图 2-4 所示。

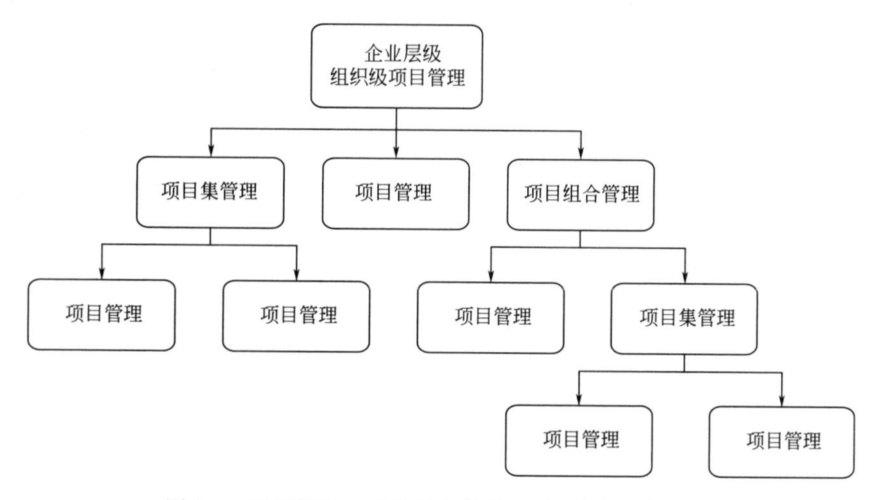

图 2-4　项目管理、项目组合管理、项目集管理关系图

2.3.2　项目组合管理

项目组合是指为实现战略目标而集合在一起，以便进行有效管理的一组项目、项目集和其他工作，项目组合中的项目或项目集不一定彼此依赖或直接相关。项目组合会确认组成项目的优先级别，从而制定投资决策并分配资源。

项目组合管理是为了实现特定的战略目标，对一个或多个组合进行集中管理，包括对项目、项目集和其他相关工作的识别、优先排序、授权和控制等活动。

项目组合管理与项目集管理的区别在于，项目集的多个项目间存在依赖关系；项目组合所集成的对象是彼此可能不存在依赖关系的项目、项目集和其他工作，如图 2-4 所示。值得注意的是，如果一组项目间仅由于共享某种资源（资金、设备、干系人）而关联在一起，那么这组项目只能被称为项目组合而非项目集。项目、项目集、项目组合管理的比较见表 2-1。

项目、项目集、项目组合管理的比较　　表 2-1

	项目	项目集	项目组合
定义	项目是为创造独特的产品、服务或成果而进行的临时性工作	项目集是一组相互关联且被协调管理的项目，以便获得分别管理所无法获得的效益	项目组合是为实现战略目标而组合在一起管理的项目、项目集和其他工作的集合
范围	项目具有明确的目标，项目范围在整个项目生命周期中是渐进明细的	项目集的范围包括其项目集组件的范围，项目集通过确保各项目集组件的输出和成果协调互补，为组织带来效益	项目组合只有一个范围，随着组织战略目标的变化而变化
变更	项目经理对变更进行管理和控制，并试图把变更控制在最小	随着项目集各组件成果和/或输出的交付，项目集经理在必要时接受和适应变更，或主动利用变更	项目组合经理持续监控更广泛范围内的变更
计划	在整个项目生命周期中，项目经理渐进明细高层级的信息，并将其转化为详细的计划	项目集经理制定项目集整体计划，并制定项目宏观计划来指导下一层次的详细规划	项目组合经理建立并维护与总体项目组合有关的必要过程和沟通
管理	项目经理是团队协作者，为实现项目目标而管理技术人员和专业人员等	项目集经理是领导者，管理项目经理和项目集人员	项目组合经理是领导者，管理或协调项目组合管理人员或向项目组合报告的项目集和项目人员
监督	项目经理监控项目开展中生产产品、提供服务或成果的工作	项目集经理监督项目集组件的进展，确保整体目标、进度计划、预算和项目集效益的实现	项目组合经理监督战略变更以及总体资源分配、绩效成果和项目组合风险
成功	以是否符合成本、进度及质量目标来衡量成功	以投资收益率、新增生产能力、实现的收益等来衡量成功	通过项目组合的总体投资效果和实现的效益衡量成功

2.4 项目管理知识体系

美国项目管理协会（PMI）成立于 1969 年，是全球领先的项目管理行业的倡导者。经过几十年的实践探索，于 1984 年最早提出项目管理知识体系（PMBOK），并不断修订形成了一套较为成熟的项目管理理论体系，该体系也被美国等西方发达国家作为政府、企业及组织机构核心部门的运作模式。共分为十大知识领域和五个基本过程组。国际标准组织（ISO）以 PMBOK 为框架，强调项目管理过程中要交付高质量成果的关键要素，制定了 ISO10006 标准。建筑工程项目作为项目的一类，也将遵守项目管理的基本原则，PMI 项目管理的基本概念也同样适用于建筑项目。

2.4.1　项目管理过程

《PMBOK 指南》（第六版）[3] 中指出，项目管理是通过运用并合理整合 49 个项目管理过程实现的。根据逻辑关系，可以将这 49 个过程归类为五大过程组，即启动过程组、规划过程组、执行过程组、监控过程组和收尾过程组，它们在整个生命周期内以不同程度互相重叠，如图 2-5 所示。这些过程组通过所需要的输入和所产生的输出相互关联，某一个过程的输出往往是另一个过程的输入。这五大过程组与应用领域或行业无关，是通用的项目管理过程划分方式。在项目完成之前，往往需要反复实施过程组中的单个过程，过程迭代的次数和过程间的相互作用因具体项目的需求而不同。过程组不同于项目阶段，如果将项目划分为若干阶段，则在一个阶段内可能发生所有的过程组，各过程组根据需要在每个阶段中迭代，直至达到该阶段的完工标准。本书将在第 3 章中结合 EPC 项目管理特征，对项目管理的五大过程组进行详细介绍。

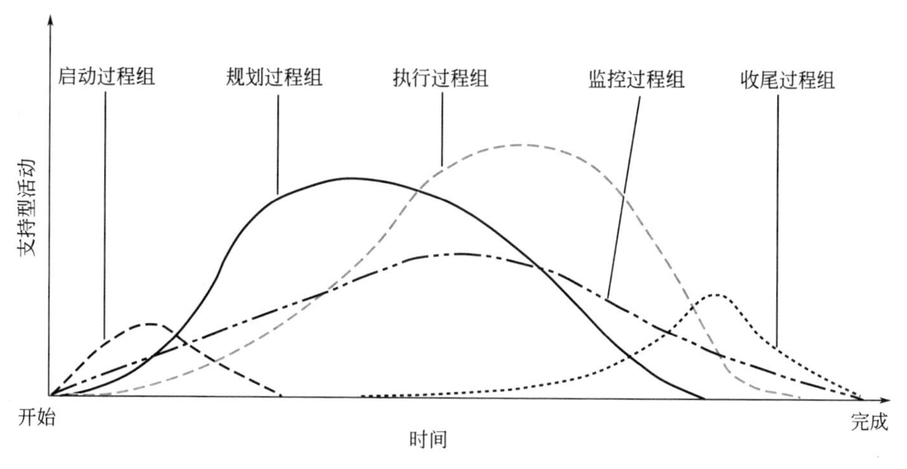

图 2-5　项目或阶段中的过程组相互作用示例

2.4.2　项目管理知识领域

项目管理的十大知识领域介绍了项目管理知识和实践中包含的各过程，包括项目整合管理、项目范围管理、项目进度管理、项目成本管理、项目质量管理、项目资源管理、项目沟通管理、项目风险管理、项目采购管理以及项目相关方管理。本书将在第 3 章中结合 EPC 项目管理特征，对项目管理的十大知识领域中的重点内容进行详细说明。

2.5　项目管理工具

《PMBOK 指南》（第六版）[3] 中介绍了 132 个管理工具与技术，本章主要对建设工程中常用的项目管理工具，如工作分解结构、挣值管理、价值工程、项目质量管理工具和项目进度计划编制工具进行详细介绍。

2.5.1 工作分解结构（WBS）

工作分解结构（Work Breakdown Structure，简称 WBS）的主要目的是通过对完成项目目标的主要工作内容做出逐层级的划分，渐进明细地明确项目工作范围，以实现对项目工作进度、成本和质量的管理。建筑工程项目的典型工作分解结构如图 2-6 所示。

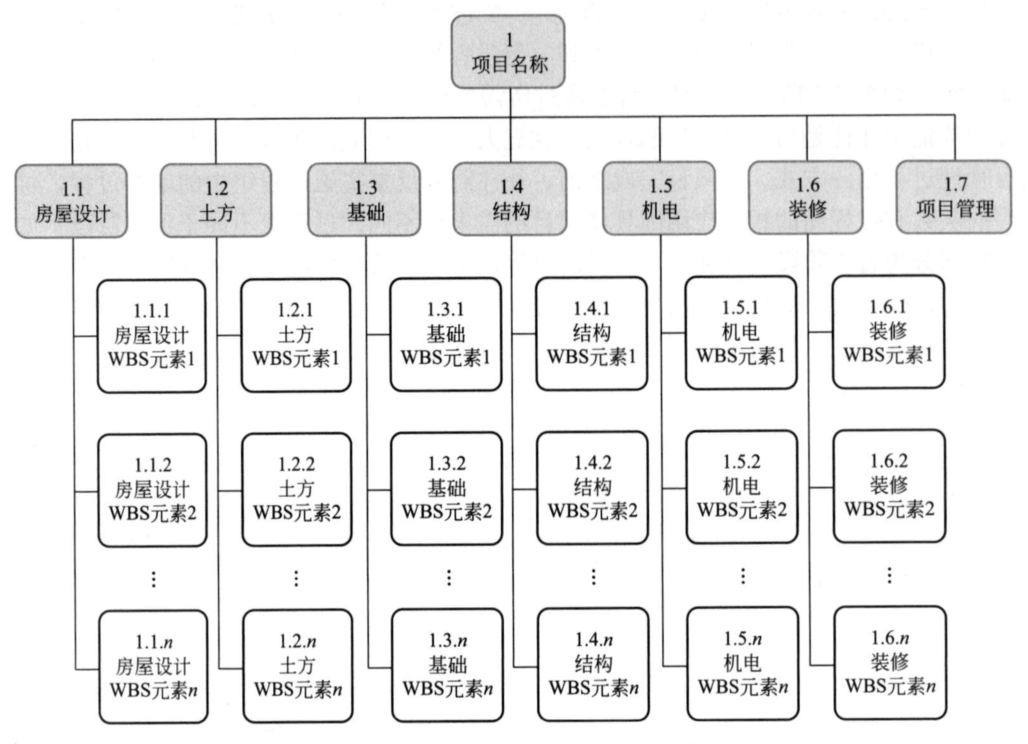

图 2-6 建筑工程项目的典型工作分解结构

1. 工作分解结构的基本概念

《PMBOK 指南》（第六版）[3] 对 WBS 的定义为，项目团队为实现项目目标、创建可交付成果而需要实施的全部工作范围的层级分解。WBS 组织并定义了项目的总范围，代表着经批准的当前项目范围说明书中所规定的工作，是对项目范围做 100%描述的方法和工具。100%原则是 WBS 的核心特点，此原则说明 WBS 包括项目范围所定义的所有工作内容以及所有可交付成果。此原则适用于 WBS 的所有层次，即“子”层次上的工作总和应 100%地完全等于“母”层次上的工作。同时，WBS 不应包括项目范围以外的任何工作，即不能超出 100%的工作范围。WBS 最底层的组成部分称为工作包，可对其成本和持续时间进行估算和管理，以便开展监督与控制。应该根据“便于管理和控制所需的详细程度”这条原则来进行工作分解，以实现对项目的高效管理。

2. 工作分解结构的主要作用

WBS 是项目管理的主要工具之一，是开展其他项目管理过程的基础，主要作用如图 2-7 所示。

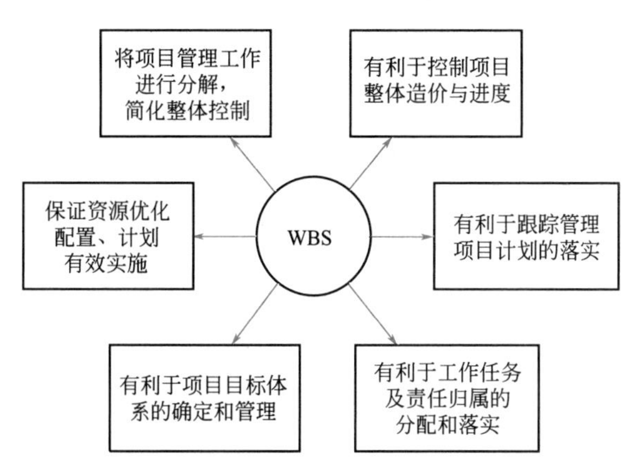

图 2-7　WBS 在项目管理中的作用

3. 编制工作分解结构

编制 WBS 是把项目范围和可交付成果分解成较小、更易于管理的组件的过程。编制 WBS 的常用方法包括大纲法、组织机构图法、鱼骨图法、自下而上法及自上而下法。由于项目的复杂程度不一样，WBS 分解层数也不相同，一般来讲最上面的一、二层是从管理角度来分解，其次再从技术角度进一步分解、细化、完善。一般情况下，工作包的大小遵循所需时间历时小于等于 80 小时的原则，这是 PMI 认证的标准。在实际应用中，不同行业的标准存在一定的差别，如软件开发项目多执行 40 小时报告机制（每周汇报），而大型基础设施行业实行 160 小时报告机制（每月汇报）。

为了便于统一管理，WBS 由必须执行的任务清单及其唯一代码两要素组成，最常见的 WBS 表示方法有以下两种：

（1）清单式（也称表格式）WBS，如表 2-2 所示。

清单式 WBS 示例　　表 2-2

第一层级	第二层级	第三层级	第四层级
建筑工程	项目管理	项目启动	
		项目协调	
		项目控制	
		项目结束	
	计划与管理		
	确认与验证		
	市政设施联结	供水与排污	
		电力与供暖	
		宽带	
		电视	
		电话	

（2）树状图 WBS，如图 2-6 所示，可以清晰地描述各任务间的归属关系，这是 WBS 最常用的表示方法。

在工程项目建设中，项目管理团队对于工作分解通常存在以下问题：

（1）只注重创造项目产品的过程，忽略项目管理过程。创造项目产品的过程是构成项目最终可交付实体所需进行的生产活动，项目管理是在有限的资源条件下实现项目目标，对这些生产活动进行规划、实施和控制的过程，两者同等重要；并且项目管理的过程同样需要耗费项目资源，所以项目管理活动应该纳入到项目工作分解结构中。

（2）只对主要的设计、施工过程进行工作分解，忽略新技术的应用过程。例如，在项目启动阶段，业主提出需要通过应用 BIM 技术进行设计图纸协同审查，提高设计质量，指导项目施工。但是在制定项目工作分解时，没有将 BIM 联合审查列为项目的工作内容，也没有为 BIM 联合审查安排合理的资源，更没有为 BIM 联合审查工作的交付成果建立质量标准，导致 BIM 技术应用效果欠佳。

2.5.2 挣值管理[8]

项目控制诸因素之间是互相联系、相互影响的，其中一项变更往往会影响其他各项。所以，项目经理要避免进行孤立的单项管理，必须注意采用成本/进度综合控制技术，追求项目的综合经济效益。挣值管理实现了对项目成本与进度的综合检测与监控，在实践中被证明是一种有效的项目管理工具。它首先在国防工程中应用并获得成功，然后推广到其他工业领域。20 世纪 80 年代，世界上主要的工程公司均已采用挣值原理作为项目管理和控制的准则，并做了大量的基础工作，推进了挣值原理在项目管理和控制中的应用。

1. 基本概念

挣值管理（Earned Value Management，简称 EVM）又称赢得值法，是一种综合考虑项目的成本、进度和资源，以评估项目绩效和进展的项目管理方法。相较于传统的项目管理方法，挣值管理的最大意义在于能尽早地向项目经理、高管人员和客户发出警告，从而使项目经理有足够的时间采取必要的措施，帮助项目改善绩效表现。EVM 是在美国政府的大力推动下逐步发展起来的，英国、日本和加拿大等国也陆续把挣值管理系统引入政府和工业界。EVM 中的测量指标一般来自传统的标准成本测量体系，通过对预算、成本、进度数据进行比较，计算出以货币为单位的进度偏差和成本偏差，形成一种具有可比性的财务数据，表达项目绩效测量结果和绩效偏差。

2. 三个关键指标

在介绍挣值管理方法之前，首先介绍三个关键指标：

（1）计划价值（Planed Value，简称 PV），也称为计划工作预算成本（Budgeted Cost of Work Scheduled，简称 BCWS），是指按照已批准的进度计划，在一给定的期限内计划完成的工作量的预算成本。

（2）挣值（Earned Value，简称 EV），也称为已完成工作预算成本（Budgeted Cost of Work Performed，简称 BCWP），是指在一给定的期限内实际完成工作量的预算成本。

（3）实际成本（Actual Cost，简称 AC），也称为已完成工作实际成本（Actual Cost of Work Performed，ACWP），是指在一给定的期限内实际完成工作量的实际成本。

3. 偏差和绩效指标

在以上三个关键指标的基础上，可以计算项目的成本偏差与进度偏差，从而为控制进度和成本提供依据。挣值分析法的四个评价指标包括：进度偏差（SV）、成本偏差

（CV）、成本绩效指数（CPI）和进度绩效指数（SPI）：

（1）进度偏差（Schedule Variance，简称 SV），是指检查日期的挣值 EV 和计划价值 PV 之间的差异，表示某一时间点项目提前或落后的进度：

SV＝EV－PV＝BCWP－BCWS

当 SV＞0 时，表示实际进度提前；

当 SV＝0 时，表示实际进度与计划进度相符；

当 SV＜0 时，表示实际进度延误。

（2）成本偏差（Cost Variance，简称 CV），是指检查日期的挣值 EV 和实际成本 AC 之间的差异，表示某一时间点预算的亏空或盈余：

CV＝EV－AC＝BCWP－ACWP

当 CV＞0 时，表示实际消耗的人工（或费用）低于预算值，即有结余；

当 CV＝0 时，表示实际消耗的人工（或费用）与预算值相等；

当 CV＜0 时，表示实际消耗的人工（或费用）超出预算值，即超支。

（3）成本绩效指数（Cost Performed Index，简称 CPI），指挣值 EV 与实际成本 AC 之比，用来测量已完成工作的成本效率：

CPI＝EV/AC＝BCWP/ACWP

当 CPI＞1 时，表示低于预算，即实际费用成本低于预算成本；

当 CPI＝1 时，表示实际成本与预算成本吻合；

当 CPI＜1 时，表示超出预算，即实际成本高于预算成本。

（4）进度绩效指数（Schedule Performed Index，简称 SPI），指挣值 EV 与计划价值 PV 之比，反映了项目团队利用时间的效率：

SPI＝EV/PV＝BCWP/BCWS

当 SPI＞1 时，表示进度超前；

当 SPI＝1 时，表示实际进度与计划进度一致；

当 SPI＜1 时，表示进度延误。

一个项目的计划价值、挣值、实际成本三个值之间的关系及偏差、绩效指标可归纳为 6 种情况，见表 2-3。

挣值法参数分析　　表 2-3

序号	图形	三参数关系	分析	措施
1	ACWP BCWS BCWP	ACWP＞BCWS＞BCWP SV＜0　CV＜0	效率低 进度较慢 投入超前	用工作效率高的人员更换一批工作效率低的人员
2	BCWS BCWP ACWP	BCWP＞BCWS＞ACWP SV＞0　CV＞0	效率高 进度较快 投入延后	若偏离不大，维持现状

续表

序号	图形	三参数关系	分析	措施
3	BCWP ACWP BCWS	BCWP>ACWP>BCWS SV>0 CV>0	效率较高 进度快 投入超前	抽出部分人员，放慢进度
4	ACWP BCWP BCWS	ACWP>BCWP>BCWS SV>0 CV<0	效率较低 进度较快 投入超前	抽出部分人员，增加少量骨干人员
5	BCWS ACWP BCWP	BCWS>ACWP>BCWP SV<0 CV<0	效率较低 进度较慢 投入延后	增加高效人员投入
6	BCWS BCWP ACWP	BCWS>BCWP>ACWP SV<0 CV>0	效率较高 进度较慢 投入延后	迅速增加人员投入

用挣值原理进行项目的费用/进度综合控制，可以克服以往通常采用的进度和费用分开进行控制的缺点，即当我们从统计数字或图形中发现费用超支时，很难立即判断是由于费用消耗超出预算，还是由于进度提前；同理，当我们从统计数字或图形中发现费用消耗低于预算时，也很难立即知道是由于费用节省还是进度拖延的缘故。

4. 项目趋势预测

项目预测是项目跟踪和控制的一种基本方法，根据绩效分析数据对项目未来的状况做出评估，并随着项目执行进行更新和重新发布。项目成本或进度的偏差会影响项目的收益和现金流，极端情况下还可能会影响项目的寿命。因此，及时、准确的预测能帮助项目获得成功。

挣值管理不仅能够对项目的成本和进度进行持续的监控，帮助项目团队掌握项目绩效的实际状况，还能对项目最终成本进行连续的预测，即预测完工估算和完工尚需估算。

(1) 完工估算（Estimate at Completion，简称 EAC）是指在项目进行过程中，根据工作绩效执行情况和发生变化的条件，最新一次估算的完工总预算。EAC 通常按照以下方法计算。

1)“乐观”的完工估算，即假设从监控点开始，以后所有工作均按照计划和预算完成，不会再出现类似偏差和成本超支的情况，这也是一种理想的状态。计算公式如下：

$$EAC=AC+BAC-EV$$

上式中BAC是指完工预算（Budgeted Cost at Completion，简称BAC），即完成整个项目的预算成本。

2）“最有可能”的完工估算，即通过累积成本绩效指数计算的完工估算，是最常用的一种计算方法，因累积成本绩效指数是采用长期积累的历史数据，所以也被认为是“最有可能”的完工估算。计算公式如下：

$$EAC=AC+(BAC-EV)/CPI$$

3）“悲观”的完工估算，即引入进度绩效指数，计算时同时考虑累积的成本绩效指数和进度绩效指数，因为项目不仅有成本目标，还有进度目标，为了赶工而额外付出的成本，会对成本绩效指数产生极大影响，这也是“最差情况下”的完工估算。计算公式如下：

$$EAC=AC+(BAC-EV)/(CPI\times SPI)$$

（2）完工尚需估算（Estimate to Complete，简称ETC），是指从监控点开始，要完成整个项目工作还需要多少成本，计算公式如下：

$$ETC=EAC-AC$$

（3）完工费用偏差（at Completion Variance，简称ACV）是预测的项目完工时的费用偏差，计算公式如下：

$$ACV=BAC-EAC$$

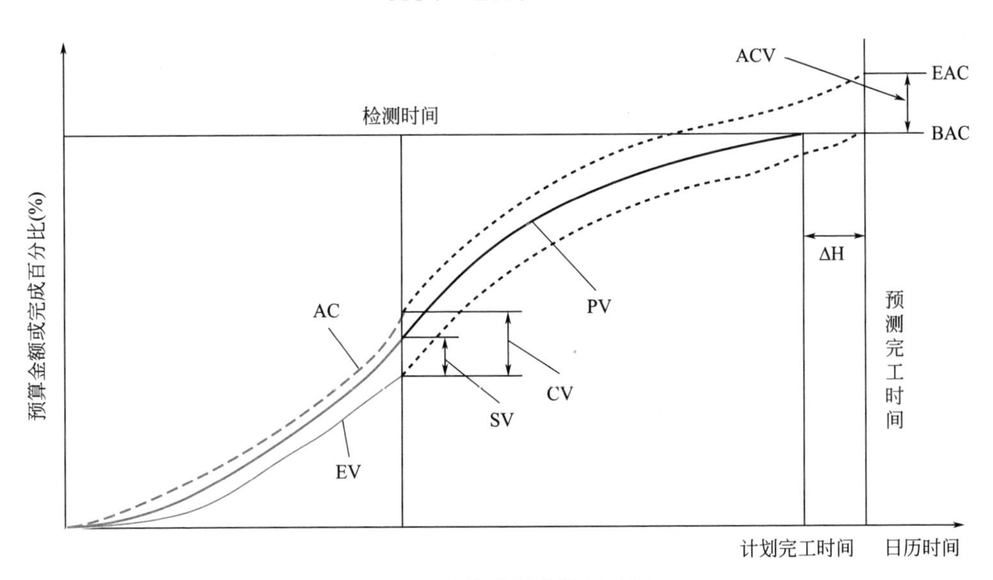

图2-8　挣值分析曲线图示例

2.5.3　价值工程

价值工程（Value Engineering，简称VE）作为一门新兴的现代管理技术，自创立至今的半个多世纪以来，无论是在理论研究上，还是在实际应用上都取得了长足的进步。价值工程从技术与经济相结合的角度，研究如何提高产品、工程、服务等的价值，降低它们的成本，并已经取得很好的技术经济效果。价值工程摆脱了孤立地从技术方面或从经济方面去研究产品的开发设计、生产制造、经营管理和售后服务的做法，而采取两者紧密结合的方法，符合客观规律[9]。

国内外实践表明，价值工程已在工业生产、科学研究、企业经营管理、工程项目管理、农业生产及流通领域等各方面得到了广泛的应用，并取得了显著的经济效益，是一种提高价值、降低成本的科学方法。

1. 价值工程基本理论

（1）价值工程的产生背景

价值工程起源于美国，它是由美国通用电气的工程师劳伦斯·戴罗斯·迈尔斯于 20 世纪 40 年代提出。公司当时需要大量的石棉板，由于战时石棉板供应紧张，价格十分昂贵，迈尔斯就问自己“为什么要买石棉板”。经过调查分析，原来公司采购石棉板是为了将它铺在地板上，在进行产品涂料喷涂的时候起到隔离的作用，避免污染地板引起火灾，那么石棉板的作用就是保持地板的清洁和防火。然后迈尔斯想“能不能有满足这个功能的其他材料呢”。随后迈尔斯根据这个想法，找到了一种货源充足，不易燃烧的纸，实现了功能的需求，为公司节约了大量的成本。通过这个案例和后来的一些实践，迈尔斯发现任何产品之所以有使用价值，是因为它具有能满足人们某种需求的功能而不是产品这个实体本身。

此后，迈尔斯将这种思想运用到了产品设计中，力争以最低的成本实现产品功能。在实践的基础上，经过综合整理和归纳，迈尔斯在 1947 年《美国机械师》杂志上公开发表了《价值分析》一文，提出了价值工程的基本理论，标志着价值工程理论的正式诞生。1972 年围绕“功能”迈尔斯出版了《价值分析与价值工程技术》[10] 一书，建立了以功能定义、功能整理、功能分析和功能评价为核心的一整套科学方法，抽象出价值工程特有的“价值”概念，以及功能、成本和价值三者之间的关系。1965 美国价值工程师协会上，巴塞维（Charles W. Bythewy）提出了功能分析系统技术（Function Analysis System Technique，简称 FAST），重视功能的系统性分析，从而使功能分析更加科学和完善。

（2）价值工程的定义

价值工程（VE）与价值工程方法（Value Engineering Method，简称 VEM）、价值分析（Value Analysis，简称 VA）、价值管理（Value Management，简称 VM）、最佳价值（Best Value，简称 BV）等称谓没有严格的区分，可以相互替代。其中，“价值工程方法”这个称谓最为常用，它泛指一切与提升价值有关的知识体系。对于价值工程的定义，有各种不同的表述。价值工程的创始人迈尔斯为价值工程下的定义是：“价值工程是用整套专门技术、广泛知识和熟练技巧来实现的一种解决问题的系统，又是一种以有效识别不必要成本（即既不提供质量，也不提供用途、寿命、外观或顾客要求特性的成本）为目的的有组织的创造性方法”，即系统地应用公认的技术，通过对功能进行鉴别和评价来提高一种产品或服务的价值，并且以最低的总费用来提供必要功能。

创立于 1959 年的美国价值工程师协会（Society of American Value Engineer，简称 SAVE）对价值工程的定义是：“价值工程是一种系统化的应用技术，通过对产品或服务的功能分析，建立功能的货币价值模型，以最低的总费用可靠地实现必要的功能。”

我国价值工程的理论从日本引入，所以也沿用日本学者和企业界惯用的“价值工程”

这个称谓。我国的国家标准《价值工程 第 1 部分：基本术语》GB/T 8223.1—2009[11] 中对价值工程的定义是：价值工程是通过各相关领域的协作，对所研究对象的功能与费用进行系统分析，不断创新，旨在提高研究对象价值的思想方法和管理技术。作为我国具有权威性的定义，它指出了价值工程的研究对象、目的、内容和手段等。

以上对价值工程的定义，尽管表述不同，但其概念的精髓是一致的，其基本含义包括：价值工程的核心是对研究对象进行功能分析，以使用者的功能需求为出发点，通过有组织、有计划的功能分析，找出并剔除不合理的功能和过剩的功能，从而降低成本，提高效益。

(3) 价值

我国国家标准《价值工程 第 1 部分：基本术语》GB/T 8223.1—2009[11] 对价值的定义是：对象所具有的功能与获得该功能的全部费用之比，即：

价值＝功能/成本

或记为：

$$V=F/C$$

式中，V 为价值；F 为功能；C 为全寿命周期成本。

我们一般把功能量化为金额，说它值多少钱。这样用金额来衡量功能，在价值分析中称为功能评价。于是，价值 V 就成为能够计算衡量的了。

价值工程的根本目的在于提高项目的价值。项目价值公式明确地反映出项目价值、功能和成本三者之间的关系，它说明项目的功能和成本是决定项目价值的两个根本因素，人们要提高项目的价值，有以下途径：

1) 在产品成本不变的条件下，提高产品的功能；

2) 保持产品功能不变的条件下，降低产品的成本；

3) 在提高产品功能的同时降低产品成本，这是提高价值最为理想的途径；

4) 产品功能有较大幅度提高，产品成本有较少提高；

5) 产品功能略有下降，产品成本大幅度降低。

(4) 功能

价值工程定义中，反复强调“功能”这一概念，那么什么是功能？美国国防部的《价值工程手册》把功能定义为具有某种意图的特定目的或用途。功能是通过设计或计划分配给某种对象的东西，这个对象如果指的是人，功能就是任务、职务、工作、操作；这个对象如果指的是物，功能就是功用、作用、用途。按迈尔斯的说法，人需要的不是物，而是功能。比如，顾客来到商店里说“买一台电暖气”，但事实上他所要的并不是电暖气这个物品，而是“制热”这个功能。

对于价值工程定义中的“必要功能”，一方面是指“必不可少的功能，一定要实现”，另一方面也意味着“过高的、超出了必要水平的功能是不需要的”，一般包括用户要求的功能和设计人员为实现用户要求而在设计上附加的功能这两个方面。所以，分清现有功能中哪些是必要功能，同时消除不必要功能，就可以避免支付多余成本。同时，如果发现研究对象缺少必要的功能，就应该设法弥补功能的不足，满足用户的功能要求。因此，一般可以简单地理解为，“必要功能”包括基本功能和其他必要的辅助功能。

在价值工程的发展过程中，确定基本功能的方法经历了三个阶段：1) 根据功能的重要程度确定基本功能；2) 根据抽象的阶梯法确定基本功能；3) 用功能分析系统技术确定基本功能。

1）根据功能的重要程度确定基本功能

1971 年马奇提出了一种可量化地确定产品基本功能的方法。先列出产品所有组件及其功能，确定每个组件的基本功能，然后对组件的基本功能按重要程度进行排序。例如，用字母表示功能（A 功能、B 功能、C 功能），由价值工程研究小组评价哪个功能更重要并给出权重系数，将所有组件按权重排序，权数最高的即为该产品的基本功能，其他的功能为辅助功能。

2）根据抽象的阶梯法确定基本功能

抽象的阶梯法是亚尔博和弗格森在《功能分析-VE 手册》中提出的。他们通过一个燃料系统的例子介绍了各个层次的基本功能。在抽象阶梯中，用“怎么办”这个问题向下展开定义各个功能，用“为什么”向上展开对提问进行分析，为了明确工作重点，用范围线将这些功能或步骤分开。

3）用功能分析系统技术确定基本功能

巴塞维借鉴“抽象的阶梯法”的思想，将其演化为水平形式，通过不断提问“怎么办”将高位功能放在最左边，低位功能放在最右边，用“为什么”进行逻辑分析。1965—1975 年的十年间，价值工程专家围绕“怎么办-为什么”逻辑关系顺序，建立了一系列功能分析系统技术（FAST）图形方法，直到 1975 年 12 月的威斯康星论坛，专家们建立了技术型功能系统图和任务型功能系统图两种典型的 FAST 图。

① 技术型功能系统图

技术型功能系统图通常用于表达的对象为某个产品的一个组件或者某个建设项目的一个组成部分，适用于程序化的生产或者制造过程[12]。通常需要被实现的功能是明确的，因此技术型功能系统图倾向于用技术方法导向的词汇来描述功能。技术型功能系统图有两条范围线，在两线之间涵盖了对象的所有功能。左线两侧分别是高位功能和基本功能，基本功能和高位功能之间的关系可以通过回答“怎么办-为什么”来确定。范围线之间的功能不能过多，一般可以为 3～5 个，这一组功能形成了一个关键路径。对于“必要的辅助功能”用“怎么办-为什么”，答案就是右侧线外的“候选功能”，这个功能被称为引导功能。

另外一组功能是支持功能，有三种类型，第一种是伴随功能，它与关键路径上的某个功能直接有关或与其共同作用才能达到预期目的，源于关键路径功能的某种特性，对关键功能起修饰补充作用；第二种是必备功能，即任何时候都需要具备的功能；第三种是设计功能，表达一些具体要求或者说明，通常由外部人员或者施工、制作人员提出而非设计人员。

技术型功能系统图包括七部分：两条范围线、基本功能、关键路径、“怎么办-为什么”逻辑问题、引导功能、必要的辅助功能、支持功能（必备功能、伴随功能、设计功能），如图 2-9 所示。

建立技术型功能系统图往往通过以下步骤：a. 列出所有的功能（利用组件/功能表）；b. 讨论确定一个基本功能；c. 寻找上位功能（目的）和下位功能（手段），确定关键路径；d. 确定支持功能；e. 检查连接错误，完善功能系统图。

② 任务型功能系统图

任务型功能系统图是由斯诺道格拉斯和富勒提出的，这种方法认为只有当用户的需

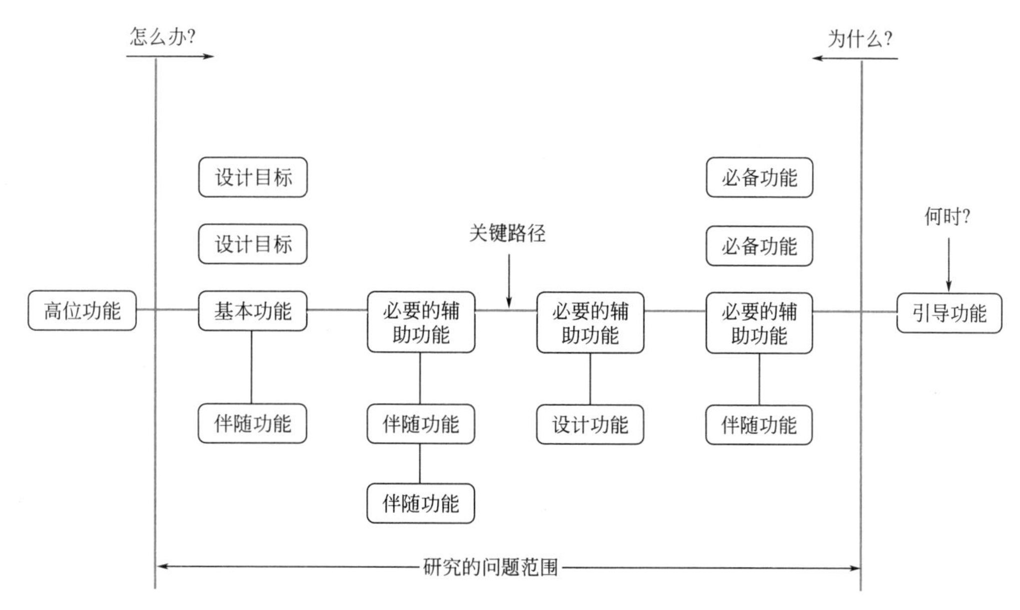

图 2-9　技术型功能系统图

求、期望被认识、理解和满足后，项目或产品才是成功的。技术型功能系统图重点分析一个基本功能并展开关键路径，而任务型功能系统图是以用户为中心，以完整产品、服务、系统或过程为对象，可能依赖和关联多个基本功能，对于用户来说每个功能都是必要的，需要被很好地实现。任务型功能系统图由四个部分组成，分别是范围线、任务、基本功能和支持功能。

建立任务型功能系统图也需要一定的步骤，首先要识别项目功能，列举所有可能的功能并形成功能清单。然后，将功能分为基本功能和支持功能。基本功能是该任务的本质性能或表现，没有这个功能，产品或项目就不能正常工作。基本功能又分为首要基本功能和次位基本功能，首要基本功能放在范围线右侧与任务直接连接，次位基本功能是由首要基本功能延伸出的功能。支持功能虽然不是项目的本质要求，但是往往在销售端或者在服务中扮演相当重要的角色，也要分为首要支持功能和次位支持功能，其中首要支持功能的作用主要是确保可靠、使用便利、吸引用户和提高用户满意度。第三步是确定首要基本功能和任务，也就是定义用户需求，这是项目或产品存在的理由，必须响应这种需求，产品或者服务才有价值，“怎么办-为什么”的逻辑必须针对具体任务和首要基本功能来提问和回答。首要基本功能之间往往是相互依赖的，是该任务的本质性表现，一旦确定了首要基本功能，就可以用“怎么办”提问，答案放在首要基本功能右边，成为次位基本功能，一个首要功能通常对应至少两个次位基本功能，按这个原则，将基本功能延伸到第三层次，直到末位层次，基本功能要到硬件，硬件的名称就是功能要求的名词部分。第四步将剩余的功能归类（图 2-10）。

在建筑项目中，结构工程首先要解决基本功能，在此基础上还要全力解决“确保可靠”这一支持功能；建筑师要解决使用功能和合理流线这些基本功能，还要提供“吸引用户”和“提升用户满意度”等支持性功能。

下面列出几种支持功能细化的次位支持功能：

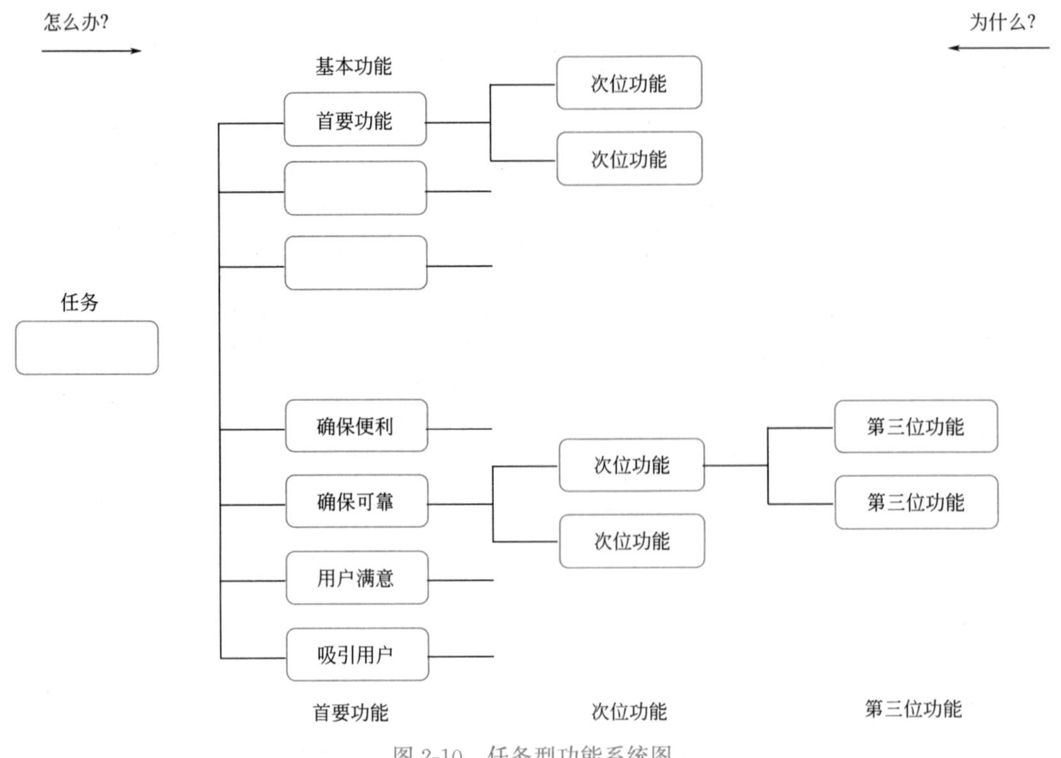

图 2-10 任务型功能系统图

确保可靠（Assure Dependability）

D1：从设计者和规范法规角度，使产品/结构更加坚固

D2：使用安全

D3：延长使用寿命，减少维护费用

D4：增加操作的可靠度

D5：环境友好

使用便利（Assure Convenience）

C1：有利于空间布置的功能

C2：方便维护和修理的功能

C3：提供说明书和指导书

吸引用户（Attract Users）

A1：满足视觉享受

A2：突出表现受欢迎的形象或方面

A3：实现业主或用户的视觉期望

A4：从使用者的角度让产品看起来更坚固，从设计角度看则不一定必要

A5：采用业主或用户更细化的材料、结构或方法

提高用户满意度（Satisfy Users）

S1：改善基本功能，更快、更小、更轻等

S2：提高舒适性能

S3：使用更方便、更容易

S4：使生活更舒适，如降低噪声、减少振动

S5：用户或业主期望的其他方面

次位支持功能是首位支持功能根据“怎么办”扩展出来的，也要至少两层次位支持功能才能校验这些扩展功能的合理性。

③ 技术型功能系统图案例

本案例是关于某高层建筑中的钢筋混凝土柱，介绍在其设计、优化设计和施工中运用技术性功能系统图的做法。对于同一根柱子，承载能力（可靠性）是其基本功能，介绍三种不同的功能系统图，分别代表设计者、计算机程序员和承包商的观点。

◆ 混凝土柱子成本的组成

影响钢筋混凝土柱造价的主要因素有：

√柱截面尺寸

√混凝土强度

√混凝土模板

√钢筋

对于一般的柱子设计，有：

√尺寸：700mm×700mm

√混凝土轴心抗压强度为36.8MPa

√纵向钢筋配筋率为0.7%

√箍筋直径为8.0mm

柱子的费用组成如表2-4所示。

钢筋混凝土柱造价　　表2-4

类别	费用(元)	百分比(%)
混凝土	802.8	40.6
模板	554.4	28.0
钢筋		
主筋	524.2	26.5
箍筋	96.4	4.9
合计	1977.9	100

◆ 设计者的思路和方法

柱子的荷载大部分由混凝土承担，从设计者的角度，考虑的是如何设计柱子并使它安全承受荷载，设计者的思路可以归纳为：

√列举或归纳可能采用的柱子

√计算最大荷载

√与建筑师协调确定柱子的尺寸

√纵向钢筋配筋率不小于0.2%，不大于5%

√尽可能使尽量多的楼层的柱子尺寸保持一致，以降低模板成本

任何一个影响柱子造价的因素都不能独立地看待，任何一个因素的改变都可能引起其他因素的变化，因此要系统地分析这些因素的影响。

◆ 程序员的思路和方法

现在一般都采用计算机进行结构设计和计算。设计人员通过计算机软件建立结构模型，输入数据，程序计算出荷载，并设计出符合设计要求（如尺寸、强度和配筋率）的柱子。如果计算机程序根据上述功能系统图进行计算和设计，可能产生一个符合要求的结果，但是这个结果往往不是最优的（最经济的），设计方法需要改进。如果从多个角度进行思考，以柱子尺寸、混凝土强度和柱子形状等为变量，可以给出优化结果。根据这个思路，我们不妨分析一下功能是如何影响成本的。对柱子的功能进行改善，可能有以下四种方法：

√调整尺寸

√调整承载力

√调整纵向配筋率

√调整形状

首先，对前述的柱子，保持强度和形状不变，调整柱子的尺寸，调整优化的结果为：

√尺寸：730mm×730mm

√混凝土轴心抗压强度为 36.8MPa

√纵向钢筋配筋率为 0.41%

优化柱子尺寸、配筋率的成本如表 2-5 所示。

优化柱子尺寸、配筋率的成本　　表 2-5

类别		费用(元)	百分比(%)
混凝土		875.8	46.6
模板		578.2	30.7
钢筋			
	主筋	325.8	17.3
	箍筋	101.3	5.4
合计		1881.0	100

其次，同时调整柱子的尺寸、混凝土强度、配筋率，得到较经济的结果为：

√尺寸：680mm×680mm

√混凝土轴心抗压强度为 29.6MPa

√纵向钢筋配筋率为 0.382%

优化柱子尺寸、配筋率、混凝土强度的成本如表 2-6 所示。

优化柱子尺寸、配筋率、混凝土强度的成本　　表 2-6

类别		费用(元)	百分比(%)
混凝土		760.0	45.7
模板		537.6	32.3
钢筋			
	主筋	270.2	16.3
	箍筋	93.2	5.7
合计		1662.0	100

模板是混凝土施工必不可少的部分，但对承载能力则没有贡献，因此应尽可能降低模板费用。对于相同承载能力（柱截面面积）的柱子而言，柱子的形状直接影响模板的用量（周长）。正方形、圆形的“周长/面积”相等且最小，而矩形的“周长/面积”则比较大，即矩形截面的模板用量大，因而经济性差；其次，圆形模板可以用单片材料制作，可以重复利用，而矩形、方形模板则需要四片材料制作，经济性相对较差。但是，在有些条件下，方形和矩形柱子可以更好地符合建筑平面要求且价格更为低廉。

通过程序软件，调整柱子的尺寸、混凝土强度、配筋率，得到较经济的圆形柱子为：

√尺寸：810mm

√混凝土轴心抗压强度为 29.6MPa

√纵向钢筋配筋率为 0.209%

优化得到的最经济的圆形柱子的成本如表 2-7 所示。

优化得到的最经济的圆形柱子的成本　　表 2-7

类别	费用(元)	百分比(%)
混凝土	740.6	47.8
模板	439.8	28.4
钢筋		
主筋	224.3	14.5
箍筋	143.4	9.3
合计	1548.1	100

通过以上功能的比较分析，得到各功能的经济性影响如表 2-8 所示。

各功能的经济性影响　　表 2-8

类别	费用节约(元)	节约额(元)
调整尺寸	1977.9−1881.0	96.9
调整强度	1881.0−1662.0	219.0
调整形状	1662.0−1548.1	113.9
合计		429.8
节约比例	429.8/1977.9=21.75%	

同时，还应对价值工程研究对象的成本进行全寿命周期成本分析（Life-Cycle Cost，简称 LCC），包括一次性的生产成本和经常性的使用成本，要注重降低全寿命周期成本，而不应仅仅考虑生产成本。企业生产一定种类和数量产品消耗费用的总和，即原料、动力、生产工人的工资及附加费用、废品损失、车间经费、企业管理费等项目的金额总和（原则上不包括销售费）称为生产成本，并以 C1 表示；而用户为了占有和使用具有某种功能的产品而支付的费用（包括买到产品之后，在使用过程中所支付的运行、维修等费用）称为使用成本，并用 C2 表示。那么，全寿命周期成本 C 就是生产成本与使用成本之和。可用下式表示：

$$C=C1+C2$$

那么，产品的成本与功能关系如图2-11所示。通常情况下，要提高产品性能，生产成本就要提高；但提高了性能，使用成本则会降低。

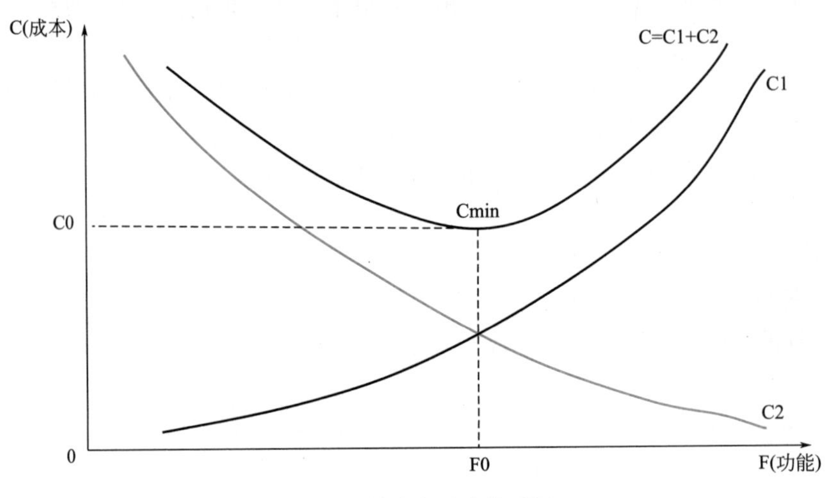

图2-11　成本与功能关系图

依据对象功能的水平高低，以F0为分界点把图形分为低功能区和高功能区。在低功能区，随着功能水平的提高，成本上升比较缓慢，曲线斜率较小；当功能水平提高到一定程度后，进入高功能区，继续提高功能，会引起成本的大幅度上升。由于功能和成本的相关性，在开展价值工程时，首先确定目标成本，再确定所需达到的功能水平，重点分析功能改进途径，以取得价值工程活动的成功。

2. 价值工程与项目管理

价值工程方法是与提升产品价值相关的知识体系，该产品可以是一台新设备、一个生产的项目或者一套管理程序，可将价值工程方法应用于价值研究的过程。

在当前激烈的市场竞争条件下，成本是构成竞争优势的一个主要方面，为了减少成本，赢得市场，将价值工程运用到项目管理中势在必行。然而，在项目管理过程中应用价值工程一定要注意管理的技巧和方法。要注意整个项目管理过程中人员数量要适当，采用目标管理的原则，将目标层层分解具体到每个人，充分调动人的积极性和创造性。价值工程还是一个团队进程，要求价值管理团队的成员一起协调工作。

3. 项目实施不同阶段价值工程的应用

开展价值工程活动的重点在项目启动和计划阶段，在这个阶段，可以对产品的功能和成本进行综合考虑，这关系到价值工程活动最终是否能取得成功。而在项目实施阶段，只能对产品的功能和成本进行幅度较小的改善，此时再推进价值工程，得到的效果就不如前期那么明显，如图2-12所示。因此，越早采取措施，项目成本降低的可能性也越大；随着时间的推移，实施变更所花费的成本将越来越大。

（1）项目的启动和计划阶段。项目启动阶段的投资机会研究是价值工程的第一步。对象选择主要是为了确定项目的投资领域和方向；确定对象之后，就要进行详细的资料搜集，即投资前期的项目可行性研究阶段。一般而言，资料搜集得全面与否是影响项目成本控制的重要因素，也是决定项目成败的一个关键问题。在搜集资料之

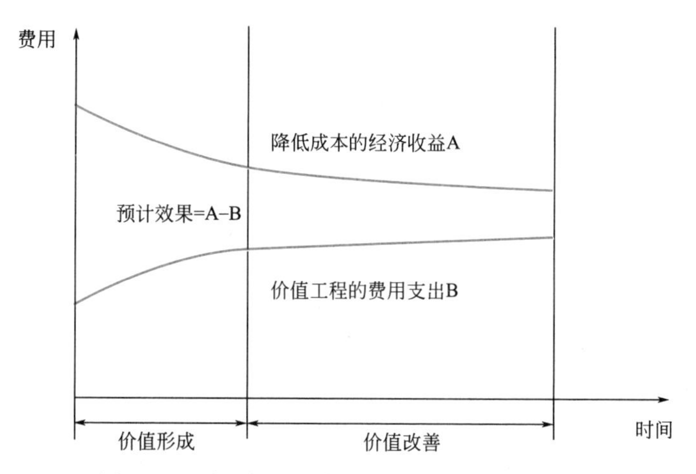

图 2-12　项目实施不同阶段价值工程的经济效益

后，还需要进行整理分析，全方位、多角度地进行科学合理的项目投资决策，避免将来的失误和损失。价值工程选择对象的原则是：优先选择改进潜力大、效益高、容易实施的对象。

（2）项目的执行和控制阶段。项目的执行阶段是整个项目的核心，前期的所有工作都是为了使这个过程顺利进行。在项目的执行和控制阶段引入价值工程是相当重要的，价值工程从项目执行和控制阶段各个组成部分的功能入手，消除不必要的环节和功能，有效地利用资源，提高项目的经济效益。

（3）项目的收尾阶段。收尾阶段是项目完成后投入使用以产生经济效益，并实现其功能的过程。在项目投入使用后也要产生费用，即使用成本，而价值工程追求的就是生产成本和使用成本最低。在项目投入使用后，从功能分析入手，评价其功能和价值，找出缺陷，寻求改进的方法，从而使项目成本最低。

4. 价值工程的实施步骤

价值工程活动的过程，就是发现问题、分析问题、解决问题的过程。具体地讲，就是寻找分析对象（产品、零部件、作业等）在功能和成本上存在的问题，提出切实可行的方案，求得问题的解决，以达到提高研究对象价值的目的。

经过长期的实践，价值工程已经形成了自己独特的、系统的、科学的工作程序。根据我国的国家标准《价值工程 第 1 部分：基本术语》GB/T 8223.1—2009[11]，整个活动过程划分为准备阶段、分析阶段、创新阶段和实施阶段，包括对象选择、组成价值工程工作小组、制订工作计划、收集整理信息资料、功能系统分析、功能评价、方案创新、方案评价、提案编写、审批、实施与检查和成果鉴定 12 个基本步骤，见表 2-9。这些阶段、步骤一般有先后顺序，但其内容有些可以相互交叉。根据价值工程对象的复杂程度、重要程度以及工作人员水平不同，具体步骤的划分可以精细一些，也可以粗略一些。但各个工作程序中的内容不应随意省略和跳过，否则就会影响价值工程的质量和效率，浪费人力、物力和时间。

由于认知和实践是一个不断深化的过程，一次价值工程活动成果不一定令人满意，因而可以反复开展价值工程活动，直至取得比较理想的成果，如图 2-13 所示。

价值工程工作程序　　表 2-9

阶段	步骤	价值工程提问
准备阶段	对象选择	它是什么？ 围绕它需要做哪些准备工作？
	组成价值工程工作小组	
	制订工作计划	
分析阶段	收集整理信息资料	它的功能是什么，它的成本是多少，它的价值是多少？
	功能系统分析	它的功能是什么？
	功能评价	它的成本是多少，它的价值是多少？
创新阶段	方案创新	有无替代方案实现这个功能？
	方案评价	新方案的价值是多少？
	提案编写	新方案能满足功能要求吗？
实施阶段	审批	怎样保证新方案的实施？
	实施与检查	
	成果鉴定	价值工程的效果有多大？

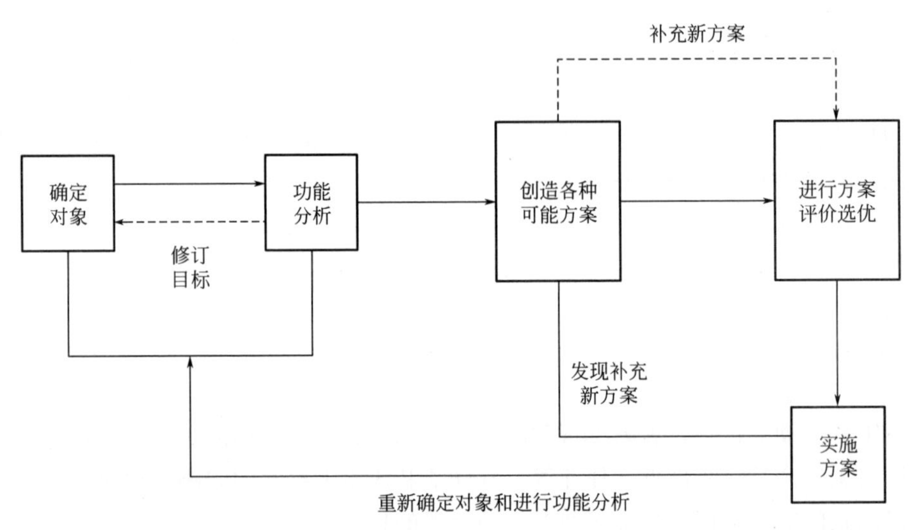

图 2-13　价值工程活动的动态过程

2.5.4　项目质量管理工具

统计质量管理从 20 世纪 50 年代开始在日本企业中得到应用。在推行质量管理的过程中，逐步总结出了检查表、因果图、帕累托分析等七种质量管理工具，下文将对这些管理工具进行详细介绍。同时，本书将在 5.5.5 节结合装配式建筑项目实例，对质量管理工具进行进一步说明。

1. 检查表

检查表是搜集数据的简单工具，几乎每种格式的表格都能用于数据搜集，可使用简单的柱形或条形表格来记录数据。成功搜集数据的关键在于绘制简单易懂、信息直接的表格，因此，应将表格设计为需要最少输入信息的样式，见表 2-10。

供应商材料检查表　　表 2-10

错误	供应商				
错误的发货单	A	B	C	D	总计
错误的库存	////	/		//	7
材料被损坏	/////	//	/	/	9
错误的实验记录	/	///	////	//	10
总计	10	6	5	5	26

2. 因果图

因果分析所采用的因果图又称为鱼骨图，是用图形技术来确定原因和结果之间的关系，在发现问题后分析产生这种问题的原因的一种方法，主要从“人事、方法、材料、机械、测量和环境”6 个基本因素出发，如图 2-14 所示。进行因果分析需要 5 个步骤：

（1）确定问题。对问题进行简洁、清晰的描述。

（2）画主箭头和问题箱。

（3）问题归类。确定问题箱中所说问题的主要类别，将问题归入“人事、方法、材料、机械、测量和环境”的其中一类。

（4）识别问题原因。将问题归类后，针对每一类问题的原因进行分析。

（5）纠正行动。将因果图反向，问题箱就成了纠正行动箱，纠正措施就在箱中。

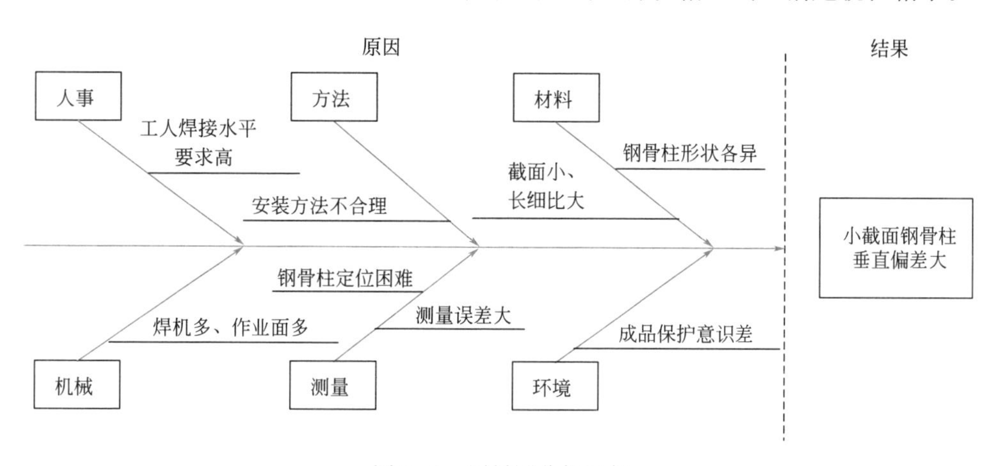

图 2-14　因果图分析示例

3. 帕累托分析

帕累托分析（也称排列图法）用于确定问题所在的领域并对其进行优先次序的划分，这种分析方法采用画柱状图的方法，以图形数据、维护数据、修复数据或其他数据来源为基础（图 2-15）。

帕累托分析有三种类型：基本帕累托分析、比较帕累托分析、加权帕累托分析。基本帕累托分析能够确认导致任何系统大多数质量问题的几个主要原因；比较帕累托分析将采取矫正措施前后的组织质量问题进行对比，可以用来判断改进的有效性；加权帕累托分析赋予各个影响因素以权数，这些权数反映了其相对重要程度，然后加权得出影响总值。

一般来说，数量较小的原因往往造成绝大多数的问题或者缺陷，此法则称为“二八原

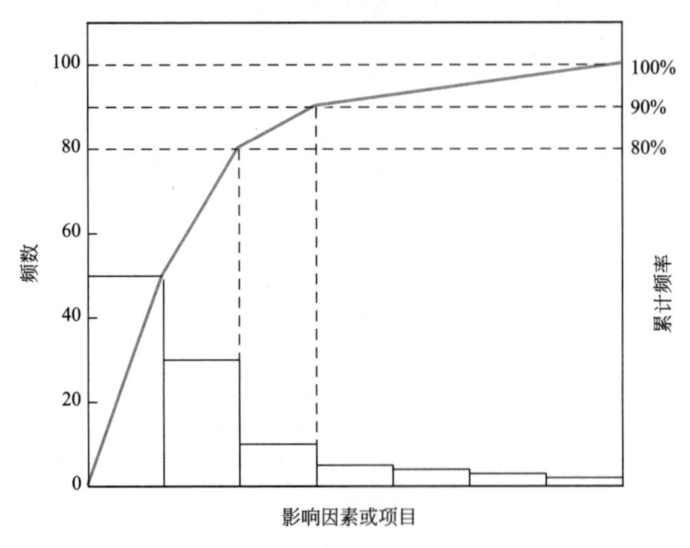

图 2-15　帕累托分析示例

理”，即 80％的问题是 20％的原因所造成的。因此，将影响因素按照问题频数从大到小排列，累计频率 0～80％定为 A 类问题，即主要问题，进行重点管理；将累计频率在 80％～90％区间的问题定位 B 类问题，即次要问题，作为次重点管理；将其余累计频率在 90％～100％区间的问题定为 C 类问题，即一般问题，按照常规适当加强管理。

4. 控制图

控制图旨在确定一个过程是否稳定，是否具有可预测的绩效结果，过程变量是否在可接受的范围内。控制图也可作为数据收集工具，表明过程是否受特殊原因影响而失控；同时，也可以反映一个过程随着时间推移而体现的规律。通过对控制图数据点规律的分析，可以找到波动幅度很大的过程数值、过程数值的突然变动或偏差日益增大的趋势。如果过程处于正常控制范围之内，就不应对其进行调整；但如果处于正常控制之外，则需进行变更。通过对过程结果的监控，可评估过程变更的实施是否带来预期的改进。控制上限和控制下限一般都设定在±3σ（标准差）的位置，如图 2-16 所示。

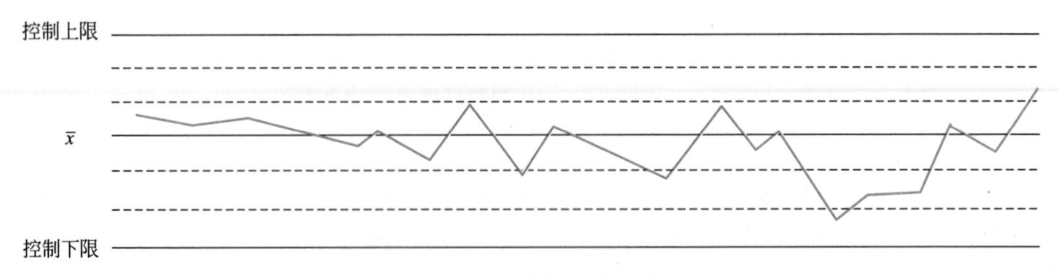

图 2-16　项目进度绩效控制图

控制图可用于监测任何类型的结果变量。虽然控制图经常用于追踪重复性活动，如批量加工件，但也可用于监测成本与进度偏差范围的大小、项目文档中的错误以及其他管理结果，帮助确定项目管理过程是否处于正常控制范围之内。

所有控制图的 x 轴均由抽样数或者抽样时间构成。

控制图有 3 根共同的线：

（1）有$\overline{x}$标志的中线，提供过程数据的平均值（$\overline{x}$）。

（2）标志控制上限的上线，表示数据范围的上限，一般为$+3\sigma$。

（3）标志控制下限的下线，表示数据范围的下限，一般为-3σ。

在标志控制上限和标志控制下限之外的点表示过程失控或者不稳定。

5. 散点图

散点图是分别用横坐标和纵坐标表示自变量和因变量之间关系的数据图形或者数据图表。它有如下几种类别：自变量和因变量不相关、曲线非线性相关、负/正相关，如图 2-17 所示。通过绘制质量特性和一些操作因素之间的散点图，就可以看出质量特性和操作因素之间的相互关系。

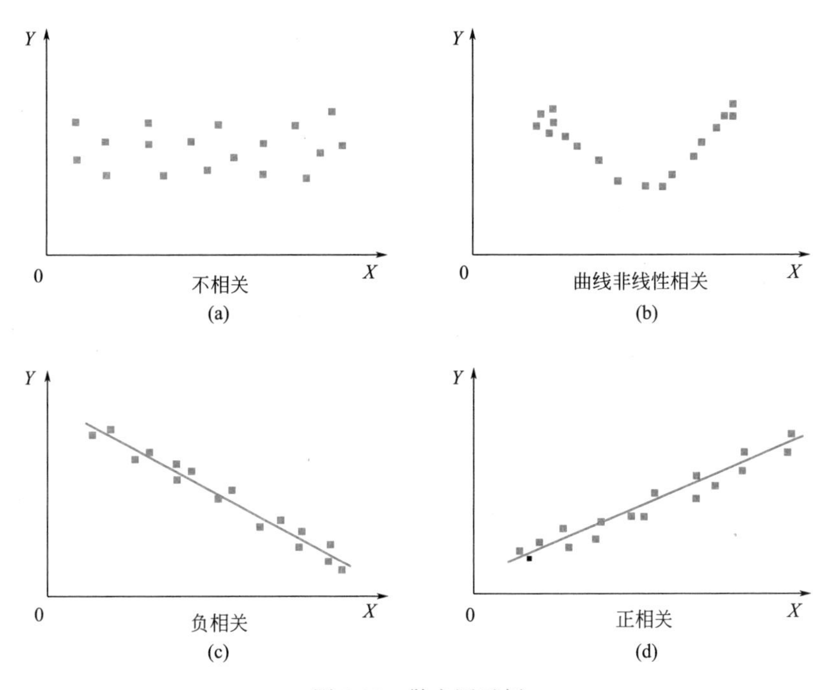

图 2-17　散点图示例

6. 直方图

直方图又称质量分布图，是一种几何形图表，它是根据从生产过程中收集来的质量数据，画成以组距为横轴、以频数为纵轴的直方图，如图 2-18 所示。通过观察直方图的形状，可以判断生产过程是否稳定，并预测生产过程的质量。

7. PDCA 质量循环法

PDCA 循环原理是美国质量管理专家沃特·阿曼德·休哈特首先提出的，由戴明采纳、宣传、普及，所以又称戴明环，是全面质量管理所应遵循的科学程序和方法。PDCA 循环的含义是将质量管理分为四个阶段，即项目策划（Plan）、项目实施（Do）、项目检查（Check）和项目处理（Action），如图 2-19 所示。在质量管理活动中，通过不断改进措施，持续提高项目质量控制能力和控制水平，强调质量管理过程的周而复始和循环推进。

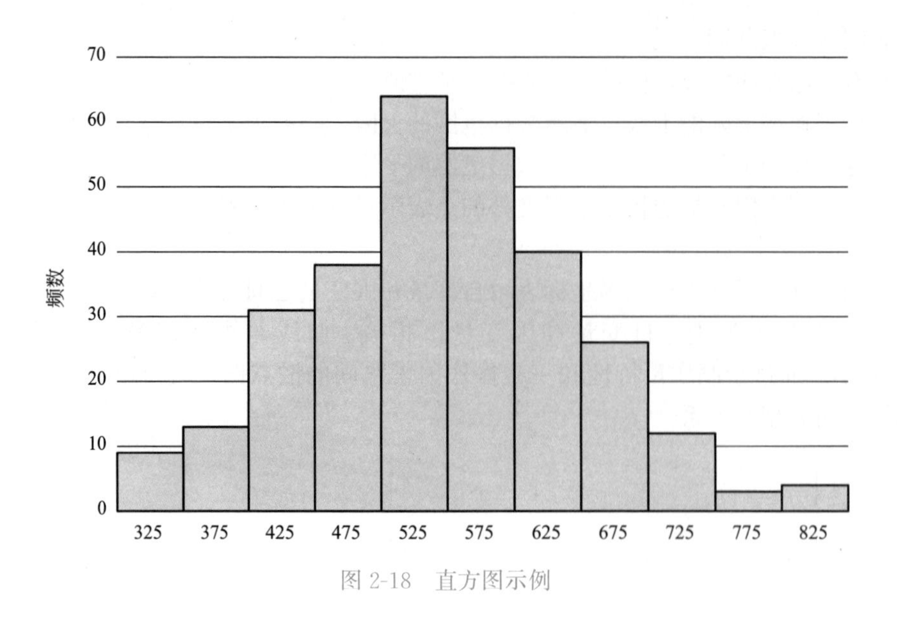

图 2-18　直方图示例

8. 6Sigma（六西格玛）管理方法

20 世纪 80 年代末期，6Sigma（六西格玛）作为一种突破性的质量管理战略在摩托罗拉公司制造业领域率先付诸实践。在 20 世纪 90 年代中后期，杰克·韦尔奇领导下的通用电气公司全面推行六西格玛，真正把六西格玛这一高效的质量战略变成质量管理哲学和实践，并形成一种企业文化。

6Sigma（六西格玛）管理方法是通过对组织过程的持续改进，以数理统计为科学依据，找到问题、分析问题、改进和控制问题，不断提高顾客满意度，降低成本，提升组织的盈利能力和竞争力水平的管理技术和管理方法（图 2-20）。6Sigma 是一个目标，核心是追求产品“零缺陷”，这个质量水平意味着，在所有的过程和结果中，99.99966%是无缺陷的，也就是说，做 100 万件事情，其中只有 3.4 件是有缺陷的，这几乎趋近到人类能够达到的最为完美的境界。

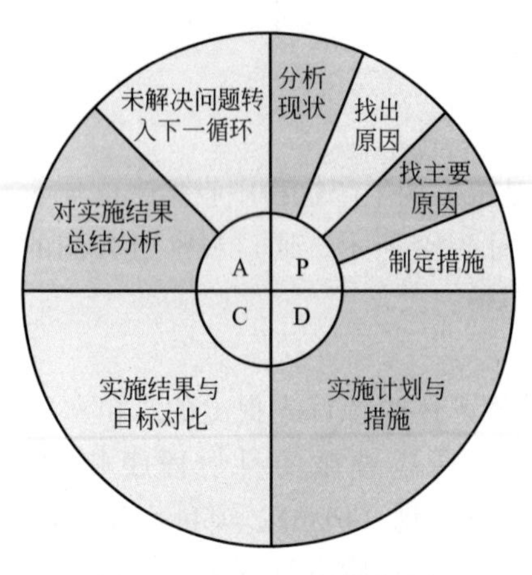

图 2-19　PDCA 质量循环法

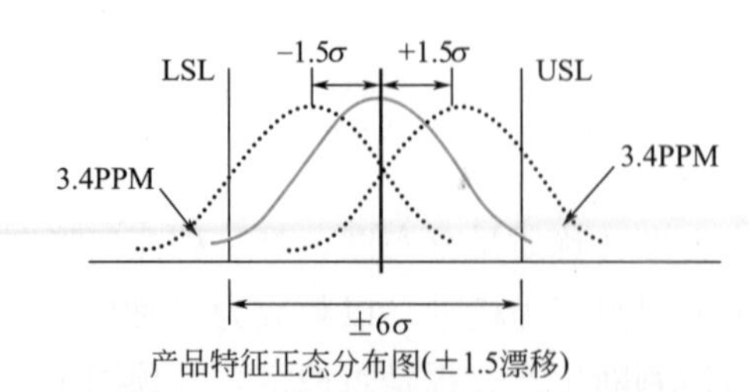

σ水平	合格率(%)	PPM缺陷数
1.0	30.23	697700
2.0	69.13	308700
3.0	93.32	66810
4.0	99.379	6210
5.0	99.9767	233
6.0	99.99966	3.4

图 2-20　6Sigma 原理

2.5.5 项目进度计划编制工具

编制进度计划通常采用三种方法，甘特图、里程碑图和网络计划技术。

1. 甘特图。甘特图也称横道图，是 1917 年由亨利·甘特（Henry Gantt）提出，是一种展示进度信息的图表方式。在甘特图中，横轴表示日期，纵轴表示要安排的活动，每条横道表示活动的开始直至结束的持续时间。甘特图可以直观地表示出活动的起止时间，横道的长短表示活动持续时间的长短，以及实际进展与计划的对比。但横道图无法展示出各项任务之间的逻辑关系，也无法表示出活动的重要性，所以横道图一般适用于一些简单的小型项目，也可以在项目初期缺乏详细的工作分解，各项活动之间的复杂逻辑关系尚未确立时，采用横道图作总体计划，如图 2-21 所示。

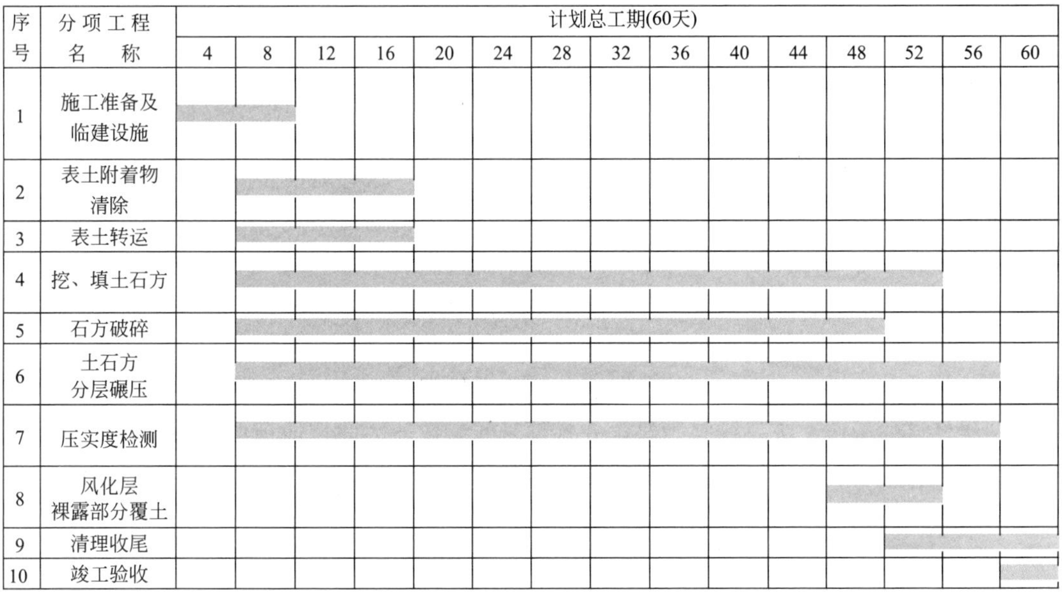

序号	分项工程名称	计划总工期(60天)														
		4	8	12	16	20	24	28	32	36	40	44	48	52	56	60
1	施工准备及临建设施															
2	表土附着物清除															
3	表土转运															
4	挖、填土石方															
5	石方破碎															
6	土石方分层碾压															
7	压实度检测															
8	风化层裸露部分覆土															
9	清理收尾															
10	竣工验收															

图 2-21　甘特图示例

2. 里程碑图。在编制项目进度计划的过程中，需要同时识别重要事件并将其设定为项目控制点，例如设计完成日期、开工日期等，这些重要事件的时间点被称为里程碑。在项目进度计划中，里程碑不同于活动，它不消耗资源，持续时间为零，仅表示一个标志性的时间点。里程碑图一般用于向高层管理者或者项目发起人汇报。图 2-22 是一个里程碑图的示例。

事件 \ 时间	1月	2月	3月	4月	5月	6月	7月
开始制造新产品	▲						
完成组件1			▲				
完成组件2					▲		
组件1，2整合						▲	
完成新产品							▲

图 2-22　里程碑图示例

里程碑图的作用：将计划分解为阶段性的目标；强制约束、控制各阶段的目标实现；明确规定了项目各方的责任义务；可以向项目管理层展示出项目的关键节点，以便及时进行检查；同时也向项目执行团队展示了项目管理的环境，明确主要可交付成果的交付时间。运用里程碑图可以构建一个清晰明确的管理工作环境，提高工作效率，落实项目责任。

3. 网络计划技术。网络计划技术是一种科学的计划管理方法，它是随着现代科学技术和工业生产的发展而产生的。20 世纪 50 年代，为了适应科学研究和新的生产组织管理的需要，国外陆续出现了一些计划管理的新方法，如关键线路法（Critical Path Method，简称 CPM）、计划评审技术（Program Evaluation and Review Technique，简称 PERT）等。20 世纪 60 年代初期，网络计划技术在美国得到了推广。我国对网络计划技术的研究与应用起步较早，1965 年，著名数学家华罗庚首先在我国的生产管理中推广和应用这些新的计划管理方法。目前，它已广泛应用于世界各国的工业、国防建筑、运输和科研等领域，已成为许多国家盛行的一种现代生产管理的科学方法。

网络计划技术是用网络计划对任务的工作进度进行安排和控制，以实现预定目标的科学计划管理技术，是一种既科学又有效的计划管理方法。这种方法不仅能完整地揭示一个项目所包含的全部工作以及他们之间的关系，而且还能根据数学原理，揭示整个项目的关键工作，并合理地安排计划中的各项工作。对于项目进展中可能出现的工期延误等问题能防患于未然，并进行合理的处置。

网络计划由两部分组成，分别是网络图和网络参数。网络图是由箭线和节点组成，用来表示工作流程的有向、有序的网状图形；网络参数是根据项目中各项工作的延续时间和网络图所计算的工作、节点线路等要素的各种时间参数。因此，所谓网络计划，就是用网络图表达任务构成、工作顺序，并加注时间参数的进度计划。

网络计划技术可以从不同的角度进行分类。

（1）按工作之间逻辑关系和持续时间的确定程度分类

网络计划技术分为肯定型网络计划和非肯定型网络计划，如图 2-23 所示。肯定型网络计划，即工作、工作之间的逻辑关系以及工作持续时间都肯定的网络计划，如关键线路法（CPM）。非肯定型网络计划，即工作、工作之间的逻辑关系和工作持续时间三者中任一项或多项不肯定的网络计划，如计划评审技术（PERT）、图示评审技术（Graphical E-

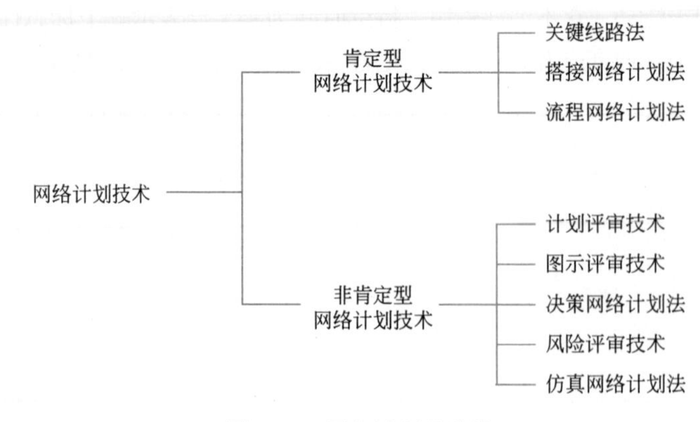

图 2-23　网络计划的分类

valuation and Review Technique，简称 GERT）、决策网络计划法（Decision Network Planning Technique，简称 DN）及风险评审技术（Venture Evaluation Review Technique，简称 VERT）等。

（2）按网络计划的基本元素——节点和箭线所表示的含义分类

按网络计划的基本元素（图 2-24）——节点和箭线所表示的含义不同，网络计划的基本形式有三种。

符号	工作	事件
箭线	双代号网络(也可称之为工作箭线网络) 工作表示为箭线。节点表示为工作的开始事件和完成事件，但这些事件不定义为联系，如关键线路法(CPM)	—
节点	单代号网络、单代号搭接网络(也可称之为工作节点网络) 工作表示为节点。箭线表示工作之间的逻辑关系，即为工作的确定时间点之间的顺序关系，如搭接网络计划法	事件节点网络(属单代号网络) 事件(状态)表示为节点。箭线表示为事件之间的顺序关系(不对应定义的工作)，如计划评审技术(PERT)

图 2-24　网络元素表示形式

1）双代号网络计划（工作箭线网络计划），示例如图 2-25 所示。箭线及两端节点的编号表示工作，在箭线上标注工作持续时间。为了正确反映逻辑关系，可在相应位置处添加虚工作。

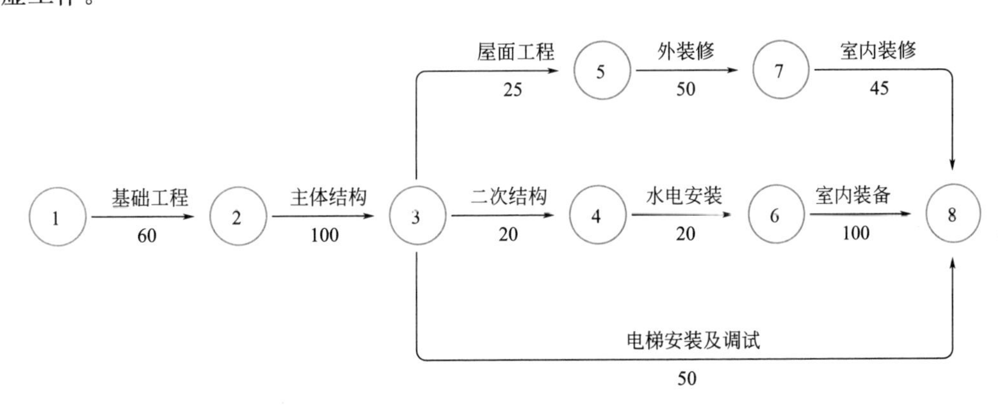

图 2-25　双代号网络计划示例

2）单代号搭接网络计划、单代号网络计划（工作节点网络计划），示例如图 2-26 所示。节点表示工作，在节点内标注工作持续时间，箭线及其上面的时距符号表示相邻工作的逻辑关系，工作逻辑关系用前项工作的开始或完成时间与其紧后工作的开始或完成时间之间的间距来表示。

3）事件节点网络计划。事件节点网络是一种仅表示项目里程碑事件的网络计划。节

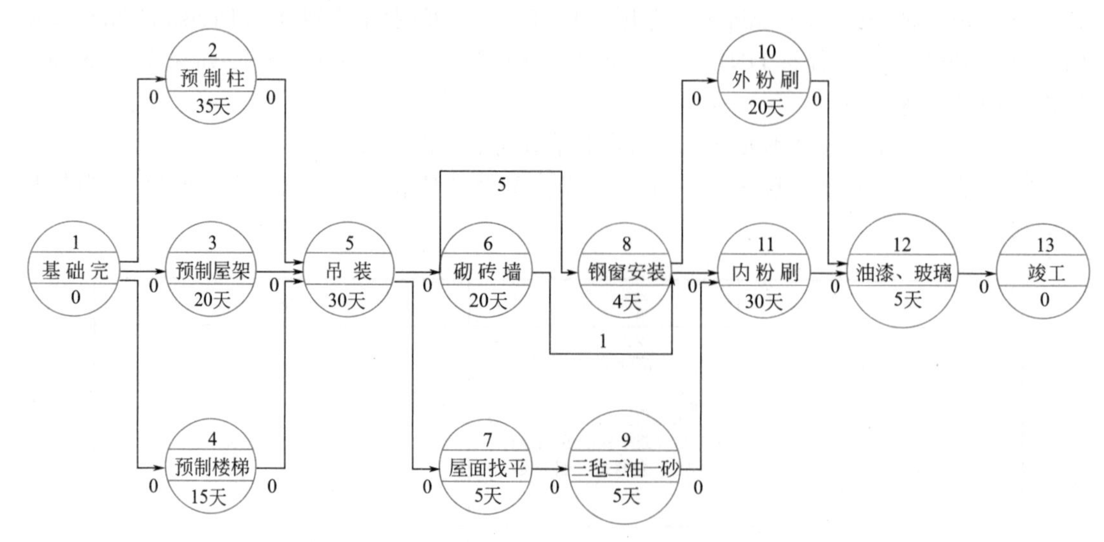

图 2-26　单代号搭接网络计划示例

点表示事件，事件反映时刻，箭线表示事件之间的顺序关系，在箭线上标注箭头事件和箭尾事件的时距（图 2-27）。

网络计划技术作为现代管理的方法与传统的计划管理方法相比较，具有明显优势，主要表现为以下四个方面：

（1）利用网络图模型，明确表达各项工作的逻辑关系。按照网络计划方法，在制订计划时，首先必须理清该项目内的全部工作和它们之间的相互关系，然后才能绘制网络图模型。它可以帮助计划编制者理顺那些杂乱无章的、无逻辑关系的想法，形成完整合理的项目总体思路。

（2）通过网络图时间参数计算，确定关键工作和关键线路。经过网络图时间参数计算，可以知道各项工作的起止时间，知道整个计划的完成时间，还可以确定关键工作和关键线路，便于抓住主要矛盾，集中资源，确保进度。

（3）掌握机动时间，进行资源合理分配。资源在任何项目中都是重要因素。网络计划可以反映各项工作的机动时间，制订出最经济的资源使用方案，避免资源冲突，均衡利用资源，达到降低成本的目的。

（4）运用计算机辅助手段方便网络计划的调整与控制。在项目计划实施过程中，由于各种影响因素的干扰，目标的计划值与实际值之间往往会产生一定偏差，运用网络图模型和计算机辅助手段，能够比较方便、灵活、迅速地进行跟踪检查和调整项目计划，控制目标偏差。

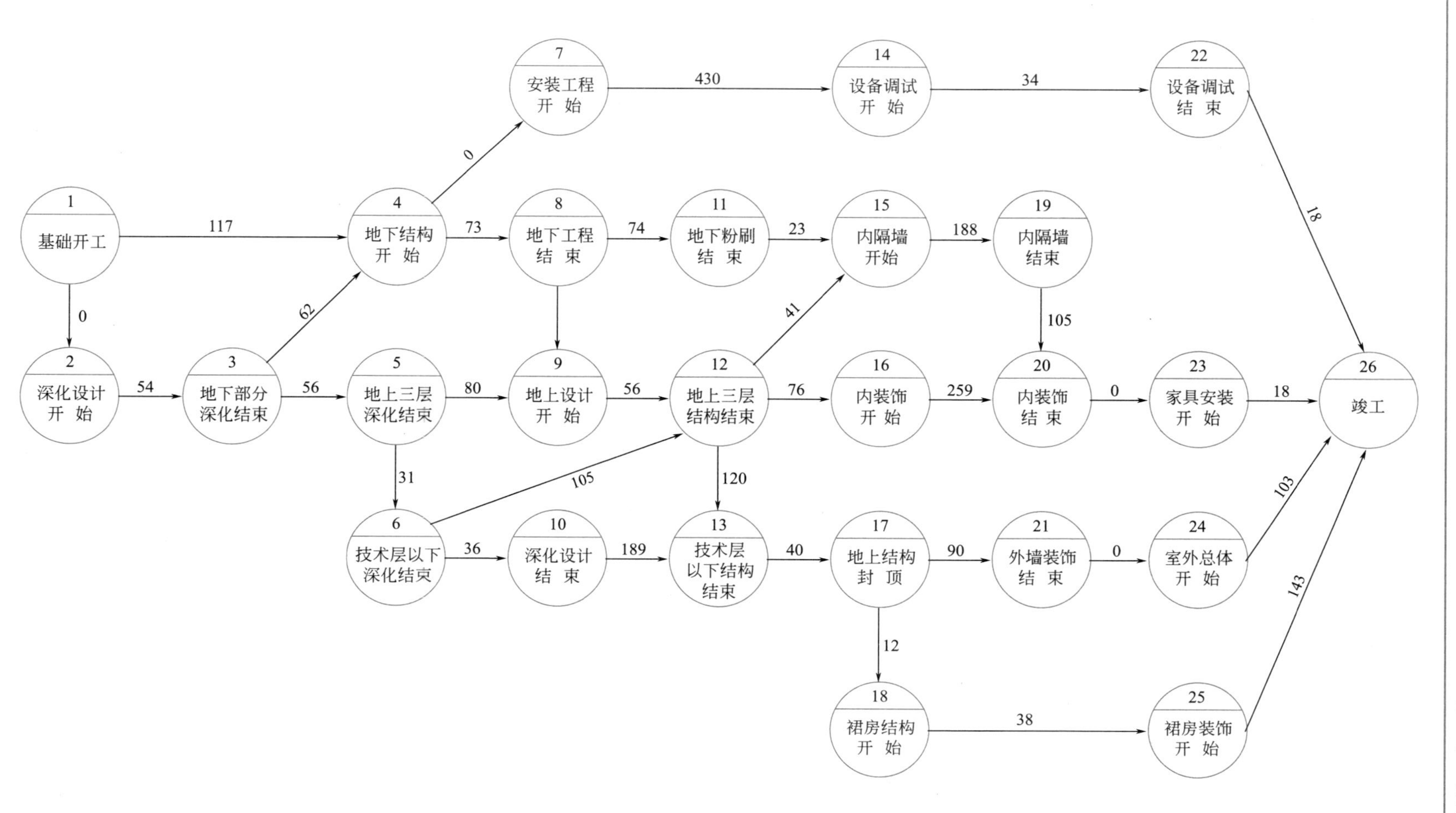

图 2-27　事件节点网络计划示例

2.6 项目计划与控制

现代工程项目的建设规模越来越大，项目管理内容也更加复杂，包括组织、资金、规划、进度、质量、成本、安全、风险、设备、材料、信息、环境等各方面的内容。这些内容虽然错综复杂，但它们之间是相互联系、相互制约的，具有内在规律。通过把这些内容合理地进行组织、规划、协调和控制，可以实现项目全过程的动态管理和项目整体目标。

项目计划与控制贯穿于项目管理的全过程，科学合理的项目计划为项目成功提供了路线图，是实现项目目标的前提和基础。在项目实施过程中，各种不确定因素往往会导致项目偏离目标。因此，需要对项目进行有效的跟踪和监控，运用科学的方法进行绩效评价、偏差分析和趋势预测，并采取合理的措施控制项目按照预定目标计划运行，以确保项目整体目标的实现。因此，项目计划与控制是密不可分的。本节将从项目成功标准的角度，阐述项目计划与项目控制的定义和具体实施方法，以及挣值法在成本-进度综合控制中的应用流程，同时以项目管理软件 Oracle Primavera P6 为基础，详细介绍了项目计划与控制的具体实施内容。

2.6.1 项目成功标准

对项目实施控制之前，我们首先要明确什么是成功的项目，也就是项目成功的衡量标准。在项目管理中衡量项目成功与否主要围绕两个方面：微观层面上是指项目在规定的范围、时间、成本和质量等限制条件下完成项目任务；宏观层面上是指项目要满足项目干系人对项目利益的追求。工程项目往往有众多干系人，他们之间的利益不完全一致甚至会有一定的冲突。在实际工作中我们应该把精力集中到主要干系人上，如果主要干系人对项目利益的追求是合理的，那么就应尽可能多地满足这些合理的利益追求。如果项目主要干系人的利益本身存在矛盾且无法协调，就应该以项目最终使用者的利益为准。例如，在建筑工程项目中，业主是最终端的客户，他们的利益优先级别最高。

在传统的设计施工两阶段模式下，设计单位的利益是在满足设计任务书的条件下绘制完成经审查合格的施工图纸并全额收取设计费；施工单位的利益是按图施工直至完成竣工备案并全额收取工程款，双方都不对产品（建筑品质）的交付负责，甚至图纸上的一些“错漏碰缺”成了施工单位签证索赔、二次经营获利的一个主要手段。EPC 模式在现阶段工程建设项目管理中的主要作用就是合并了设计施工双方的利益，让工程项目管理的目标重新回到实现终端客户利益上。

Shenhar A. J. 等人[13] 通过研究给出了项目成功的四方面标准：1）项目效率：项目是否在预定的时间和预算内完成，这是在项目收尾后可以立即评价的标准；2）对客户的影响：项目在多大程度上满足了客户的需求，包括对项目技术、功能的要求，这个标准实际上就是项目质量和范围标准；3）直接的经营和组织成功：项目产品可以在多大程度上直接改进企业的经营状况，如提高销售额、扩大市场份额、增加收入和利润等；4）长期发展：项目在多大程度上为企业长远创造条件、提供物质基础，如，开发新的技术体系、新的施工方法和生产工艺等。项目是为整个组织的发展服务的，项目产品、服务和成果要对组织的发展有促进作用，因此，我们应从产品和组织这两个维度来衡量项目是否成功。

项目干系人对项目利益的追求具有阶段性，因此，判断项目是否成功的标准也具有阶段性。项目刚刚结束时，往往更注重眼前的要求，也就是工期和成本，此时组织会用“项目效率”来衡量项目成功；中期要求就是质量和范围，所以在项目交付后几个月，组织更关注产品、技术、功能的实现及业主的反馈；项目结束一两年后，项目对企业经营的作用显现出来，组织开始关心项目产生的直接效益；项目结束更长时间以后，项目对企业的组织和战略层面的意义才会显现，组织才会更加关注项目对企业长远发展的影响。

对于不同类型的项目，我们的预期不同，上面的四个标准的重要程度也各不相同（表 2-11）。风险低的低技术项目，我们也不能指望其产生多大的长期效益，“项目效率”的优先级远远高于其他。而具有创新性的项目，我们更关注他们能给企业长远发展带来的影响，但同时这些项目的复杂性、不确定性也会产生相应的风险，项目超支和超期往往也是常态。因此，我们就不能过于关注“项目效率”这个短期成功标准，而应在长期利益和短期效率中进行权衡。

不同类型项目的成功标准[13]　　表 2-11

成功标准	低技术项目	中等技术项目	高技术项目	超高技术项目
项目效率	关键性标准	重要标准	超支和延期	大概率超支和延期
对客户的影响	标准产品	具有价值增量的功能性产品	显著提升企业能力	企业能力飞跃
直接经营成功	合理的利润	较大的利润及投资回报	高利润和大市场份额	高利润(可能延迟)和市场领先
长远发展	几乎没有	获得额外的能力	新生产线和新市场	领导核心技术领域的新潮流

2.6.2 项目计划

1. 项目计划的定义

计划是组织为了实现项目目标做出预测并制定的行动方案，是通向目标的路线图，它指引项目准确地达到目标。计划主要解决以下三个问题：1）确定组织目标；2）确定为达成目标所需采取的行动过程；3）确定行动所需要的资源。项目成功的关键是制定高质量的工作计划。一份良好的项目计划，需要对项目的每部分工作进行清晰的描述，可以清楚地回答以下问题：

- 客户是谁？
- 客户的需求是什么？
- 我们现在处在什么位置？
- 我们应该在什么地方结束？
- 技术性能的要求是什么？
- 费用限额是多少？
- 项目工期是多长？
- 项目可用资源是什么？在哪里？

通过回答这些问题，就能明确项目执行的目标和主要内容，明确要完成什么、如何完成、由谁去完成、需要什么及多少资源，这些内容提供了项目实施的总框架和通向目标的线路图。

项目计划应该围绕项目的最终目标，如工期、质量、成本等，明确为实现这些目标所需完成的工作任务，分析这些任务之间的逻辑关系，估算每项任务或者活动的持续时间、需要达到的技术标准、开始以及结束时间，以及完成任务或活动所需要的资源计划，包含人力、材料、机械设备等。项目计划工作流程如图2-28所示。

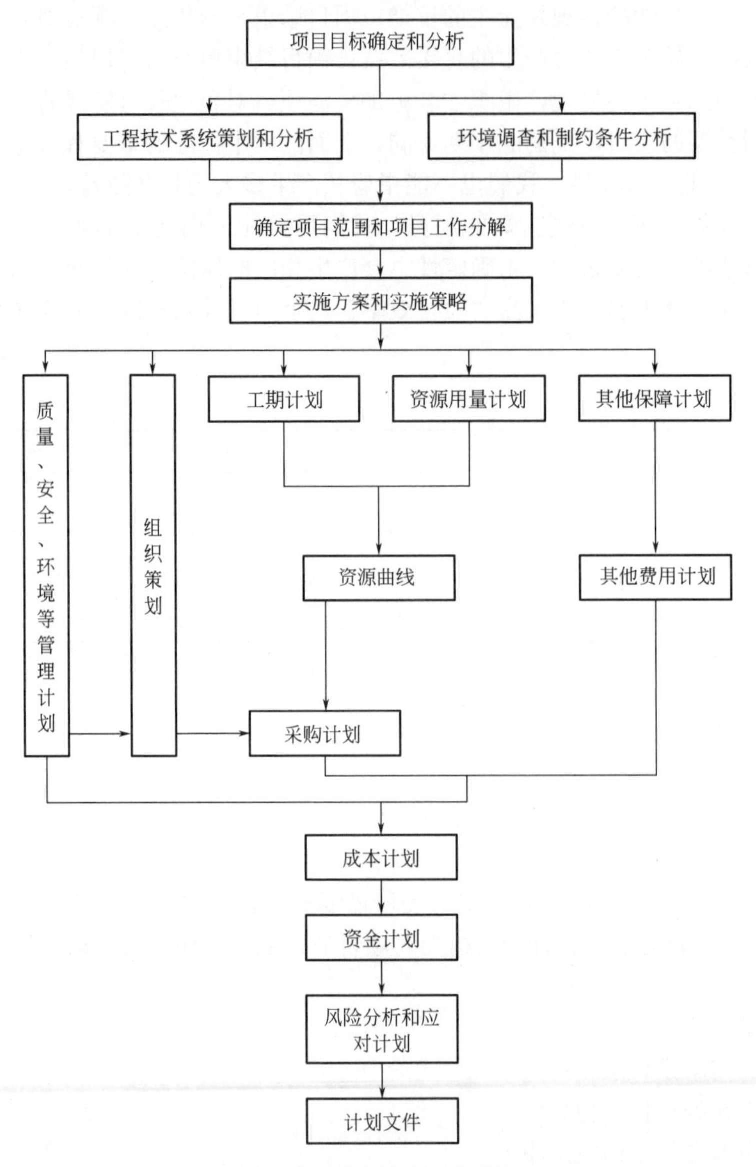

图2-28　项目计划工作流程

2. 项目计划的意义

关于计划的意义，我们可以通过史蒂夫·麦克康奈尔对微软项目的管理经验来理解。在《微软项目求生法则》[14]一书中，史蒂夫·麦克康奈尔提到项目管理者通常存在两个错觉：

错觉一：认为项目可以不需要计划而执行。这可能是缺乏项目管理经验的人常犯的一个错误，认为项目只需要生产性工作和协调性工作，根本不需要计划。因为不可能计划好每件事，人们常说计划赶不上变化，变化赶不上老板的话。

错觉二：认为计划是多余的。在很多实际项目中，要做好项目计划确实要花费较多的时间、人力和物力等额外成本，而项目实际情况又是变化多端的，不可能完全按计划来执行，所以认为计划是多余的，便形成流于形式的“形式计划”。

上述这两种思路和做法都将导致项目在无计划、无指引的状态下实施。随着项目工作的逐步深入，就会发现协调性工作不断增加，并且越来越困难。当项目难以继续开展时，才被迫开始制定项目计划，但由于计划的先天不足，一直处于补救性、应对性的状况，难以形成协调一致、各方认可的计划，项目执行效率不断下降，严重时可能导致项目终止。

因此，项目团队需要在项目开始前策划并制定高质量的工作计划，同时协调相关各方的责任和利益。在项目执行过程中，相关各方按照协调一致的计划实施和管理，便于项目计划的跟踪和控制。

3. 项目计划的作用

项目计划是在项目总目标确定后，分析总目标的可行性以及总目标确定的费用、工期、功能要求等是否能得到保证，如不能满足要求，需要修订目标或修改技术设计，甚至可能取消项目。计划的核心是目标。计划是对项目构思、目标、技术设计更为详细的论证，是对项目实施过程的设计。科学的计划能合理地安排工作进度和资源分配，协调各分包方、各专业、各工种之间的关系，在时间和空间上进行统筹，确保项目顺利开展。

4. 项目计划的分类

（1）按照项目阶段划分

计划按照项目阶段可以分为三类：概念性计划、详细计划和动态计划。在项目初期，编制概念性计划；项目实施前，编制项目详细计划；项目启动后，根据项目实施过程的监控结果和项目环境的变化进行动态计划调整。

1）概念性计划

概念性计划是一种自上而下的计划。概念性计划的任务就是要确定项目初步的工作分解结构，确定项目规模、生产（或服务）能力、实施方案、建设期和运行期、所需资源及其来源、总投资及其相应的资金安排等。项目概念性计划是项目详细计划编制的基础，是项目管理的纲领性文件。

2）详细计划

详细计划的任务是要制定详细的工作分解结构，是一套较为详细和全面的计划，包括产品的销售计划、生产计划、工程建设计划、投资计划、筹资计划、现金流量计划等。详细计划不仅有总投资的估算，而且有各个子项的投资估算；不仅有总工期安排，而且有主要阶段和重大里程碑的时间安排。制定详细计划需要考虑实现项目目标所必需的主要工作，并且将这些工作的职责落实到部门甚至个人。

3）动态计划

动态计划的制定是在已经确定的项目计划基础之上，经过一段时间的项目实施，根据项目环境的变化，从项目实际情况出发对项目计划进行主动调整。动态计划是基于可预见的目标利用动态调整方式逐步完善的详细计划，随着项目的进行分阶段更新进度和预算，通过不断更新，对项目工期和成本的预测会更接近实际。

（2）按照项目管理内容划分

1）项目进度计划

进度计划是根据实际条件和合同要求，将项目的总工期目标进行分解，通过分析各个工作单元的工程量、持续时间、逻辑关系、资源估算和进度制约因素等进行编制。进度计划是项目计划体系中最重要的组成部分，也是编制其他计划的基准。进度计划是随着项目工作分解结构的深入而逐渐细化的，主要包括总进度计划、里程碑计划、详细计划、专业计划、工作包计划以及具体活动计划等。项目进度计划通常按照合同中的进度目标和工作分解结构层次，按照上一级计划控制下一级计划的进度，下一级计划深化分解上一级计划的原则制定各级进度计划，做到计划由上向下细化，由下向上跟踪。

2）项目资源计划

项目资源计划是将项目生产要素，包括劳动力、材料、设备、资金等在项目进度计划的基础上进行分配，确定完成项目作业所需资源的种类和数量，从而为成本估算提供依据。

3）项目成本计划

项目成本计划是指在工程项目真正开始进行施工建设之前，对于项目有可能存在的成本费用支出进行一个预测，并针对工程项目生命周期内的不同环节所产生的成本费用支出结合建设进度进行合理的计算、规划、分配，最终按照预计发生顺序进行排列，形成一个完整的工程成本支出计划。

4）项目质量计划

项目质量计划是为了使项目的可交付成果满足客户要求，对项目质量管理工作进行的计划和安排。项目质量计划是项目质量管理工作的核心指导文件，包括合同评审、设计控制、过程控制、不合格品控制、纠正预防措施等。

5）项目风险应对计划

项目风险应对计划是项目管理人员通过识别项目的主要风险源，再根据各风险的评估结果进行排序，分别制定具体的应对计划及应急方案。风险应对措施包括风险回避、风险转移、风险自留和风险控制等。

6）项目变更控制计划

由于项目的一次性特点，在项目实施过程中，计划和实际不符的情况是经常发生的。频繁的变更会给项目控制带来困难，需要制定变更控制计划，使项目变更正常合理化。

5. 项目计划的编制

（1）项目进度计划

项目进度计划是依据活动定义、活动顺序排列、活动持续时间估算以及活动所需资源的估算，对项目工作做出的时间计划。项目进度计划的编制方法如下：

1）项目描述。项目描述是用表格的形式列出项目的目标、项目的范围、项目如何执行、项目完成计划等内容，依据是项目的立项计划书、已经通过的初步设计方案和批准后的可行性报告。

2）项目工作分解（WBS）。

3）定义活动。定义活动是为了确定完成工作包所需要的投入，包括时间、资源和费用等。WBS 面向的是可交付成果，而活动清单是确定为了完成交付成果所需进行的工作。以基坑开挖为例，可交付成果是开挖完成的基坑，为完成这一可交付成果需要进行施工准备、测量放线、基坑开挖、支护、质量验收等具体工作，这些工作就是为完成基坑这个可交付成果所需要完成的活动清单。

4）排列活动顺序。排列活动顺序是识别和记录项目活动之间关系的过程，主要是定义工作之间的逻辑顺序，以便在既定的项目制约因素下（如工艺要求、资源限制等）获得最高的效率。

5）估算活动持续时间。估算活动持续时间是指估算各项活动从开始到结束所需要的工作时间，可由各项活动的具体负责人完成，这样既可以保证时间估算的准确性，也让该负责人在提交估算的同时向组织做出完成工作的时间承诺。

在活动持续时间估计时要区别工作时间和持续时间，工作时间指扣除休息日的净工作时间，持续时间是包括休息时间在内的日历连续时间。例如，施工图纸绘制需要的是工作时间（正常工作时间 8 小时），而混凝土浇筑完成后达到规定强度需要的是持续时间（每天 24 小时持续进行）。估算活动持续时间一般采用下述两种方法。

① 类比估算法

类比估算法是一种使用类似活动或项目的历史数据，来估算当前活动或项目的持续时间和成本的方法。类比估算以过去类似项目的参数值（如持续时间、预算、规模、重量和复杂性等）为基础，来估算当前项目的同类参数或指标。这是一种粗略的估算方法，需要根据项目的已知差异进行调整。在项目信息不足时，可以采用类比估算来估算项目持续时间。

② 三点估算法

三点估算法起源于计划评审技术（PERT）。对每个活动的持续时间估计考虑三个值，分别是乐观（Optimistic）、最可能（Most likely）和悲观（Pessimistic），分别用 O、S 和 P 表示，计算概率分布期望值和标准差。通过计算不同目标工期所对应的概率，用于决策参考，图 2-29 以正态概率分布曲线描述了工期和概率的关系。

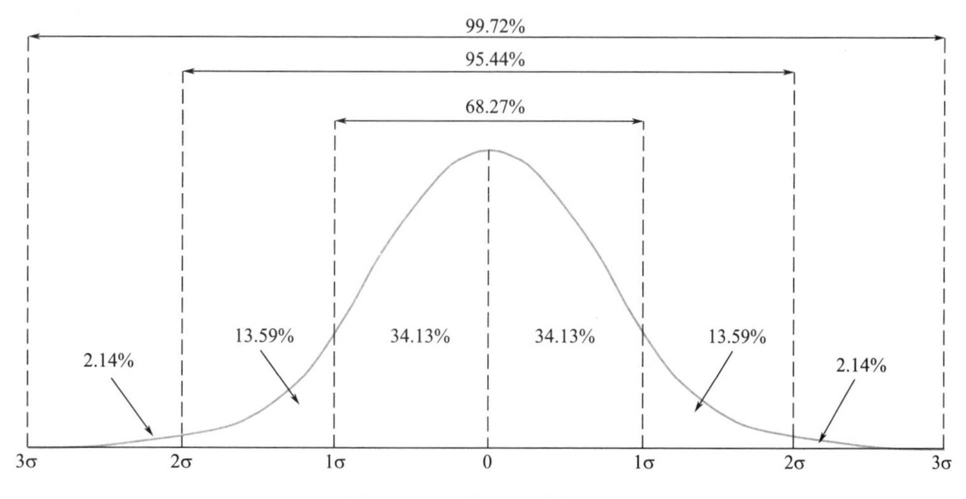

图 2-29　工期和概率的关系

通过估计的三个时间值，计算出均值和标准差，计算公式如下：

均值 Te=(乐观值+4×最可能值+悲观值)/6；

标准差 SD=(悲观值-乐观值)/6。

根据正态统计分布图，预期活动持续时间（Te）表示项目有 50%的概率可以在该工期内完成。工期落在预期活动持续时间 1 个标准差的范围之间的概率是 68.26%，落在 2

个标准差的范围之间的概率是 95.44%，在 3 个标准差的范围之间的概率是 99.72%。

在实际项目中，确定目标工期是一个协商的过程，如果认为 50%的保证率太低，就增加标准差，直到达到要求为止。通过计划评审技术（PERT）可以给出不同的工期的保证率，并通过保证率的情况进行工期的风险储备估计。

6）编制进度计划

依据项目活动的排序和持续时间的估计，制定项目的进度计划，明确每项工作的开始和结束时间，作为项目进度控制的依据。项目的进度计划常采用网络计划技术，通过网络计划可以反映出项目各项活动之间的逻辑关系和各项活动的机动时间，有助于项目的工作协调和控制，详见 2.5.5 节。

（2）项目资源计划

项目资源是指完成项目所需的各种投入，包括完成任务所需的人员、设备、物资、资金和使用的技术、信息等。项目实施所需资源的价值形成了项目成本，任何项目实施都具有资源的约束性。项目资源计划就是要确定完成项目作业所需资源的种类与数量，从而为成本估算提供依据。

1）项目资源计划编制依据

编制资源计划的过程，就是项目团队决定所需资源种类、来源、获取方式以及如何使用资源的过程。项目资源计划的编制依据有：工作分解结构、项目进度计划、资源库、组织过程资产、组织政策、资源定额。

① 工作分解结构（WBS）确定了需要资源的项目组成，是资源计划编制的基本依据。通过汇总工作分解结构各层次的资源需求，可得到项目总体资源需求情况，再分析、整理形成资源库。

② 项目进度计划。项目资源计划是依据项目进度计划来编制的，按照进度计划进行资源配置，以便于项目团队及时地、有计划地安排资源。

③ 资源库。资源库是项目所需资源的汇总，也是资源计划编制的重要依据。在进行资源计划编制时需要充分了解可供将来使用的资源种类和供给方式。资源库需要与 WBS 保持一致，可进行动态调整和预测。

④ 组织过程资产。收集整体类似项目的资源需求和使用情况，便于在资源计划编制时提供指导和借鉴。

⑤ 资源定额。资源定额是编制资源计划的依据，可以根据定额计算人工时、材料、设备等资源的需求量。

2）项目资源计划编制的步骤与方法

项目资源计划编制时，需要明确需要哪些资源、从哪里得到资源、什么时候需要资源以及如何使用资源等问题。资源计划中需要包括工作分解结构中各层级需求资源的种类和数量，编制步骤通常包括资源需求分析、资源供给分析、资源成本比较与资源组合、资源分配与计划编制等。

① 资源需求分析：首先分析和估算 WBS 中每项工作任务所需的资源数量及其种类，再根据消耗定额或经验数据，确定资源的需求量。

② 资源供给分析：分析资源获得的难易程度以及获得的渠道和方式。

③ 资源成本比较与资源组合：在确定资源种类和获取方式后，进行资源的使用成本

和组合模式比较，综合考虑成本、进度等要求，确定合适的资源组合方式。

④ 资源分配与计划编制：资源分配时既要满足各个工作任务的资源需求，又要实现资源总量最少和使用平衡。通过将各种资源的种类、数量、获得渠道、使用时间等汇总起来，就得到了资源计划。

编制项目资源计划常用的有专家判断法、资源统计法和资源优化法。其中，专家判断法是指由具有专业知识的专家根据经验进行判断而形成的项目资源计划，是最常用的方法，但其准确性与合理性会受到专家的影响。资料统计法是通过参考类似项目的统计数据确定项目资源计划的方法，这种方法可得出比较准确、合理的项目资源计划，但不适用于创新性项目。资源优化法是通过确定项目所需资源的确切投入时间，尽可能均衡使用资源以满足项目进度的方法，资源优化法分为资源平衡和资源平滑两种方法。

① 资源平衡。为了在资源需求与资源供给之间取得平衡，根据资源制约因素对开始日期和完成日期进行调整的一种技术。如果共享资源或关键资源只在特定时间可用、数量有限或被过度分配，如一个资源在同一时段内被分配至两个或多个活动，就需要进行资源平衡；也可以为保持资源使用量处于均衡水平而进行资源平衡（图 2-30）。资源平衡往往导致初始关键路径改变。

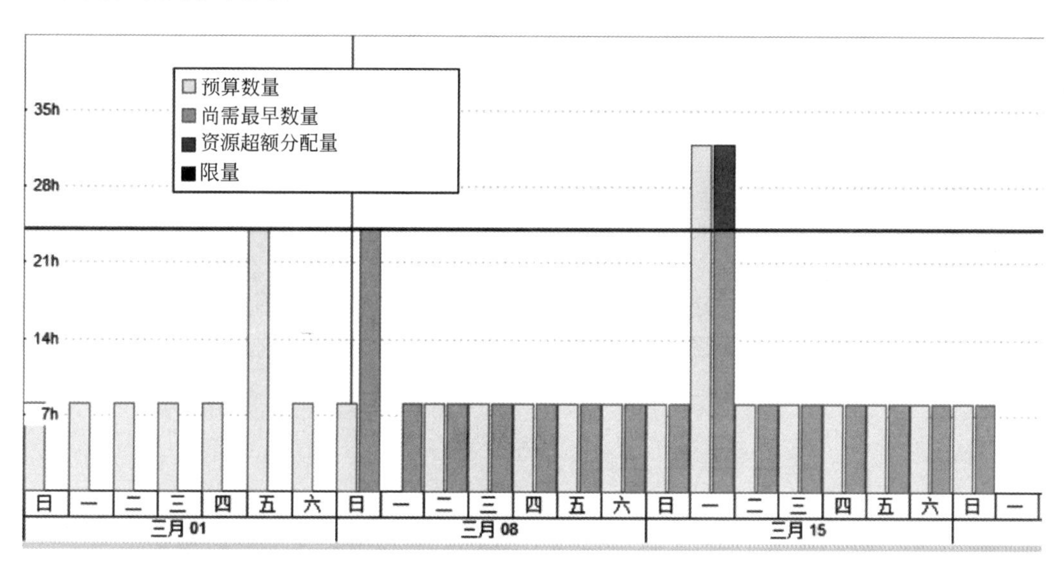

图 2-30　资源超额分配需资源平衡

资源平衡的方法通常包括：

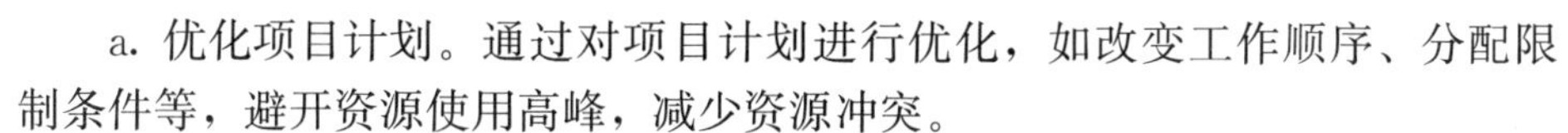

a. 优化项目计划。通过对项目计划进行优化，如改变工作顺序、分配限制条件等，避开资源使用高峰，减少资源冲突。

b. 延长作业工期。对于非关键工作，可以利用总浮时适当延长作业工期，降低当前时段资源需求总量。

c. 资源替换。采用另外的资源替代当前冲突的资源。

d. 增加工作时间。通过增加每天的工作时间减少资源高峰用量及可能造成的费用增加。

e. 平衡进度。推迟作业的开始时间直至资源可用。

② 资源平滑。对进度模型中的活动进行调整，从而使项目资源需要求不超过预定的

资源限制的一种技术。相对于资源平衡而言，资源平滑不会改变项目关键路径、完工日期也不会延迟，也可以把资源平滑看成一种特殊的资源平衡，减少资源的波动，达到减少资源在整个周期使用的峰值。资源平滑一般是针对非关键工作，在其总浮时和自由浮时内进行调整。实际工程中，由于项目的规模和复杂性，可借助相关软件来完成。

3）资源计划的工具

① 资源数据表

资源数据表可以显示各种资源在项目各时间段的需求情况，表 2-12 是资源数据表的一个简单例子。左边为项目所需资源的类型，首行是项目周期内的单元时间。从表中可以看出 1～3 周各需要工程师 1 人、管理人员 1 人；6～11 周各需要工程师 2 人、管理人员 2 人、工人 1 人、安全员 1 人；其他资源类型的表示方法类似。

资源数据表示例　　表 2-12

资源	时间(周)										
	1	2	3	4	5	6	7	8	9	10	11
工程师	1	1	1			2	2	2	2	2	2
管理人员	1	1	1			2	2	2	2	2	2
技术员											
工人						1	1	1	1	1	1
安全员						1	1	1	1	1	1
施工机械											
运输设备											

② 资源负荷图

资源负荷图给出了在项目建设周期内各个阶段所需要的资源数量，可以按不同类型的资源画出不同的资源负荷图。图 2-31 是资源负荷图的一个例子，它反映了项目的人力资

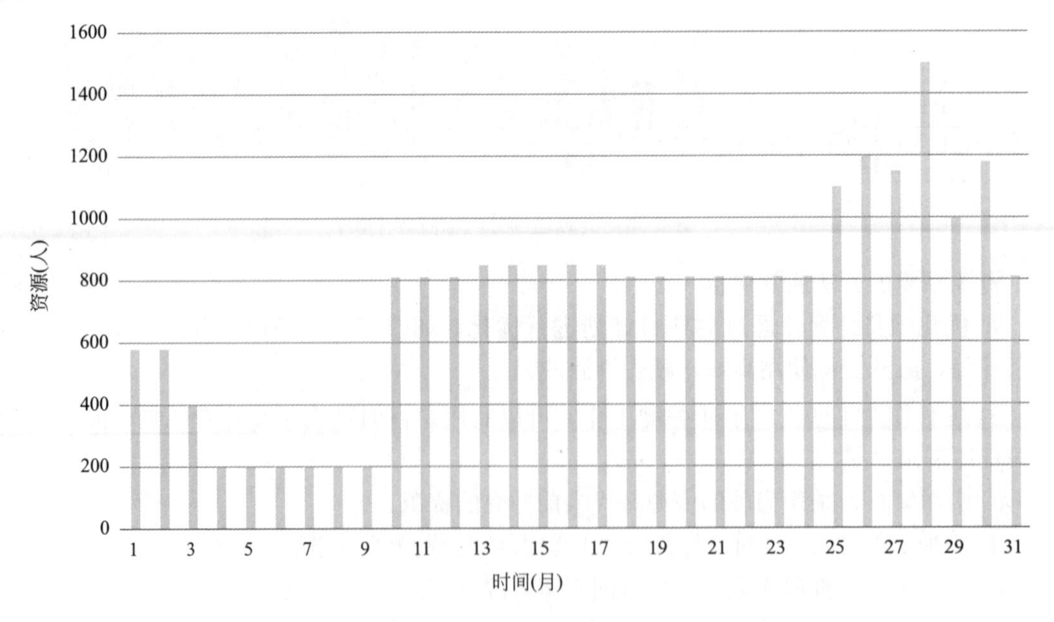

图 2-31　人力资源负荷图示例

源的需求情况。在项目前期的3～9个月人力资源需求较少，项目中期很长一段时间的人力资源需求较稳定，而在项目收尾前人力资源需求达到了最高峰，因此在项目实施过程中进行合理的资源安排对项目成本控制意义重大。

（3）项目成本计划

成本管理的计划工作一般在项目前期开展，包括编制成本估算和成本预算，为成本管理制定框架。项目成本估算是项目成本管理的核心工作，通过分析、估计确定项目成本，是开展项目成本预算和项目成本控制的基础和依据。根据批准的成本估算，结合应急储备，完成成本预算，作为项目成本控制的基准。

1）项目成本估算的依据

项目成本估算是根据项目的相关信息对完成项目所需成本进行的预测和估计，在该阶段最重要的是各种估计和预测的依据。一般项目成本估算的依据主要包括以下几项：

① 项目范围说明书。项目范围说明书是项目管理过程中确定项目主要可交付成果的重要书面文件，项目范围说明书一般包括项目合理性说明、项目目标、项目可交付成果和技术规范四个方面的内容。

② 工作分解结构。工作分解结构是项目成本估算的主要依据。

③ 项目资源计划。项目资源计划是成本估算的基础。

④ 资源单价。如每小时的人工费，每吨钢材、每立方米混凝土的成本等，如果资源单价未知，则需首先估算资源单价。

⑤ 项目历时估算。项目历时估算是对完成某项作业可能需要的工作时间估算，项目的成本估算与项目的持续时间直接相关。

⑥ 组织过程资产。积累的同类项目成本资料是项目估算可以参考的最有价值的资料，包括成本数据、资源库、知识库等。

⑦ 风险。项目团队在进行成本估算时需要考虑风险的影响。

2）项目成本估算的方法

由于项目具有单一性、独特性和不确定性等特点，项目成本估算与一般的产品成本估算又有不同之处。项目成本估算方法包括：类比估算法、参数估算法、自上而下估算法和自下而上估算法等。

① 类比估算法。成本类比估算是指将以往类似项目的成本数据作为当前项目成本估算的基础，当缺乏项目的详细情况时（如项目初始阶段），可采用该方法。

② 参数估算法。参数估算法是指利用历史数据和项目特征建立一个参数模型，通过模型进行项目成本估算的方法，参数估算的准确性取决于参数模型的成熟度和基础数据的可靠性。

③ 自上而下估算法。项目的中高层管理人员在掌握项目成本相关历史数据的基础上，对项目的总成本进行估算，然后按照工作分解结构的层次把估算结果自上而下传递给下一层的管理人员。下层管理人员再对自己负责的工作任务的成本进行估算，继续向下逐层传递，一直传递到工作分解结构的最底层。该方法的优点在于简单易行、花费少，总成本估算的准确性较高，但是要求中高层对项目比较了解，能进行合理的成本分配。

④ 自下而上估算法。自下而上估算法是从工作分解结构底层开始进行的自下而上的

估算。首先，对WBS底层单个工作包或活动的成本进行估算，然后按照WBS将底层数据层层累加汇总到更上层，最后加上管理费、管理储备金等，得到整个项目总成本。采用这种方法的前提是已经确定了详细的工作分解结构，明确了每一项具体工作任务并能做出准确的估算。自下而上估算法的优点是直接参与项目实施的人员更清楚项目活动所需要的资源量，从而估算的成本更准确，缺点是自下而上估算法计算工作量往往较大，且可能存在下层管理人员夸大虚报成本的情况。

3）制定项目成本预算

项目成本预算是在项目成本估算的基础上，汇总所有活动或工作包的估算成本，更精确地估算项目总成本，并将估算的项目成本基于WBS分配到每项具体的活动和各个具体项目阶段上，作为监督和控制项目绩效的成本基准。

项目成本预算在整个项目的计划和实施过程中有着重要的作用，预算与项目资源的使用密切相关，通过预算可以实时掌握项目的进度和成本情况，并对项目进行控制。在项目实施过程中，项目管理者需要不断收集进度和成本的执行数据，并进行分析和预测，从而对项目进行有效的控制。

项目成本预算的制定流程如图2-32所示。

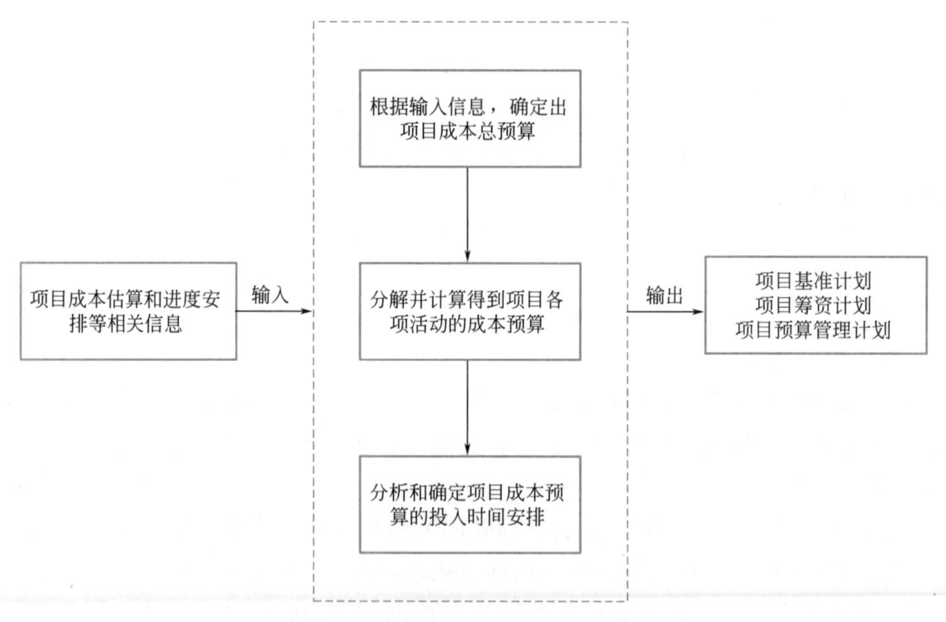

图2-32　项目成本预算制定流程

① 输入相关信息

收集项目成本估算、项目范围基准、项目进度计划等相关资料，作为项目成本预算的输入信息。

② 确定项目成本预算总额

项目成本预算总额是根据收集的相关输入信息，结合项目的目标、范围和进度等要求所确定的项目成本预算的总数，项目成本预算的组成如图2-33所示。项目成本预算与项目成本估算的最大差异是针对项目风险所给出的项目不可预见费或者项目管理储备金。成本基准是经过批准的、按时间段分配的项目预算，不包括任何管理储备。管理储备是为了管理控制的目的而特别留出的项目预算，用来应对项目范围中不可预见但会影响项目的未知风险。先汇总各项目活动的成本估算及其应急储备，得到相关工作包的成本；然后汇总各工作包的成本估算及其应急储备，得到控制账户的成本；接着再汇总各控制账户的成本，得到成本基准；最后汇总成本基准和管理储备，得到项目预算总额。

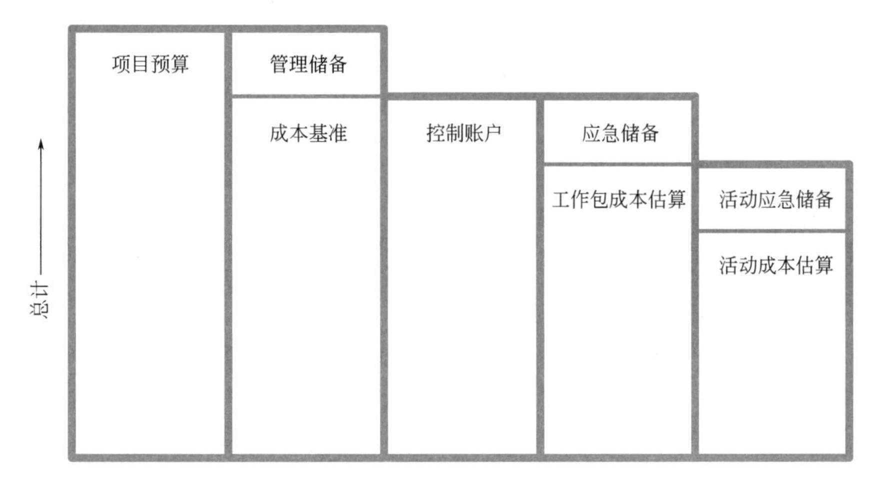

图 2-33　项目成本预算的组成

③ 得到项目各活动的成本预算

项目成本预算分解应首先将项目成本预算总额分配到项目工作分解结构的各个工作包上，然后将项目工作包的成本预算进一步向下分解，最终确定各个工作包中各个具体活动的成本预算，如图 2-34 所示。

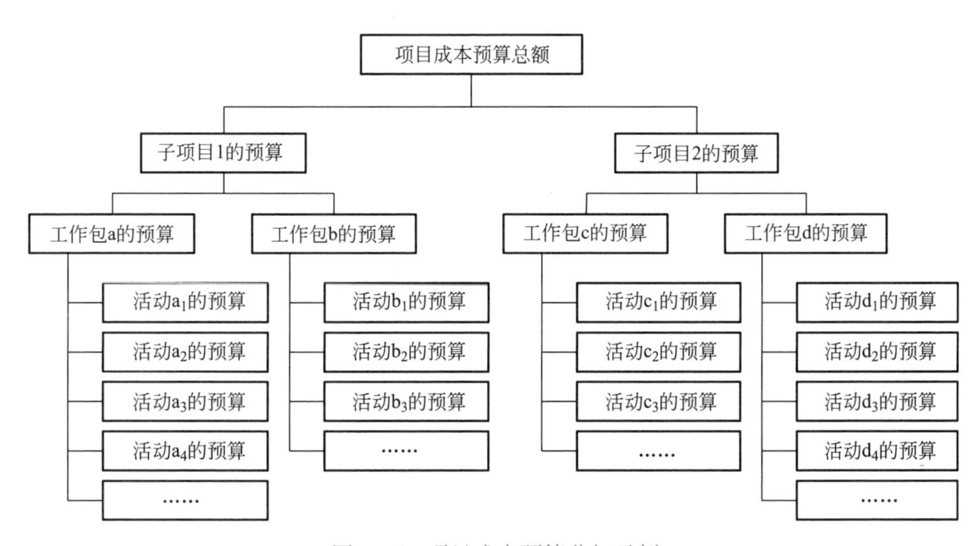

图 2-34　项目成本预算分解示例

④ 确定项目成本预算的进度分配

根据项目成本预算总额、项目工作包成本预算、项目各项具体活动预算及项目进度计划，确定项目各具体活动的成本预算的投入时间。通常需要确定项目各工作包和具体活动成本预算的具体投入时间和投入数额，以及项目预算投入的累计额，即从项目起点开始到某时点前累计得到的成本预算。

⑤ 项目成本预算的输出结果

项目成本预算工作的主要结果通常包括以下几个方面：

项目基准计划。项目成本预算工作最重要的是确定项目成本基线，用于测量、监督和控制项目执行的成本绩效，一般用成本负荷直方图和时间-成本累计 S 曲线表示。

项目筹资计划。项目筹资计划是根据项目预算结果给出的各个时段的筹资要求和计划安排。通常每个阶段的筹资都应该给出一定的额外量以备出现各种预付款、提前结算和超支的情况，项目总筹资的数额应该是项目预算总成本加上项目管理储备金。

项目预算管理计划。项目成本预算的另一个主要的输出结果是项目预算管理计划文件，在文件中明确了有关项目预算管理的各种规定和要求。

(4) 项目质量计划

1) 项目质量规划

项目质量规划是识别项目及其可交付成果的质量要求和标准，并书面描述项目将如何达到这些标准的过程。项目质量规划是项目质量管理的一个重要组成部分，该工作的首要任务是设定质量目标，再根据设定的质量目标优化规定作业过程和相关资源。质量规划的基本工作方法是：首先制订质量方针，根据质量方针设定质量目标，根据质量目标确定工作内容、职责和权限，然后确定程序和要求，最后付诸实施。

2) 项目质量计划

项目质量计划是项目质量管理工作的核心指导文件，是为了达到项目预期的质量目标而制定的质量管理工作计划和安排，也是质量规划的主要成果之一。编制质量管理计划的依据主要有：项目环境因素、组织流程资产、项目范围说明、项目集成计划和其他项目管理方面的信息等。一般在项目开始时，编制一个较粗的、规划性的质量计划，随着项目进展，编制相应各阶段较详细的质量计划，如操作规程、作业手册等。

项目质量计划通常包括合同评审、设计控制、施工控制、采购控制、过程控制、不合格品控制、纠正和预防措施、质量记录控制、质量审核等内容。

2.6.3 项目控制

项目是一个系统，系统控制理论同样适用于项目管理。建筑工程项目是一个动态的复杂系统，系统的实时状况和最终输出出现偏差是不可避免的。在管理学中，我们采用控制技术来保证项目按照预期目标运行。控制是工程建设过程中的重要管理活动，根据由项目目标制定的计划，通过项目组织按照绩效指标衡量、比较所取得的阶段性成果，检查计划实施情况，识别偏差并采取纠偏措施，保证项目按计划进行。对于 EPC 项目，由于项目范围的扩大，项目目标不仅包括工程本身的质量、成本和进度，还包含了建筑功能的实现以及建筑设计作品的还原度等。因此，EPC 项目的控制比一般工程项目增加了更多的维度，控制过程也要更加复杂。

我们制定项目计划的唯一目的就是实现对项目的控制，要控制一个项目，就需要知道两件事，一个是我们应该在的位置（计划），另一个是我们所在的位置。在跟踪一个项目时，我们要回答三个问题：情况如何、原因是什么、采取什么行动。检查进度时，我们要回答：工作的真实情况如何、导致偏差出现的原因、采取什么行动来纠偏。对于偏差只有四种处理方法：忽略偏差、采取行动使项目回到预设轨道、更新计划消除偏差、取消项目。通过挣值分析得到负偏差，如果想要项目回归到原计划，只能通过提高成本（增加人力投入）、缩小范围、降低性能，这些都是对原计划的修改，需要增加投入（动用项目初始预留的备用金）来保证。如果偏差偏离的幅度可以接受，那么就接受偏差，更新计划，以现值作为起点重新计算项目计划。

装配式建筑预制构件的生产在工厂中进行，这让基于工业化大生产的计划和控制技术在建筑业中得以发挥作用。制造业典型的生产计划与控制方法包括物料需求计划（Material Requirement Planning，简称MRP）、制造资源计划（Manufacturing Resource Planning，简称MRPⅡ）和企业资源计划（Enterprise Resource Planning，简称ERP）、精益生产或称为Kanban管理、拉动生产法（Pull Production）和演变的混合生产（Hybrid Production）等。在以MRP为代表的推动（Push Production）生产方式中，生产决策是根据市场预期制定的，产品按照计划尽可能快地在生产线上加工制造，保证了机械设备较高的生产负荷，提高了生产效率。随着信息技术的发展以及计算机效能的提升，企业可以将整个生产经营活动都涵盖在一套管理系统中（ERP）。日本丰田汽车将推动式的生产计划方法进行改进，提出了最初的拉动生产方式Kanban系统。在Kanban系统中，通过准时制生产方式（Just in Time，简称JIT），又称作无库存生产方式（Stockless Production）实现零库存，同时减少返工量和提高质量，达到降低成本的目的。混合生产系统中较为典型的生产计划与方法是定量制品生产系统（Constant Work-in-Process，简称CONWIP），在该系统中，制品的数量是一个常数。生产是由加工完一个产品而触发。装配式建筑预制构件一般在工厂加工生产，可采用上述典型的制造业生产计划与控制方法对其生产过程进行综合管理与控制，实现计划目标。

2.6.4 基于挣值法的项目监控

进度和成本是项目管理中非常重要的两个目标，它们之间相互联系且相互制约，将进度和成本分开管理往往不能反映项目的真实情况。挣值管理是项目成本-进度联合监控的有效工具，注重将项目成本和进度结合考虑、总体分析和共同控制，已成为现代项目管理通用的管理方法。本节主要从项目监控的角度阐述挣值法在项目管理中的应用。

1. 项目监控概述

项目监控就是为了保证项目按照预期目标运行，对项目的运行状况和输出进行连续的跟踪和测量，并将测量结果与预期目标进行比较，如出现偏差，即分析偏差原因并加以纠正的整个过程[15]。项目的监控是一项系统工程（图2-35），包括组织、程序、技术、措施、目标和信息等部分，其中信息系统贯穿项目实施的全过程。项目组织需要建立评价标准，并通过项目跟踪和有效的测量，形成项目执行绩效数据，再运用科学的方法进行比较分析，输出项目控制决策建议。

由于项目存在的不确定性和外界因素干扰，系统的运行状况和输出往往会出现偏差。一个良好的监控评价系统可以及时发现偏差，并迅速采取合理措施缩小偏差，确保系统状态的稳定，使得项目始终按预期的目标轨道运行（图2-36）。

2. 基于挣值法的项目监控

挣值管理将进度的时间单位依据一定的计算规则，统一转换为成本的货币单位，用货

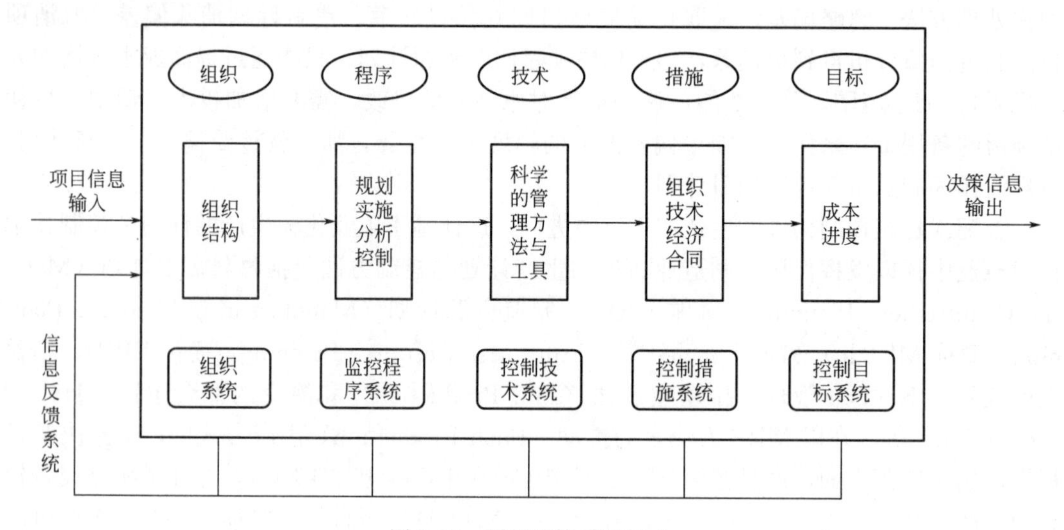

图 2-35　项目监控系统组成

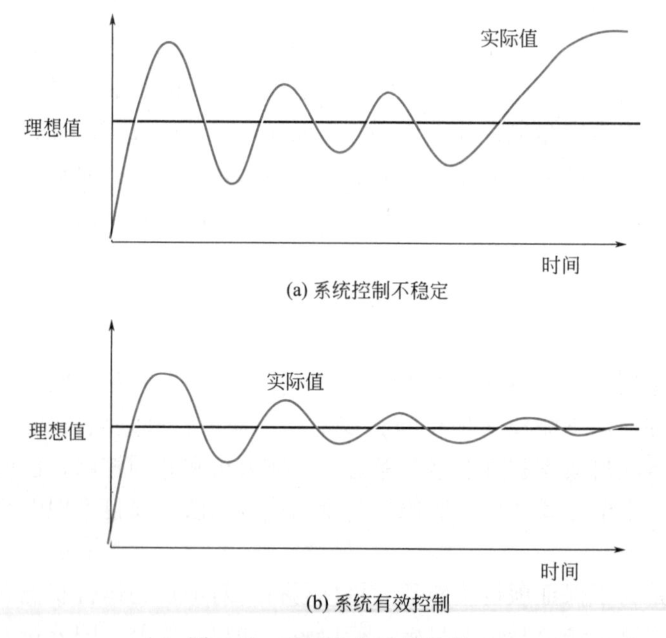

图 2-36　项目监控效果示意

币价值指标来同时衡量项目进度与成本的执行绩效，解决了无法同步检查项目进度与成本的问题。

（1）基于挣值法的项目成本-进度联合监控流程

1）收集项目信息，明确项目范围和任务；2）进行项目范围定义与责任分配，包括确定项目组织分解结构（OBS）、项目工作分解结构（WBS）、资源分解结构（RBS）和成本分解结构（CBS），并建立责任对应关系；3）进行综合计划编制，包括进度计划、资源计划和成本计划等；4）建立和维护目标计划，作为绩效测量基准；5）项目跟踪与反馈，测量检查日期的项目执行绩效数据；6）计算绩效指标，进行偏差分析，预测成本和进度发展趋势，采取合理的纠偏措施；7）重复以上步骤直至项目结束。具体实施流程如图 2-37 所示。

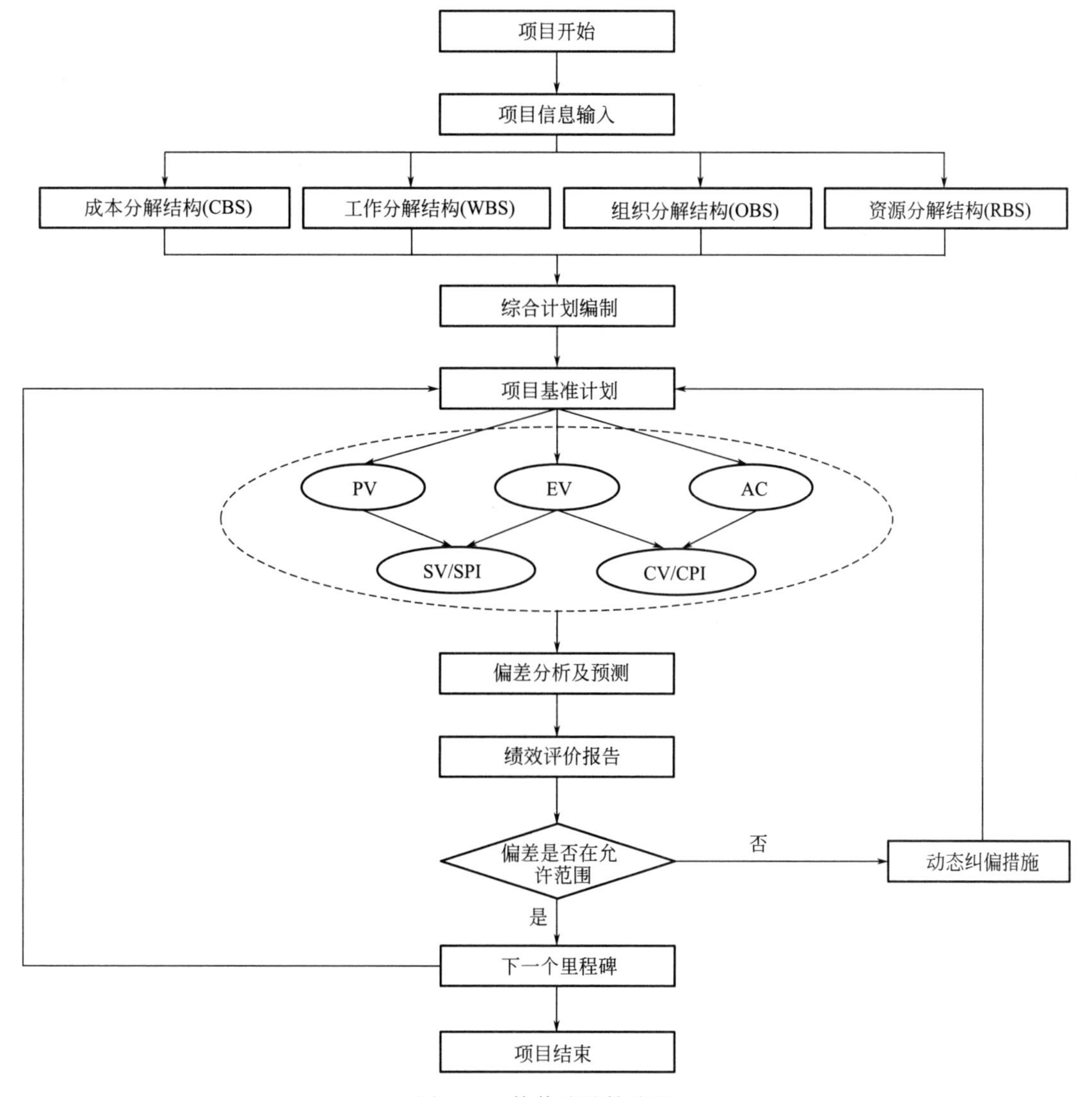

图 2-37　挣值法监控流程

（2）项目成本-进度绩效预警

在项目运行过程中，通过设定合理的监测点，不断跟踪和测量得到的执行绩效数据，计算出挣值管理的三个关键指标，即 PV、EV、AC，在此基础上，进行项目成本与进度的偏差和绩效指标分析。挣值管理关键指标计算和分析方法在本章 2.5.2 节中已详细阐述，此处不再赘述。然而，在项目执行过程中，成本-进度绩效往往会出现或大或小的偏差，并非任何偏差都需要调整，过多的调整不仅不会为项目控制带来收益，反而会增加不必要的成本，因此需要建立偏差的预警和控制范围。

建立基于挣值法的项目成本-进度预警系统，可以进行偏差识别，并判断偏差是否超出允许范围，是实现项目动态控制的重要手段，项目成本-进度预警监控流程如图 2-38 所示。

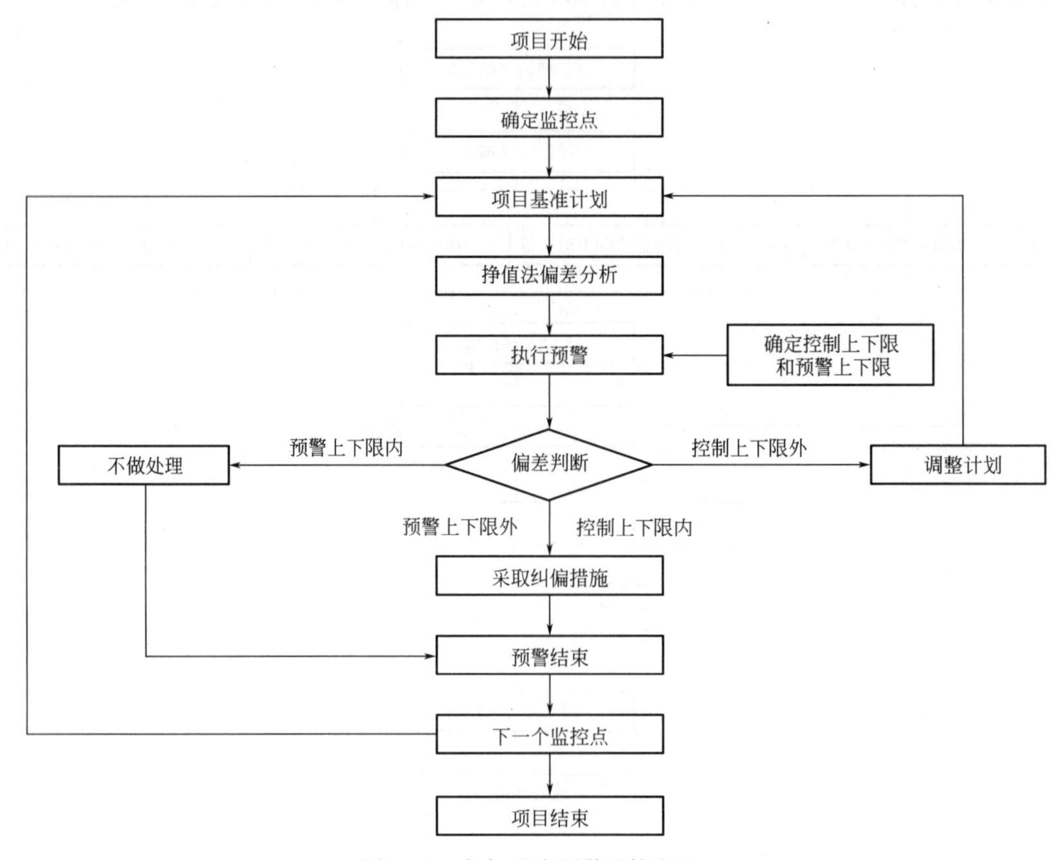

图 2-38　成本-进度预警监控流程

在成本-进度预警监控过程中，根据确定的成本-进度控制波动范围和预警波动范围，来判断监测点的绩效偏差情况及需要采取的应对措施。如果监测点绩效偏差位于控制上限和下限外，则需要调整计划；如果位于预警上下限外、控制上下限以内，则需要考虑采取相应措施纠偏；如果位于预警上下限以内，作为允许偏差，可以不做处理，如图 2-39 所示。在项目执行过程中，可以利用项目管理软件辅助监控和预警，如 Oracle Primavera P6 软件，通过设置偏差监控范围，自动进行项目监控点执行状态的挣值分析，对项目偏差进行自动监控和预警，并实时反馈项目管理人员，提高项目管理效率。

2.6.5　项目计划管理软件

现代项目管理离不开信息化技术和工具软件的支持，可以通过软件辅助项目计划管理，包括项目的范围规划和责任分配、综合计划编制和优化、目标计划建立和管理、计划反馈、执行情况分析和计划更新、报表及信息发布等方面。目前市场上具有代表性的计划管理软件主要有 Oracle 公司开发的 Primavera 6.0 和微软公司开发的 Microsoft Project。

Microsoft Project 是由微软公司开发的以进度计划为核心的项目管理软件，适用于不同的企业规模和不同的项目类型。在版本方面，Microsoft Project 分为单一项目管理的单用户版、适用于大型项目的专业版以及可满足多用户协同工作的服务器版。Microsoft Project 可以帮助项目管理人员编制进度计划，进行资源分配、生成费用预算及各类报表

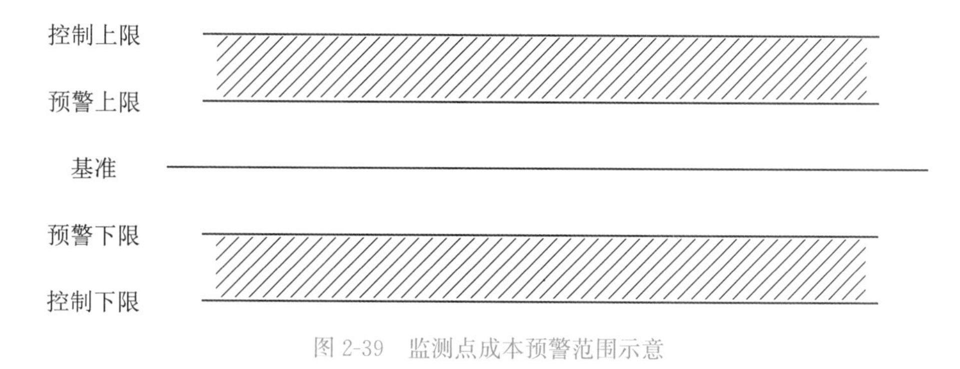

图 2-39 监测点成本预警范围示意

等，广泛应用于各类 IT 集成及开发项目、新产品研发、工程建设项目等。由于该软件在资源层次划分和费用管理方面还存在一些不足，在大型复杂项目的应用中受到限制。

Primavera 6.0 是以计划管理为核心的集成项目管理软件，采用最新的 IT 技术，在大型关系数据库 Oracle 和 MS SQL Server 上构架起的企业级的、涵盖了现代项目管理知识体系（PMBOK）的、具有高度灵活性和开放性的、以计划-协同-跟踪-控制-积累为主线的工程项目管理软件，是项目管理理论演变为实用技术的经典之作[16]。本书的项目实践管理也采用 Primavera 6.0 作为工具，本节主要对 Primavera 6.0 软件的基本特征进行阐述，在后续章节会结合具体案例进行 Primavera 6.0 软件的应用分析。

1. 软件简介

Primavera 6.0 简称 P6，是由美国 Primavera 公司开发的一款以项目计划为核心的项目管理软件，也是目前国际上最专业和最流行的项目管理软件，已成为国际上项目管理的行业通用软件。Primavera 公司由美国两位年轻的土木工程师于 1983 年创建，最早推出的产品是 Primavera Project Planner（简称 P3，最早也称为“项目计划管理软件”），具有 WBS 工作分解结构、目标计划管理、自定义字段、作业分类码等功能，可用于项目的计划和控制，并实现了多用户协作，在全球范围得到广泛应用。我国在 20 世纪 90 年代引进了 P3 项目管理软件，并在三峡工程、小浪底等大型水利水电工程项目中进行了应用。

P6 软件是 P3 软件的升级版本，在 2007 年正式发布。P3 只能进行单项目管理，而 P6 提供了功能强大、稳定、易用的企业项目管理系统解决方案，可作为企业项目管理战略规划、计划、控制和绩效评估的专业化工具，既支持单项目管理，也支持复杂的项目集管理和项目组合管理，适合于任何规模的企业和不同复杂程度的项目。使用 P6 软件可以在企业资源有限的前提下对多项目划分项目优先级、编制项目计划、配置资源、跟踪和控制。企业各个管理层次可以通过 P6 获得广泛的信息，经过分析、记录和交流这些信息，及时做出可靠的决策。

目前，P6 共有两种产品，即专业版项目管理软件（Professional Project Management，简称 PPM）和企业版项目管理软件（Enterprise Project Portfolio Management，简称 EP-PM）。专业版分为单机版和网络版，供项目管理人员和计划工程师等专业人员使用，以进行单项目或项目集的计划管理（图 2-40）；企业版是基于 Web 端，集成了专业版的功能，重点是进行企业多项目管理和项目组合管理（图 2-41）。

2. P6 项目管理理论、方法与流程

P6 按照国际通用的项目管理理论《项目管理知识体系》（PMBOK）中提供的方法进

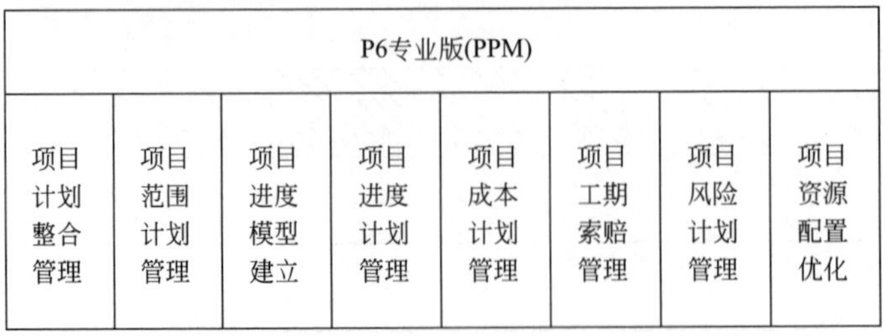

P6专业版(PPM)							
项目计划整合管理	项目范围计划管理	项目进度模型建立	项目进度计划管理	项目成本计划管理	项目工期索赔管理	项目风险计划管理	项目资源配置优化

图2-40 P6专业版（PPM）功能

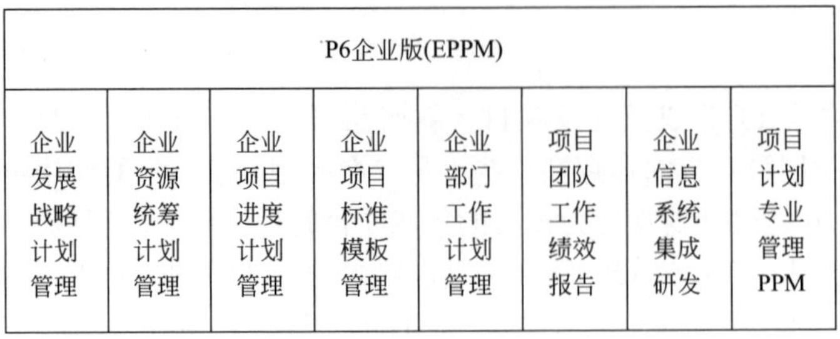

P6企业版(EPPM)							
企业发展战略计划管理	企业资源统筹计划管理	企业项目进度计划管理	企业项目标准模板管理	企业部门工作计划管理	项目团队工作绩效报告	企业信息系统集成研发	项目计划专业管理PPM

图2-41 P6企业版（EPPM）功能

行设计和开发，以实现以下目标：

- 创建项目进度模型，实现单项目管理；
- 应用进度模型，编制并发布项目计划（包括范围计划、进度计划、成本计划、质量计划、风险计划等）；
- 应用进度模型，实现项目预测及偏差分析；
- 应用进度模型，实现进度、成本及资源优化；
- 应用项目组合管理，进行企业战略发展规划；
- 应用资源管理，统筹优化企业资源配置。

P6项目计划管理的流程：通过P6编制项目进度模型，对整个项目合同工期范围内的所有活动进行模拟和优化，编制和发布项目计划（范围、进度、成本、质量、风险等），以此作为项目的目标计划（也称为项目基线，Baseline），再根据项目实际进展和绩效情况及时更新项目计划，进行偏差分析以及对项目未来的进度、成本情况进行预测，最后制定纠偏和预防措施并形成新的项目计划，实现进度、成本及资源的综合控制。具体做法如下：

（1）项目范围规划与责任分配

通过范围定义将项目可交付成果细分为较小的、更易于管理的工作单元，并分配相应的责任。首先，在P6中建立企业项目分解结构（Enterprise Project Structure，简称EPS）和组织分解结构（Organization Breakdown Structure，简称OBS），其中EPS是企业内部所有项目的一种组织形式，反映了其结构分解的层次，EPS的层次节点可以代表区域公司、部门、项目类别等，每个节点可以包含多个项目，可根据需要创建相应的EPS节点；OBS是组织内部的构成方式，反映了组织的管理结构和组织负责项目的管理层级。然后，创建项目，建立项目工作分解结构（WBS），将项目划分为多个更易控制的管理单元，确定每个管理单元的工作内容，并分配相应的责任。通过EPS、WBS与OBS建立对应的分配关系，明确项目管理团队成员的工作目标和职责，使得管理目标更清晰，项目管理更有依据（图2-42）。

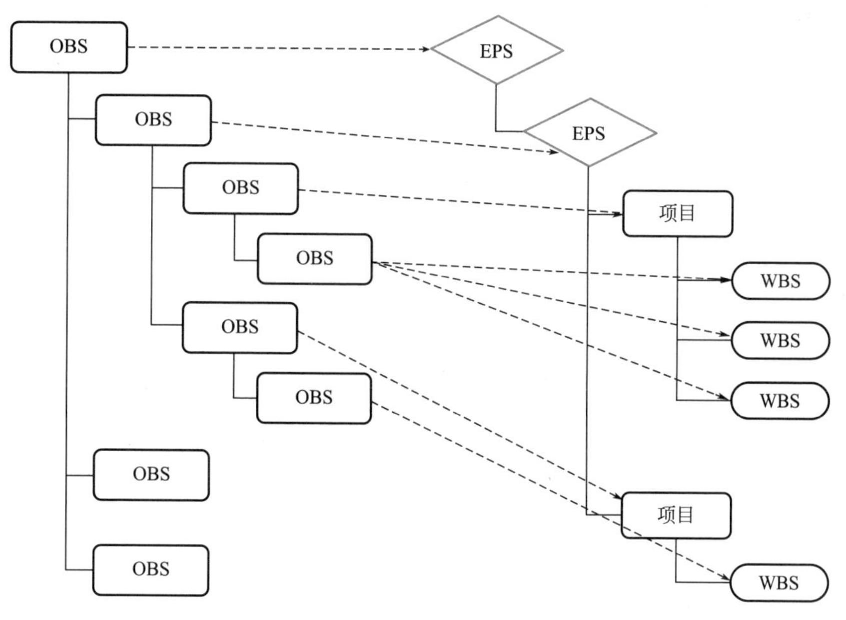

图 2-42　EPS、WBS 与 OBS 对应关系

（2）进度计划编制与优化

计划编制与优化工作是 P6 项目管理工作中工作量最大的环节，需要企业各部门共同参与才能完成。由相关职能部门编制各自的业务计划，如资金计划、采购计划、质量计划等，形成涵盖项目管理绝大部分内容的综合进度计划。按照综合进度计划，在项目 WBS 基础上，进行作业工序定义、估算作业工期、定义作业之间的逻辑关系和各种约束条件。

在 P6 中，作业分为里程碑作业、任务作业、配合作业、独立式作业、WBS 作业等，其中里程碑作业代表工作或阶段开始或结束的时间节点，工期为零；任务作业是 P6 的默认作业类型，具有开始时间和结束时间，作业工期由自身的工艺特点决定；配合作业是配合其他作业完成的工作，不参与工期计算，属于管理类型的作业；独立式作业是资源进度主导型，工期受到分配资源的影响；WBS 作业是汇总 WBS 节点下所有作业的时间和工期，代表 WBS 的范围进度。

逻辑关系是各作业之间相互制约或相互依赖的关系，表现为作业之间的先后顺序。逻辑关系的建立主要考虑作业间的客观顺序要求（如施工工艺）、资源限制（如工作场地、设备）、项目计划之间的交叉影响等。

常用的逻辑关系类型有：

FS（Finish-Start，完工-开工）：即后续作业的开始依赖于紧前作业的完成；

SS（Start-Start，开工-开工）：即后续作业的开始依赖于紧前作业的开始；

FF（Finish-Finish，完工-完工）：即后续作业的完成依赖于紧前作业的完成；

SF（Start-Finish，开工-完工）：即后续作业的完成依赖于紧前作业的开始。

约束条件是指为满足项目的一些关键进度节点和里程碑，需要明确项目或具体工作的限制完成日期，并以此进行绩效考核。约束条件可分为强制性约束条件和一般性约束条件，强制性约束条件是项目必须满足的，优先级最高；一般性约束条件是在不违背逻辑的前提下，使作业尽量满足条件，会影响计划浮时。

作业工期估算在后文中会有详细阐述，此处不进行展开。

在以上工作完成后执行 P6 的进度计算，形成初步的项目计划，查看计划编制的合理性以及是否能够满足项目总工期要求。进度计算是根据作业间的逻辑关系和数据日期，对初步的进度计划进行更新，自动计算项目的最早开始时间、最早完成时间、最迟开始时间、最迟完成时间、总浮时以及关键路径等。通过 P6 可以快速计算出项目的关键路径和关键工作，在甘特图中突出显示（图 2-43），并可生成网络计划。

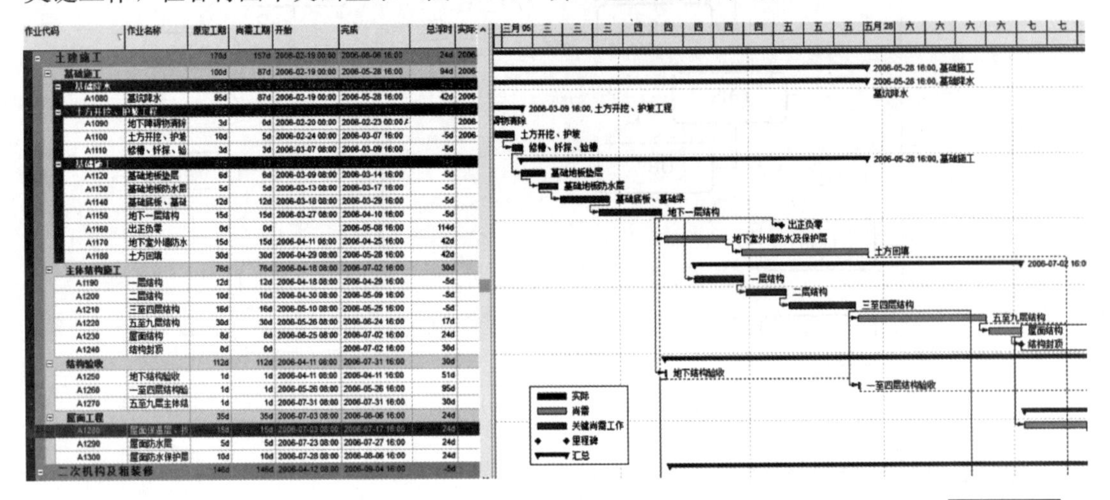

图 2-43　P6 进度计算结果

扫码看彩图

进度计算后可自动生成计算报告。计算报告详细记录了计算结果和出现的错误，是计划编制与优化的重要参考依据。根据计算结果进行计划的优化，以关键路径法（CPM）分析项目工期，依据经验由前向后，按照调整关键作业工期、增加关键作业限制条件、调整逻辑关系延时、调整逻辑关系类型的步骤反复进行，直到满足项目总工期的要求为止。

（3）资源计划与资源平衡

P6 中的资源类型分为人工资源、非人工资源（即设备资源）和材料资源 3 种，人工资源和设备资源是按照工时计量，材料资源计量可根据项目情况进行定义。人工资源是指项目所需的劳动力，设备和材料资源即项目现场所需的机械设备和施工材料[17]。

在 P6 中首先建立企业级的资源库（资源分解结构 RBS）和角色库，统一协调多项目的资源分配；同时，为了多角度分析、统计投资完成情况，还需要建立一套完整的费用科目体系（费用分解结构 CBS）；然后，在已优化完成的进度计划模型基础上，按照资源计划，将各种资源及费用分配到对应的作业中，便于分析资源的使用情况和统计项目的费用情况；分配完成后再进行进度计算，通过资源直方图查看资源当前的使用状态，对超出资源总量的部分进行调整。P6“资源平衡”功能主要采用的方法是推迟作业的开始时间直至资源可用。

（4）目标管理

目标计划也称为基准计划或项目基线（Baseline），是项目在理想状态下的实施计划。P6 中还可以建立第二目标计划和第三目标计划，分别用于报告期初进度基准（如上月进度）和当前进度基准（如本月进度）。在进度优化和资源平衡满足要求后，为当前编制的项目计划建立一份新的目标计划，作为监控项目进展和绩效考核的依据。

（5）计划跟踪与更新

项目团队需要对项目进行实时跟踪、反馈工作绩效数据，以反映项目计划的执行状态。通过 P6 按照日期进行数据更新，自动计算实际进度、资源的实际值和尚需值、成本的实际值和尚需值，可为下一阶段的工作安排、资源投入的调整提供必要的决策依据。同时，在 P6 中可以设置临界值监控，自动将实际进度比目标进度提前或滞后的作业筛查出来，便于查看和重点监控。

（6）偏差分析与预测

通过计划跟踪和更新，找出已发生的偏差，分析偏差原因，预测其对后续工作和项目目标的影响程度，是项目成败的关键。P6 将项目进度、成本、时间、资源集成在一起考虑，主要对项目未发生的工作进行预测，让项目管理人员提前预知未来可能发生的进度和成本情况，并采取相应的措施，而不是对已发生工作进行统计，这也是 P6 与 Microsoft Project 的主要区别。

常用的偏差分析方法有甘特图比较法、网络前锋线比较法和挣值法等。

甘特图比较法通过更新后的实际进度横道与目标计划横道（P6 中描述为项目基线横道）进行直观比较，可以简单判断计划的偏差（图 2-44）。

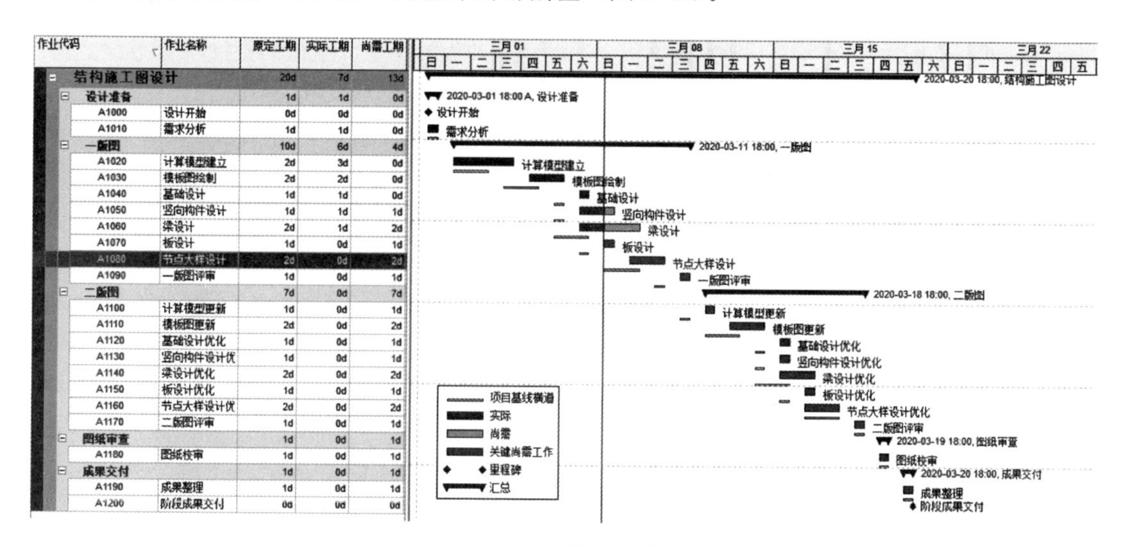

图 2-44　甘特图比较法

网络前锋线比较法：前锋线是指从计划执行情况检查时刻的时标位置开始，依次连接网络图上每一项工作的实际进度点，形成对应于检查时刻各项工作实际进度前锋点位置的折线。通过比较工作实际进度点位置位于检查时刻的右侧或左侧，判断此项工作进度是超前或滞后（图 2-45）。

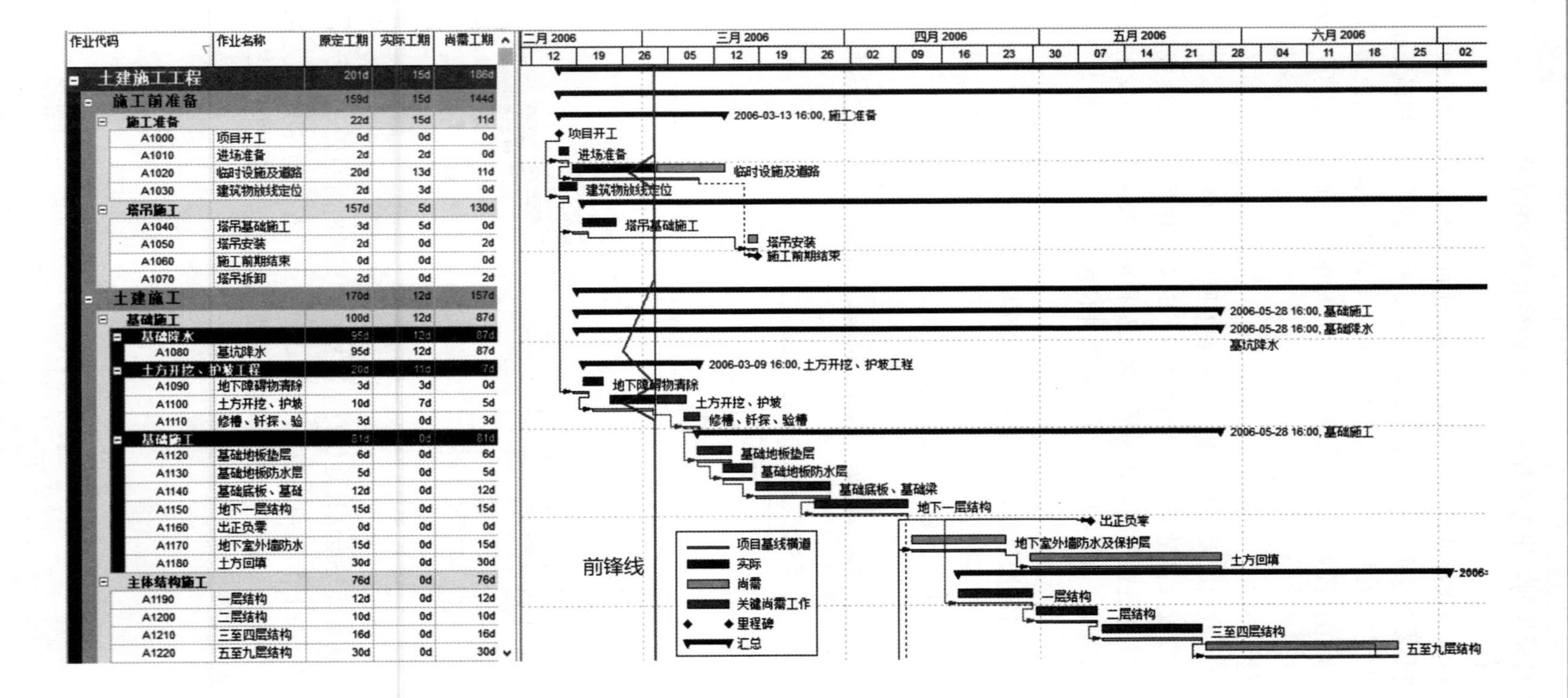

图 2-45 网络前锋线比较

挣值法：是以挣值 EV 为基准，通过与计划值 PV、实际值 AC 的对比分析，评估项目的执行情况状态，在前文和后续章节均有挣值法的内容介绍，此处不再赘述。

（7）综上，P6 软件的具体的操作流程如图 2-46 所示。

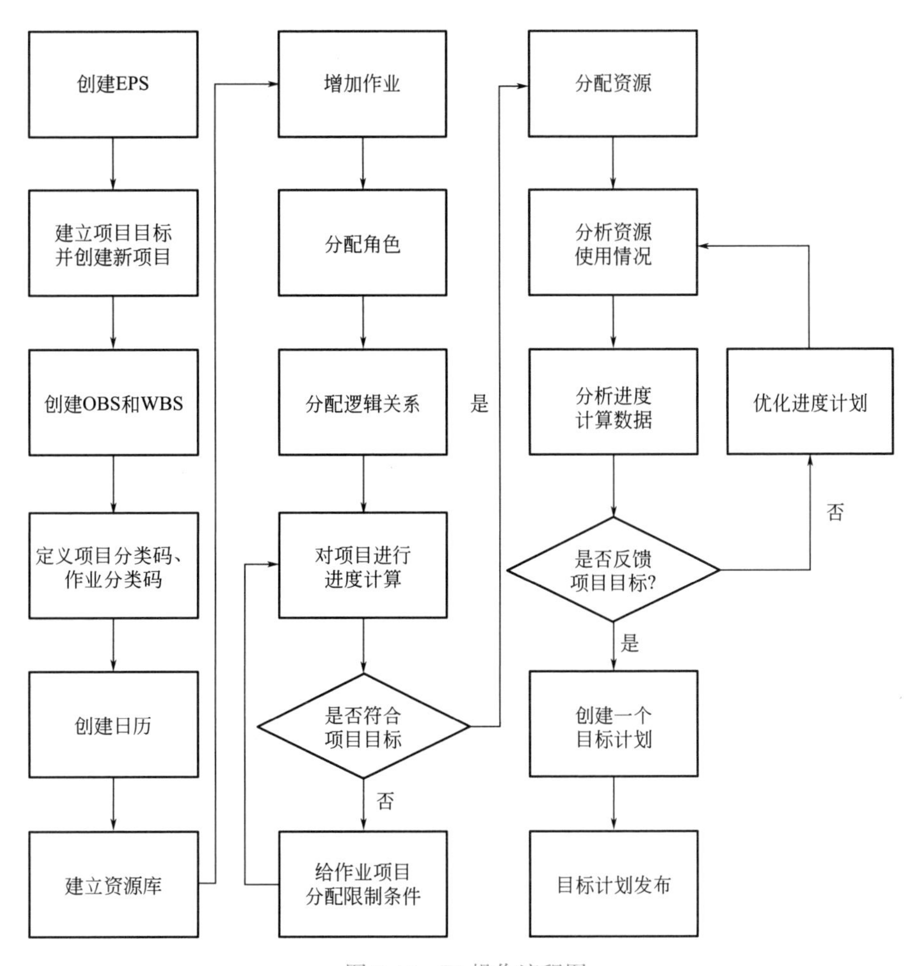

图 2-46　P6 操作流程图

3. P6 软件的主要特点

P6 软件的主要功能特点主要包括以下几方面：

（1）精深的编码体系

P6 中可以设置一系列层次化编码，包括 EPS、OBS、WBS、RBS、CBS 等，另外还具有灵活的项目日历、项目分类码、资源分类码、作业分类码以及用户自定义字段功能，这些编码的运用使项目管理的责任更加明确，管理高度集成。

（2）强大的进度计划管理

P6 具有专业的计划编制功能，例如标准的计划编制流程、便捷的作业清单创建、可视化的逻辑关系连接、全面的进度计算方式、项目工作产品及文档管理、作业分类码加载、记事本应用、作业可以再细分步骤及设置权重等，这些功能使得计划编制工作更加便捷。

（3）深度的资源与费用管理

资源与费用管理历来是 P6 的强项，具备角色、资源分类码功能、对其他费用的管理功能，以及投资收益的管理功能，使得费用管理更加全面。

（4）标准的计划管理流程

P6 具有标准的项目控制和计划更新流程，便于项目管理工作的开展，并且临界值监控功能可以实现项目计划的监控，可通过 IE 和 WEB 实时反馈进度。

（5）全面的数据分析

计划跟踪反馈后，P6 提供了专业的数据分析功能，包括实际计划与目标计划的对比分析、资源使用情况分析、工作量完成情况分析和挣值分析等。

参考文献

[1] 华罗庚．统筹方法平话及补充 [J]．冶金建筑，1965（08）：46.

[2] 钱学森，许国志，王寿云．组织管理的技术——系统工程 [J]．上海理工大学学报，2011，33（06）：520-525. DOI：10.13255/j.cnki.jusst.2011.06.020.

[3] Project Management Institute. 项目管理知识体系指南（PMBOK 指南）[M]．6 版．电子工业出版社，2018.

[4] 中华人民共和国住房和城乡建设部．建设工程项目管理规范：GB/T 50326—2017 [S]．北京：中国建筑工业出版社，2017.

[5] 中国建设工程造价管理协会标准．建设项目全过程造价咨询规程：CECA/GC 4—2017 [S]．北京：中国计划出版社，2017.

[6] 胡德银．现代 EPC 工程项目管理讲座 第一讲：现代 EPC 工程项目管理概念 [J]．有色冶金设计与研究，2004（01）：53-57.

[7] 法约尔．工业管理与一般管理 [M]．周安华等，译．北京：中国社会科学出版社，1998.

[8] Project Management Institute. 2011. Practice Standard for Earned Value Management-Second Edition.

[9] 孙继德．建设项目的价值工程 [M]．2 版．北京：中国建筑工业出版社，2011：67.

[10] 迈尔斯．价值工程教程 又名，价值分析和价值工程技术 [M]．高师骏，译．长沙：湖南大学出版社，1987.

[11] 中华人民共和国国家质量监督检验检疫总局．价值工程 第 1 部分：基本术语：GB/T 8223.1—2009 [S]．北京：中国标准出版社，2009.

[12] 黄斌．价值工程理论在建筑施工项目成本控制中的应用研究 [D]．重庆大学，2005.

[13] SHENHAR A J. Project success：A multidimensional strategic concept [J]．LONG RANGE PLANNING，2001，34（6）：699-725.

[14] 麦克康奈尔．微软项目求生法则 [M]．余孟学，译．北京：机械工业出版社，2000.

[15] 长青．工程建设项目成本-进度挣值方法的改进与应用研究 [D]．天津大学，2007.

[16] 何清华，杨德磊，等．项目管理 [M]．上海：同济大学出版社，2019.

[17] 李永奎，韩一龙．基于 4D 的复杂工程计划管理：Primavera P6 与 Synchro 基础教程 [M]．上海：同济大学出版社，2021.

第3章　EPC项目管理

2017年国务院《关于促进建筑业持续健康发展的意见》[1]中，将“加快推行工程总承包”作为建筑行业改革发展的重点之一。装配式建筑是我国实现建筑工业化的主要手段，是我国建筑业转型升级的主要支撑之一。装配式建筑的建造过程复杂，且对一体化、集成化管理的需求高，使得EPC总承包模式在装配式建筑项目中更为适用。

本章主要从三个方面介绍EPC工程总承包项目的管理体系：首先，对EPC工程总承包模式的发展历程及特征进行梳理；其次，采用组织理论对EPC总承包模式下企业层面和项目层面的组织结构进行分析，找出适合EPC工程总承包模式的企业组织架构和项目管理架构；最后，采用PMI项目管理体系作为项目管理的理论依据，建立EPC工程总承包项目的项目管理方法，这是本章的核心内容。

3.1　EPC工程总承包

EPC工程总承包模式是国际通行的建设项目组织实施方式，是设计（Engineering）-采购（Procurement）-施工（Construction）模式的简称。工程总承包是指工程总承包商受业主委托，按照合同约定，对工程的设计、采购、施工、试运行实行全过程的承包，在合同约定范围内对工程的质量、工期、造价、安全负责[2]。本节将对EPC工程总承包特点、内容及管理模式进行介绍。

3.1.1　工程项目管理模式的演变和发展

项目管理模式也可叫作项目组织实施方式，随着经济的发展和技术的进步不断演变和发展，也随着对项目规律认识的深化逐渐改进和完善，其演变和发展进程可以归纳为以下几个阶段[3]。

（1）作坊式的项目管理模式。当社会经济和技术还处于较低水平的时候，社会上没有设计、建造等专业分工。项目的设计、建造和项目管理基本上都由业主自己来完成，或者仅仅雇用工匠来完成，项目管理作为一门科学尚未被人们所认识，这是工业化进程前期项目管理的状况。

（2）设计的专业化。随着经济的发展和技术的进步，社会上出现了一批专门从事设计活动的专业人员，他们逐渐组织起来，成为专门从事设计活动的社会组织，使设计慢慢成为一个行业。业主们看到专业化的设计人员比自己设计得好，就委托他们为自己设计项目产品，这就是设计专业化的过程。

（3）施工的专业化。与设计专业化和社会化几乎同时，项目施工也完成了专业化和社会化的进程。社会上出现了专门从事施工活动的组织，为业主提供专业的施工服务，即施工由业主委托专业化的施工组织来完成。

（4）项目管理专业的诞生。随着社会经济技术的进一步发展，工程建设项目规模越来越大，技术越来越复杂，业主自身实施项目管理变得越来越困难，客观上产生了对项目管理专业的需求。业主开始寻找代表自己来管理项目的管理者。因为设计者最了解工程，因此业主首先是聘请设计者作为业主代表来监督、检查承包商的工作，按设计文件要求验收工程。这个阶段项目管理模式的特点：一是项目管理从业主自行管理转变为委托他人进行管理，二是由设计者即“工程师”代表业主实施项目管理。FIDIC《土木工程施工合同条件》（红皮书）[4] 就是基于这种项目管理模式提出的。“工程师”角色的出现，促进了项目管理作为一个独立专业的存在，也推进了项目管理技术的发展。

（5）项目管理专业崛起、EPC 工程总承包公司应运而生。工程建设项目是一个系统工程，它有合理的项目寿命周期，有客观需要的项目阶段。工程建设项目设计、采购、施工各阶段是一个有机整体。如果设计、采购、施工分别由不同的组织来独立管理和操作，就会造成相互脱节，相互制约，不利于整体优化和全过程控制。因此，“工程师”项目管理模式仍不能满足对项目各阶段实施系统和整体管理的需要。为了实现对项目进行系统的和全过程的管理，EPC 工程总承包公司应运而生。EPC 工程总承包公司不仅能为业主提供设计服务，还能为业主提供采购、施工管理服务，实行工程项目的 EPC 总承包。FIDIC《设计-建造与交钥匙工程合同条件》（银皮书）[5] 就是基于 EPC 总承包方式提出的，即总承包商对项目的设计、采购、施工过程实施系统的全过程管理。

（6）项目管理咨询公司和项目管理承包商。随着项目管理作为一门科学和一门专业越来越被人们所认同，项目管理工作也越来越受到业主和受益者的重视，发达国家出现了专门从事项目管理业务的公司。这些公司拥有经验丰富的项目管理专家，根据业主的需要提供各种项目管理服务。项目管理咨询公司可以受业主委托担任业主代表角色，也可以承担项目管理承包（PMC）角色。在委托项目管理咨询公司或项目管理承包商的模式下，业主在考虑工程承包方式时仍可以根据项目特点，选择 EPC 总承包方式，或者选择设计、采购、施工分别承包的方式。

（7）BOT 项目管理模式。BOT（Build-Operate-Transfer）项目管理模式是从项目投资和融资方式角度出发，出现的一种新的项目管理模式，始于发展中国家。由于发展中国家缺乏资金，政府特许私人或外商投资者融资，利用该国的土地、资源等建造国有基础设施，如铁路、公路、港口、机场、电力项目等。项目建成后允许投资者经营若干年，并在经营的若干年中，向使用者收取成本，用来偿还投资和获得利润。若干年后，投资者将该基础设施无偿转交给项目所在国政府。这种投资方式使项目的投资者和项目所在国政府双方得利。

以上就是项目管理模式演变和发展过程的主线条。通过对项目管理模式的分析，我们可以看到工程建设项目的管理模式的发展趋势：一是逐渐从业主自身进行管理向委托他人进行管理转变，也就是项目管理由非专业化向专业化和社会化转变；二是具备全过程项目管理能力的工程公司更具竞争力。

3.1.2 典型工程总承包模式的特点

由于体制、业主、总承包企业自身能力方面的因素，我国建筑企业对总承包管理的认识大部分还停留在施工总承包上，对各种总承包管理模式的特点及适用范围缺乏深入的认识。下文将通过对几种典型的总承包模式的特点进行阐述，消除对总承包管理认识方面的误区，并更加清楚地了解 EPC 总承包模式的先进性[6]。

1. 施工总承包模式

施工总承包模式的设计和施工由不同单位完成，是目前国内应用最广的一种建筑工程承包模式，大多数施工单位及业主单位都已经对这一模式很熟悉。这种承包模式在实际应用中常存在以下问题：

（1）设计方和施工方追求的目标存在明显差异。设计单位在设计上满足业主的预算和功能要求，同时也希望施工单位严格按图纸和技术规范施工；但是，施工单位却不必对有疏漏或有错误的图纸负责，主要考虑的是尽快完工且不要超支[7]，设计图纸如果有问题，受损的将是业主。

（2）设计、施工界面的管理难度大。设计单位由于缺乏对施工过程的相关经验和知识积累，在设计过程中很难选择既降低造价又不影响使用的方案。如果建设项目规模大、技术要求高，往往会引起较多的设计变更，增加建设成本。

（3）业主需要同时和承包商、设计单位、勘察单位、监理单位，甚至包括分包商和供应商打交道，周旋于多个单位之间，沟通成本高。

2. 设计和施工总承包（DB）

设计和施工总承包模式的基本特点是业主与同一个承包单位签订设计和施工合同。在这种模式下，施工阶段可能出现的问题可以在设计阶段就提出并解决，当设计满足施工要求时，还可以有条件地进行边设计边施工，缩短了工期。

但是，这种模式在实际应用中，以下因素可能影响其优势的发挥[9]：

（1）业主对工程全过程的监控力度难以把握。

（2）风险承担过于集中，设计-施工承包商承担了工程的全部风险。

（3）合同总价难以确定，招标时设计图纸尚未完成，难以定出合理的合同总价。

（4）承包商需要同时具备设计和施工管理能力，而目前国内满足这种条件的承包商很少，给业主的选择空间较小。

3. EPC 总承包

EPC 总承包模式是一个总承包商或承包商联合体按照合同约定对整个工程项目的设计、采购、施工、试运行等工作进行全方位管理的总承包。业主只与工程总承包商签订工程总承包合同，总承包商对业主负总责。为了适应业主对项目管理的需求，FIDIC 于 1999 年出版了《设计-采购-施工（EPC）/交钥匙工程合同条件》（银皮书）[11]。20 世纪 80 年代以来，在石油化工、加工工业、制造业、供水、交通运输和电力工业等领域，越来越多的业主采用 EPC 总承包模式。这些领域的项目一般具有以设计为主导、技术较复杂、投资数额巨大、管理难度大等特点。

承担 EPC 项目的承包商一般都是自身具备雄厚设计实力的工程公司、咨询公司或二者的联营合体。因此绝大部分设计工作、工程实施工作都是在承包商的直接控制下进行。承包商与供应商、分包商之间一般存在密切的长期合作关系，承包商能够对工程采取以设计为龙头的、集成化的管理。

在 EPC 总承包项目中，业主希望通过成熟的总承包商的专业优势化解工程实施风险、提高项目效益。因此，在向总承包商转移风险的同时，也给总承包商提供了创造价值和获取利润的机会。从总承包商的角度看，EPC 工程的项目管理有以下主要特征：

（1）承包商承担大部分风险。在传统模式下，业主与承包商分担的风险大致相当。而在 EPC 模式条件下，承包商还要承担设计风险。此外，其他承包模式中均由业主承担的不可预见且无法合理防范的自然力作用的风险，在 EPC 模式中也由承包商承担，大大增加了承包商在工程实施中的风险。

（2）EPC 合同更接近于固定总价合同，超支风险大。通常固定总价合同仅用于规模小、工期短的工程；而 EPC 模式所适用的工程一般规模较大、工期较长且具有相当的技术复杂性，超支风险大。

（3）需要对设计、采购、施工进行统一策划、统一组织、统一指挥、统一协调和全过程控制，局部服从整体、阶段服从全过程，确保实现项目目标。

对业主而言，EPC 模式的优点主要表现为以下三点：

（1）合同关系简单，组织协调工作量小。业主只与总承包单位签订一个合同，合同关系大大简化。

（2）缩短建设周期。由于设计与施工由总承包单位统筹安排，一般能做到设计阶段与施工阶段相互搭接，对进度目标控制有利。

（3）利于投资控制。通过设计与施工的统筹考虑，可以提高项目的经济性，从价值工程或全寿命成本的角度可以取得明显的经济效果。

EPC 模式的缺点主要表现为：

（1）对总包而言，招标发包工作难度大，合同条款不易准确确定，容易造成较多的合同争议，成本风险大，合同管理难度大。

（2）由于承包范围大、介入项目时间早、未知信息较多、风险较高，因此有能力承包的单位数量较少，业主选择的范围小，往往导致价格较高。

（3）由于质量标准和功能要求难以做到全面、具体、准确，他人控制机制薄弱，导致质量控制难度大。

一般而言，为了保证 EPC 总承包管理模式的优势能够成功实现，在采用 EPC 模式时至少应该考虑以下前提条件：

（1）由于承包商承担了工程建设的大部分风险，因此在招标阶段，业主应给予投标人充分的资料和时间，以便投标人能够仔细审核业主要求，详细了解文件规定的工程目的、范围、设计标准和其他技术要求，在此基础上进行前期的规划设计、风险分析和评价以及估价等工作，向业主提交一份技术先进可靠、价格和工期合理的投标书。另外，从工程本身的情况看，所包含的地下隐蔽工作不能太多，承包商在投标前无法进行查勘的工作区域也不能太大。

（2）虽然业主或业主代表有权监督承包商的工作，但不能过分地干预承包商的工作，也不要审批大多数的施工图纸。既然合同规定由承包商负责全部设计，并承担全部责任，只要其设计和所完成的工程符合合同中预期的工程目的，就应认为承包商履行了合同中的义务。

（3）由于采用总价合同，因而工程款应由业主直接按照合同规定时间支付，而不是像其他模式那样先由工程师审核工程量和承包商的结算报告，再签发支付证书。在 EPC 模式中，工程款支付可以按月进行，也可以按阶段支付（即里程碑式支付），在合同中可以规定每次支付款的具体数额，也可以规定每次支付款占合同价的百分比。如果业主在招标时不能满足上述条件或不愿接受其中某一条件，则该建设工程就不能采用EPC模式和EPC标准合同文件[12]。

通过比较可以发现，承发包模式的具体选择取决于工程的具体情况，没有哪一种模式是绝对最优的。我国工程建设领域的实践中向来重视项目的实施技术而轻视项目的组织管理，尤其是建筑企业对各种承发包模式理论上的探讨和研究不够深入[13]。尽管我国从20世纪80年代开始推行总承包，实际上绝大部分工程仅仅是施工总承包。目前，在一些工艺复杂和技术要求高的大型项目中，尽管合同模式是施工总承包，但是施工企业已经开始承担大量的深化设计工作。从施工总承包到EPC总承包，是大型施工企业主营业务模式逐步升级的途径。承包商需要从施工管理向设计、采购、施工一体化管理转变，需要由劳动密集型向技术管理密集型转变，这就要求企业的组织结构和核心业务能力发生根本变化。面对一个已经开放的中国建筑市场，我们应该在结合我国国情的基础上，有鉴别地学习引进国际通行的先进的承发包模式，无疑这是决心实施“走出去”战略的中国建筑企业不可缺乏的基础工作。

3.2 EPC项目组织

3.2.1 概述

工业革命后，社会化的分工协作打破了作坊制的生产单元，人们越来越清晰地意识到相互协作的一群人可以更有效地完成复杂的工作任务。“组织”就是这样一群人的集合，他们通过组织，利用各种生产要素，整合协调资源，实现组织目标。

建筑工程项目最早实现了分工协作，这不仅提高了工人的技术水平，同时还提高了专业化程度。建筑工程项目往往规模较大、复杂性较高，需要动用大量的人员，同时需要多个专业协调配合。因此，怎样设计出合理的组织结构和组织分工，实现更高的组织效率，是建筑工程项目管理者一直思考的问题。

3.2.2 项目组织结构

讨论组织结构，首先要从管理的两个基本概念出发，一个是管理幅度，另一个是管理层级。管理幅度是指一名领导者可以直接领导的下属人数。任何领导人员，受其精力、知识、经济等条件的限制，能够有效领导的下级人数是有限度的，超过限度后，就很难做到具体、有效的领导。

如果团队较大、需要管理的人数较多，一个人管理难度大，就需要分层管理，这就出现了管理层级的概念。然而，随着管理层级的增加，信息的传递效率会下降，到达执行层时信息已经衰减大半，极易造成组织目标的偏离。假如一个人可以有效领导的平均人数为7人，每增加一个层级，就是大约50人，如果再增加一个层级，那么可以有效管理的规模就接近400人。

当一个组织不断发展，组织规模不断扩大，为了实现有效管理，金字塔形的科层制出现了。如果管理的规模一定，管理幅度和管理层级成反比，二者之间的相互关系决定了组织结构由扁平化到科层化的转变程度。在扁平化的组织中，管理幅度大，管理层次少，信息纵向传递路径短，组织反应迅速且适应能力强，员工自主权力大，可以较好地发挥员工的主观能动性。但是，过大的管理幅度并不利于管理者对下属进行充分、有效的指挥和监督，因此扁平化的组织对员工的素质提出了更高的要求。科层化的优缺点正好和扁平化相反。任何组织都是扁平化和科层化的综合，只是偏向的程度不同。

项目组织是为完成某个特定的项目任务而建立起来的，由不同部门、不同专业的人员组成，通过计划、组织、领导和控制等过程，对项目的各种资源进行调配，以确保项目目标的实现。组织结构是项目组织运行的基础，组织结构的合理设计是组织高效运行的先决条件[14]。对项目而言，由于项目目标、资源和环境的差异，其组织结构也有区别，并会随着项目进展而处于动态的变化过程中，因此理想的组织结构并不存在，只有适合或不适合的组织结构。

组织结构设计的内容主要包括设置职能部门、明确工作岗位和职责以及明确工作部门之间的指令关系。建立合理的组织结构，可以促进各个部门高效率工作，确保各种项目资源得到充分利用，有效实现项目目标。

1. 项目组织结构的基本模式

项目组织结构模式根据项目规模和特点、项目管理单位自身情况等确定，常见的组织结构模式包括职能式、项目式、矩阵式等。

（1）职能式组织结构

职能式组织结构最早由现代管理之父泰勒提出，是一种典型的面向运营的组织结构，也是应用最为广泛的组织结构模式。在职能式组织结构中，项目的全部工作可分解至各职能部门，由各职能部门根据项目的需要承担本职能范围内的工作。这种组织结构的项目团队是按照一种松散的协调关系建立的，项目组织的界限并不明确，项目团队成员没有脱离原来的职能部门，项目工作多属于兼职性质[15]。同时，在职能式组织结构中没有明确的项目经理，项目中各种业务的协调工作由职能部门的主管或经理来完成，即使有项目经理，其权限也很小，多称为“项目协调人”。一般职能式组织结构模式如图 3-1 所示。

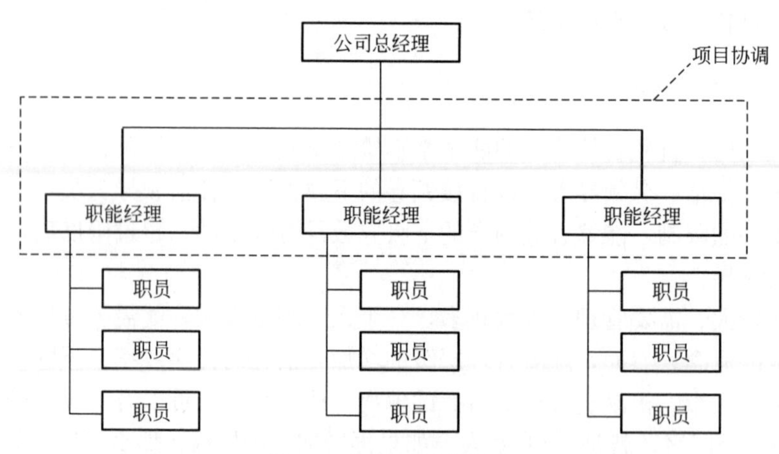

图 3-1　职能式组织结构

职能式组织结构的优点：

在职能式组织结构中，项目实施的人员和其他资源仍归职能部门领导[16]，各职能部门可根据项目需要灵活调配人力、设备、资金等资源，当所分配的工作完成后，可安排在其他项目或其他工作，降低资源闲置成本，提高资源利用率；职能式组织是以职能的相似性划分部门的，高度专业化提供了技术交流的工作环境，有利于积累经验与提高业务水平；职能式组织结构中每个成员有且只有一个上级，可实现人员的有效控制，有利于企业领导从全局出发协调各职能部门的工作等。

职能式组织结构的缺点：

各职能部门只负责项目的部分工作，承担相应部分的工作责任，容易从本部门的角度去考虑问题，当发生部门间冲突时难以协调相互之间的关系，会影响项目整体目标的实现；各职能部门的工作方式常常是面向本部门的，不是以项目为关注焦点，项目和客户的利益往往难以得到优先考虑；项目成员是临时从职能部门抽调的，有时工作重心仍在原部门，并且项目成员的工作仍由职能部门考核，导致对项目工作的积极性不高，也不能保证项目责任的完全落实；跨部门交流沟通比较困难等。

综上可知，职能式组织结构通常适用于规模较小、技术简单、持续时间较短的项目或者公司的内部项目（如新产品研发、信息系统开发等），并且因职能式组织结构中各职能部门具有清晰的职能要求和权责界定，会阻碍部门之间的密切配合，不适用于环境变化较大的项目。

（2）项目式组织结构

项目式组织结构是一种面向任务或活动的组织结构。在项目式组织结构中，项目组织作为独立的单元从企业组织中分离出来，有其自己的部门和技术、管理、销售、财务等人员，相当于一个独立的微型公司。每个项目组织有明确的项目经理，由专职人员担任并具有较大的权力，项目经理对上直接接受企业主管或大项目经理的领导，对下负责项目的具体运作，且每个项目组织之间相对独立。项目式组织结构中的项目团队通常是由专业人员组成的独立团队，项目工作在项目团队内部进行，项目结束后项目组织随之解散。一般项目式组织结构模式如图 3-2 所示。

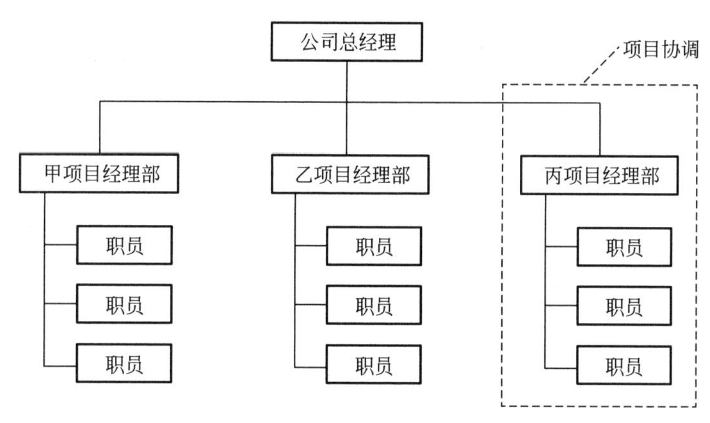

图 3-2　项目式组织结构

项目式组织结构的优点：

项目式组织是基于项目组建的，项目组织的首要任务是按照合同完成项目任务，总体目标明确，有利于团队精神的充分发挥；项目成员只接受项目经理领导，避免了多重领导；项目式组织是按项目划分资源，便于资源协调；项目内部沟通顺畅，权力集中，命令一致，决策迅速，能对客户需求和高层指令做出迅速响应，有利于项目工期、成本得到保证；项目式组织涉及组织、计划、控制、协调与沟通等多种职能，有利于全面型管理人才的成长；项目式组织人员配置灵活，易于操作等。

项目式组织结构的缺点：

项目式组织按项目所需设置机构及分配资源，每个项目都有自己独立的机构，这会造成人力、设备等资源的重复配置，增加企业的管理成本，并且当某项目的资源闲置时，其他项目也难以加以利用，造成较大的资源浪费；项目经理容易各自为政，项目成员可能只重视自身项目利益，忽视企业整体利益；各项目式组织之间往往相互独立，横向的联系较少，经验和知识难以得到分享和传递，不利于企业技术水平的提高；项目式组织具有临时性，随着项目结束而解体，对于项目成员来说缺乏工作的连续性和稳定性等。

项目式组织结构是一种专为开展一次性和独特性项目任务而设计的组织结构，是基于项目组建，总体目标明确，命令一致，有利于充分发挥项目团队合作，在应对环境变化时，更能显示出其潜在的长处，适用于项目规模大、持续时间较长、技术复杂并且对进度、成本、质量等指标有严格要求的项目，如航空航天工程、大型基础设施建设和综合房地产开发项目，目前市场上多数施工总承包企业均采用这种组织结构模式。

（3）矩阵式组织结构

矩阵式组织结构是兼顾了运营和项目活动的组织结构形式，兼有职能式和项目式组织结构的特征。从职能式组织结构和项目式组织结构的优缺点可以看出，职能式组织结构的优点与缺点恰好对应项目式组织结构的缺点和优点，如果将两种组织结构有效结合，可扬长避短，于是就产生了矩阵式组织结构。

矩阵式组织结构将按职能划分的纵向部门与按项目划分的横向部门结合起来，在职能式组织的垂直结构上，叠加了项目式组织的水平结构，构成类似于数学矩阵的管理组织系统。当承接一个新项目时，由指定项目经理领导，不同职能部门指派相应人员共同组成项目团队，项目成员需向两个上级领导汇报工作，项目结束后各成员仍回归原来的职能部门。在矩阵式组织结构中，项目经理由最高管理层授权，直接向最高管理层负责，而职能经理对各种资源的合理分配和有效调度负责。一般矩阵式组织结构模式如图 3-3 所示。

矩阵式组织结构的优点：

矩阵式组织将项目组织与职能部门结合起来，可以共享各部门的资源和技术储备，避免出现项目式组织结构资源闲置的情况，特别是当多项目管理时，所有项目都可调用这些资源，从而减少项目式组织中出现的资源冗余问题，同时项目经理通过职能经理有权调用公司资源，可以平衡资源，保证各个项目都能完成各自的进度、成本及质量目标；具有指定的项目经理负责整个项目，可以解决职能式组织权责不清、责任无法完全落实的问题；项目组成员与项目具有很强的联系，项目结束后可返回原来的职能部门，并且成员与项目最终成果紧密相关，有利于提高成员的稳定性和积极性；项目组可对环境的变化和项目的需求迅速做出反应，并且对公司组织内部的要求也能快速响应；平衡了职能经理和项目经理的权力，有利于企业领导从总体上对资源进行统筹等[17]。

矩阵式组织结构的缺点：

矩阵式组织结构中的项目成员需要接受项目经理和职能部门经理的双重领导，当他们

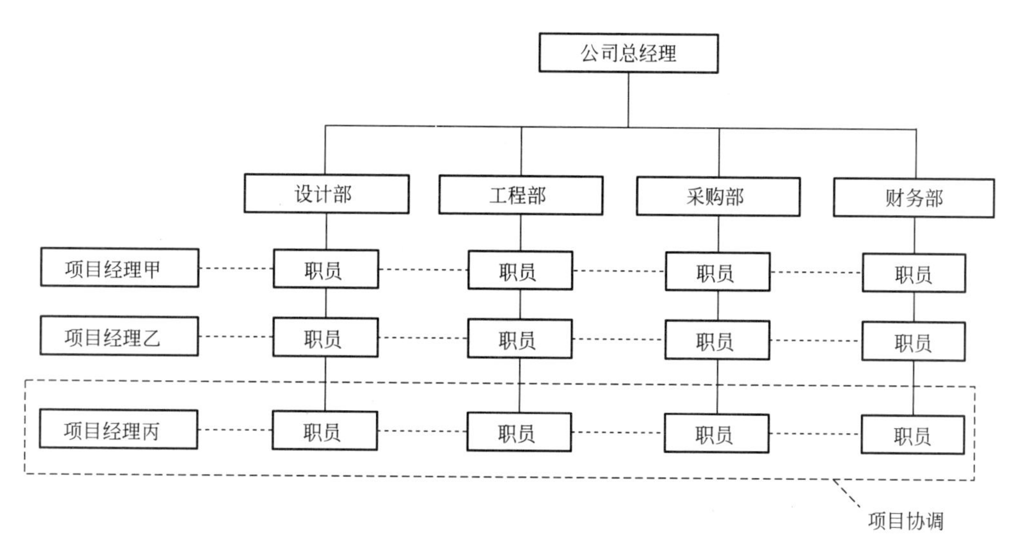

图 3-3　矩阵式组织结构

的意见不一致时，会使员工无所适从，严重时导致管理人员间产生矛盾；在多项目管理时，跨项目分享资源会导致冲突和对稀缺资源的竞争，资源分配难以平衡；对项目经理和职能经理的协调要求较高，容易出现项目经理与职能经理之间的权力失衡和紧张局面，甚至在管理人员之间形成对立；项目经理需要花费更多的时间协调各职能部门的关系，会影响项目决策的速度和效率等。

矩阵式组织结构融合了职能式组织结构和项目式组织结构的优点，在充分利用企业资源方面更具优越性。矩阵式组织结构最早应用于飞机制造和航天器械的生产企业，适用于规模较大、技术复杂、涉及面广的项目，工程总承包项目多采用此组织结构。

矩阵式组织结构可采取多种形式，按照项目经理被授予权力的程度不同，分为强矩阵式组织结构、弱矩阵式组织结构以及平衡矩阵式组织结构三类。如果项目经理对项目的影响大于职能经理，那么组织结构为强矩阵式，相反则为弱矩阵式。

1）强矩阵式组织结构

强矩阵式组织结构具有较多项目式组织结构的特征，项目经理由最高管理层授权，拥有较大的权力，可以对项目实施进行有效控制，项目成员来自不同的职能部门，根据项目的需要，全职或兼职地为项目工作。在强矩阵式组织中，项目经理可在项目活动中对职能部门行使权力，职能部门则负责各种资源的合理分配和有效调度，对项目的影响也被减弱，如图 3-4 所示。强矩阵式组织形式在技术复杂程度高、规模巨大的项目中呈现出明显的优势，EPC 工程总承包项目大多采用强矩阵式组织结构。

2）平衡矩阵式组织结构

平衡矩阵式组织结构是职能式组织结构和项目式组织结构相对均衡的一种矩阵式组织形式，处于强矩阵和弱矩阵之间。项目经理负责制定项目计划、分配任务、监督工作进程，职能经理负责人事安排和执行所属部分项目任务。这种组织结构形式一般较难维持，取决于项目经理和职能经理对项目影响程度的平衡，容易转化为强矩阵式或者弱矩阵式组织，如图 3-5 所示。

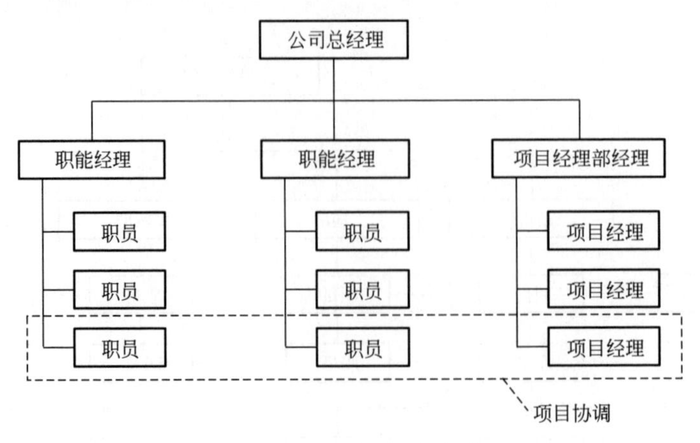

图 3-4　强矩阵式组织结构

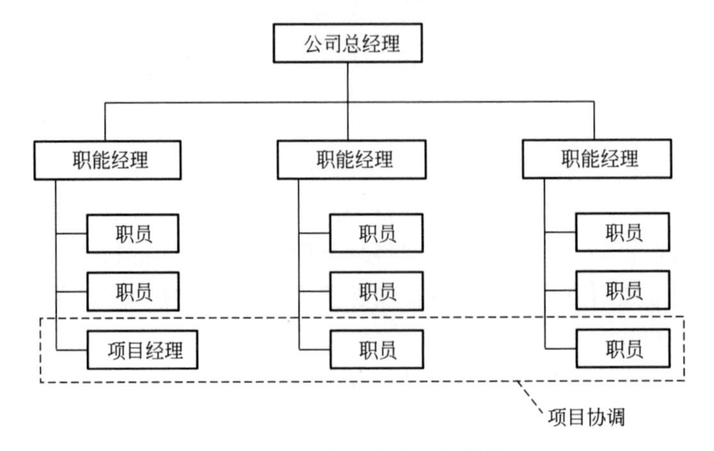

图 3-5　平衡矩阵式组织结构

3）弱矩阵式组织结构

弱矩阵式组织结构保留了较多的职能式组织结构的特征，项目团队成员仍主要服务于各职能部门，只是临时从事项目工作。项目经理仅担任项目协调者和监督者的角色，在资源分配和项目管理方面权利较小，如图 3-6 所示。

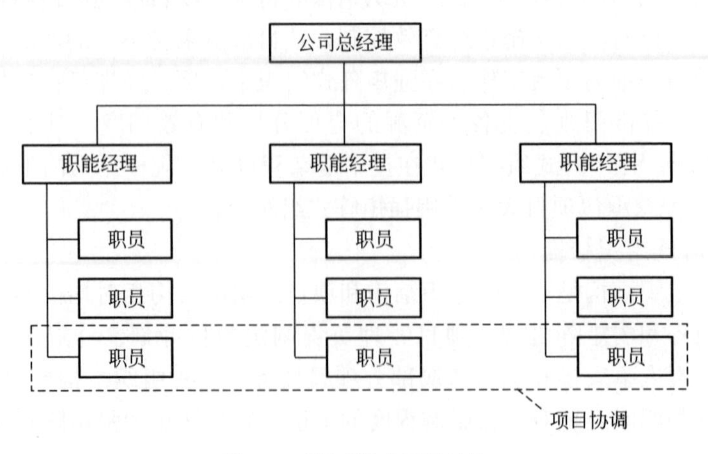

图 3-6　弱矩阵式组织结构

2. 项目组织结构模式的选择

在项目实施前，首先需要决策采用哪种组织结构模式。组织结构模式不仅影响整个工作系统的结合程度，同时也深刻地影响着个人激励、群体激励、团队合作程度等方面。在选择项目组织结构模式时，一般需要充分考虑各种组织结构的特点、企业和项目的特点、项目所处的环境等，了解制约项目组织选择的相关因素（表 3-1），并将这些因素作为选择组织结构的标准依据，再根据项目条件的约束而确定合适的项目组织结构，如图 3-7 所示。

组织结构选择的影响因素　　表 3-1

影响因素	职能式	项目式	矩阵式
不确定性	低	高	高
所用技术	标准	新	复杂
复杂程度	低	高	中等
持续时间	短	长	中等
规模	小	大	中等
重要性	低	高	中等
客户类型	多样	单一	中等
对内部依赖性	弱	强	中等
对外部依赖性	强	弱	中等
时间限制性	弱	强	中等

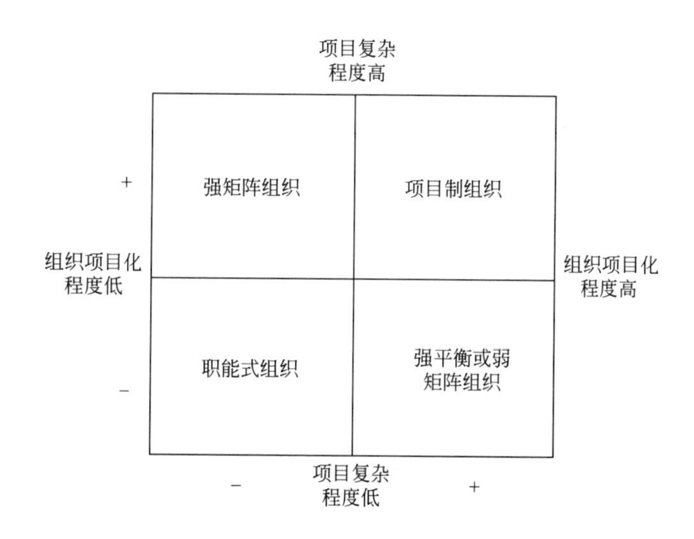

图 3-7　组织结构模式的选择

项目管理人员需要认清不同组织结构的特性及其对项目管理的影响，确定项目组织管理对策，带领项目团队适应所处的组织环境，以便实现项目目标。不同项目组织结构对项目管理的影响如表 3-2 所示。实际上，项目组织结构模式并非一成不变的，随着项目环境的不断变化，也需要适时进行动态调整。

项目组织结构对项目管理的影响　　表 3-2

组织结构特征	职能式	项目式	弱矩阵式	平衡矩阵式	强矩阵式
项目经理权力	很低或没有	很高	较低	中等	较高
可利用的资源	很低或没有	很高	较低	中等	较高
项目预算控制人	职能经理	项目经理	职能经理	混合	项目经理
项目全职人员	很少或没有	85%～100%	0～25%	15%～60%	50%～95%
项目经理角色	兼职	全职	兼职	全职	全职
项目管理人员	兼职	全职	兼职	兼职	全职

3.2.3 项目组织分工

任何一个组织都是为了完成特定的目标而成立的，在达成目标的过程中，组织需要完成很多任务，这些任务不是一个人可以完成的，需要把他们分解到不同的部门和不同的岗位，并匹配到个人。岗位就是组织的细胞，岗位设置的基本原则是组织的底层逻辑。岗位是根据工作任务设置的，没有相关的工作就不应该设置岗位，同时岗位工作负荷要适度，不能超负荷运转，这是岗位设置的基本原则。

按照岗位设置的基本原则，首先我们要认识到个体之间工作能力的差异，除了要找到合适的人，设置清晰的岗位职责之外，组织内部还应该根据现有人员的工作完成状况，及时调整工作量并对工作流程进行适当调整。其次要重视工作链条中的关键节点，组织中的这类的关键节点主要有两类：第一类是组织的各级领导者；第二类是跨部门、跨专业工作，负责连接不同工作条线，设置不同性质工作的业务骨干。对于 EPC 项目，工作链条更长，涉及的专业更多，在项目横向和纵向展开的同时，产生了更多的关键节点，形成更多的关键岗位。装配式建筑 EPC 项目骨干岗位设置及职责分工详见第 4 章和第 5 章的组织结构相关内容。

3.2.4 装配式建筑 EPC 项目组织结构

装配式建筑 EPC 项目的组织包括以下两个层面：一是项目的业主、总承包方、专业分包方等各管理主体之间建立的组织关系；二是总承包方针对项目工作范围建立的设计、采购、生产、施工等各个职能主体之间的组织关系。对于装配式建筑 EPC 项目，建立合理的项目组织是实现项目目标的前提和保障。

相比传统建造模式，装配式建筑不仅要从施工角度，还要从构件生产的角度进行综合考虑，增加了项目的复杂性和不确定性。装配式建筑增加了构件生产、运输、吊装、安装等环节，增加了项目主体和干系人（如：深化设计人员、构件生产人员、运输人员、PC 构件吊装人员、PC 构件安装人员等），同时也造成材料、设备等资源和项目环境的不确定性增加。装配式建筑构件生产、运输、吊装、施工各环节相互依赖，其中一个环节出现问题就会直接影响后续工作，造成项目目标的偏离，所以装配式建筑容错率极低。因此，装配式建筑是复杂的、特殊的系统工程，这就要求总承包商建立合理的项目组织形式，以提高管控效率。

装配式建筑 EPC 项目组织形式需要根据项目规模及特点、管理主体情况等确定，一般采用强矩阵式组织结构模式，图 3-8 为装配式建筑 EPC 项目的组织结构框架。

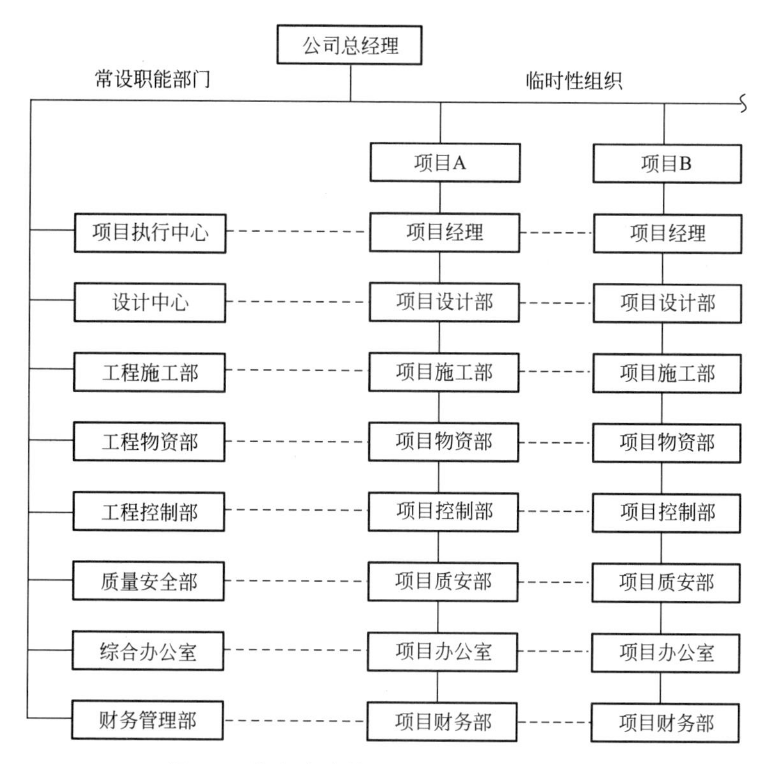

图 3-8　装配式建筑 EPC 项目组织结构框架

3.3　装配式建筑项目管理

3.3.1　建筑项目管理的复杂性

随着科学技术和社会的发展，现代工程项目除了具有一般项目的三大特征：单件性或一次性、具有一定的约束条件（质量、工期、成本）、具有生命周期之外，还呈现出一些新的特点，很显著的一点便是工程项目的规模越来越大，复杂性程度也越来越高。

1. 项目的规模不断扩大

现代工程项目，尤其是基础设施项目建设工期长，投资规模不断扩大。投资主体的多元化为现代工程项目的投资提供了多种来源，使投资额巨大的工程项目的实施成为可能[18]。虽然规模与复杂性之间并不存在线性比例关系，但是项目建设成本高却是复杂项目的一个常见伴随特征，正如 David Baccarini 所说“通常来说，项目越复杂，其成本就越高，工期越长”。

2. 项目组织复杂性增加

现代工程项目涉及的领域不断增加，不仅仅涉及土建和设备安装，还涉及融资、自动控制、环境保护等其他专业领域，有成百上千个单位共同协作，由成千上万个在时间和空间上相互影响、制约的活动构成。项目工作要跨越多个组织，因此项目组织的复杂性体现在如何将具有不同经历、来自不同组织的人员有机地组织在一个临时性、一次性的组织内，并且能够高速有效地工作。

3. 项目目标要求的复杂性增加

现代工程项目的目标向工期、质量、成本、环境、卫生、安全、业主满意度等全方面、多目标的协同优化转变[19]。伴随着全面质量管理在各行业中的普及，业主希望工程项目实施过程中也能采用这种方式以保证工程的质量，同时业主意识到价值并不仅意味着最低的工程价格，而应该是价格、工期和质量等指标的综合反映，是一个全面的度量标准[20]。费用、时间、质量等越来越严格的约束条件间接增加了项目的复杂性。

4. 环境的不确定性和动荡性越来越强

项目实施过程中不可预见的因素增多，不仅受当地政府以及社会经济文化环境的影响，同时又受项目所在地的资源、气候、地质等因素的制约，环境不确定性的增加是间接导致工程项目复杂性增加的最主要因素，同时也进一步增大了项目的风险。

5. 工程项目所需的技术复杂性增加

工程项目所包括或涉及的学科知识和技术种类越来越多，施工技术和施工工艺要求越来越高，项目（特别是装配式建筑项目）设备技术含量高，同时对新工艺、新材料、新知识的要求高。

6. 信息的复杂性增加

由于工程项目信息涉及面广、周期长，其针对某一事件产生的信息量较之以前有了级数的增长，这样就必然加大了获取信息、分析信息的难度。同时，不同参与方之间、不同过程之间的信息依赖度和相关度增加，也导致信息的复杂性增加。

7. 文化沟通的复杂性增加

工程项目的众多参与方，如业主、咨询方、设计方、各类承包商、供应商、运营商等，他们的社会心理、文化、习惯、专业等存在差异，增加了沟通的难度。随着工程项目国际竞争的加剧以及国际合作项目的增多，参与方来自不同的国度，他们有着不同的社会制度、文化、法律背景，使用不同的语言，增加了沟通的障碍和项目管理的复杂性。

3.3.2 EPC模式的确定性

建筑工程项目通常是一次性建造的、现场原位生产的、多组织共同协作完成的项目。装配式建造的方式将一部分原位生产的工作转移到生产条件较好、作业效率较高的工厂中完成，简化了现场建造，同时也增加了建筑工程工业化生产的属性。建造模式的改变，让建筑工程项目成为一种新型的、更加特殊的生产系统，不仅要从施工角度，更要从生产角度来对待其复杂性，这就要求寻找更合适的项目管理模式使现场施工和工厂的设计、生产、制造、安装等活动协调起来。理想的建筑工程项目是有序的、线性的，在时间维度上（纵向）按照逻辑先后顺序将设计、生产、施工、运维等活动依次展开；在专业维度上（横向）将建筑、结构、设备、装饰、景观、市政等工程平行开展。然而，实际的建筑工程项目更加复杂，是非线性的和动态的。

装配式建筑建造模式的改变进一步增加了项目的复杂性和不确定性：首先，建造过程更加复杂，以往的单一干系人主体可以完成的施工过程，在装配式项目中增加了工厂这一干系人主体；其次，工业化生产使材料、设备、构件等供应的不确定性增加；再次，装配式建筑对构件的生产和施工进行分包，增加了生产系统和产业的复杂性；最后，社会系统的复杂性增加，生产和施工都是由人来完成的，需要配置相应的岗位，岗位却隶属于不同的组织并受到所属组织的约束，新的建造模式产生新的岗位，甚至是独特的岗位，例如 PC 构件吊装工、安装工等。装配式建筑的复杂性容易造成项目横向和纵向的壁垒，对信息（这里“信息”是指描述该时点项目所处状态的现值、预测值和变化值）的流动提出了更高的要求。与传统的建造模式相比，装配式建筑容错性更低，微小的不确定性可能导致项目的失败。装配式建筑项目采用 EPC 模式管理，可以通过合同结构的改变，优化整个项目的组织关系，将干系人主体间的复杂性转化为组织内部的复杂性，提高管控水平，增加项目的确定性，最终提升项目的成功率。

对于装配式建筑等复杂工程项目，建设方的需求也发生了变化。建设方首先把工程项目看成是一个投资行为，要求项目具有完备的使用功能以快速实现投资目的；建设方希望面对较少的承包商，消除责任盲区；建设方希望承包商能够提供以最终使用功能为主体的服务，把开发、设计、施工、采购、运营等阶段统一起来，保持管理的连续性；建设方希望承包商与工程的最终效益直接相关，调动各方的积极性。建设方需求的改变使承包商的角色也随之改变，承包商在项目中的承包范围不断扩大，进入项目的时间不断提前，业务范围不断拓展。装配式建筑项目不仅建设过程中风险众多，而且金融风险、市场风险加大，需要众多投资方和参与方共同承担项目风险。因此，无论是建设方、承包商角色的转变还是风险分担的需要，装配式建筑这一类复杂性工程项目都需要新的承包方式。EPC 工程总承包模式一体化、全过程管理的思想和理念，大量降低了建设方的管理工作量，同时建设方和各参与方实现利益共享、风险共担，达到“多赢”的结果。

3.3.3　EPC 模式中的并行工程

在 EPC 模式下，设计和施工这两个原本割裂的阶段被整合到工程总承包单位，整合后的建筑项目更接近一个“建筑产品”，这种模式的改变，使得采用并行工程来优化项目管理成为可能。美国并行工程协会（Society of Concurrent Engineering，简称 SOCE）是 1992 年在洛杉矶成立的协会性组织，旨在传播产品开发流程和实践工艺。协会给出了并行工程的定义：并行工程（CE）是产品设计的整合、并行设计的系统化方法，以及包括制造和支持在内的相关过程。这种方法需要开发者从产品设计的开始阶段起，考虑从产品概念到产品处理的整个生命周期内的所有要素，这些要素包括质量控制、成本、用户要求等。

并行工程通常通过集成产品开发来实现。根据美国国家标准与技术研究院的统计，通过集成产品开发，可以节约开发时间 30%～70%，减少工程变更 65%～90%，产品面世时间缩短 20%～90%，质量水平提高 200%～600%，设计者的劳动生产率提升 20%～110%。制造业企业广泛应用并行工程进行产品开发与制造，大大提高了生产效率，缩短了开发时间。

建筑作为一种产品尽管具有特殊属性，但在 EPC 管理模式下，可以借鉴并行工程和整体交付的思想，通过下述方法加快开发、减少工程变更、提高效益，方法如下：1）对建筑开发全周期（策划、设计、生产、施工、运维）各过程进行统筹考虑；2）在组织内组建跨职能、跨专业的职能小组；3）使用可视化、可协同的辅助工具，保证信息在职能小组内的有效传递；4）在产品概念设计和定义阶段给出基于目标的全面设计评审标准；

5）在开发阶段考虑采用的建筑体系和技术体系，特别是生产和安装工艺；6）为并行工程的实施做适当的准备，特别是人员和软件平台等；7）通过并行工程学系曲线来验证阶段性成果；8）在可控的规模下，逐步完成并行工程。

并行工程的各阶段开始前，需保证本阶段所需的资源获得批准，并且该阶段的工作完成标准已确定。为各阶段工作配备必要的人员，工作内容应饱满适度，避免超负荷工作造成的项目风险。之后对工作结果进行总结量化，结果呈现形式可以是设计图纸和说明、计算书和分析报告以及给下一个阶段的工作建议，最后还应该给出一个正式的评审，作为下一阶段工作的调整依据。并行工程各阶段小组成员构成见表 3-3。

并行工程各阶段小组成员构成　　表 3-3

	第一阶段	第二阶段	第三阶段	第四阶段	第五阶段	第六阶段
	概念阶段	技术可行性	产品开发	生产准备	全面生产	产品支持
成员	产品设计 规划师 建筑师 投拓工程师	规划师 建筑师 专业工程师 投拓工程师 成本工程师 建造工程师 制造工程师 市场销售	建筑师 专业工程师 投拓工程师 成本工程师 建造工程师 制造工程师 市场销售 评估者	建筑师 专业工程师 投拓工程师 成本工程师 建造工程师 制造工程师 监理工程师 市场销售 购买者 质量工程师	建筑师 专业工程师 投拓工程师 成本工程师 建造工程师 制造工程师 监理工程师 市场销售 购买者 质量工程师 供应商	产品设计 建筑师 市场销售 质量工程师 运维服务 供应商

3.3.4　EPC 模式下的精益管理

精益源自日本丰田汽车公司的丰田生产体系（Toyota Production System，简称 TPS）。1992 年 Koskela 在斯坦福大学集成设施工程中心所做报告中首次提出精益思想可以应用于建设领域，从而开启了精益建造的研究，至今已发展了 30 年。目前国际上主要由精益建设国际研究小组（International Group for Lean Construction，简称 IGLC）和各个地区的精益建造协会（Lean Construction Institute，简称 LCI）推广和普及精益建造的研究成果。其中，IGLC 侧重理论研究，LCI 主要负责面向建筑业企业推广精益建造的理论成果，为项目管理人员培训精益建造知识。

精益建造是一种通过将材料、时间和精力的浪费最小化来尽可能获得最大价值的生产系统设计方式，旨在通过考虑建造全过程，为客户提供更好的服务。精益建造的理论衍生于生产理论，即 TFV 理论，从转换（Transformation）、流（Flow）和价值生产（Value）三个方面解释建设过程。将建设项目理解为临时生产系统，在对建设系统设计、实施和提高的基础上实现建设的三个基本目标，即建筑产品交付、浪费最小化和价值最大化。

精益建造的中心思想是通过消除无价值的工作使项目的价值增加，达到效益最大化和浪费最小化的目的，并能最大化地满足客户需求。精益建造的本质是最小化浪费，使无效时间以及产出转化为有效时间与产出，以追求利润的最大化、工程项目的成本最小化。在精益建造理论中，将活动按照产生价值与否分为价值增值（Value Adding）活动和非增值

(Non-Value Adding）活动，非增值活动又被称为浪费（Waste)。学者将精益建造中的浪费总结为7大类：1）返工浪费：建造有缺陷的产品或返工；2）过度生产浪费：过度和过量生产；3）过多操作浪费：过度处理；4）库存浪费：库存；5）物料搬运浪费：二次搬运；6）多余动作浪费：人员不必要的走动；7）等待浪费：不必要的等待。精益建造的出发点就是要分析和识别出这些浪费并逐一消除，以节约成本。

精益建造提倡以客户为中心和拉动生产，通过不断地系统学习和真诚合作来实现整个建造过程的最优，追求用最小的成本来获取最大的价值，以及通过持续改善来达到结果完美、各方满意的目标[21]。

3.4　EPC项目管理过程

美国项目管理协会PMI在《项目管理知识体系指南》[22] PMBOK中提出两类项目过程：创造项目产品的过程和项目管理过程。创造项目产品的过程具体描述为创造项目产品，关注和实现项目产品的特性、功能和质量；而项目管理过程具体描述为组织项目的各项工作，关注和实现创造项目产品过程的效率和效益，对于大多数项目而言，管理过程是相似的[23]。

按照PMBOK项目管理知识体系，项目管理的过程可以划分为五大过程组，分别为项目启动过程、项目规划过程、项目执行过程、项目监控过程和项目收尾过程。下文将结合EPC工程建设项目的特点，对项目管理的五大过程组进行详细介绍。

3.4.1　启动过程组

启动过程组是定义一个新项目或现有项目的一个新阶段，授权开始该项目或阶段的一组过程[24]。主要工作内容包括三个方面：制定项目章程、任命项目经理和识别相关方。组织正式开始一个项目时，通过对项目效益及风险进行合理评估，发布正式批准的项目章程，正式确认项目的存在并对项目提供简要的概述，承认各相关方在项目需求和项目目标上达成一致，即相关方正式认定这个项目开始，并承诺向这个项目提供相关的资源保障。同时，要确认项目经理并对其进行授权。识别相关方是定期识别项目相关方，分析和记录他们的利益、参与度、相互依赖性、影响力和对项目成功的潜在影响的过程。任何项目只有在收集了大量信息、进行了可行性研究并制定了初步计划后方可启动。

项目启动意味着项目承包商与业主正式签订了总承包合同，总承包商项目管理部门根据项目任务通知单，接受任务，负责总承包项目的启动工作。根据总承包项目的管理类型、级别、范围需求，有效组织和调配总承包商内部的各种管理资源，如与项目管理、设计、采购、施工、试运行相关的人、财、物等，正式组建项目部，任命项目经理。项目经理应会同项目各子部门经理确定项目实施需配置的专业人才以及相关专业负责人，相关部门按程序批准并确定相应的人员。项目经理的选择和项目团队的组建是项目启动过程的重要环节，项目经理必须领导项目团队中各专业经理和项目部全体成员，处理好与项目各相关方的关系，策划并组织好项目的实施计划，实现项目的终极目标和业主的合同需求。

在EPC承包模式下，建设方和总承包方的目标高度一致，即实现建设项目全过程可控，同时创造建筑产品并实现其价值。对于装配式建筑，建造过程对建筑体系和建造技术具有强依赖性。在启动过程组，EPC 项目可基于 SMART 原则推进主要工作。SMART 原则分别由具体的（Specific）、可以衡量的（Measurable）、可以实现的（Attainable）、相关的（Relevant）和即时有效的（Time-based）首字母缩写而成。根据 SMART 原则，在装配式建筑 EPC 项目初期，以设定组织目标为导向，以最终实现结果为评判标准，通过对目标层级自上而下的设立来达到在过程管理中的自我控制与监督，最终实现目标。

项目启动阶段应确定的主要内容包括组建项目团队、配备项目资源和管理资源，项目总体描述。此外，还应初步确定项目目标、项目分解结构，明确项目约束条件。

3.4.2 规划过程组

规划过程组是包含明确项目范围，定义和优化目标，为实现目标制定行动方案的一组过程。项目管理强调规划的重要性，详细的规划可以准确地描述项目目标及实施方案，从而为项目执行和控制提供依据。良好的计划首先取决于可量测、可控制的目标，这个目标必须具备具体、简单、可实现、可量化、可计量的特征。项目规划是项目实施的基础，规划过程组的主要作用是为成功完成项目确定行动方案或实施路线。在规划项目、制定项目管理计划和项目文件时，项目管理团队应该适当征求相关方的意见，并鼓励相关方参与。

项目计划按照内容和用途通常分为项目管理计划和项目实施计划。作为规划过程组的输出，项目管理计划对项目范围、时间、成本、质量、沟通、资源、风险、采购和相关方等所有方面做出规定[25]。编制项目管理计划及项目实施计划是项目经理在项目管理规划阶段的重要工作。项目管理计划编制的依据包括项目概况、项目合同、业主的要求与期望、项目管理目标、项目实施基本原则、项目联络与协调程序、项目的资源配置计划、项目风险分析与对策、总承包商管理层决策意见等，应综合考虑项目的进度、质量、成本、HSE 及技术等方面的要求，并应满足合同的要求。项目管理计划是向总承包商管理层阐明管理合同项目的方针、原则、对策、建议等，属于总承包商内部文件，包含内部信息，如风险、利润等。项目管理计划应报总承包商管理层批准，作为编制项目实施计划的依据，指导和协调相关人员编制项目专业实施计划。

项目实施计划是整个项目实施过程中的指导性文件。项目实施计划应能指导和协调各专业的单项计划，例如设计计划、采购计划和施工计划等。项目实施计划应报业主确认，并作为项目实施的依据。

由于装配式建筑 EPC 项目涉及施工现场和构件生产工厂两端，又与政策环境和技术体系紧密相关，因此我们在项目规划阶段可以采用 PEST 工具，对项目的宏观环境包括政治（Politics）、经济（Economy）、社会（Society）、技术（Technology）等进行综合分析。通过研究能够掌握的相关背景资料（越多越充分越好），深刻认识项目所处的外部环境，结合企业自身的内部条件，找到最优的项目规划方案。从政治和法律的层面主要关注各地区装配式建筑政策导向，抓住红利的方向；在经济上判断项目整体资金需求以及采用装配式后资金计划的改变和支付方式的变更；在社会层面应当关注当地的文化特色和消费偏好，比如在北方地区，业主对住宅内部轻质隔墙的接受程度普遍很低，认为“墙”就应该是实墙；最后，对于装配式建筑最重要的就是技术分析，要综合行业发展动态，企业自身的技术实力以及所在地区的供应链发育水平统筹考虑。

3.4.3 执行过程组

执行过程组包括完成项目管理计划中确定的工作，以满足项目规范要求的一组过程。如果说计划过程组解决了有法可依的问题，那么执行过程组就要做到有法必依，具体工作按计划展开，并提供实际执行情况供控制过程组分析测量。本过程组的主要作用是，根据计划，执行为满足项目要求、实现项目目标所需的项目工作，需要根据项目管理计划来协调人员和资源，管理相关方，整合并实施项目活动。在开展执行过程组的过程中，需要相当多的项目预算、资源和时间，可能导致变更请求。一旦变更请求获得批准则可能导致一个或多个规划过程，来修改管理计划、完善项目文件，甚至建立新的基准。

项目实施由项目经理负责组织，项目部及有关职能部门执行。项目实施是执行项目管理计划和项目实施计划的过程，最终形成项目产品。项目实施应特别注意要按项目实施计划有效开展工作，切忌盲目指挥，在这个过程中，项目部最主要的工作是组织和协调[26]。

在项目执行阶段，由于项目的复杂性和EPC模式的综合性，使项目团队内外各种冲突集中出现。冲突是指两个或两个以上相互关联的主体，因互动行为导致的不和谐状态，主要包括任务型冲突和情绪型冲突。冲突管理是指采用一定的干预手段改变冲突的水平和形式，以最大限度地发挥其益处而抑制其害处。在装配式建筑这类技术密集型项目中，在解决任务型冲突时，沟通是非常有效的手段，而在处理情绪冲突时，关系的协调和培育是行之有效的办法。下文将通过沟通和关系的培育两方面，说明良好的冲突管理对于提高团队运作效能，提升团队绩效，保证项目成功的重要意义。

依据组织知识理论观点（KBV），每个管理团队成员都是知识工作者，具有不同的知识背景和知识水平。然而，任何人的知识都是有限的，任何人都不可能掌握所有的知识（即存在他知区、自知区、共同区和未知区），对于团队决策都有自己的看法。在EPC项目中，设计和施工像平行线一样在两套体系下运行，团队中很难形成知识权威，也就更难达成共识，导致组织运行受限。有效的沟通不仅能对任务型冲突的内容形成正确的了解，而且能够有效地减少情绪冲突[27]。只有通过团队成员之间的有效沟通，才能让个人的努力和对团队的贡献变得透明，让协作的优势充分发挥。近年来，借助先进的信息管理技术，如BIM技术，可弥补由于知识的不全面性造成的信息鸿沟，通过可视化、可协同的三维实时模型，降低了对各专业人员的知识要求，提升了沟通效率，降低了冲突发生的概率。

关系的培育主要反映在团队各成员之间为实现共同目标而在工作过程中建立起的相互依赖关系，以及打造团队凝聚力和向心力等方面。在EPC模式中，项目团队由于具有共同的目标，从而保证了冲突的可管理性。信任来源于对其他团队成员能力的认可以及共有知识的普及程度。应积极关注团队成员间的实际状态，克服因局部目标冲突而造成的认识偏差；归纳引起团队冲突的可能原因，避免团队内耗；通过达成共识，增进团队凝聚力。另外，要创造团队沟通的氛围，成员之间只有在认可对方价值的基础上，才会打开沟通的大门。最好的提升团队凝聚力的方法是将个人融于团队之中，同团队一起，一个一个地实现阶段性目标。

3.4.4 监控过程组

监控过程组包含跟踪、审查和调整项目进展与绩效，识别必要的计划变更并启动相应变更的一组过程。监督是收集项目绩效数据，计算绩效指标，报告和发布绩效信息；控制是比较实际绩效与计划绩效，分析偏差，评估趋势以改进过程，评价可选方案，并建议必要的纠正措施。监控过程组的主要作用是：对项目绩效定期监测与量度，以识别是否偏离计划，将偏差反馈到各个知识领域，如成本、质量、范围、进度、资源等的控制过程中，纠正与项目管理计划的偏差。例如，某项活动若未按时完成，则可能需要对目前的人员安排进行调整，或者赶工，或者在预算与进度指标两者之间重新权衡斟酌。监控过程组还涉及：1）评价变更请求并制定恰当的行动响应；2）提出纠偏措施，或者对可能出现的问题提出预防措施建议；3）对照项目管理计划和项目基准，监督正在进行中的项目活动；4）确保只有经批准的变更才能执行。

在监控过程组，需要监督和控制在每个知识领域、每个过程组、每个生命周期阶段以及整个项目中正在进行的工作，是在项目过程中耗费时间与精力最多的过程，特别是对于项目周期长且风险异常多的情况，如装配式建筑 EPC 项目中，监控过程组尤为重要。

在装配式建筑 EPC 项目管理中我们依然可以采用 PDCA 工具保证“监控过程”向良性循环的方向发展。在 EPC 模式下，我们可以扩大 PDCA 的循环范围，将本来局限于施工范围的问题，通过设计和施工共同解决。在设计和施工阶段各自采用 PDCA 小循环，在设计和施工之间采用 PDCA 大循环，在 EPC 模式的前提下实现大环带小环的有机逻辑组合体，不仅可以提升工程质量还可以最大限度地实现建筑产品的设计还原度。

3.4.5 收尾过程组

收尾过程组包含为完结所有项目管理过程组的所有活动，以正式结束项目、阶段或合同责任而实施的一组过程。收尾过程组是全面检查、考核合同项目实施工作成果的重要阶段。项目经理除组织做好工程交工、业主验收外，还要做好项目总结和文件、资料整理归档工作，为公司积累有益经验。收尾过程组可划分为以下两个工作：1）产品核实，即合同执行的收尾工作，它一般包括项目产品的正式接受和对付款事项的处理；2）行政更新，是对组织过程资产的总结与更新。

收尾过程组中在组织层面主要是结束项目，释放人力资源。装配式建筑 EPC 项目中汇聚了大量的人才，他们是组织中最宝贵的资产，在项目中历练成长，并且会继续在组织中发挥更大的作用。要做好项目人力资源释放，最重要的是做好项目层面的人员分流计划和企业层面的人才配置计划。项目人员分流计划首先要有一定的前瞻性，对于个人要至少提前一个月明确未来工作安排，有了确定性，组织成员才能安心完成收尾阶段的工作。另外，分流计划要在保证项目成功的基础上，根据项目内部优先级排序逐步缩小项目管理团队规模，有序释放人才资源，同时做好与企业人力部门的协同[29]。在企业层面，将项目释放的人力资源纳入到企业人才配置计划中同样需要一定的前置性，特别是对于项目经理等需要注册执业资格的人员，要提前做好注册周期和项目周期的衔接。项目组成员工作绩效也要作为重要的组织过程资产提报给人力部门，作为企业人才调配的依据。

收尾过程组中在经济和财务层面主要是结束合同，释放担保资源。在项目的每个阶段都会发生合同收尾活动，但在项目收尾过程组中，合同收尾尤为集中。这些合同涵盖了以工程总承包单位为核心的与产业链上下游所有供应商间签订的合同，针对每一个合同都要展开收尾工作并将合同正式关门。合同收尾主要包括四个方面的工作：完工检查、结算价款、总结经验和释放担保。在完成双方签证确认的收尾工程清单后，提交全部可交付成果，由双方共同检查确认是否完成了合同规定的全部工作，总承包单位获得建设单位签发的完工证书，项目正式进入缺陷责任期（此期间合同依然有效，总承包单位承担修补责任），期满后合同才能正式关门。在工程合同中，总承包单位需要向建设方提交履约担保，可以是现金担保也就是保证金，也可以是银行履约担保。在合同收尾后，会释放担保资源。

虽然在项目管理的每一个过程组中都要更新事业环境变量和组织过程资产，但是在收尾过程组中组织过程资产的更新过程尤为重要，因为一旦项目结束，项目资源释放，就意味着通过项目本身无法继续维护这些信息。事业环境因素比较宏观，包括了组织所处的外部政策与市场环境以及组织内部的管理制度与企业文化等因素，这些因素通常会直接影响到具体项目的决策和执行。组织过程资产比较具体，比如流程与程序、模板、档案、经验教训、知识库等。工程项目总结应对已完成的，并已投入运行的工程的目标、实施过程、运行效益进行系统的、客观的总结、分析和评价，分析项目目标与计划的偏差，评价项目计划的科学性、合理性和有效性，考核项目实施过程中组织、技术和合同管理状况，找出项目成败的原因，总结经验教训，应以事实为根据，用数据说话，反映真实情况，通过及时有效的信息反馈，为未来新项目的管理水平的提高提供依据，同时也为本工程运行中出现的问题提供改进意见，形成企业级的知识库，与企业全员共享。

3.5 EPC 项目管理的内容

以下将从项目管理的十大知识体系，包括项目整合管理、项目范围管理、项目进度管理、项目成本管理、项目质量管理、项目资源管理、项目沟通管理、项目风险管理、项目采购管理以及项目相关方管理中提取最为重要的七个知识体系，结合装配式建筑的特点，对每一过程的输入、工具、技术及输出进行介绍。

3.5.1 项目整合管理

项目整合管理是对项目管理过程组的各种过程和项目管理活动进行识别、定义、组合、统一和协调的活动。在项目管理中，“整合”兼具统一、合并、沟通和集成的性质，对受控项目从执行到完成、成功管理干系人期望和满足项目要求，都至关重要。对于装配式建筑，项目目标的实现高度依赖所选择的建筑体系、技术体系和管理模式。通过整合管理，在组织内跨职能、跨部门、跨专业协作，在组织外协调利用各种有利资源，利用各生产要素之间的有机联系，获取项目的预期收益。

项目整合管理包含七个过程，分别是：1）制定项目章程；2）制定项目管理计划；3）指导与管理项目执行；4）管理项目知识；5）监控项目工作；6）实施整体变更控制；7）结束项目或阶段。图 3-9 概括了项目整合管理的各个过程。

虽然各项目管理过程通常以界限分明、相互独立的形式出现，但在实践中它们会相互交叠、相互作用，而且还与其他知识领域中的过程相互作用。因此，项目整合管理就显得十分必要。例如，在项目早期，规划过程组为执行过程组提供书面的项目管理计划，随着项目的进展，规划过程组还将根据变更情况，更新项目管理计划。

项目整合管理应由项目经理负责，虽然其他知识领域可以由相关专家（如成本分析专家、进度规划专家、风险管理专家）进行管理，但应由项目经理负责整合其他所有知识领域的成果，并掌握项目总体情况，对整个项目承担最终责任。与项目各个阶段分工明确的DBB 项目相比，EPC 项目往往涉及更多学科、更多专业、更多部门，甚至更多组织，并且项目的范围、进度、成本和质量等分目标间存在更多的相互制约与联系，作为 EPC 项目经理更要在项目管理中具有全局意识，通过系统化、结构化的方式处理复杂的管理问题。根据装配式建筑的特点和 EPC 项目的管理需要，项目经理可根据需要裁剪项目整合管理过程。下文将对项目整合管理中的几个重要过程进行详细阐述。

图 3-9　项目整合管理

1. 制定项目章程

制定项目章程是编写一份正式批准项目并授权项目经理在项目活动中使用组织资源的

文件的过程。项目章程可明确项目的开始和边界，确立项目与组织战略目标之间的直接联系及项目的正式地位，并展示组织对项目的承诺与支持。本过程仅开展一次或仅在项目的预定义点开展。

项目章程一旦被批准，就标志着项目的正式启动。在项目中，最好在制定项目章程时且应在规划开始之前任命项目经理。项目章程可由发起人编制，或者由项目经理与发起机构合作编制。通过这种合作，项目经理可以更好地了解项目的目的、目标和预期效益，以便更有效地分配项目资源。

2. 制定项目管理计划

制定项目管理计划是定义、准备和协调项目计划的所有组成部分，并把它们整合为一份综合项目管理计划的过程。项目管理计划是所有项目工作的依据。项目管理计划确定项目的执行、监控和收尾方式，其内容会因项目所在的应用领域和复杂程度而异。编制项目管理计划，需要整合一系列相关过程，而且要持续到项目收尾，并应通过不断更新来逐渐细化。例如，在制定装配式建筑 EPC 项目管理计划时，项目成本管理计划是非常重要的一项计划。估算项目成本时要依据项目的装配技术方案，而项目的装配技术方案的确定要综合考虑设计、构件生产、构件运输、施工吊装和装饰装修方案。需要项目经理组织设计、招采、施工、成本等部门的主管，针对项目装配式技术进行专项评审，考虑不同技术方案对项目工期、质量、成本和安全的影响，制定合理的成本管理计划。因此，在管理计划中应明确项目管理有哪些过程，各项管理过程有哪些输入条件。

项目管理计划可以包括一个或多个子管理计划，且详细程度取决于项目的具体要求。项目管理计划应基准化，即，至少应规定项目的范围、时间和成本方面的基准，以便据此考核项目执行情况和管理项目绩效。当基准确定后，就只能通过实施整体变更控制过程进行更新，并且这些更新需要得到控制和批准。

项目章程及项目管理计划不仅是项目整合管理过程的输出成果，更是后续项目监控和整体实施变更控制的依据，为整个项目搭建了管理的整体框架，推动项目管理的前进。

3. 指导与管理项目执行

指导与管理项目执行是为实现项目目标而执行项目管理计划中所确定的工作，并实施已批准的变更的过程，主要作用是对项目工作和可交付成果开展综合管理，以提高项目成功的可能性，需在整个项目期间开展，受项目应用领域的直接影响。本过程需要合理分配可用资源，并保障资源的有效使用。在此过程中，需分析工作绩效数据和信息，得到关于可交付成果的完成情况以及与项目绩效相关的其他细节，并执行已批准的项目计划变更。项目经理和项目部的主要工作是组织、指挥、协调和控制已计划好的项目活动，应按计划执行，避免把计划放在一边，仅凭愿望办事。

4. 监控项目工作

监控项目工作是跟踪、审查和报告整体项目进展，以实现项目管理计划中确定的项目绩效目标的过程，在项目整合管理中至关重要。本过程的主要作用是，让相关方了解项目的当前状态、已采取的步骤，以及通过成本/进度综合控制系统让相关方了解项目未来的状态，确保项目整合管理的顺利实施。

监控项目工作是贯穿于整个项目的项目管理活动之一，包括收集、测量和分析测量结果，以及预测趋势，以便推动过程改进。项目负责人应定期做项目进展报告，使项目主管部门及项目组成员及时了解项目的真实进展状况。监控项目包括以下 3 个主要内容：1）任务进度监控；2）项目开支监控；3）人员表现监控。

项目监控过程有以下 5 个关注点：1）比较项目的实际绩效与项目的管理计划；2）定期评估项目绩效，确定是否需要采取纠正或预防措施；3）检查项目风险的状态；4）根据状态报告，预测项目的成本与进度信息；5）监督已批准的变更的实施情况。

5. 实施整体变更控制

项目管理本身是渐进明细的过程，我们需要项目计划作为项目执行的依据，但不能不顾客观条件的变化死守计划。对于控制性计划（里程碑）不能进行变更，对于项目的各分项计划和详细的可执行计划可以而且必须根据具体情况的不断变化加以调整。在项目管理中，我们通过实施整体变更控制过程，保证只有从总体上有利于项目的变更才能被批准。实施整体变更控制是审查所有变更请求、予以批准或驳回变更，管理对可交付成果、组织过程资产、项目文件和项目管理计划的变更，并对变更处理结果进行沟通的过程。整体变更控制从整合的角度对项目中已记录在案的变更做综合评审，降低了因未考虑变更的影响给整体项目目标或计划带来的风险[30]。

对于装配式建筑 EPC 项目，在策划和设计阶段就已经决定了项目 80%的成本，项目变更会带来各种连锁反应，因此项目变更需要遵循下面 5 条原则：1）事先定义好变更的管理程序和批准条件，确定后按程序执行；2）变更宜早不宜晚，越是前期，变更的代价越小；3）要与主要干系人充分沟通，征求意见并获得支持，特别是后期要执行变更的干系人，例如，在设计阶段进行变更时，要和施工负责人充分沟通，确保装配施工方案的合理性和可施工性；4）对变更进行综合评价，不仅要考虑到变更的直接结果，还要考虑到间接影响，不仅要考虑近期影响，还要兼顾远期影响；5）对变更进行后评价，在变更获得批准和执行后，评估变更是否达到了预期的效果，总结经验形成组织过程资产。实施整体变更控制在项目整合管理中处于核心地位，需要在整个项目期间开展。

3.5.2 项目范围管理

项目范围管理是描述项目工作边界的方法，包括项目最终产品或服务以及实现该产品或服务所需要开展的各项具体工作，以成功完成项目的各个过程。管理项目范围主要在于定义和控制哪些工作应该包含在项目内，哪些不应该包含在项目内。虽然各项目范围管理过程之间界限分明、相互独立，但在实践中它们会以一定的方式相互交叠、相互作用。

根据 PMBOK 对于项目范围的定义，“范围”主要包含两层含义：1）产品范围：项目所要生产的产品、服务或成果所具有的特征和功能；2）工作范围：为交付具有规定特性与功能的产品、服务或成果而必须完成的工作。

产品范围与工作范围相互补充，工作范围有时也包括产品范围。产品范围是对最终产品或服务的度量，侧重于描述特性或者功能的内容，是客户的最终需求，是项目目标的详细阐释。工作范围则确定了实现最终需求所必需的工作内容，是构成项目计划的基础。工作范围的完成情况根据项目管理计划来衡量，而产品范围的完成情况根据产品需求来衡量。只有明确定义产品范围，合理划分工作范围，才能正确制定项目目标和计划，实现项目的成功交付。

项目范围管理活动贯穿项目全生命周期。在项目启动和计划阶段，范围管理活动对范围管理进行规划，形成管理计划，识别需求信息以便准确定义项目范围，形成工作分解结构，严格控制项目实施；在实施阶段随时关注范围变化，严格控制项目范围变更。项目范围管理工作让各方对项目范围达成共识，确定了项目工作的基准，便于接下来对项目进度、成本、人力等资源的管理，为项目管理工作打下坚实基础，对项目管理有至关重要的意义。

我国的 EPC 项目还处于探索发展的阶段，很少有企业能很好地对项目范围做系统化的管理。EPC 项目设计、采购、施工一体化的特征，使总承包商有条件和机会在项目一开始就对各参与方提出的需求做出精准确认，便于后期过程的范围管理。

项目范围管理过程包括：1）规划范围管理；2）识别需求；3）定义范围；4）创建 WBS；5）确认范围；6）控制范围。图 3-10 概括了项目范围管理的各个过程。本节将规

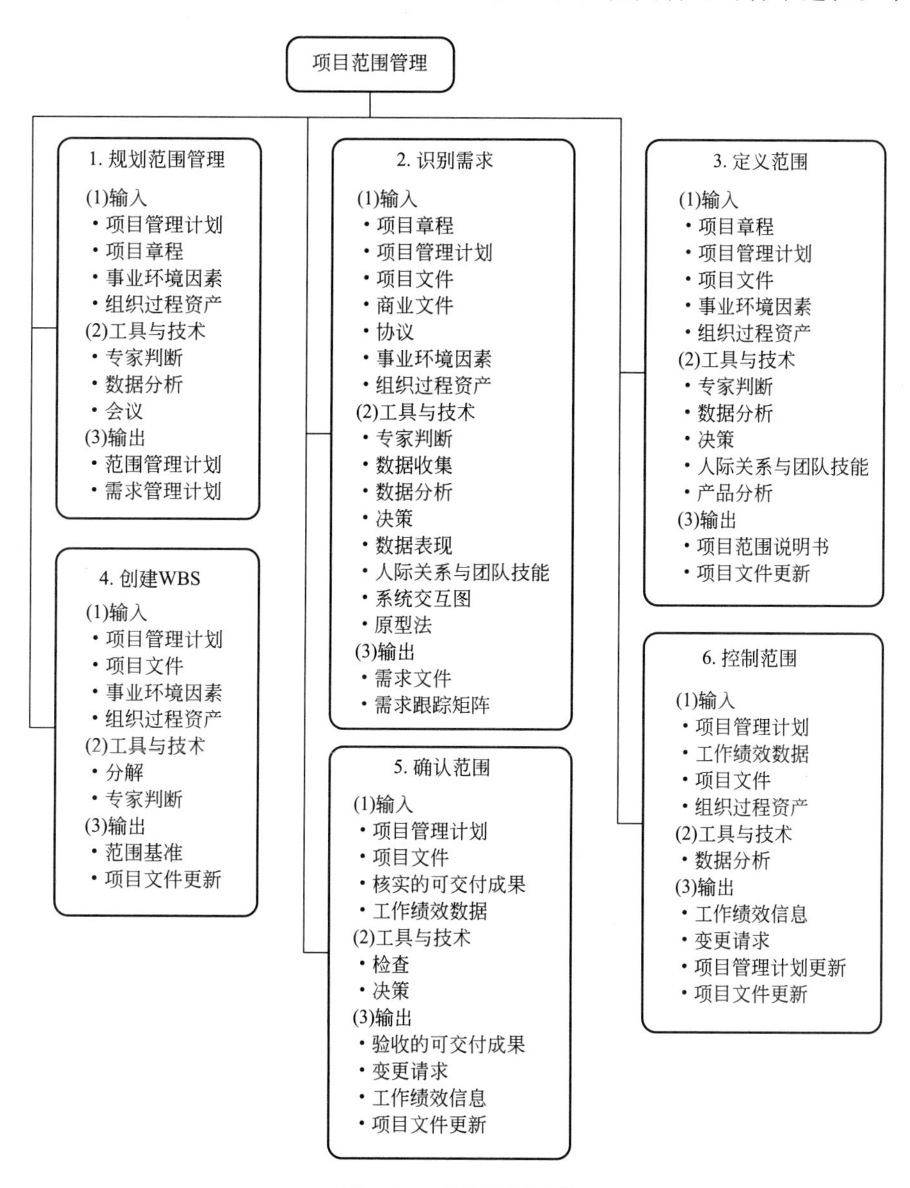

图 3-10　项目范围管理

划范围管理、识别需求、定义范围进行了合并，统一称为项目范围识别，同 WBS 创建以及范围控制一起，下文将进行依次介绍。

1. 项目范围识别

项目范围识别是指界定并描述最终项目产出物的范围，将项目的主要可交付成果划分为较小的、更易管理的多个组成部分的管理过程。项目范围识别作为项目范围管理过程的核心，是范围规划的目标，创建 WBS 的依据，范围控制的基础。范围识别的主要成果——项目范围说明书，正式明确了项目可交付成果的特征，并进一步明确和规定了项目利益相关者之间达成共识的项目范围，为后续项目决策提供管理基线，对项目成功至关重要。

在 EPC 项目中，由于业主对 EPC 项目的监管被弱化，要求总承包企业具备较好的项目需求收集和分析能力。总承包商在具有绝对信息优势的情况下，也承担了项目的主要风险，需要在合同中约定能使业主与总承包商双方风险分担、权力配置、报酬分配相对公平的项目范围，从而降低项目隐患[31]。

2. 创建 WBS

创建工作分解结构（WBS）是把项目可交付成果和项目工作分解成较小、更易于管理的组件的过程，是一个对项目目的和目标、功能和性能设计标准、项目范围、技术性能要求，以及其他技术特性等反复思考的过程，具体内容详见 2.5.1 节。为了更精细地管控装配式建筑 EPC 项目，可应用 WBS 方法将系统涵盖的内容分解细化为易于控制、方便管理的单元，为构建装配式建筑 EPC 项目的精细化管理体系提供依据。

3. 项目范围变更控制

与项目有关的客观环境与人为因素处于动态变化中，为应对项目执行过程中的变化，就产生了项目范围变更。项目范围变更一般会对成本、工期、质量等项目目标产生一系列影响，甚至影响项目的成败。项目范围变更或可贯穿项目始终，对项目产生持续性的影响，因此对项目范围进行有效控制是项目范围识别后的一项重要工作，是项目范围管理的关键环节。

项目范围变更控制是指项目范围发生变化时，对其采取的检查和纠偏的活动过程，即用事先确定的项目整体变更控制的组织构架和规范化程序来控制范围变更。项目范围变更控制工作首先要求项目经理在管理过程中通过监督绩效报告、当前进展情况以及一些技术来分析和预测可能发生的变更，其次要求对已发生的变更进行控制。范围变更管理活动的核心任务是建立一个评估流程，对变更请求进行分析和评估，只有对项目结果有实质影响的变更请求才能予以批准。值得注意的是，项目范围变更及控制不是独立的，在进行范围控制时，须同时全面考虑各种因素的控制，尤其是对时间、费用和质量的控制。同时，在项目生命周期中随时可能发生范围的变更，因此项目范围变更管理工作应在项目全生命周期中进行。

为了控制项目范围，必须建立相应的供应链管理。供应链管理是联结终端客户所需最终的成套产品和服务的网络化业务管理系统，跨越从原材料存储流动、生产加工备货直至成品商品流通，即从前端到消费终端的所有过程。装配式建筑 EPC 项目的供应链区别于传统建筑供应链的最重要一点是：供应链的参与主体中出现了预制构件生产商和供应商，供应商一般由第三方物流承担，供应链更为复杂[32]，生产模式和各个参与主体之间的合作方式发生改变。如今，供应链管理进入了一体化的时代，可基于信息化技术为装配式建筑 EPC 项目的供应链提供信息协同管理平台，使供应链各个参与方能够实现信息共享，通过集成，实现资源高效配置、协同管理、价值增值和成本缩减，具体内容将在 5.4.1 节中进行详细介绍。

3.5.3　项目进度管理

进度是项目管理的三大目标之一，影响项目成本和质量。进度管理是项目成功的关键因素，也是开展其他管理的前提。项目进度管理是指在项目实施过程中，对各阶段的进展程度和项目最终的完工日期所进行的管理，其目的是保证各项工作在满足进度要求的前提下实现项目整体目标。

项目进度管理包括以下六个过程：1）规划进度管理；2）定义活动；3）排列活动顺序；4）估算活动持续时间；5）编制进度计划；6）控制进度。具体内容如图 3-11 所示。

1. 规划进度管理

规划进度管理是为规划、编制、管理、执行和控制项目进度而制定政策、程序和文档的过程，该过程的主要作用是在整个项目期间为项目进度管理提供指南和方向，该过程一般仅开展一次。

2. 定义活动

定义活动是识别和记录为完成项目可交付成果而必须采取的具体行动的过程，主要作用是将工作包分解为进度活动，作为对项目工作进行进度估算、规划、执行、监督和控制的基础，需要在整个项目期间开展。

3. 排列活动顺序

排列活动顺序是识别和记录项目活动之间的关系的过程，本过程的主要作用是定义工作之间的逻辑顺序，以便在既定的制约因素下获得最高的效率，需要在整个项目期间开展。除了首尾两项，每项活动都至少有一项紧前活动和一项紧后活动，并且具有合理的逻辑关系。通过逻辑关系来创建一个切实可行的项目进度计划，可能有必要在活动之间插入提前量或滞后量，使项目进度计划切实可行。可以使用项目管理软件，如 P6 软件，来排列活动顺序。

4. 估算活动持续时间

估算活动持续时间是根据资源估算的结果，估算完成单项活动所需工作时段数的过程。本过程的主要作用是确定完成每个活动所需花费的时间量，且应在整个项目期间开展。

在本过程中，应该首先估算出完成活动所需的工作量和计划投入该活动的资源数量，然后结合项目日历和资源日历，据此估算出完成活动所需的持续时间。通常情况下，资源数量以及运用这些资源的技能熟练程度会影响活动的持续时间，但这些影响并不是简单的线性关系。估算持续时间时需要考虑的其他因素包括以下几点，估算活动持续时间的方法详见 2.6.2 节。

（1）单位产出临界点。在保持其他因素不变的情况下，增加资源投入对单位产出的影响存在一个临界点，该点之后的单位产出随着资源投入的增加而递减。

（2）资源数量。资源数量与活动持续时间未必成反比，在某些情况下，增加活动资

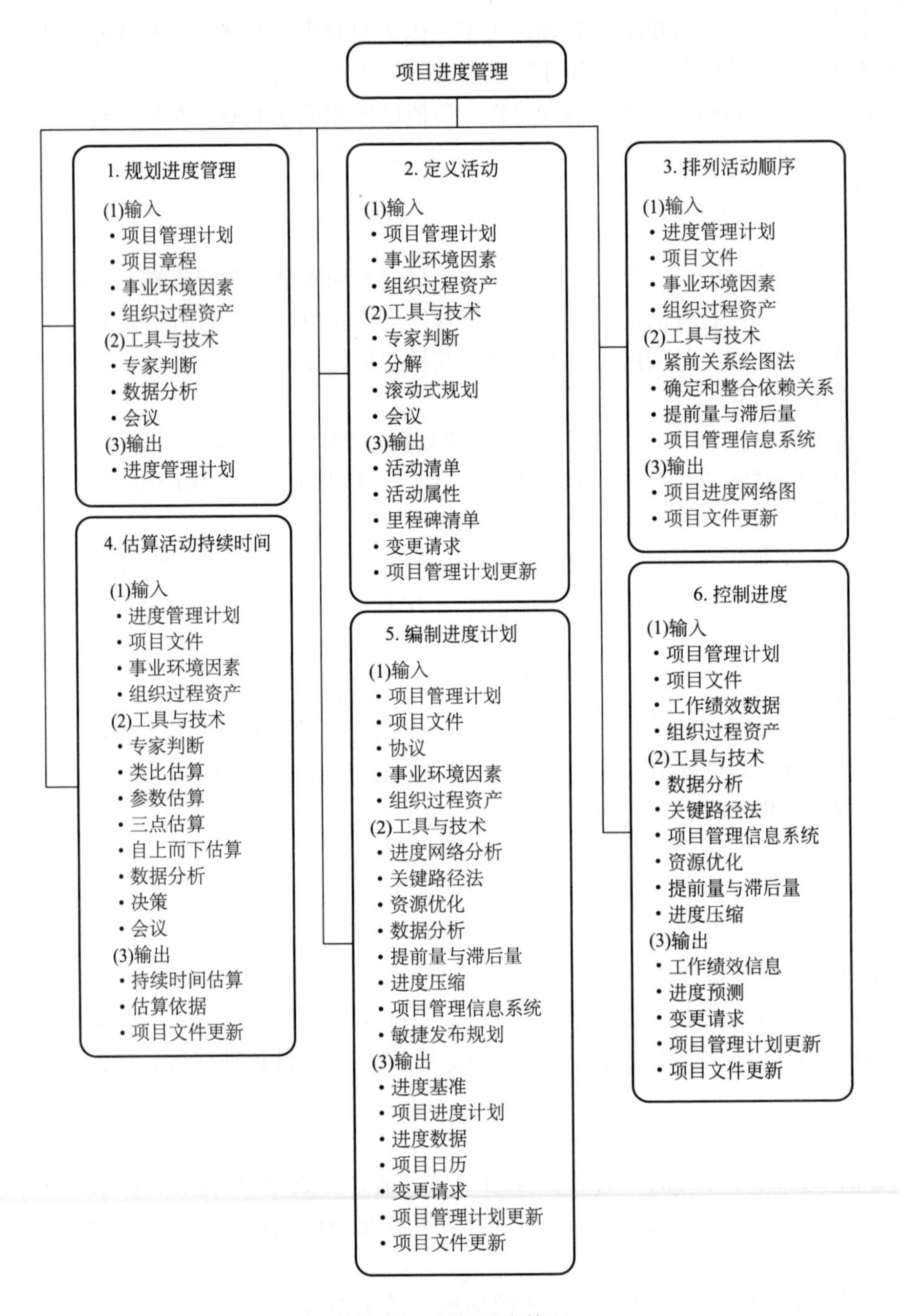

图 3-11　项目进度管理

源，可能会因知识传递、学习曲线等其他因素而造成持续的时间增加。

（3）技术水平。先进的科学技术可能会影响持续时间和资源需求。

（4）员工激励。正向的员工激励可能会减少活动持续时间。

5. 编制进度计划

项目进度计划是依据活动的定义、顺序、持续时间及所需资源的估算，对项目工作做出的一系列时间计划的过程。进度计划是跟踪项目绩效的基准，也是编制费用预算、风险应对计划等其他计划的基础。编制进度计划是落实项目执行和监控的过程，需在整个项目期间展开。

编制项目进度计划有三个目的：满足项目时间约束、保证收支平衡、充分协调资源。进度计划的编制通常采用三种方法：甘特图、里程碑图和网络计划，详见2.5.5节。可用于编制项目进度计划的工具有P6软件、Project软件等。

项目的进度计划按照计划的层次和实施过程分为项目总进度计划、项目实施进度计划、专业进度计划（设计进度计划、施工进度计划等）等。编制季度计划、月计划、周计划等详细的进度计划可在项目实施阶段再进行，但是要与总进度计划相协调。

（1）项目总进度计划

项目总进度计划是项目的第一级进度计划，是项目总体进度安排的指令性文件，一旦得到业主和公司管理部门批准，即作为项目的进度管理基准，对项目中各单位工程规定其进度要求。项目总进度计划的功能是根据项目合同的要求，统筹协调项目建设的开始、结束和投入运行的时间和项目设计、采购、施工、试运行等活动的进度关系，并约束下属各级计划，是编制项目资金、物资供应计划和制定劳动力、成本等资源分配的基础。

项目总进度计划由进度计划工程师编制，项目设计、采购、施工经理参与，项目控制经理审核，项目经理批准。项目总进度计划可以采用横道图表示。

（2）项目实施进度计划

项目实施进度计划是项目的第二级进度计划，是控制项目各项工作的实施总进度、工作进度安排的指令性文件。项目实施进度计划根据项目总进度计划的要求，对项目各阶段主要交付成果分别规定其进度及起止时间，其功能是协调项目设计、采购、施工等各专业的进度关系，并约束下属各级计划。

项目实施进度计划在总进度计划初次编制完成后，即可开始编制。实施进度计划由进度计划工程师编制，项目设计、采购、施工经理参与，项目控制经理审核，项目经理批准。项目实施进度计划可以采用横道图或项目进度网络图表示。

6. 控制进度

项目进度控制是监督项目活动状态，更新项目进展，管理进度基准变更，以实现计划的过程。在项目实施过程中，必须在整个项目期间保持对进度基准的维护。如果发现实际进度与进度基准出现偏差，则应分析偏差产生的原因、对项目总体进度的影响，并找出解决问题的方法，确保项目进度目标的实现。项目实施过程中，项目经理应对进度进行检查、分析、调整。项目进度控制的方法主要包括横道图比较法、S形曲线比较法、香蕉形曲线比较法、前锋线比较法和列表比较法。项目进度控制按照不同的管理层次，可分为三类：

（1）项目总进度控制，是指项目经理等高层领导对项目中各里程碑事件的进度控制。

（2）项目主进度控制，是指项目部门中对项目每一个主要事件的进度控制，通过控制主进度，可以保证总进度按期完成。

（3）项目详细进度控制，是指组织成员对具体作业进度的控制，是进度控制的最小层级。只有详细进度处于较强的控制之下，才能保证主进度计划进行，从而保证总进度计划的实现。

对于装配式建筑而言，其时间成本的节约主要来自现场作业和工厂预制的并行开展，现场作业可以同主体结构、围护结构、服务设施和内部装修等预制生产并行实施。为了实现工厂和现场的并行开展，装配式建筑的项目交付方式可能会变为前端负载型，这意味着应在施工阶段之前尽早做出决策，加快进度。同时，装配式建筑的精益生产技术也可以节约工期，通常可通过增加重复性生产来实现。再次，装配式建筑的生产技术具有更高的可预测性，自然环境也不会对预制构件的生产产生太大的影响，这些都对节约工期有正向作用。正如本森伍德住家公司（Bensonwood Homes）的特德·本森所说："在工厂中，阳光永远明媚。"

布罗哈波尔德（Buro Happold）工程公司的艾德里安·罗宾逊分享了他在英国酒店项目中使用装配式钢结构加快项目进度的经验，平均而言，在钢结构和混凝土结构商业建筑中，装配式方法相较现场施工方法节省了50%的工期。在住宅建筑方面，据米歇尔·考夫曼的经验，使用装配式建造的住宅，其施工时间几乎是现场施工方式的一半。

3.5.4 项目成本管理

项目通常以营利为目标，项目营利的有效途径是节约项目成本，因此项目成本管理是关系到项目成败的关键因素之一。项目成本管理是指在项目实施过程中，为保证项目在批准的预算范围内完成项目目标而对成本进行规划、估算、预算、管理和控制的各个过程，以促进资金资源利用效率最大化。

在项目成本管理的过程中，首先应当分析完成项目所需的各种投入，包括人员、设备、材料等，制定成本管理的政策、流程；再对项目成本进行科学合理的估算和成本分解，通过内部审查批准形成项目预算；在此基础上，加强对项目实施过程中的成本控制，将项目实际成本控制在项目预算范围内，在项目实施过程中如果发生成本超支的情况，要分析其根本原因，如果是项目成本估算过低，则通过变更控制程序，调用项目管理储备。

成本是任何建筑项目中都必须考虑的基本要素，根据装配式建筑 EPC 项目设计、预制生产、装配施工及运营各阶段的作业内容，可以对装配式建筑项目的成本进行分析，成本构成见表 3-4[33]。

装配式建筑项目成本构成　　表 3-4

成本构成	成本明细项目
策划设计成本	设计费用、设计人工费
生产制造成本	材料费用、生产人工费用、制造成本、企业管理费、利润、税金、吊装费用、运输费用、装卸人工费用
装配施工成本	材料费用、施工人工费用、施工机械费用、施工管理费用、利润、税金
运营维护成本	物业管理费用、物业维护费用

装配式建筑 EPC 项目的业务活动涵括了设计、生产、物流运输和施工等内容，成本管理不仅仅局限于装配施工阶段，而是囊括了各个阶段，这要求企业各部门间协作配合，增加了成本核算的难度。为了针对装配式建筑进行精细化成本管理，按照 EPC 项目成本管理涉及到的过程，结合装配式建筑项目的生产流程，运用 WBS 将规划设计、生产制造、装配施工和运营维护四个阶段分解为易于管理和控制的独立单元[33]。装配式建筑项目精细化成本管理工作分解结构的具体内容如图 3-12 所示。

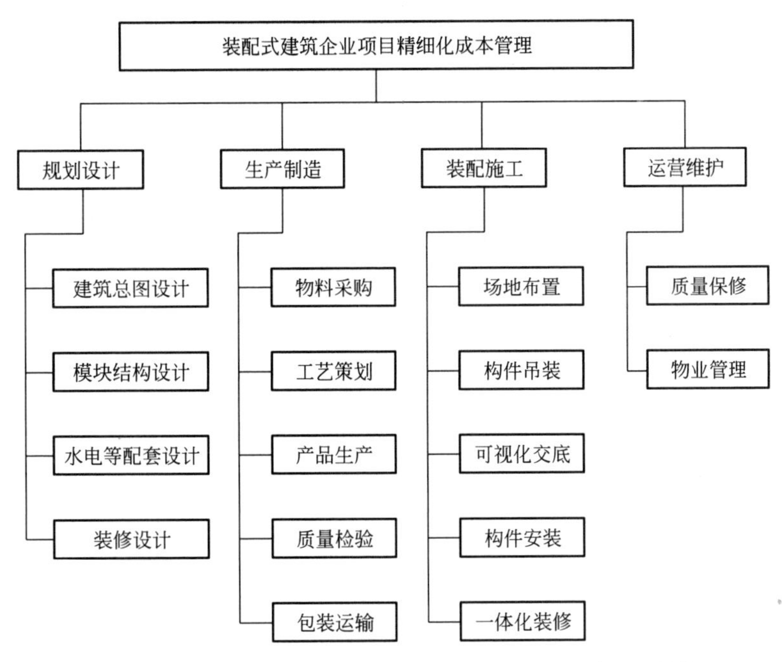

图3-12　装配式建筑企业项目精细化成本管理工作分解结构

项目成本管理包括以下四个过程：1）规划成本管理；2）成本估算；3）成本预算；4）成本控制。如图3-13所示。

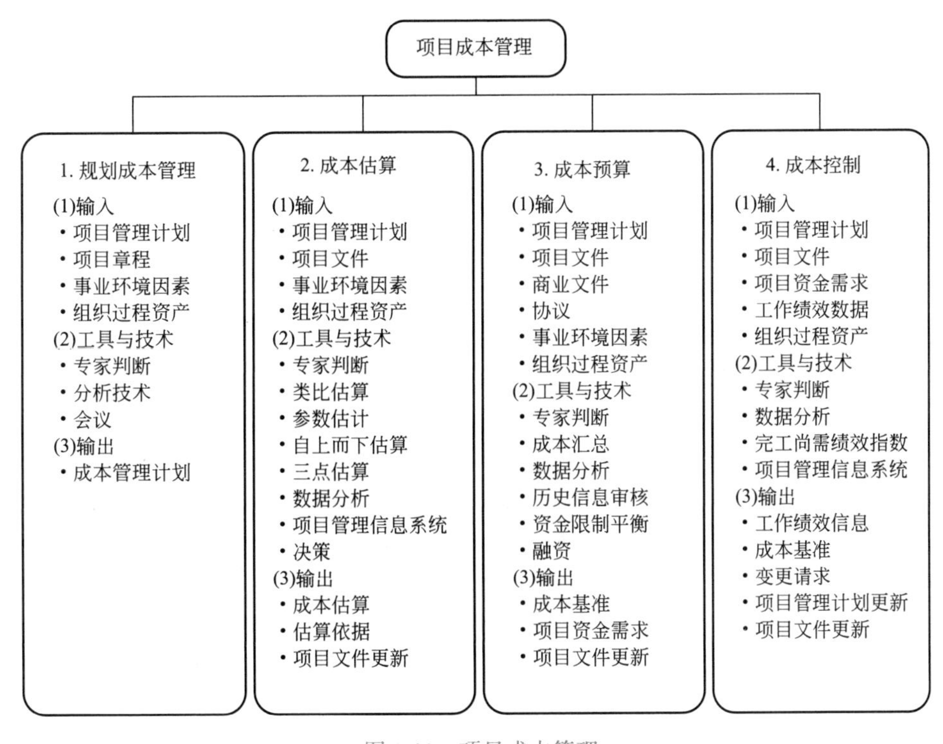

图3-13　项目成本管理

1. 规划成本管理

规划成本管理是确定如何估算、预算、管理、监督和控制项目成本的过程，主要作用是在项目全生命周期为管理项目成本提供指南和方向。在规划成本管理中，最重要的环节是编制项目资源使用计划。项目实施所需资源的价值是形成项目成本的本源，任何项目实施都具有资源约束性。项目资源计划就是要确定完成项目作业所需资源的种类与数量，从而为成本估算提供依据。项目管理人员应努力使资源的可获性、及时性达到最佳。编制资源计划的过程就是项目团队决定所需资源种类、来源、获取方式以及如何使用资源的过程，资源计划的编制方法详见 2.6.2 节。

装配式建筑 EPC 项目的精细化成本计划，应根据总承包合同、项目技术方案、进度计划安排、资源价格信息以及装配式建筑 EPC 项目设计方案的详细性、生产工艺及生产量、运输方案等制定，并对各阶段进行成本计划的编制。

2. 成本估算

项目成本估算是项目成本管理的首要和核心工作，其实质是通过分析、估计确定项目的成本。本过程的主要作用是确定项目所需的资金，需要在整个项目期间定期开展。项目成本估算的成果是开展项目成本预算和项目成本控制的基础和依据。项目成本估算是指为完成项目各项任务，根据项目的资源需求，以及市场上的资源信息，对项目所需成本进行估计。由于项目实施会发生变更，而且在项目的整个生命周期内的宏观环境、资源价格、项目相关方行为会发生变化，使得项目成本估算的不确定性强，估算工作复杂，项目成本估算的编制方法详见 2.6.2 节。

对于采用固定价合同的 EPC 总承包项目，在招标时业主方往往已经完成初步设计，主要设备、材料的数量和种类均已确定，在投标报价阶段，报价估算编制工作较细，实际上已达到工程初步设计阶段设计概算的深度。因此投标报价可以作为控制估算，以中标价作为成本控制的目标值，开展施工图设计的工作。如果设计估算超过中标价，应对施工图设计进行调整和修改，直至满足控制估算。

3. 成本预算

项目成本估算完成以后，还需要在估算的基础上进行项目成本预算。项目成本预算是在成本估算的基础上，更精确地估算项目总成本，并将其分配到单个工作包，为项目成本控制制定基准计划的项目成本管理活动。项目成本预算提供的成本基准计划，是按时间分布的、用于测量和监控成本实施情况的预算。

项目成本预算在整个项目计划规划和实施过程中起着非常重要的作用。预算与项目进展中资源的使用相联系，根据预算，项目管理者可以实时掌握项目的进度和成本，并对项目资源进行合理配置。在项目实施过程中，项目管理者应不断收集和报告有关进度和成本的数据，以及对未来可能发生的问题和相应成本的估计，从而可以按照预算进行控制，必要时亦可对预算进行修正。成本预算主要有以下两个特征：1）成本预算与成本估算相比具有权威性；2）成本预算具有约束性和控制性，是一种控制机制，可作为一种度量资源实际和计划用量之间差异的基线标准。

项目成本预算应以项目目标为中心，围绕项目进度进行，考虑宏观经济政治环境，根据相关法律、方针政策从项目的实际情况出发，使成本指标积极可靠切实可行，并留有一定富余度。成本估算与成本预算都以 WBS 为依据，所运用的工具和方法也基本相同，项目成本预算的编制方法详见 2.6.2 节。

4. 成本控制

项目成本控制是指在项目实施过程中，通过监督项目状态，不断控制项目的实际成本，修正项目的成本估算，使项目的实际成本控制在项目预算范围内的过程。项目成本控制的工作内容包括：监督成本绩效，找出并分析与成本基准间的偏差；对造成成本基准变更的因素进行分析，确保变更请求得到及时处理；当变更发生时，对变更进行管理，确保成本支出不超过批准的资金限额；向相关方报告所有经批准的变更及其相关成本，防止在成本或资源使用报告中出现未经批准的变更。

项目成本控制的范围包括事前、事中、事后三方面的工作。成本控制的关键是经常性地收集项目的实际成本，进行实际成本和计划成本的对比，并对项目完工成本进行预测，提前发现偏差，及时采取经济、技术、合同和组织管理等综合措施处理项目成本问题，减小对项目范围和进度的影响，以使项目成本目标尽可能地实现。

按照精细化思想，把装配式建筑 EPC 项目的规划设计、生产制造、装配施工、运营维护四个阶段作为成本控制对象，进行详细分析。精细化成本计划的编制流程如图 3-14 所示。

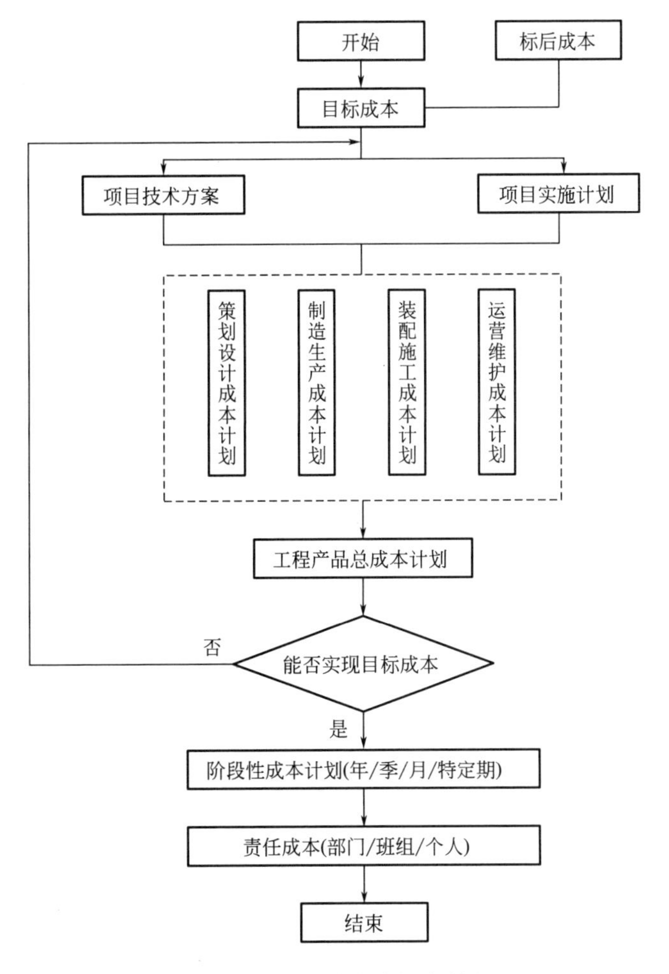

图 3-14　精细化成本计划编制流程

（1）规划设计阶段精细化成本控制

设计费用所占的成本比例较小，但是设计阶段决定了总成本的70%。在技术及经济上合理的设计方案使得项目在工期安排、物料投入、运输安排、施工组织上达到最优组合，可降低项目总成本。由于装配式建筑项目特点，其设计的基本单元为预制构件，对预制构件进行拆分设计、绘制构件的三视图及局部剖切图、预埋预设详图、连接节点图等都导致设计工作量的大大增加。因此，应首先对装配式建筑设计的流程进行梳理，以达到精细化的设计管理。

（2）制造生产阶段精细化成本控制

装配式建筑 EPC 项目采购成本占总成本比例较大，进行物料采购成本精细化控制对项目成本的管理有着举足轻重的作用。由于目前国内具有全产业链能力的装配式建筑企业较少，多数不具备自有的预制构件厂，装配式建筑企业需要精心筛选预制构件供应商，保证预制构件质量和运输。工厂生产中的物料采购不会针对单个项目，通常为多项目合并采购，根据工厂的产能和堆场状况统筹集中采购。材料实现所需即所得，从而减少总体用量。工厂中的材料在任何时段内都可能同时用于数个项目，实现资源共享和供应链并行管理，具体内容详见本书 5.4 节。

之后，需对构件生产成本进行精细化控制，制定合理的产业工人培养计划，扩大机械化生产。预制构件的运输环节作为装配式建筑建设环节中特有的一个阶段，合理安排装运顺序，规划运输方案，避免二次倒运，可以减少运输损耗，降低运输阶段费用支出，做到对构件运输成本的精细化控制，具体内容详见本书 5.7 节。

（3）装配施工阶段的成本精细化控制

装配施工阶段是装配式建筑 EPC 项目发生直接成本费用的阶段，所耗费的费用所占用的资源最多，应当格外重视这一阶段的成本管理。装配式技术可能需要大型起重设备，这虽然会增加成本，但在装配式建筑中利用起重机吊装的次数在理论上会明显少于相应的现场施工方法。在装配施工阶段，对预制构件施工现场的管理采取精益建造中的 5S 现场管理，对装配部分和现浇部分进行总体管理，使现场管理中的预制和现浇部分的工作协调、配合。在装配施工阶段，加强质检部与工程部的联系，对施工过程进行严格的质量把控，严格控制变更，具体内容详见本书 5.4 节。

（4）运营维护阶段的成本精细化控制

可采用 BIM 与 RFID 技术对构件实行信息化管理，使每个构件的来源都具有可追溯性，实现后期维护的精准定位。制定科学合理的运营维护方案，采取节能措施，以减少运营维护阶段能耗的消耗，具体内容详见本书第 6 章。

目前通常认为装配式技术比其他现场施工方法更具成本优势。这是因为装配式技术从三个角度提出了解决成本问题的概念性方案：材料、劳动力和时间。从理论上讲，其中任一种费用的降低都能节约成本，但是采用装配式技术的同时也发生了工程量的转移和工作量计价方式的转变，并不一定能降低工程总成本。事实上，大量装配式实例已显示其优势不在于成本效率，而在于能够提高建造精确度和产品质量，从而实现更高程度的可预测性。尽管装配式技术可以显著节省项目交付和进场阶段的材料用量，但工厂化生产的建筑部品部件的初始费用更高。建立工厂需要相当大的投资，这些前期投资都要摊销到生产的构件中。现阶段，成本依然是装配式建筑发展所要考虑的重要因素，项目体量必须能够确保这些投资物有所值（足够的规模和重复构件），才能充分利用标准化构件、通用性设计和构件厂的生产交付能力的优势。

对于大多数装配式公共和民用建筑，要实现有效的成本控制，必须采用系统化和精细化的思考方式，通过全过程的装配式建筑规划和策划，实现材料、劳动力和工期的统筹，同时要协调工厂和现场、堆场和运输的关系。装配式建筑应当被视为一种生命周期的投资，更长的产业链意味着更大的资金蓄水池、更少的初期投资、更经济的动态成本，或许装配式建筑最初的成本较高，但从长期来看却能取得更高的收益。

3.5.5 项目质量管理

项目的交付物是一种产品，项目质量就是项目的可交付成果能够满足项目相关方要求的程度。项目的质量管理离不开一般质量管理的范畴，按照质量管理体系 GB/T 19000——ISO 9000 族标准的定义：质量管理是指确立质量方针及实施质量方针的全部职能及工作内容，并对其工作效果进行评价和改进的一系列工作。按照质量管理的概念，组织必须在质量方针的指导下，通过建立质量管理体系，实施质量管理。质量管理体系是组织实施质量管理所需的组织结构、程序、过程和资源。质量方针是组织最高管理者的质量宗旨、经营理念和价值观的反映。在质量方针的指导下，通过组织质量手册、程序性管理文件、质量记录的制订，并通过组织制度的落实、管理人员与资源的配置、质量活动的责任分工与权限界定等，可以逐步形成组织质量管理体系的运行机制。

项目质量管理是指通过制定质量方针建立质量目标和标准，并在项目生命周期内持续使用质量计划、质量控制、质量保证和质量改进等措施来落实质量方针的执行，确保质量目标的实现。同质量管理相比，项目质量管理的概念既有相同之处，也有不同之处，这些不同之处是由项目的一次性和独特性等特性决定的，具体表现为项目质量管理的复杂性、动态性、难以矫正性。项目质量不仅影响项目的进度、成本，而且决定工程公司的信誉和发展，不仅影响工程公司的效益，而且影响业主的效益和社会效益。项目经理必须按照我国国家标准 GB/T 19000—2016[34] 及国际标准化组织 ISO 9000 系列标准进行项目的质量管理和控制工作，确保工程质量。常用的项目质量管理工具和管理方法包括：PDCA 质量循环法、因果图法、帕累托图法等，详见本书 2.5.4 节。

EPC 模式下的项目实施质量控制全程一体化，项目的设计质量、采购质量、施工质量等工作质量统一由总承包单位进行控制。EPC 模式较好地将项目的设计与施工整合到一起，减少了设计与施工信息流动不畅及现场施工与设计不符的情况，很大程度上减少了项目的时间、费用成本，在保证质量的前提下可增加业主及承包商的利润空间，但总体上的质量控制对总承包商来说一项巨大的挑战。

EPC 模式下的装配式建筑的设计质量、施工质量对整个项目同等重要。但这两种质量看上去却是对立的，一旦生产质量得到提高，那么建筑设计随之变成呆板的标准化，缺乏变化，设计质量降低。然而，装配式建筑并不是标准化的同义词，应既能满足建筑设计的高标准，也能满足生产质量的高要求。这就需要建筑师、工程师、制造商和承包商一同发挥创造性，使设计和生产彼此获益，这才是装配式建筑面对的真正挑战。因此，总承包单位需要对设计质量、施工质量进行有效管理，具体内容将在后续第 4、5 章进行详细阐述。

项目质量管理的主要过程包括：1）质量规划；2）质量保证；3）质量控制，如图 3-15 所示。

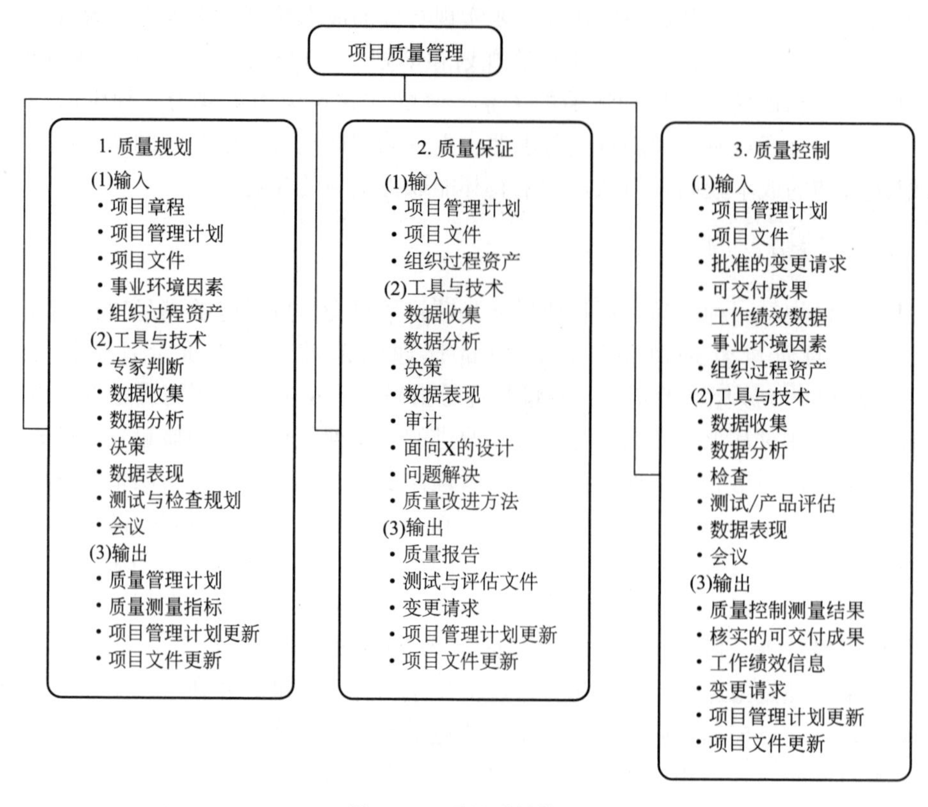

图 3-15　项目质量管理

1. 质量规划

项目质量规划是识别项目及其可交付成果的质量要求和标准，并书面描述项目将如何达到这些质量要求和标准的过程。该过程的首要任务是设定质量目标，根据设定的质量目标，优化规定作业过程和相关资源。项目质量规划一般针对项目关键环节展开，包括项目质量目标的规划、项目质量管理体系的规划、项目实施过程的规划和项目质量改进的规划。

2. 质量保证

质量保证是项目质量管理的一部分，是提供证据表明项目能满足质量要求，使客户建立信心，相信完成项目能达到所规定的质量要求。项目质量保证不同于“项目质量控制”的概念，它是一种具有事前性和预防性的项目质量管理工作，是为了使项目干系人确信能够达到相关的质量标准，而在质量管理体系中开展的有计划、有组织的活动，是一项系统活动。

质量保证是在系统内实施的有计划的系统性活动，是对质量规划、质量控制过程的控制，是质量控制的一个更高层次。项目质量保证的基本内容包括：提出清晰的项目质量要求；制定可行的、可量化的质量标准；制定质量控制流程；建立完善的质量保证体系；为保证项目质量配备必要的资源；持续开展质量改进活动；控制项目变更。

3. 质量控制

项目质量控制是对项目的实施情况进行监督、检查和测量，并将项目实施结果与项目质量标准进行比较，判断其是否符合项目质量标准，找出偏差，分析形成偏差的原因，消除质量不合格因素的一系列活动，是贯穿于项目实施全过程的项目质量管理活动。工程项目质量控制的职能由项目经理、项目质量经理以及参加项目工作的全体人员负责。项目质量控制的活动贯穿于项目管理、设计、采购、施工和交付全过程，并落实到项目实施每一个工作岗位的具体质量责任中。

项目质量控制与项目质量保证既有联系又有区别。联系在于，二者的目标都是使项目质量达到规定的要求，故在项目质量管理过程中它们有所交叉、重叠。项目质量控制与项目质量保证的最大区别在于，项目质量保证是预防性的过程，而项目质量控制直接对项目质量进行监控并纠正存在的问题，是纠偏性的过程。项目作为一个系统，可以采用控制论的思想和方法进行质量控制，须确定控制目标，建立控制机制，加强信息的传递和反馈。

质量管理专家朱兰指出，必须在质量控制的基础上进行质量改进，质量才能有实质性的提高。质量改进是指对现有的质量水平在控制和维持的基础上加以突破和提高，将质量提高到一个新的水平的过程。ISO9000中对质量改进的定义是："质量改进是质量管理的一部分，致力于增强满足质量要求的能力。"[35] 项目质量改进的主要对象包括三个方面：对象本身的改进、对象实施过程的改进和管理过程的改进。对项目本身的改进是一种技术改进；对项目实施过程的改进是对项目实施方案、实施环节及实施过程中各生产要素的改进；对管理过程的改进，是项目质量改进的最主要方面，它包括对质量方针、质量目标、组织机构和管理制度方法等各方面的改进。项目质量改进重在实施，必须采用科学合理的方法在实施过程中加强监督控制。质量改进的实施过程可归纳为PDCA质量循环过程，可借鉴6σ改进方法，详见2.5.4中的相关内容。

3.5.6　项目资源管理

项目资源管理包括识别、获取和管理所需资源，以成功完成项目的各个过程，这些过程有助于项目经理和项目团队在正确的时间和地点使用正确的资源。项目资源可以分为两大类，一类是人力资源，又称团队资源；另一类是实物资源，实物资源通常包括材料、设备、设施和基础设施等。团队资源管理相对于实物资源管理，对项目经理提出了不同层面的技能和能力要求。

在建设工程领域，资源是成本中占比最大的部分。资源的生产效率和供应状况会极大地影响项目的进度和成本。实物资源管理着眼于以有效和高效的方式，分配和使用完成项目所需的资源，不能有效管理和控制资源是项目无法成功完成的主要风险来源。例如，未能确保关键设备或材料按时到位，可能会耽误工期；采购低质量的材料可能会损害工程质量，导致大量返工；库存太多可能会导致高运营成本，使组织利润下降，而如果库存量太低，就可能无法满足生产需求，同样会造成组织利润下降。因此，实现项目目标需要加强对资源的管理。

项目资源管理主要包含以下六个过程：1）规划资源；2）估算活动资源；3）获取资源；4）建设团队；5）管理团队；6）控制资源，如图3-16所示。

图 3-16　项目资源管理

1. 规划资源

规划资源是定义如何估算、获取、管理和利用团队以及实物资源的过程，主要作用是根据项目类型和复杂程度确定适用于项目资源的管理方法和管理程度。

规划资源的目的是确保项目的成功完成有足够的可用资源。有效的资源规划需要考虑稀缺资源的可用性和竞争性，这些资源可以从组织内部获得，或者通过采购过程从组织外部获取。组织内其他项目可能在同一时间和地点竞争所需的相同资源，从而对项目成本、进度、风险、质量和其他项目领域造成显著影响。例如，设计资源，工程总承包企业可能同时开展多个总承包项目，设计部门需要根据每个项目的进度计划安排设计人员参与到项目中。

2. 估算活动资源

估算活动资源是估算执行项目所需的团队资源，以及材料、设备和用品的类型和数量的过程。本过程的主要作用是，明确完成项目所需的资源种类、数量和特性，本过程应根据需要在整个项目期间定期开展。

估算活动资源过程与其他过程紧密相关，如成本估算过程。例如，建筑项目团队需要熟悉当地建筑法规，那么支付额外费用聘请咨询专家，可能是了解当地建筑法规最有效的方法。

3. 获取资源

获取资源是指获取项目所需的团队成员、设施、设备、材料、用品和其他资源的过程。本过程的主要作用是，概述和指导资源的选择，并将其分配给相应的活动。本过程应根据需要在整个项目期间定期开展。

项目所需资源可能来自项目执行组织的内部或外部。内部资源由职能经理负责获取并分配，外部资源则是通过采购过程获得。由于种种原因，项目管理团队可能不对资源选择有直接控制权，在获取项目资源过程中应注意下列事项：1）项目经理或项目团队应该进行有效谈判，从而影响那些能为项目提供所需团队和实物资源的人员；2）不能获得项目所需的资源时，可能会影响项目进度、预算、质量和风险，资源或人员能力不足会降低项目成功的概率[36]；3）如因制约因素（如经济因素或其他项目对资源的占用）而无法获得所需团队资源，项目经理或项目团队可在不违反法律、规章、强制性规定或其他具体标准的前提下使用替代资源。在项目规划阶段，应该对上述因素加以考虑并做出适当安排。项目经理或项目管理团队应该在项目进度计划、项目预算、项目风险计划、项目质量计划及其他相关项目管理计划中，说明缺少所需资源的后果。

4. 建设团队

建设团队是提高工作能力，促进团队成员互动，改善团队整体氛围，提高项目绩效的过程。本过程需要在整个项目期间开展。

项目经理应该能够定义、建立、维护、激励、领导和鼓舞项目团队，使团队高效运行，并实现项目目标。团队协作是项目成功的关键因素，而建设高效的项目团队是项目经理的主要职责之一。项目经理应创建一个能促进团队协作的环境，并通过给予挑战与机会，及时提供反馈与所需支持，认可与奖励优秀绩效，不断激励团队。

塔克曼阶梯理论认为，团队建设通常要经过的五个阶段：形成阶段、震荡阶段、规范阶段、成熟阶段、解散阶段。尽管这些阶段通常按顺序进行，然而，团队停滞在某个阶段或退回到较早阶段的情况也并非罕见，项目经理应该对团队活力有较好的理解，以便有效地带领团队经历所有阶段。对于装配式建筑项目，团队成员经常来自不同的行业，甚至不同的国家，项目经理应在项目生命周期中致力于发展和维护项目团队，使团队成员之间保持明确、及时、有效（包括效果和效率两个方面）的沟通。

5. 管理团队

管理团队是跟踪团队成员工作表现，提供反馈，解决问题并管理团队变更，以优化项目绩效的过程。本过程的主要作用是，影响团队行为、管理冲突以及解决问题，需要在整个项目期间开展。

管理项目团队需要借助多方面的管理和领导力技能，来促进团队协作、整合团队成员的工作，从而创建高效团队。项目经理应该向团队成员分配富有挑战性的任务，对优秀绩效进行表彰，并留意团队成员是否有意愿和能力完成工作，然后相应地调整管理和领导力方式。进行团队管理，需要综合运用各种技能，特别是沟通、冲突管理、谈判和领导技能，详见本书 3.4.3 节。

6. 控制资源

控制资源是确保按计划为项目分配实物资源，以及根据资源使用计划监督资源实际使用情况，并采取必要纠正措施的过程。本过程的主要作用是，确保所分配的资源适时、适地可用于项目，且在不再需要时被释放，需要在整个项目期间开展。

控制资源过程关注实物资源，例如设备、材料、设施和基础设施。控制资源过程主要包括：监督资源支出；及时识别和处理资源缺乏/剩余情况；确保根据计划和项目需求使用和释放资源；在出现资源相关问题时通知相应的相关方；影响可以导致资源使用变更的因素；在变更实际发生时对其进行管理。

3.5.7 项目风险管理

《项目管理知识体系指南》[22] PMBOK 中将项目风险定义为“一种不确定的事件或条件，一旦发生，会对至少一个项目目标造成积极或消极的影响”，也就是说风险中不仅包括负面影响还包括有利的不确定性（机会），可视之为对风险的广义定义。例如，进度可能因气候异常而拖期，这是一种威胁；成本可能因为市场材料价格降低而节省，这是一种机会。

项目风险管理是指在对项目风险进行识别、分析和评价框架的支持下，对项目风险应对策略做出科学的决策，同时在实施过程中进行有效监督和控制的系统过程。项目风险管理的目标是增加项目积极事件的发生概率和影响程度，降低项目消极事件的发生概率和影响程度，在风险成本低的条件下，使项目风险产生的总体影响满足项目利益相关者的要求。

项目风险管理是系统性工程，需要从全生命周期的视角进行考量，对装配式建筑项目进行分析与研究，提取和识别装配式建筑项目全生命周期风险因素见表 3-5[37]。

装配式建筑项目全生命周期风险因素　　表 3-5

一级指标	二级指标	因素类别
规划阶段	投资收益估计不准确	经济风险
	市场需求预测不准确	市场风险
	缺乏足够资金	经济风险
	政府审批程序复杂	政策风险
	目标定位不准确	管理风险
	政策不利变化	政策风险
	未考虑通货膨胀	市场风险
	缺乏相关咨询顾问	管理风险
	法律法规不全面	政策风险
设计阶段	设计技术水平差	设计技术风险
	设计未考虑生命周期	设计方案变更风险
	设计不能因地制宜	设计方案变更风险
	设计可施工性差	设计技术风险

续表

一级指标	二级指标	因素类别
构件生产和运输阶段	单位资质不合格 生产人员不专业 生产管理环境不完善 原材料及设备复检不规范 成品构件与设计要求不符 构件存放与保护不到位 支撑位存在安全隐患 运输车辆未满足构件尺寸或载重要求 运输方案不完善	生产单位风险 生产人员风险 构件生产环境风险 构件质量风险 构件质量风险 构件存放风险 构件运输风险 构件运输风险 技术风险
现场安装阶段	缺乏成熟的技术、管理经验 人员技术水平差 质量不达标 返工问题 施工现场安全隐患 成本超支 未按期完工 各参与单位协调不畅 未达到环保要求	施工技术风险 施工管理风险 施工技术风险 质量风险 项目进度风险 施工安全风险 成本风险 工期风险 合同风险 环保风险
运营维修阶段	试运行未满足预期目标 物业缺乏管理经验 运行性能不稳定 缺乏科学合理维护 收益亏本 需求者认知不足 维修技术风险	运营管理风险 运营管理风险 运营管理风险 运营管理风险 经济风险 市场风险 技术风险

项目风险管理的内容包括：1）规划风险管理；2）风险识别；3）风险分析（定性）；4）风险分析（定量）；5）策划风险应对；6）实施风险应对；7）风险监控，如图3-17所示。

1. 规划风险管理

规划风险管理是规划和设计如何进行项目风险管理的过程。该过程包括定义项目组织及成员风险管理的行动方案及方式，选择合适的风险管理方法，为风险管理活动提供充足的资源和时间，并确立风险评估的基础等。规划风险管理过程应在项目规划过程的早期完成，对于成功进行项目风险管理，完成项目目标起着至关重要的作用。如果能够认真、明确地进行规划，在项目执行过程中，可以提高其他四个风险管理过程的成功概率，从而确保风险管理的程度和可见度，与项目的重要性相匹配。

2. 风险识别

项目风险识别是项目风险管理的基础和重要组成部分，是一项贯穿于项目全过程的风险管理工作。项目风险识别是项目管理者识别风险来源、确定风险发生条件、描述风险特征、评价风险影响的过程。项目风险识别的根本任务是识别项目究竟有些什么风险以及这些风险都有些什么特点。例如，一个项目究竟是否存在项目进度、成本和质量风险，项目风险是自然风险还是人为风险，项目风险会给项目范围、进度、成本及质量等方面带来什

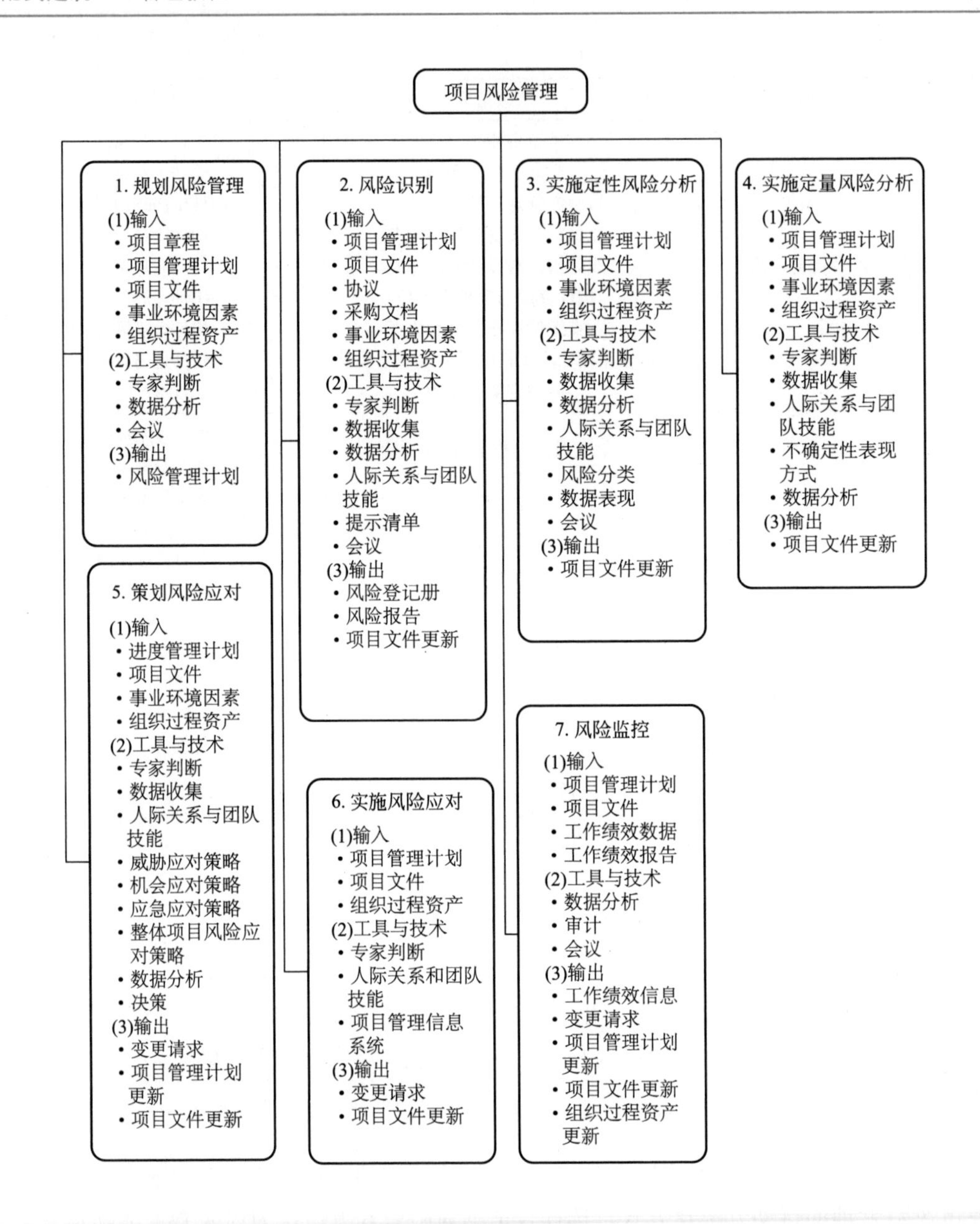

图 3-17　项目风险管理

么影响等，这些都属于项目风险识别的范畴。同时，项目风险识别还包括风险原因的识别。例如，是团队内部因素还是团队外部因素造成的风险。

项目风险识别的根本目的是找到项目风险以及削弱项目风险带来的不利后果，所以项目风险可能引起的后果是项目风险识别的主要内容。只有准确识别各项目风险并估计其严重程度，才能全面地认识项目风险。在风险识别过程中，不仅要全面识别风险可能带来的各种损失，还要识别风险所带来的各种机遇。

工程总承包项目风险分为以下几类：1）技术、质量、操作风险，例如，技术是否成熟、采用标准是否适当；2）项目管理风险，例如，工期是否合理、资源是否充足、资金是否落实等；3）外部风险，例如，项目范围变更、法律法规变化、不可抗力等。

3. 风险分析（定性和定量）

项目风险分析包含项目风险的定性分析和定量分析两个方面。

项目风险定性分析指评估已识别的风险可能发生的概率，及其发生后对项目目标的影响程度，对已经识别风险的优先级别进行评估分析的过程。通过项目风险定性分析，可以确认项目风险的主要来源、确认项目风险的类型、估计项目风险的影响程度，为项目风险的定量分析提供条件，可帮助各层次项目管理人员顺利实现交付目标，从而保证整体目标的成功实现。项目风险定性分析的对象是项目的单个风险而非项目的整体风险，重点是加深对某一具体风险的可能性及其影响的认知，进一步管理触发风险的不确定性因素。项目风险定性分析时，应按照风险概率、风险影响，对风险进行分级评估，确定风险的管理优先级。

在对项目进行风险定性分析之后，对于高概率和对项目目标有潜在重大影响的项目风险需进一步进行项目风险定量分析，定量评价风险的概率和影响大小，综合评价项目风险的整体水平。风险定量分析的目的是对每项风险发生的概率及其对项目目标的影响、项目整体风险的程度进行数值分析，量化风险的不确定性、制定风险的项目目标、确定关键风险，为项目管理提供决策基础。通过项目风险定性分析，应确定风险评价基准、确定项目整体风险水平、评估项目风险是否在可接受的范围内。工程总承包项目的风险定量分析，除确定风险发生的概率外，还应具体估计风险一旦发生需要的金额，该金额乘以发生概率即为应列入估算的风险预备费。

4. 策划风险应对

策划风险应对是针对风险评估的结果，为增加项目目标实现的机会、降低项目风险的负面效应制订方案，决定风险应对策略的过程。风险应对策划的制订应在实施定性、定量风险分析过程之后进行，包括确定和分配风险应对责任人来实施已获同意和资金支持的风险应对措施。

在制订风险应对的过程中，需要根据风险的优先级来制订应对措施，并把风险应对所需要的各种资源和活动加进项目的预算、进度计划和项目管理计划中。拟定的风险应对措施必须与风险的重要性相匹配，应根据项目风险评估结果确定项目风险承受的最大值。针对每一个主要风险提出可能的备选方案并进行综合分析，进一步识别并评价风险应对计划是否会产生新的风险，确定拟定的风险应对措施在当前项目背景下是否能经济、有效、及时地执行，制定详细的风险应对计划，获得全体相关方的同意，并由一名责任人具体负责[38]。

5. 实施风险应对

实施风险应对是执行商定的风险应对计划的过程。本过程的主要作用是，确保按计划执行商定的风险应对措施，来管理整体项目风险敞口、最小化单个项目威胁，以及最大化单个项目机会，需要在整个项目期间开展。

6. 风险监控

项目风险监控就是通过对风险识别、分析、应对全过程的监视和控制，从而保证风险管理能达到预期的目标，它是项目实施过程中的一项重要工作。监控风险实际上是监视项目的进展和项目环境，即项目情况的变化。监控风险的目的是：核对风险管理策略和措施的实际效果是否与预见的相同，寻找机会改善和细化风险规避计划，获取反馈信息，以便将来的决策更符合实际[39]。

在风险监控过程中，应及时发现那些新出现的或性质发生变化的风险，以及预先制订的措施不见效的风险，然后及时反馈，并根据其对项目的影响程度，重新进行风险识别、分析和应对，同时还应对每一风险事件制订成败标准和判据。

参考文献

[1] 国务院办公厅．关于促进建筑业持续健康发展的意见 [J]. 上海建材，2017，000（002）：1-4.
[2] 胡德银．现代 EPC 工程项目管理讲座--第四讲：EPC 工程总承包创造项目产品过程的管理 [J]. 化工设计，2003.
[3] 胡德银．发达国家项目管理模式和项目管理技术 [C] //中国项目管理国际会议．中国优选法统筹法与经济数学研究会，中国勘察设计协会，中国石油和化工勘察设计协会，2004.
[4] 国际咨询工程师联合会．土木工程施工合同条件 [M]. 北京：航空工业出版社，1988.
[5] 国际咨询工程师联合会，何伯森．设计-建造与交钥匙工程合同条件 [M]. 北京：中国建筑工业出版社，1996.
[6] 肖继保．国际石油 EPC 总承包工程项目典型风险及对策研究 [D]. 武汉工程大学，2013.
[7] 曹震．国际工程承发包模式之比较 [J]. 建筑，2002（03）：43-45.
[8] 姚惠娟．建筑法 [M]. 北京：法律出版社，2003.
[9] 刘春雨．我国建筑工程项目管理模式应用研究 [D]. 天津大学，2008.
[10] 王伍仁．EPC 工程总承包管理模式新谈 [J]. 施工企业管理，2019（1）：3.
[11] 国际咨询工程师联合会．设计-采购-施工（EPC）/交钥匙工程合同条件：1999 年第 1 版：中英文对照本 [M]. 北京：机械工业出版社，2002.
[12] 于传鹏，陈云峰．对 EPC 工程总承包管理模式的探讨 [J]. 管理学家，2012，000（015）：159.
[13] 谢巍斌．施工总承包模式下的项目管理 [J]. 世界家苑，2011（6）：122.
[14] 高伟轩，毛向党．“总包交钥匙”模式下的项目管理经验——以某城市综合体管理实践为例 [J]. 施工企业管理，2018（4）：4.
[15] 林贤敏．基于项目管理的 N 公司质量持续改进的研究 [D]. 同济大学，2016.
[16] 董雄报．制造企业项目组织结构的适合性分析 [J]. 中国管理信息化，2009（19）：3.
[17] 石照江．首钢京唐氮气纯化工程项目进度管理与绩效评价研究 [D]. 东北大学，2011.
[18] 吴绍艳．基于复杂系统理论的工程项目管理协同机制与方法研究 [D]. 天津大学，2006.
[19] 吴绍艳．工程项目的复杂性探讨 [J]. 建筑经济，2009，000（006）：22-25.

[20] 卢朋，张韬．大型建设项目风险集成管理的知识体系［J］．中国国情国力，2009（08）：21-24.
[21] 谢根．基于精益思想的装配式建筑供应链协同管理机制研究［D］．天津工业大学，2019.
[22] 项目管理协会．项目管理知识体系指南［M］．4 版．王勇，张斌，译．北京：电子工业出版社，2009.
[23] 王伍仁．打造工程总承包企业的核心能力［J］．施工企业管理，2019（2）：3.
[24] 卢冰．基于项目负责人视角的教学研究项目管理模型研究［J］．继续教育，2018，32（10）：3.
[25] 龚玉梅，周瑞丽．PMI 项目管理知识在汽车机械零部件国产化项目中的应用［J］．时代汽车，2019（14）：4.
[26] 汪寿建．工程公司项目总承包的实践与探讨［J］．化工设计，2010，20（6）：6.
[27] 赵辉．EPC 项目高层管理团队运作效能管理研究［D］．天津大学，2009.
[28] 肖伟，赵嵩正．虚拟团队沟通技术及其适应性问题研究［J］．科学学研究，2003，21（6）：4.
[29] 丁荣贵．成功的项目收尾（上）［J］．项目管理技术，2008（11）：4.
[30] 张珉．论信息系统网络安全整改项目的整体管理［J］．中国新通信，2020，22（8）：138.
[31] 赵煊．EPC 模式下的工程项目范围管理成熟度研究［D］．西华大学，2020.
[32] 陈宇，孙其珩．EPC 模式下的装配式建筑供应链协同管理研究［J］．价值工程，2019（15）：3.
[33] 欧阳昙．基于 EPC 模式的装配式建筑企业成本精细化管理研究［D］．兰州理工大学，2019.
[34] 中国国家标准化管理委员会．质量管理体系 基础和术语：GB/T 19000—2016［S］．北京：中国标准出版社，2016.
[35] 中国国家标准化管理委员会．项目管理 知识领域：GB/Z 23693—2009［S］．北京：中国标准出版社，2009.
[36] 毛焕欣．浅谈大型信息系统项目的人力资源管理［J］．商情，2019.
[37] 蔡田园．装配式建筑风险管理与评价研究［J］．建筑工程技术与设计，2020（33）：3445.
[38] 潘星，常文兵，符志民．装备研制可靠性工作项目风险等级评估方法研究［J］．项目管理技术，2009（7）：6.
[39] 刘中华．浅析企业风险管理［J］．铝加工，2010（4）：4.

第4章　EPC项目设计管理

EPC工程总承包项目的设计过程是对项目产品进行详细和具体描述的过程。设计管理是EPC工程总承包项目全过程管理的核心工作之一，主要包括设计范围管理、设计进度管理、设计成本管理、设计质量管理及设计资源管理等方面。设计管理的成果是项目采购、生产、施工和试运行工作顺利开展的依据。根据W. E. Back对美国20个EPC项目的调查统计，项目约80%的投资在设计阶段就已经确定，后续工作只影响其余的20%，并且约40%的质量问题是由设计不当引起的[1]（图4-1），可见设计管理对项目成本控制有着决定性作用。

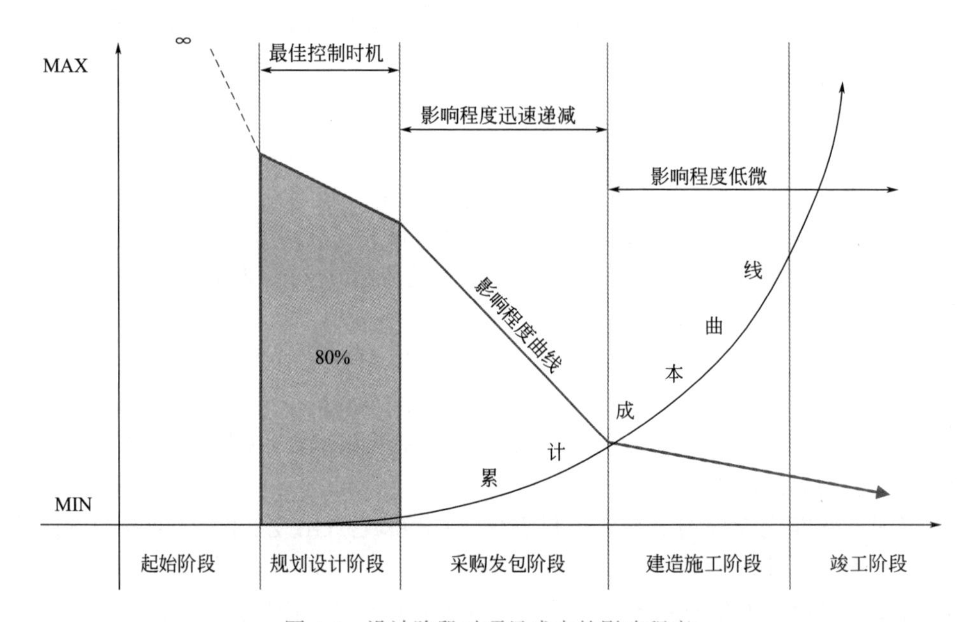

图4-1　设计阶段对项目成本的影响程度

本章主要介绍了装配式建筑EPC项目的设计管理内容，包括设计组织与策划、装配式建筑设计要点、设计工作分解结构、设计计划管理、设计进度及成本的综合控制、设计质量管理与控制和设计文档管理等。通过本章学习，可以深入理解先进的管理方法和技术工具如何在实际项目中充分提升设计管理能力，以实现项目的经济效益最大化。

4.1　设计组织与策划

4.1.1　组织结构

组织结构是组织运行的基础，组织结构的合理设计是组织高效运行的先决条件，有关项目组织结构的内容详见第 3 章 3.2.2 节。EPC 工程总承包项目的设计管理通常采用强矩阵式组织结构，如图 4-2 所示，这种组织结构有利于项目设计工作的开展和管理。

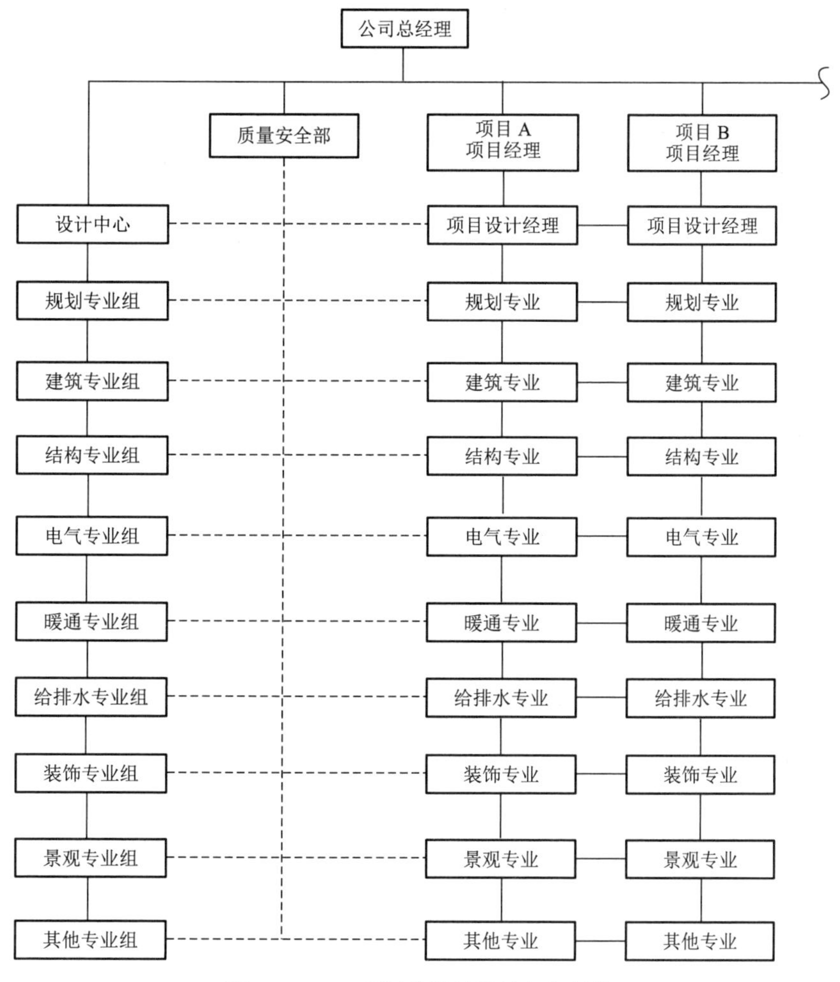

图 4-2　EPC 项目常见的设计组织结构

设计工作的强矩阵式管理是指项目管理层面与专业设计组管理层面的矩阵关系，即项目设计经理从项目管理的角度管理设计工作，在项目经理的授权下负责项目设计工作的质量、进度、成本等方面的总体把控；而专业设计组从专业的角度负责设计工作的具体实施，他们的共同目标一致。

项目设计工作的强矩阵式管理具有以下特点：1）各专业设计作为设计矩阵式管理的交叉点，是各专业设计组的项目工作任务和目标，也是项目设计经理的管理目标；2）项目各专业设计负责人接受双重管理，即在设计标准、技术方案、工作程序和质量控制等方面要服从原职能部门的管理，同时在项目设计工作进度和成本方面要接受项目经理和项目设计经理的领导和安排。

设计工作的强矩阵式管理模式具有明确的职责分工，即项目设计经理负责项目设计工作的组织和实施、项目设计数据的管理和设计进度及资源计划的编制，并协助项目经理进行设计进度及成本的控制；专业设计组负责本专业设计基础文件的编制（如工作手册、工作流程和质量保证手册等）、项目设计标准和规范的审定，以及负责本专业设计人员的调度、培训和管理。设计中心需要及时提出项目总体进度计划、项目设计计划、项目设计成果要求等内容，确保项目设计人员能够按照项目合同的要求开展和完成设计工作。

项目设计组是临时建立的组织，当项目任务完成之后即解散。项目设计组中的专业设置需要满足项目任务要求，可根据项目具体情况进行调整。项目设计组的工作需要其他相关部门和人员的支持及配合时，可由项目设计经理提出申请，公司统一协调和管理。

4.1.2 管理职责划分

1. 设计中心及专业设计组的主要职责

设计中心为公司常设机构，下设规划、建筑、结构、电气、给排水、暖通空调、装饰、景观等若干专业设计组，各自有明确的职责分工。

（1）设计中心的主要职责

设计中心的主要职责包括：项目前期主要协助相关部门对外承接业务，编制项目建议书、可行性研究报告以及投标技术文件等；项目实施阶段根据项目情况组建项目设计组，并协调各专业设计组与项目设计组之间的关系，按合同要求及设计程序顺利开展及完成设计工作；协助项目技术管理部完成施工技术方案的制定、优化和实施，并对实施情况进行跟踪；协助各施工分包单位完成现场施工期间有关的各种技术管理工作；配合项目管理部、项目控制部、物资采购部、质量安全部等部门开展项目的设计服务工作等。

（2）专业设计组的主要职责

专业设计组的主要职责包括：项目投标阶段负责完成本专业的投标技术文件、可行性研究等工作；项目实施阶段配合设计中心和项目设计经理组建项目设计组，及时安排本专业负责人和专业设计人员按照设计程序开展项目设计工作，并与各专业设计协同配合，使项目设计工作满足质量、进度、成本等控制指标的要求；严格执行质量体系文件及标准规范，对专业技术方案的质量负责，并做好现场施工和试运行过程中的设计服务工作等。

2. 设计工作各岗位的职责分工

（1）项目设计经理

在项目经理领导下，负责组织、指导和协调项目的全部设计工作，主要包括：与业主、材料供应商、预制构件生产商、设备制造商等之间的沟通协商工作；处理设计过程中的设计问题或技术问题；承担履行合同的全部设计责任，确保项目设计工作按照合同要求组织实施，在进度、成本、质量和HSE等方面满足设计要求。

项目设计经理在组织实施项目设计工作过程中的主要任务包括：1）熟悉合同内容，明确工作范围和设计分工，按照《项目工作分解结构》GB/T 39903—2021[2] 的原则进行设计工作分解，并提出设计工作作业清单；2）牵头组建项目设计组，与各专业设计组确定各专业负责人及设计人员；3）组织审查设计工作所必需的文件和基础资料（包括设计依据、业主提供的工程基础资料、行政部门的批准文件等）；4）组织编制项目设计进度及资源计划，确定各专业设计标准、规范、工程设计规定和重大设计原则，制定项目重要技术方案；5）组织制定设计工作执行效果测量基准，并进行跟踪测量，定期召开设计计划执行情况检查会，掌握设计进度情况，协调和处理各专业在进度、质量保证、成本控制等方面存在的主要问题；6）设计任务完成后，组织整理和归档有关的工程档案，并编写工程设计完工报告；7）项目实施阶段，安排设计人员参加生产、施工检查和项目验收等工作。

（2）专业负责人

在强矩阵式管理模式下，项目设计经理和专业设计组对专业负责人进行双重领导，专业负责人对本专业设计工作的质量、进度、成本全面负责。专业负责人组织实施本专业的具体设计工作，主要任务包括：1）协助项目设计经理工作，收集汇总项目基础资料，明确专业设计工作范围和设计分工，估算设计工作量（人工时），确认项目设计进度计划；2）组织本专业人员分析关键技术问题，进行技术经济比较，并在此基础上编制本专业设计详细进度计划和设计工作包进度计划；3）组织编制本专业采购技术文件，配合采购工作，参加技术评审；4）严格执行公司及设计中心的质量体系文件，按质量保证程序的规定审核本专业的设计文件、设计条件及设计成果；5）组织对本专业的设计成果、基础资料、计算书、调研报告、文件、函电、设计条件、变更等文件的整理和归档等。

（3）专业设计人员

专业设计人员处于专业负责人和专业设计组的双重领导，承担具体的专业设计工作，根据要求按时完成设计任务，对设计质量和进度负责，并参与投资费用和设计成本的控制。主要任务包括：1）根据设计开工报告和设计任务要求，收集并研究有关设计资料，进行方案比较和技术经济分析；2）严格执行有关标准、规范和设计规定，按要求进行专业设计工作；3）配合有关专业的设计工作，按时提供正确、完整、清晰的设计条件；4）协助处理项目采购、生产、施工、试运行过程中的有关设计问题等。

4.1.3 设计专业划分及资料提供

1. 专业划分

（1）规划专业

规划专业是研究城市的合理布局和城市各项工程建设的综合部署，是城市管理的重要组成部分和城市建设管理的重要依据，主要任务是依据现行的规划原则和设计规范，科学思考、分析当前项目，提供合理有效的规划设计方案，如住宅小区规划设计内容包括：选择和确定建设用地的位置及范围，确定小区的人口数量和用地大小，拟定居住建筑类型、层数比例、数量和布置方式，拟定公共服务设施的内容、规模、数量、分布和布置方式，拟定各级道路的布置方式，拟定公共绿地、体育、休息等室外场地的数量、分布和布置方式，拟定各项技术经济指标和造价估算等。

（2）建筑专业

建筑专业作为工程项目设计的龙头专业，涉及功能布局、交通流线、规模容量、防火保温要求等设计内容，主要负责工程项目设计各阶段的全部建筑设计工作，包括：确定建筑设计原则和标准，确定建筑产品方案并编制建筑特征表，绘制建筑平、立、剖面图，建立 BIM 信息模型，编制请购文件及配合其他专业工作等。

(3) 结构专业

结构专业主要是根据建筑平面布局和功能要求确定结构体系和结构平面布置形式，根据建筑物等级、抗震要求及荷载情况选用合适的建筑材料，进行结构计算和内力分析，满足结构安全性要求。主要负责工程项目设计各阶段的基础及上部结构的设计工作，包括：提出地基处理方案、确定基础形式、进行主体结构计算并绘制结构布置图、预制构件深化、参与确定大型设备吊装方案、编制请购文件及配合其他专业工作等。

(4) 电气专业

建筑电气设计一般分为强电设计和弱电设计，其中强电设计包括供配电、照明、控制系统及防雷接地等，弱电设计包括火灾自动报警及消防联动、安全防范系统、通信网络系统和楼宇自控系统等。

(5) 暖通空调专业

暖通空调专业是进行空气调节设计，包括送风、供暖、制冷和排风等，以满足使用功能和规范要求。主要包括：通风及空调工程、供暖及附属设施的主导设计，设备选型、设备布置、管道布置图的设计工作，编制请购文件及配合其他专业工作等。

(6) 给排水专业

给排水专业主要分为给水、排水和消防，根据建筑的等级和功能要求分别计算用水量，布置给水排水管网和系统。主要负责建筑给水、排水、消防用水工程的主导设计，包括：室内给排水及生活热水供应设计，室内外消防设计，设备选型、设备布置、管道布置图的设计工作，编制请购文件，配合有关专业和部门的工作等。

(7) 装饰专业

室内装饰设计是根据建筑物的功能要求、环境条件进行室内装修设计，创造功能合理、健康舒适的室内环境。主要根据建筑功能需求提供完整的设计方案，包括：物理环境规划，室内空间分隔，装饰形象设计，室内用品及成套设施配置等。

(8) 景观专业

景观设计是指在一定的地域范围内，运用园林艺术和工程技术手段，通过改造地形、种植植物、塑造景观和布置园路等途径创造美的自然环境的过程。主要负责设计范围内的硬质铺装、苗木种植、景观建筑、景观墙体、围墙、景观小品、微地形、水景、灯光、景观给排水、背景音乐、附属设施等内容的设计工作。

2. 专业之间资料提供

在项目设计管理过程中，各个专业间的有效互动以及条件图纸的相互确认是至关重要的，互提条件图的过程应作为前接外部设计要求和方案创意，后接施工图组织的关键性节点。专业之间的资料提供是一个动态的过程，随着设计工作的深入，会不断产生新的条件，需要阶段性进行资料的相互确认，确保设计工作的顺利开展。

通常互提条件图内容如下：

(1) 总图向其他专业提供的条件图资料[3]

1) 红线以内的道路、建筑物和构筑物的平面布置，建筑物的名称和层数；2) 原有建筑物，新建建筑物，已知的地下障碍物；3) 建筑物、构筑物的设计标高（含与室内、室内外正负零相对的绝对标高）；4) 指北针或风玫瑰图等。

（2）建筑专业向其他专业提供的条件图资料

1）凡是以建筑平面图表示的建筑物，不论大小、部分或局部都应以建筑平面的形式提供给其他专业。由其他专业布置的内容，如工艺设备平面、变电所平面、水泵房平面、冷冻机房平面图等，则需交给建筑专业认可后再以建筑专业绘制的平面图形式提供给其他专业；2）建筑平面图中如有涉及扩建或改建的部分应标识，要求绘制出新旧建筑的衔接关系；3）建筑平面图中的剪力墙、承重墙、防火墙、轻质隔墙、玻璃隔断等均应按墙体不同材料以图例标明；4）建筑平面图应注明房间名称，对有特殊要求的房间或有较重荷载要求的应注明；5）建筑剖、立面图中需提供室内外地面高差尺寸，各层之间的高度尺寸，门框洞口高度尺寸，总高度尺寸，女儿墙高度尺寸等。

（3）结构专业向其他专业提供的条件图资料[4]

1）建筑物、构筑物的结构选型和选材；2）各层结构平面布置，梁、柱、板、墙等构件截面尺寸；3）水暖电专业对墙、板、梁上预留孔洞尺寸及预埋件等要求的反馈意见。

（4）给排水专业向其他专业提供的条件图资料

1）给排水设备用房（如污水泵房等）的设备布置平面尺寸图；2）设备基础尺寸，设备自重，电动机功率型号、转速以及是否有配套设备等；3）生活消防用水水池、化粪池、冷却水塔等尺寸、标高及位置等信息；4）给排水系统、热水系统、消防检查灭火及喷洒系统的启动、控制信号、自动化连锁等要求。

（5）电气专业向其他专业提供的条件图资料

1）变电所、备用柴油发电机房的设备平面布置图及尺寸；2）消防控制用房、电话交换机用房、广播及电视分配用房等平面布置尺寸；3）电气设备吊装孔洞位置、尺寸，电缆桥架穿墙、穿楼板预留孔洞尺寸；4）凡是高层建筑需提供各层强弱电用房及竖井的平面布置尺寸；5）利用结构梁柱的钢筋作为防雷引线与接地极的做法；6）变配电室的通风要求，新风换气次数；7）柴油发电机房的发热量与排气降温要求；8）有空调的房间照明瓦数；9）通信设备系统的平面布置及预埋孔洞位置、尺寸等。

（6）暖通专业向其他专业提供的条件图资料

1）冷冻机房、空调机房设备平面布置尺寸；2）设备振动隔声的要求；3）竖风道、管井、水沟、吊顶内风道位置断面尺寸；4）设备在楼板安装时的荷载、位置尺寸等；5）屋顶冷却塔位置尺寸和重量；6）设备用水量、水温、水压以及排水量；7）各机房的用电设备型号、容量、电压、使用台数，自启动控制、信号及连锁等要求。

4.1.4　项目设计阶段划分及流程

按照我国工程建设基本程序，工程设计依据工作进程和深度不同，一般按初步设计和施工图设计两个阶段进行，民用建筑工程设计一般分为方案设计、初步设计和施工图设计三个阶段。

方案设计是依据设计任务书和规划指标编制的文件，是贯彻可行性研究目标的技术深化，主要由设计说明书、设计图纸、投资估算等三部分组成[5]。一般是在项目投资决策后，由咨询单位将项目策划和可行性研究提出的意见和问题，与业主协商后提出具体开展建设的设计文件，其深度应当满足编制初步设计文件和控制概算的需要。方案设计流程如图 4-3 所示。流程中的成本估算是根据设计方案做出的成本预测和估计，具体的内容和方法详见本书第 2 章和第 3 章。限额评审是指审定设计方案是否按照批准的设计任务书及投资估算进行设计的过程。

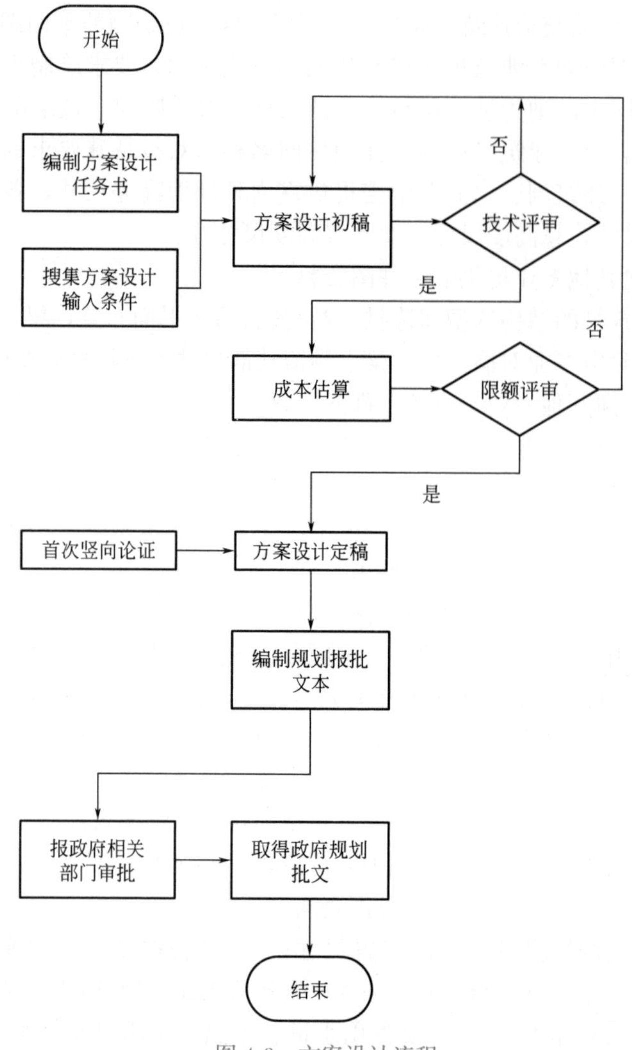

图 4-3　方案设计流程

初步设计是项目的宏观设计，确定了项目的建设规模、产品方案、工艺流程、主要设备选型及配置、费用估算等。项目开发的主要技术措施在初步设计阶段形成整体方案，详细和完善的技术深化需在施工图设计阶段完成。初步设计文件应当满足编制施工招标文件、主要设备材料订货和编制施工图设计文件的需要，是施工图设计的基础。初步设计流程如图 4-4 所示。

施工图设计是在初步设计的基础上进一步细化和完善，更关注于项目的具体实施方法和细部构造措施，准确地表达建筑物的外形轮廓、大小尺寸、结构构造和材料做法的图样。施工图设计文件应当满足现场施工、设备及材料采购、非标准构件制作和安装的需要。施工图设计流程如图 4-5 所示。

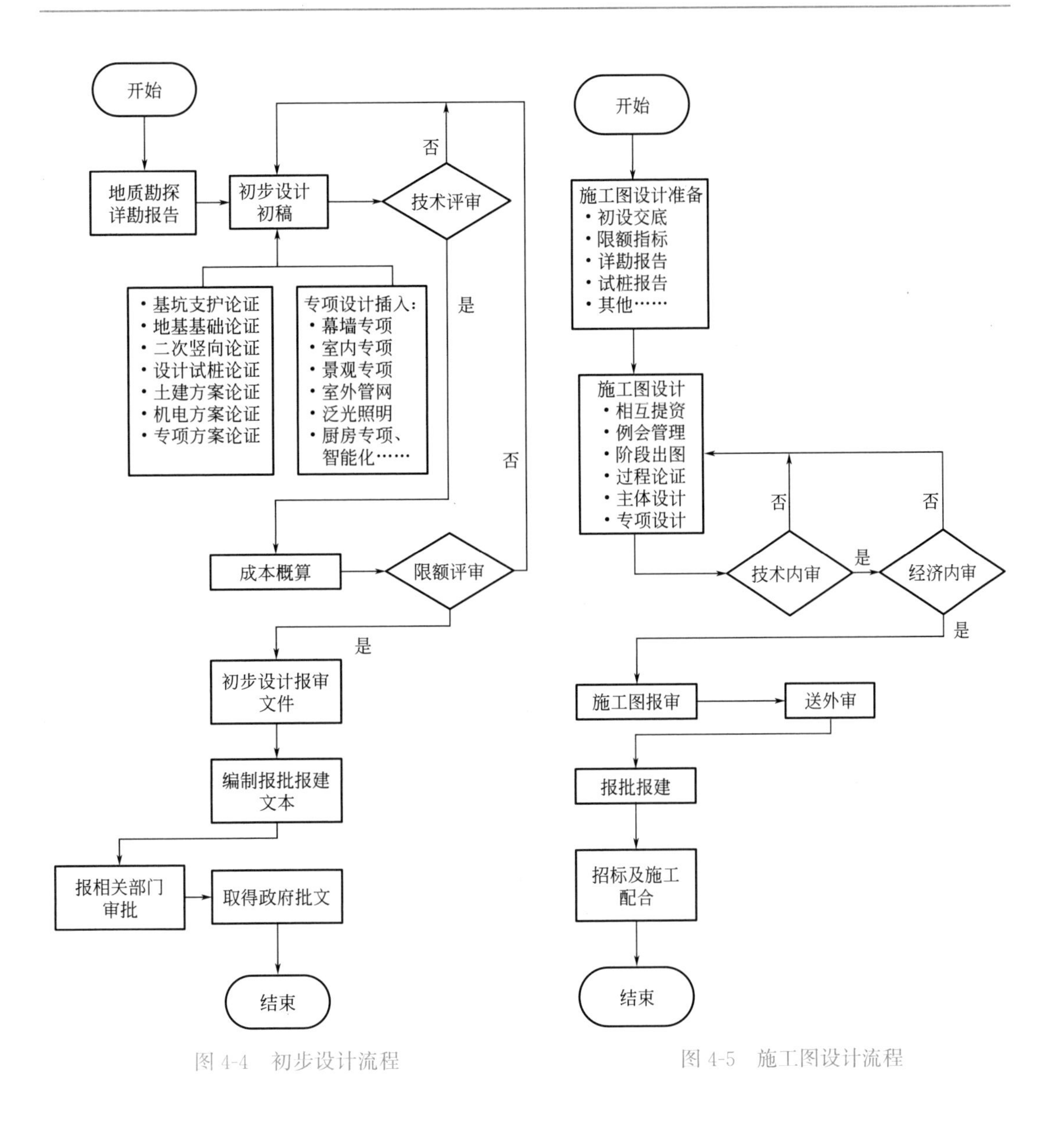

图 4-4　初步设计流程

图 4-5　施工图设计流程

4.2　装配式建筑设计要点

装配式建筑系统是由主体结构系统、建筑设备及管线系统、建筑围护系统和装饰装修系统四个系统组成（图 4-6）。装配式建筑需要系统的设计方法，通过模块化、一体化、标准化集成的设计方法，充分体现建筑、结构、机电、内装一体化和设计、生产、施工一体化的理念，将装配式建筑各系统集成为一个有机整体，体现建筑工业化优势，达到提高质量、提升效率、减少人工、减少浪费的目的。

4.2.1　装配式建筑设计方法

与传统现浇混凝土建筑相比，装配式建筑的设计方法存在较大区别，其技术特点、设

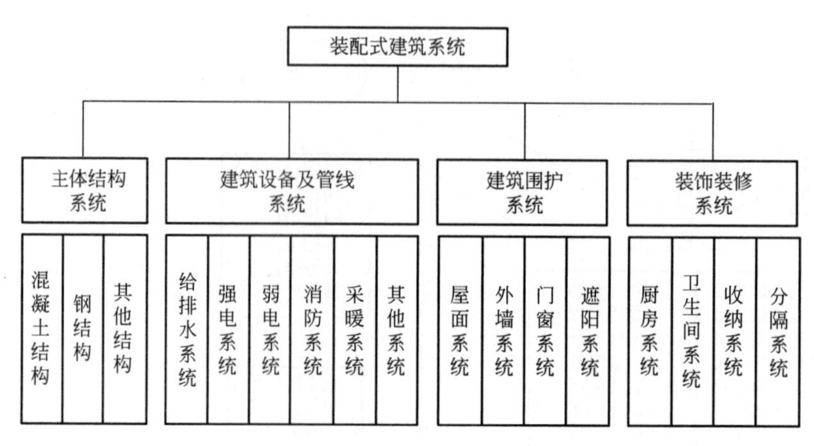

图 4-6　装配式建筑系统

计思路、设计流程等均表现出不同的特点。

1. 模块化设计

模块是装配式建筑设计工作的基本单元，模块化是系统的方法与工具，模块化设计能够将产品进行系列设计，是装配式建筑主要采用的设计方法。具体表现为以模数协调为原则，进行单元模块的设计，然后将不同模块拼装组合，构成新的单元，产生多种组合，实现设计方案的标准化和多样化[6]。

标准化的基础是模数化，通过建筑模数可协调预制构件之间、建筑部品之间以及预制构件与建筑部品之间的尺寸关系，减少、优化部件尺寸，使设计、生产、施工等环节的配合简单、精确[7]。模数协调是为了实现建筑部件的通用性及互换性，使规模化、通用化的部件适用于各类常规建筑，同时大批量规格化部件的生产可稳定质量、降低成本。

装配式建筑一般可分为套型模块和公共空间模块两种，其中套型模块主要满足日常生活需求，公共空间模块主要满足建筑使用功能（图 4-7）。

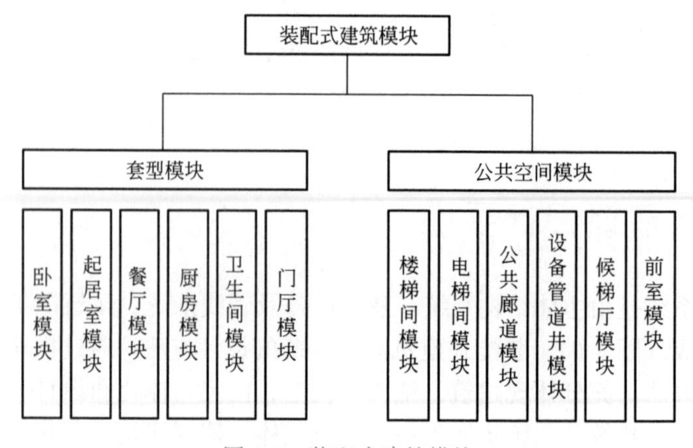

图 4-7　装配式建筑模块

2. 协同设计

协同设计是工厂化生产和装配化施工的前提。装配式建筑需要采用各种先进技术和方法进行建筑、结构、机电、内装的横向一体化设计和生产、采购、施工的纵向一体化设计，实现各专业、各工种间的协同配合。

（1）装配式建筑设计阶段划分

装配式建筑设计在传统现浇建筑设计的基础上，增加了预制构件技术策划和深化设计的相关内容，可分为前期技术策划、方案设计、初步设计、施工图设计、深化设计等阶段，由各专业高度集成，协同完成设计工作。

1）前期技术策划阶段

各专业设计需根据项目定位，综合考虑使用功能、建造成本、生产及施工安装条件等因素，明确结构形式、预制部位、构件种类及材料选择。同建设单位共同确定项目的装配式目标和技术方案，分析方案的可行性和经济性。

2）方案设计阶段

方案设计阶段主要是结合技术策划的要求做好平面组合设计和立面设计。平面组合设计在优化使用功能的基础上，通过模数协调，实现住宅套型设计的标准化与模块化。立面设计要考虑外墙构件的组合设计以及预制构件的可生产、可运输和可安装性，并结合装配式建造方式，实现立面的个性化和多样化。方案设计过程中可利用 BIM 技术进行参数化设计，便于方案推敲和优化，提高设计效率和质量。

3）初步设计阶段

初步设计阶段的各专业协同非常重要，各设计专业根据建筑深化方案进行协同设计，充分考虑设备管线、预留预埋、开关点位、装修点位等与预制构件的位置关系，进行合理布置，提出本专业初步设计方案，包括建筑、结构、机电初步设计方案和内装方案，同时进行经济性评估，分析技术方案对成本的影响，确定最终的技术路线[7]。在设计过程中，需要与生产工厂和施工单位充分协同，确保预制构件生产和施工的可行性和经济性。

4）施工图设计阶段

施工图设计是按照初步设计确定的技术路线进行深化和优化设计，形成建筑、结构、机电、内装等各专业施工图及构件拆分布置方案。各专业根据内装部件、预制构件、设备设施等供应商提供的技术参数，做好预留预埋和连接节点的设计，并且充分考虑防水、防火、隔声设计和系统集成设计，解决各专业之间的错漏碰缺。设计过程中运用 BIM 技术进行碰撞核查、管线综合优化、净高分析、节点模拟及模型出图等辅助设计，提升图纸质量。

5）深化设计阶段

深化设计是依据施工图设计成果进行预制构件加工图设计，设计、生产、施工要建立协同工作机制。深化设计专业需协同各专业进行构件深化工作，最终形成构件深化加工图，图中应全面准确反映预制构件的规格、类型、加工尺寸、节点形式、预留预埋定位等，以满足工厂生产、施工装配的技术要求。深化设计阶段可充分利用 BIM 信息技术，进行预制构件之间、预制构件与建筑部件之间的碰撞核查和拼装模拟，优化不合理之处，确保构件生产和施工安装的顺利开展。

（2）协同设计流程

装配式建筑一般根据项目定位、装配式目标、建造成本及外部条件等因素选择合适的结构体系和技术路线，整个协同设计流程比传统现浇建筑更复杂，如图 4-8 所示。该流程充分体现了各专业在前期技术策划、方案设计、初步设计、施工图设计、深化设计及现场服务等阶段的高度集成与工作协同。

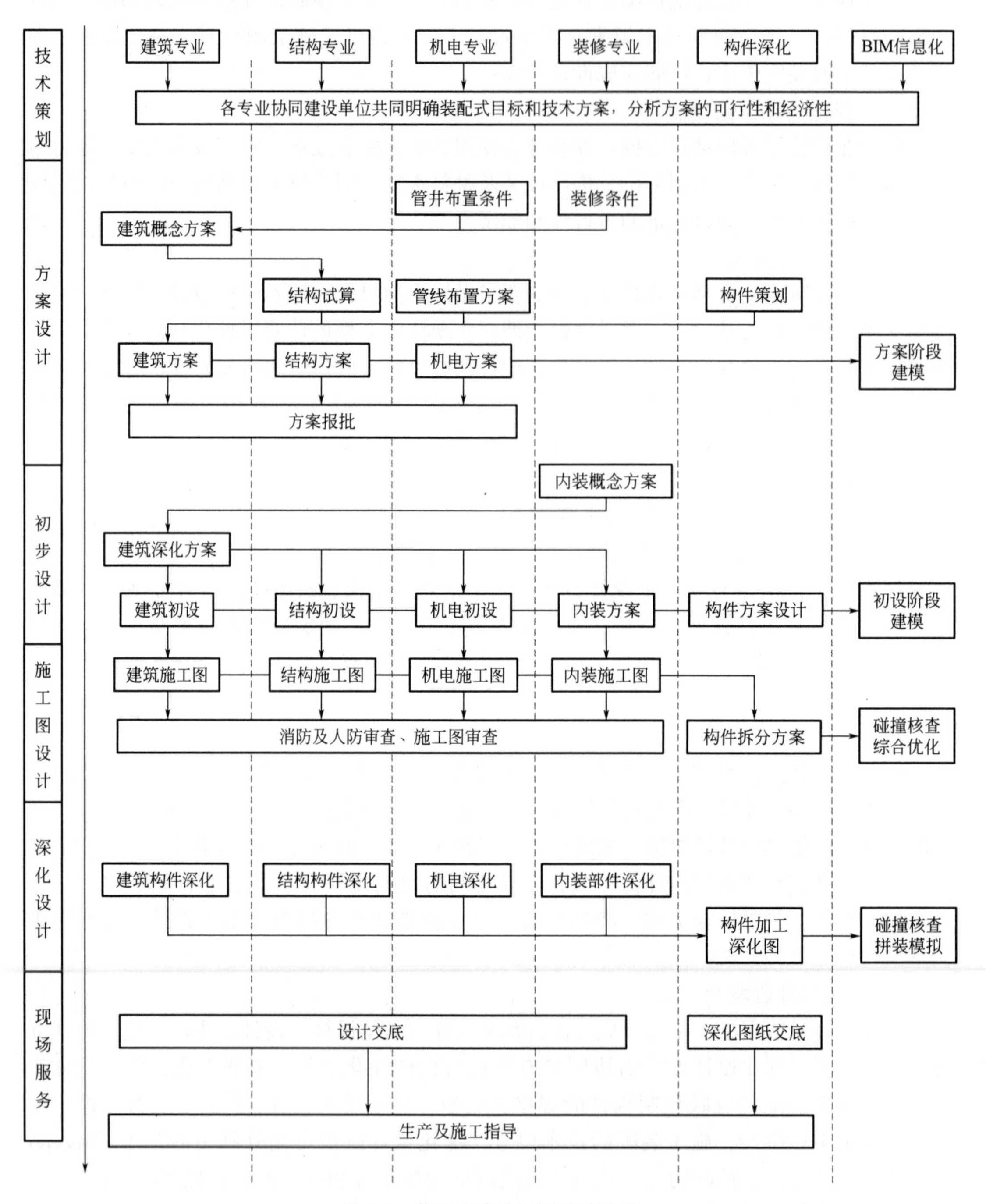

图 4-8　装配式建筑协同设计流程

（3）协同设计要点

装配式建筑设计工作需要综合考虑前期策划、设计、生产、施工等项目全过程因素，通过一体化协同设计提升设计效率和设计质量。装配式建筑协同设计的主要关注点是预制构件的可实施性，需要协同生产工厂和施工单位共同完成，通常包括预制构件的可生产性、可运输性、可吊装性、可施工性、可维护性、可协同优化设计等设计要求。

1）可生产性。可生产性主要是指建筑模块和预制构件的生产可行性[8]。建筑模块的可生产性是指设计的单元模块满足模数协调原则，可进行模块组合，实现建筑平立面的多样化和个性化。预制构件的可生产性是指构件设计深度要满足生产要求，便于工厂生产，避免异形复杂构件的设计，尽可能减少构件种类和规格，形成批量生产，发挥规模效应，提升模具的重复使用率，降低生产成本。

2）可运输性。预制构件设计应充分考虑运输条件，如项目和生产工厂交通情况、运输方式、道路状况、装车方式、固定措施等，通过设计优化便于预制构件的运输，提高运输效率和运输安全，降低运输成本。

3）可吊装性。预制构件设计需充分考虑项目特点和施工现场条件，结合吊装工艺和技术方案进行设计优化，减少起重机械费用。包括：构件平面布置、起重设备选型、吊点的设置、吊具选择、现场堆场设置、场内运输道路状况等。

4）可施工性。装配式设计方案需要结合施工工艺和技术方案进行综合考虑和优化，主要包括：预制构件安装、与现浇结构的衔接、工序穿插、施工流水组织等，以便于现场施工。如构件拆分需满足生产和安装要求、预留预埋数量及定位要准确、预制构件节点及拼缝施工要便利等，并且内装尽可能采用轻质内隔墙、干法铺装地面、集成厨卫等装配方式，减少现场湿作业。

5）可维护性。装配式建筑设计需要考虑建筑构件及设备在运行期间进行维护的便利性，主要包括：机电设备管线和内装部品部件的可维护性。装配式建筑通过各专业的集成设计，实现管线分离，便于后期维护和更换；内装部品部件采用工厂生产的标准化产品，以实现通用性和互换性。

6）可协同优化设计。装配式建筑设计过程中，通过采用BIM信息化技术，以可视化方式对设计方案的可操作性、经济性和可靠性进行分析和优化，并通过BIM交互平台，实现各专业的协同设计。

4.2.2　EPC模式下的设计优势

设计变更是项目控制的重难点，传统管理模式的分散性、临时性、随机性、缺乏协同等特点，导致设计变更经常出现，给项目造成损失。由于现浇结构容错率高，出现变更后纠偏较容易，而装配式建筑由于其工厂化生产的特点，容错率极低，并且后期纠偏成本高。因此，装配式建筑需要将生产、运输、吊装、施工等阶段可能出现的问题前置于设计阶段充分考虑，通过协同、集成设计提前优化解决。

EPC总承包模式的基本出发点在于设计、采购和施工的早期结合，通过整合项目资源，实现设计、采购、生产、施工各环节的充分协作和无缝衔接。结合表4-1列出的EPC模式下的设计优势可见，装配式建筑的自身特点与EPC工程总承包模式存在相通之处，可通过EPC总承包模式，结合标准化、集成化和一体化的协同设计方法，将装配式建筑集成为一个有机整体，对装配式建筑的成本、质量、进度进行有效控制，实现项目经济效益的最大化。

EPC 模式下的设计优势　　表 4-1

序号	分类	内容
1	成本控制方面	EPC 模式通过设计、生产、施工过程的组织集成化，促进设计、生产、施工的紧密结合，有效控制变更的产生，从而在项目具体实施过程中更好地实现成本控制的总体目标
2	质量和技术控制方面	EPC 模式通过设计、生产、施工过程的紧密配合和协作，以标准化、模块化及系统集成的设计方法，实现了技术控制和工程质量的提升
3	进度控制方面	通过设计、生产、施工一体化的实施与管理，减少传统模式设计单位与生产工厂、施工单位信息沟通不畅和信息传递损失的情况，克服由于设计、生产、施工的不协调而影响建设进度的弊端，从而保证项目工期

4.2.3　设计与采购、施工、试运行的工作配合

EPC 工程总承包项目是一个系统工程，设计、采购、施工、试运行各个阶段相互交叉、协同运行，这也是 EPC 总承包模式的典型特征。设计与采购、施工、试运行的工作配合主要包括：重大技术方案论证与重大变更评估、进度协调、采购文件的编制、采购报价技术评审和技术谈判、供货厂商图纸资料的审查和确认、可施工性审查、施工指导、验收阶段技术服务等。以设计为主导，设计、采购、生产、施工的合理交叉与配合，为保证工程质量，缩短建设工期，降低工程造价提供了有力的保障[9]。

1. 设计与采购的工作配合

通过设计与采购工作的合理交叉和密切配合，进行可行性分析，以保证设计成品（文件和图纸）、设备、材料的质量。

(1) 设计部门工作：负责编制设备、材料采购清单和技术规格书，准确表达设计要求，减少采购过程的技术错误；负责对供货商报价中技术部分进行技术评审，确保采购的设备及材料符合设计要求，此项工作尤为重要，可有效避免后期施工、试运行阶段发生的各种问题；负责审查确认供货商的先期确认图和最终确认图；协助采购人员处理设备、材料生产过程中相关的设计问题或技术问题。

(2) 采购部门工作：负责督促供货商及时返回先期确认图纸和最终确认图纸，并转交设计部门审查，审查确认后的图纸即作为开展详细设计的正式条件图；由设计和采购双方协商确认项目的设计进度计划和采购进度计划的关键节点；负责组织实施设备、材料的检验工作，必要时邀请设计人员参加。

2. 设计与施工的工作配合

(1) 设计部门工作：负责按项目总体进度计划，及时向施工部门交付各阶段的施工图纸；负责组织各专业向施工部门相关人员进行设计交底；负责指派设计人员担任现场设计代表，及时处理现场出现的相关设计问题；按照施工部门提出的合理化建议进行设计优化；负责设计变更的及时下发和归档等。

(2) 施工部门工作：负责根据项目的总体进度计划编制施工进度计划，明确关键节点，并与设计部门确认图纸交付时间；负责对现场情况进行调查，如发现与工程资料不一致之处，及时向设计部门提出；负责根据现场条件和施工经验，向设计部门提出合理化建议；负责设计变更的接收和归档等。

3. 设计与试运行的工作配合

（1）设计部门工作：负责提供必要的设计资料，按照试运行部门要求，指派设计人员参加试运行方案讨论；根据现场需要指派设计人员现场处理试运行过程中出现的设计问题。

（2）试运行部门工作：负责提出试运行的主要程序和进度计划；通过审查设计文件，向设计部门提出合理化建议等。

4.3　设计工作分解结构

工作分解结构（WBS）是项目范围管理的核心部分，其深度取决于项目的规模与复杂程度以及项目计划和管理所需的细节层次[10]。本书第 2 章、第 3 章已经对项目范围管理和 WBS 工具进行了详细的阐述，此处不再赘述。

4.3.1　设计工作 WBS 创建

设计工作的工作分解结构是开展设计管理的基础，表 4-2 简要说明了设计工作 WBS 创建的思路和方法。

设计工作 WBS 示意　　表 4-2

第一层级	第二层级	第三层级	第四层级
1 设计项目	1.1 项目准备阶段	1.1.1 项目启动	
		1.1.2 项目策划	1.1.2.1 质量标准制定 1.1.2.2 技术标准制定 1.1.2.3 服务标准制定
		1.1.3 项目计划	1.1.3.1 进度计划 1.1.3.2 资源准备 1.1.3.3 项目预算
	1.2 方案设计	1.2.1 方案需求分析	1.2.1.1 现场踏勘 1.2.1.2 场地条件分析 1.2.1.3 业务需求分析
		1.2.2 方案构思	1.2.2.1 总体构思 1.2.2.2 功能区分构思 1.2.2.3 空间形态构思 1.2.2.4 结构体系构思 1.2.2.5 机电系统构思 1.2.2.6 装配式体系构思
		1.2.3 方案遴选	
		1.2.4 方案优化	1.2.4.1 总体功能布局确定 1.2.4.2 空间形态确定 1.2.4.3 平面功能区分确定 1.2.4.4 结构体系确定 1.2.4.5 机电机房布局确定 1.2.4.6 计算技术经济指标 1.2.4.7 装配式体系确定

续表

<table>
<tr><th>第一层级</th><th>第二层级</th><th>第三层级</th><th>第四层级</th></tr>
<tr><td rowspan="20">1 设计项目</td><td rowspan="5">1.2 方案设计</td><td>1.2.5 方案评审</td><td></td></tr>
<tr><td>1.2.6 方案深化</td><td>1.2.6.1 图纸深化
1.2.6.2 编制说明
1.2.6.3 造价估算</td></tr>
<tr><td>1.2.7 方案校审</td><td></td></tr>
<tr><td>1.2.8 交付物制作</td><td>1.2.8.1 文本制作
1.2.8.2 表现图制作
1.2.8.3 模型制作
1.2.8.4 多媒体制作</td></tr>
<tr><td>1.2.9 阶段成果交付</td><td>1.2.9.1 客户签字确认
1.2.9.2 归档
1.2.9.3 政府部门审批</td></tr>
<tr><td rowspan="9">1.3 初步设计</td><td>1.3.1 设计需求分析</td><td>1.3.1.1 业务需求分析
1.3.1.2 政策法规和技术标准分析</td></tr>
<tr><td>1.3.2 方案调整</td><td>1.3.2.1 建筑设计调整
1.3.2.2 结构体系调整
1.3.2.3 机电体系调整
1.3.2.4 装配式体系调整</td></tr>
<tr><td>1.3.3 初步设计</td><td>1.3.3.1 建筑初步设计
1.3.3.2 结构初步设计
1.3.3.3 机电初步设计
1.3.3.4 装配式初步设计</td></tr>
<tr><td>1.3.4 设计评审</td><td></td></tr>
<tr><td>1.3.5 初步设计深化</td><td>1.3.5.1 建筑深化
1.3.5.2 结构深化
1.3.5.3 机电深化
1.3.5.4 装配式深化</td></tr>
<tr><td>1.3.6 设计校审</td><td></td></tr>
<tr><td>1.3.7 设计概算编制</td><td></td></tr>
<tr><td>1.3.8 交付物制作</td><td>1.3.8.1 文本制作
1.3.8.2 表现图制作
1.3.8.3 多媒体制作</td></tr>
<tr><td>1.3.9 阶段成果交付</td><td>1.3.9.1 客户签字确认
1.3.9.2 归档
1.3.9.3 政府部门审批</td></tr>
<tr><td rowspan="2">1.4 施工图设计</td><td>1.4.1 设计需求分析</td><td>1.4.1.1 业务需求分析
1.4.1.2 政策法规和技术标准分析</td></tr>
<tr><td>1.4.2 扩初设计调整</td><td></td></tr>
</table>

续表

第一层级	第二层级	第三层级	第四层级
1 设计项目	1.4 施工图设计	1.4.3 施工图设计	1.4.3.1 建筑施工图设计 1.4.3.2 结构施工图设计 1.4.3.3 机电施工图设计 1.4.3.4 装配式施工图设计 1.4.3.5 装饰施工图设计 1.4.3.6 景观施工图设计
		1.4.4 深化设计	1.4.4.1 建筑深化设计 1.4.4.2 结构深化设计 1.4.4.3 机电深化设计 1.4.4.4 装配式深化设计 1.4.4.5 装饰深化设计 1.4.4.6 景观深化设计
		1.4.5 设计校审	
		1.4.6 交付物制作	
		1.4.7 施工图送审	
		1.4.8 成果交付	1.4.8.1 客户签字确认 1.4.8.2 归档
	1.5 施工配合	1.5.1 施工图技术交底 1.5.2 结构施工配合 1.5.3 机电安装配合 1.5.4 装饰装修配合 1.5.5 室外总体配合 1.5.6 竣工验收配合 1.5.7 归档	
	1.6 项目后评估	1.6.1 项目总结	
		1.6.2 项目回访	
		1.6.3 满意度调查	
		1.6.4 工作考核	1.6.4.1 项目组成员 1.6.4.2 供应商

4.3.2　设计案例

为了能更好地阐述设计管理过程中有关 WBS 创建、计划管理、进度及成本综合控制等内容，我们以某办公楼的结构施工图设计为例，结合 P6 软件进行说明。某办公楼的结构施工图设计（以下统称为：设计案例）的 WBS 见表 4-3。

结构施工图设计 WBS　　表 4-3

第一层级	第二层级	第三层级	第四层级	第五层级
1 设计项目案例	1.4 施工图设计	1.4.1 设计需求分析		
		1.4.2 扩初设计调整		

续表

第一层级	第二层级	第三层级	第四层级	第五层级
1 设计项目案例	1.4 施工图设计	1.4.3 施工图设计	1.4.3.1 建筑施工图设计	
			1.4.3.2 结构施工图设计	1.4.3.2.1 设计准备
				1.4.3.2.2 一版图
				1.4.3.2.3 二版图
				1.4.3.2.4 图纸审查
				1.4.3.2.5 阶段成果交付
			1.4.3.3 机电施工图设计	
			1.4.3.4 装配式施工图设计	
			1.4.3.5 装饰施工图设计	
			1.4.3.6 景观施工图设计	
		……		
		1.4.8 设计成果交付		

4.4 设计计划管理

设计计划管理包括设计进度计划编制、设计人工时预算和分配、建立执行效果测量基准等工作。其中，建立执行效果测量基准是项目综合控制中最重要的环节，通常以挣值管理中的计划价值曲线（PV）作为执行效果测量基准。建立设计工作执行效果测量基准的基础是设计进度计划和设计人工时预算。

4.4.1 设计进度计划

项目进度计划的编制通常采用三种方法：甘特图、里程碑图和网络计划（详见第 3 章 3.5.3 节），下文将对设计进度计划进行详细说明。

1. 设计进度计划

（1）编制目的和内容

设计进度计划属于第三级进度计划，用于控制项目各专业的设计进度。计划内容包括：各设计专业的工作进度及逻辑关系，各设计专业的主要工作包及其进度安排。

（2）编制依据：包括里程碑进度计划（第二级）、项目工作分解结构（WBS）及公司设计定额技术文件。

（3）编制方法

根据里程碑进度计划（第二级）对设计工作进度的要求，参照类似工程项目设计经验，按下列步骤编制设计进度计划：1）估算设计工作量及设计进度，包括由专业负责人估算本专业的设计工作量、参照设计人工时定额估算所需人工时、估算投入的人力及工作进度；2）编制初步的设计进度计划，结合具体的项目条件和采购、生产、施工对设计工作的要求，按照不同的设计阶段，确定主要里程碑，调整和编制设计进度计划初版；3）编制设计网络计划，确定关键线路；4）根据网络计划，校核和优化设计进度计划，完成编制工作。

2. 专业设计进度计划

（1）编制目的和内容

专业设计进度计划属于第四级进度计划，是设计工作包进度计划编制的依据，也是确定专业设计人工时资源负荷的依据。每个专业均应编制此进度计划，内容包括本专业全部工作包及其所含作业的进度安排。

（2）编制依据：包括项目设计进度计划（第三级）、项目工作分解结构（WBS）及公司设计定额技术文件。

（3）编制方法

参照类似项目的专业设计经验，根据项目设计进度计划的要求及各专业的设计任务，按以下方法编制：1）估算设计工作量及设计进度，专业负责人根据项目 WBS 中本专业工作分解结构单元所含的工作包，估算各设计工作包的工作量、所需设计人工时及设计进度；2）编制各专业设计进度计划初版；3）编制各专业设计网络计划，校核和优化初版进度计划，输出各专业设计进度计划。

3. 设计工作包进度计划

（1）编制目的和内容

设计工作包进度计划属于第五级进度计划，当分配资源（人工时）后，即成为设计工作包的执行效果测量基准。由此按项目 WBS 向上集合，即可建立各专业设计工作的执行效果测量基准；再逐级向上集合，可生成各工作分解层级的执行效果测量基准。设计工作包进度计划是控制设计人工时负荷及设计进度的基础，可用于编制设计工作的任务清单。设计工作包进度计划的内容包括工作包开始和结束时间、所含全部作业项及其进度安排、里程碑及资源分配情况等。

（2）编制依据

编制依据包括专业设计进度计划、项目工作分解结构（WBS）、公司设计定额技术文件及设计工作包预算值。

（3）编制方法

根据工作包具体的任务内容，按以下方法进行编制：1）核实工作包的任务范围和数据。由各专业负责人核实工作包及所含各作业的逻辑关系、里程碑、预算值及进度日期；2）按作业需求进行人工时预算值分配；3）进行人工时统计。

图 4-9 为 4.3.2 节中设计案例的进度计划示例。

4.4.2　设计人工时预算和分配

1. 设计人工时预算

在项目实施前通常需要编制控制估算，作为项目成本控制的指标。设计人工时预算是控制估算的主要内容，在建立执行效果测量基准时，设计人工时预算具体步骤如下所述[11]。

（1）由设计各专业负责人按项目合同要求的工作范围分别核实本专业所有工作包的设计工作量，再参照公司设计定额技术文件中的人工时定额及其调整系数范围，结合项目的具体情况，确定本专业各工作包的人工时定额。

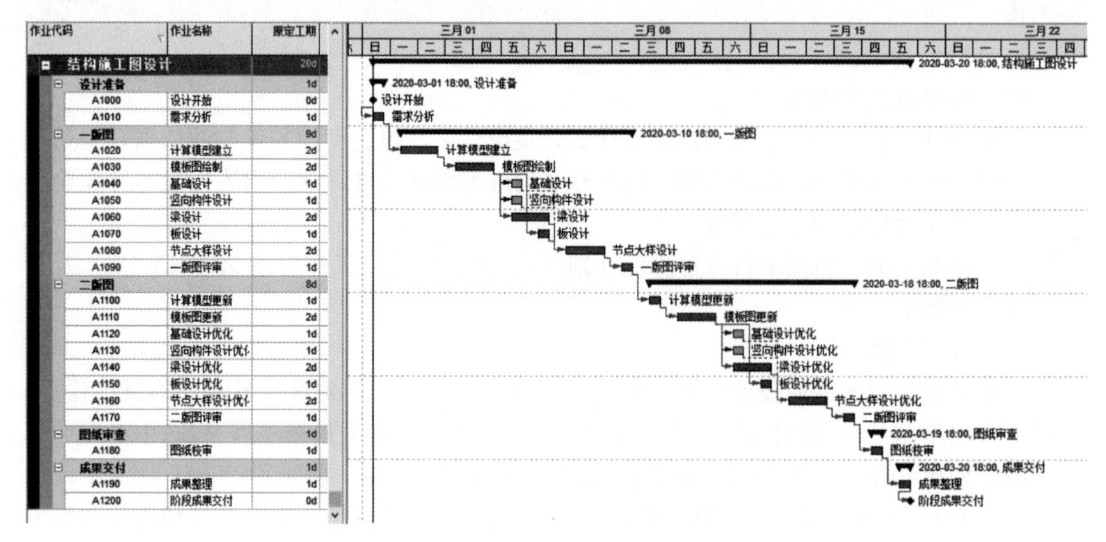

图 4-9 设计案例的进度计划

（2）各个工作包的设计工作量和人工时定额的乘积即为相应工作包的人工时估算值，再按项目 WBS 逐级向上集合，即可得到各专业及整个项目的设计人工时估算值。

（3）设计人工时估算经过审核、调整和批准，最终形成设计人工时预算，作为项目实施的成本控制指标。

2. 人工时分配

人工时分配的具体步骤如下：

（1）将批准的设计人工时预算，按各专业详细进度计划中要求的计划进度、里程碑加权值分配到各个专业（对应到工作分解结构单元）；

（2）各专业的人工时预算值按照各工作包的人工时比值（指工作包人工时预算值占本专业人工时预算值的比例）、里程碑加权值进一步分配到每个工作包；

（3）将每个工作包的人工时预算值按工序和里程碑加权百分数分配至具体作业，同时按照作业进度计划开展设计工作。

4.4.3 设计工作执行效果测量基准

建立执行效果测量基准（PV）是实施挣值管理的基础，是挣值管理系统的核心测量指标之一，既表示到该状态点为止应该完成的工作量，也表示在这个过程中应该发生的成本额。通常建立执行效果测量基准的流程为：1）完成进度计划的编制并通过初步审查；2）将工作包的人工时预算逐步分配至具体的作业层，查看各作业的人工时资源负荷情况，对过度分配的资源进行资源平衡，直至满足工期和成本的要求；3）优化完成的进度和资源计划经过审查、批准后，最终形成项目的执行效果测量基准。

执行效果测量基准是在项目 WBS 中控制账目（Control Account，简称 CA）这一级开始建立的。控制账目是指一种在 WBS 与 OBS 的交叉点上对项目进行组织和管理的账目，在 CA 上整合计划与实际进度、成本数据，并实施挣值分析。在设计工作中，将

WBS 最低层级的基本任务单元工作包的估算值或预算值，按照资源计量单位（设计人工时）和计划进度日程进行分配，即得到该工作包的资源负荷曲线；再将同一结构单元下所含工作包的资源负荷集合起来，即可得到该控制账目的资源负荷曲线和设计工作执行效果测量基准。现以设计人员工资费用为例，说明建立执行效果测量基准（PV）的步骤和方法[12]。

（1）确定项目 WBS 中最低层级的基本任务单元工作包的预算值。最低层级任务单元的预算值来源于标准定额、经验数据或估算。设计人工时预算值一般采用标准定额计算，如某设计工作包有图纸 20 张，按标准定额规定每张图纸的人工时为 6 人工时，则该设计工作包的预算值为 6×20 ＝ 120 人工时。

（2）确定工作包中所含各作业的加权值，并乘以该工作包的预算值，即得到各作业的预算人工时。

（3）确定工作包的进度日程，包括工作包开始工作日期、各里程碑日期（即工作包中所含各作业的完成日期）、工作包结束日期。

（4）确定各作业的人力负荷分配。一般来讲，最低层次基本任务单元中各作业的人力负荷分配是均匀的，如某作业的预算人工时为 240 人工时，在此期间有效工作日为 30 天，则每天的人力负荷为 240 /30＝ 8 人工时。但有的工作包中一些作业具有明显的间断性或不均匀性，可以根据实际情况进行不均匀分配。

（5）将结构单元所含工作包的资源负荷按日/周/月进行集合（图 4-10），可获得该结构单元的人力资源负荷直方图和累积人力投入曲线（Cum）（图 4-11）。

（6）根据该结构单元的资源负荷直方图按日/周/月将资源负荷进行累加，即可获得该结构单元的设计工作执行效果测量基准曲线（PV）（图 4-12）。

（7）将各结构单元的资源负荷曲线和 PV 分别向上集合，可获得上一层次的资源负荷曲线和 PV；再分别按 WBS 逐级向上集合，则可获得各专业、子项直至整个项目的资源负荷曲线和 PV。

作业代码	预算数量	三月 01							三月 08							三月 15						
		日	一	二	三	四	五	六	日	一	二	三	四	五	六	日	一	二	三	四	五	六
设计人员		8h	8h	8h	8h	8h	24h	16h	8h	8h	8h	8h	8h	8h	24h	16h	8h	8h	8h	8h	8h	
A1010		8h																				
A1020			8h	8h																		
A1030					8h	8h																
A1040							8h															
A1050							8h															
A1060							8h	8h														
A1070								8h														
A1080									8h	8h												
A1090											8h											
A1100												8h										
A1110													8h	8h								
A1120															8h							
A1130															8h							
A1140															8h	8h						
A1150																8h						
A1160																	8h	8h				
A1170																			8h			
A1180																				8h		
A1190																					8h	

图 4-10　资源负荷分配表

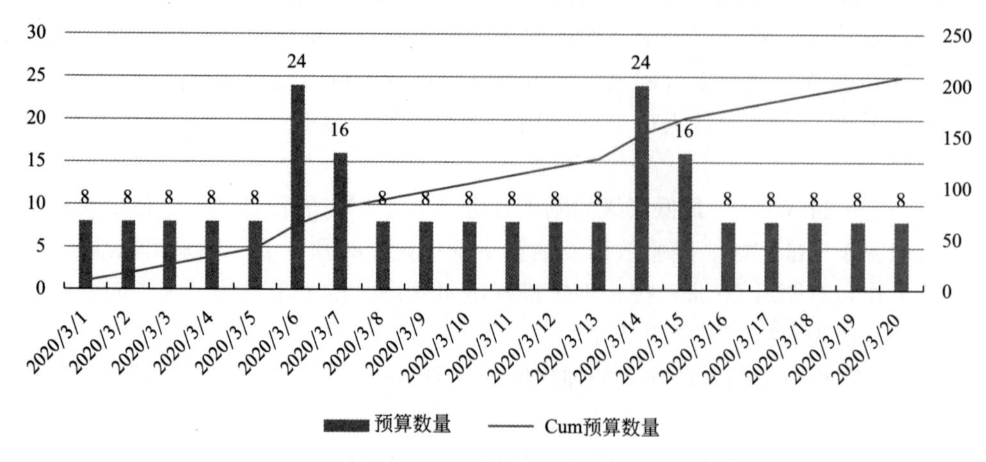

图 4-11　人力资源投入情况曲线

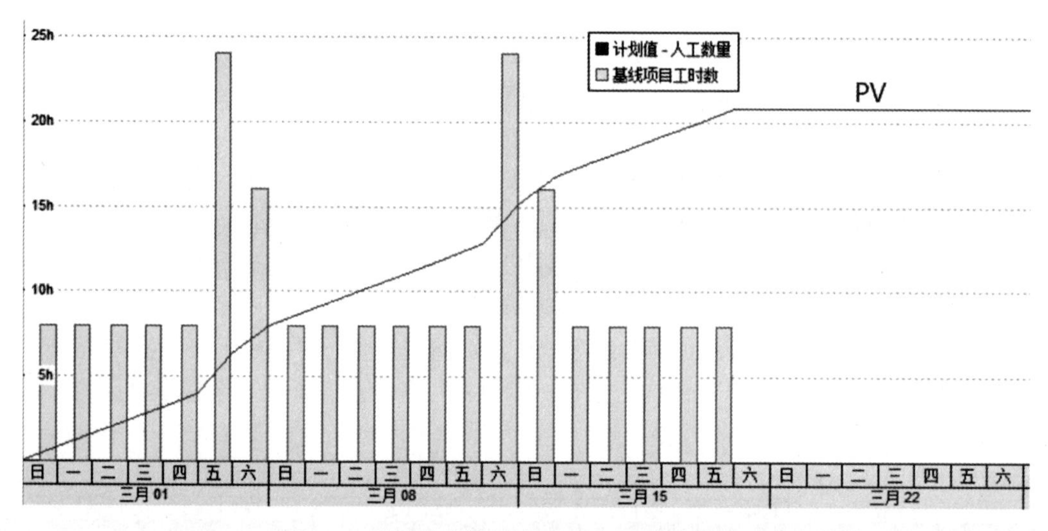

图 4-12　设计工作执行效果测量基准曲线（PV）

4.5　设计进度及成本综合控制

进度和成本是项目管理中非常重要的两个指标，在实际项目中，进度和成本虽然代表了项目绩效的不同方面，但又相互关联。将成本与进度分开管理的方法往往不能反映项目的实际情况，而挣值管理则能实现对项目进度与成本的联合监控、分析与预测，也是实践中被证实的一种行之有效的管理工具。

4.5.1　设计进度与成本综合控制的职责分工

基于挣值法的进度和成本综合控制，需要及时跟踪项目设计工作的执行状态，测量实际绩效数据，并与执行效果测量基准进行偏差分析和趋势预测，形成执行效果报告。这个过程需要有明确的相关责任人（表 4-4），才能保证挣值管理的有效执行。

设计进度与成本综合控制职责分工表　　表 4-4

职务 职责 内容	项目设计经理	项目进度计划工程师	专业负责人	专业设计总工
测定赢得值		S	M	
记录实耗值		S	M	A
编制设计执行效果报告	A	M		S

注：M—负主要责任；S—协助；A—批准。

4.5.2　设计人员工资费用的进度与成本综合控制

1. 设计人员工资费用的挣值测定

挣值 EV 的测定关键是确定实际完成的工作量，然后根据定额和费率折算的人工时单价，即可计算出挣值。在编制执行效果测量基准（PV）时，各设计工作包可按工作任务特点制定若干进度里程碑，并明确各里程碑所占项目总工作量的比例。在设计项目实施过程中，当实际进度到达某一个里程碑时，表示完成了该里程碑所占总工作量的百分比，即可计算出实际完成的工作量和此状态点的挣值。设计工作实际完成的工作量是在工作包层级进行测定的，可通过工作任务单的形式来采集数据（表 4-5）。

工作任务单　　表 4-5

项目名称：	工作包编码：					
里程碑代号	A	B	C	D	E	F
里程碑名称						
实际工作量%(累计)						
计划完成日期						
实际完成日期						
执行人						
批准人						

注：工作任务单由专业负责人填写，专业总工审批。

2. 设计人员工资费用的实际值记录

在每次编制进展情况报告期间（一般按周或月），要对照各工作包的完成工作量，分别记录其实际消耗的人工时数或实际支出的费用值。每一笔费用都只能记入一个 WBS 费用账目编码的账内，不允许重复记账。费用汇总时从进行资源分配的 WBS 最低层级开始逐级汇总，并向上逐层累加，从而获得各个工作分解结构层级的实际成本。

项目设计人员工资费用的实际成本测量，主要依据个人周工作记录卡（表 4-6），通过以上方法按周或月汇总的实际成本生成设计工作的 AC 曲线，如图 4-13 所示。

个人周工作记录卡　　　　表 4-6

<table>
<tr><td colspan="2">本周起止日期</td><td>人员代码</td><td>姓名</td><td>所在专业组</td><td colspan="4">办公地址</td><td colspan="3">联系电话</td><td colspan="6">页数</td></tr>
<tr><td colspan="2">年月日—年月日</td><td></td><td></td><td></td><td colspan="4"></td><td colspan="3"></td><td colspan="6">第　页　　　共　页</td></tr>
<tr><td rowspan="2">序号</td><td colspan="3">编码情况</td><td rowspan="2">/</td><td rowspan="2">星期一</td><td rowspan="2">星期二</td><td rowspan="2">星期三</td><td rowspan="2">星期四</td><td rowspan="2">星期五</td><td rowspan="2">星期六</td><td rowspan="2">星期日</td><td rowspan="2">总正常工时</td><td rowspan="2">总加班工时</td><td rowspan="2">计划工时</td><td rowspan="2">累计实际工时</td><td rowspan="2">剩余工时</td><td rowspan="2">备注</td></tr>
<tr><td>项目</td><td>专业</td><td>工作包</td></tr>
<tr><td>1</td><td></td><td></td><td></td><td>工时</td><td></td><td></td><td></td><td></td><td></td><td></td><td></td><td></td><td></td><td></td><td></td><td></td><td></td></tr>
<tr><td>2</td><td></td><td></td><td></td><td>工时</td><td></td><td></td><td></td><td></td><td></td><td></td><td></td><td></td><td></td><td></td><td></td><td></td><td></td></tr>
<tr><td>3</td><td></td><td></td><td></td><td>工时</td><td></td><td></td><td></td><td></td><td></td><td></td><td></td><td></td><td></td><td></td><td></td><td></td><td></td></tr>
<tr><td>4</td><td></td><td></td><td></td><td>工时</td><td></td><td></td><td></td><td></td><td></td><td></td><td></td><td></td><td></td><td></td><td></td><td></td><td></td></tr>
<tr><td>5</td><td></td><td></td><td></td><td>工时</td><td></td><td></td><td></td><td></td><td></td><td></td><td></td><td></td><td></td><td></td><td></td><td></td><td></td></tr>
<tr><td>6</td><td></td><td></td><td></td><td>工时</td><td></td><td></td><td></td><td></td><td></td><td></td><td></td><td></td><td></td><td></td><td></td><td></td><td></td></tr>
<tr><td>7</td><td colspan="3" rowspan="3">零星工时代号
J—接待；
F—会议；
N—业务咨询；
Y—社会活动；
X—其他</td><td>代号+工时</td><td></td><td></td><td></td><td></td><td></td><td></td><td></td><td></td><td></td><td colspan="4" rowspan="2">填表人签字：</td></tr>
<tr><td>8</td><td>代号+工时</td><td></td><td></td><td></td><td></td><td></td><td></td><td></td><td></td><td></td></tr>
<tr><td>9</td><td>代号+工时</td><td></td><td></td><td></td><td></td><td></td><td></td><td></td><td></td><td></td><td colspan="4" rowspan="2">专业负责人签字：</td></tr>
<tr><td>10</td><td colspan="4">缺勤代号：H—婚假；S—丧假；
B—病假；Z—事假；K—旷工</td><td></td><td></td><td></td><td></td><td></td><td></td><td></td><td></td><td></td></tr>
<tr><td>11</td><td>公司名称</td><td colspan="2"></td><td>合计</td><td></td><td></td><td></td><td></td><td></td><td></td><td></td><td></td><td></td><td colspan="4">专业总工签字：</td></tr>
</table>

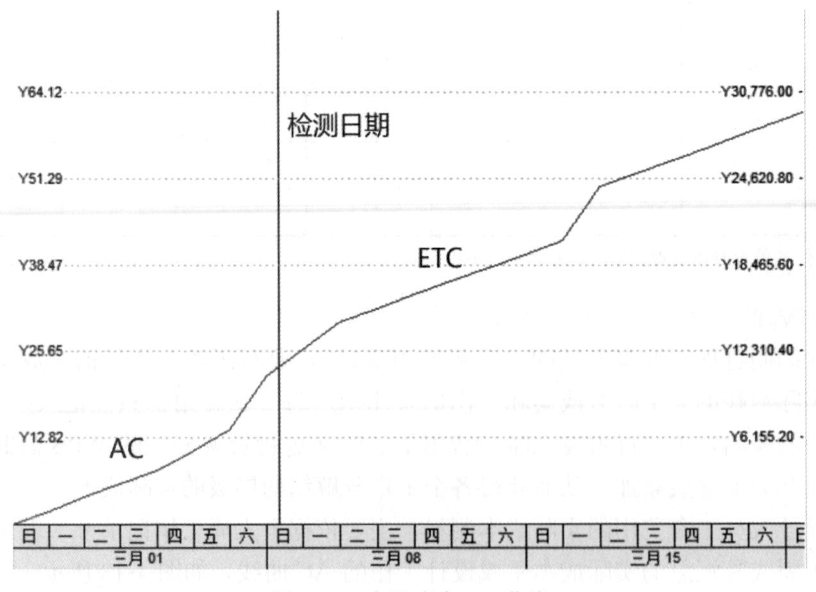

图 4-13　实际成本 AC 曲线

3. 进度与成本执行效果分析

根据项目实际情况按周期编制设计人工时执行效果报告（表 4-7）和设计人工时执行情况曲线（图 2-8），进行进度与成本综合分析，即把按周期检测获得的 PV、EV、AC、CV、SV 和 ΔH 进行分析比较，结合实际情况对执行效果进行判断，得出其优劣状况。如果曲线之间差距过大，则说明实施过程中可能发生了一些较严重的问题，需要分析其偏差原因，并及时采取纠偏措施。常见的纠偏措施有如下几种：1）寻找新的、效率更高的项目设计方案；2）将部分自制产品改为外购的方式；3）优化项目的实施过程；4）变更项目范围；5）索赔，比如向业主索赔以弥补进度延后和费用超支。

设计人工时执行效果报告　　表 4-7

控制账目：

检测日期			本月						累计									预测人工时		时间差异	备注
编码/名称	加权值（%）	批准估算（人工时）	计划值 BCWS		赢得值 BCWP		实耗值 ACWP		计划值 BCWS		赢得值 BCWP		实耗值 ACWP		进度差异	人工时差	人工时执行效果指数	预测值	变化值	$\Delta H=j/e$（月）	
a	b	l	e	%	c	%	d	%	f	%	g	%	h	%	$j=g-f$	$i=g-h$	$k=g/h$	m	$n=l-m$		
总计																					

4.5.3　案例分析

以下基于前文中的设计案例，结合 P6 管理工具，简要说明设计进度与成本的综合管理方法。

1. 挣值 EV 测定

设计案例的挣值曲线如图 4-14 所示。

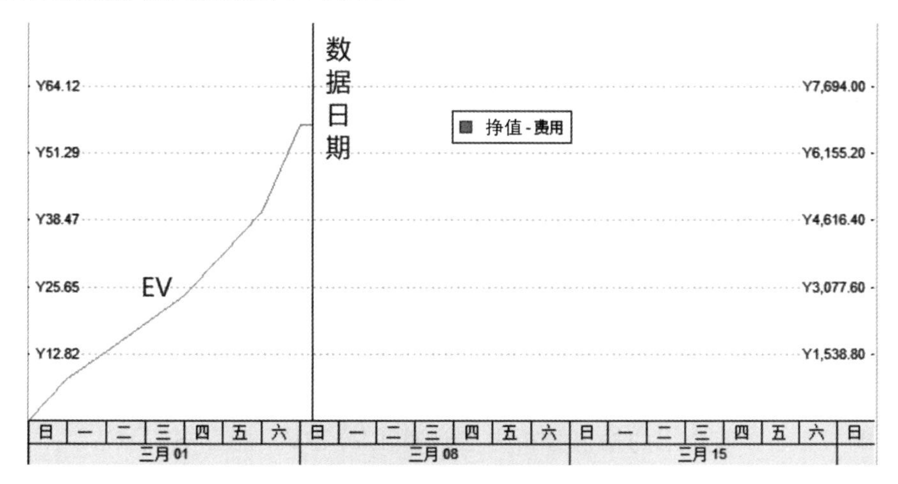

图 4-14　挣值曲线

2. 实际成本

设计案例的实际成本 AC 如图 4-15 所示。数据日期右边的曲线为完工尚需估算（ETC，ETC+AC=EAC）。

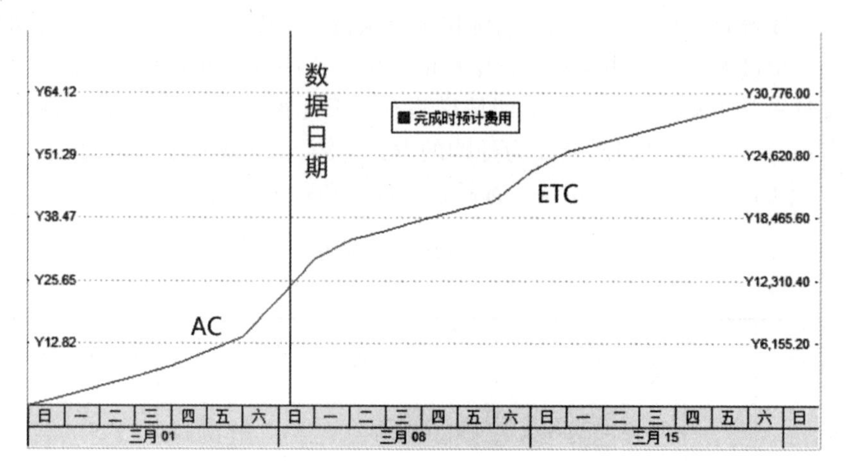

图 4-15 实际成本曲线

3. 偏差分析

（1）计划跟踪

通过对设计工作执行过程进行实时跟踪和绩效测量，反映计划的执行状态，并进行计划更新。图 4-16 为数据日期（检测日期）更新后的进度情况，从图中可看出与目标计划（图中显示为项目基线横道）相比，部分作业的实际进度已经滞后，具体作业代码为 A1020～A1060，从前锋线也可以看出当前工作进度的滞后情况，如图 4-17 所示。

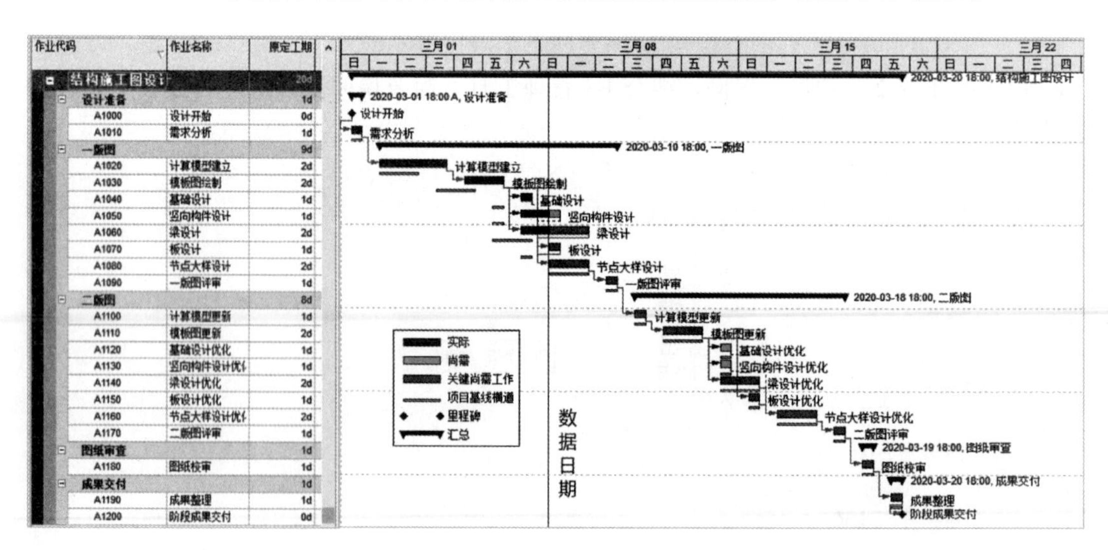

图 4-16 检测日期状态点实际进度情况

（2）挣值分析

按照本书 2.5.2 节介绍的挣值分析方法计算 EV、PV、AC、SV、CV 等指标，计算结果如下：

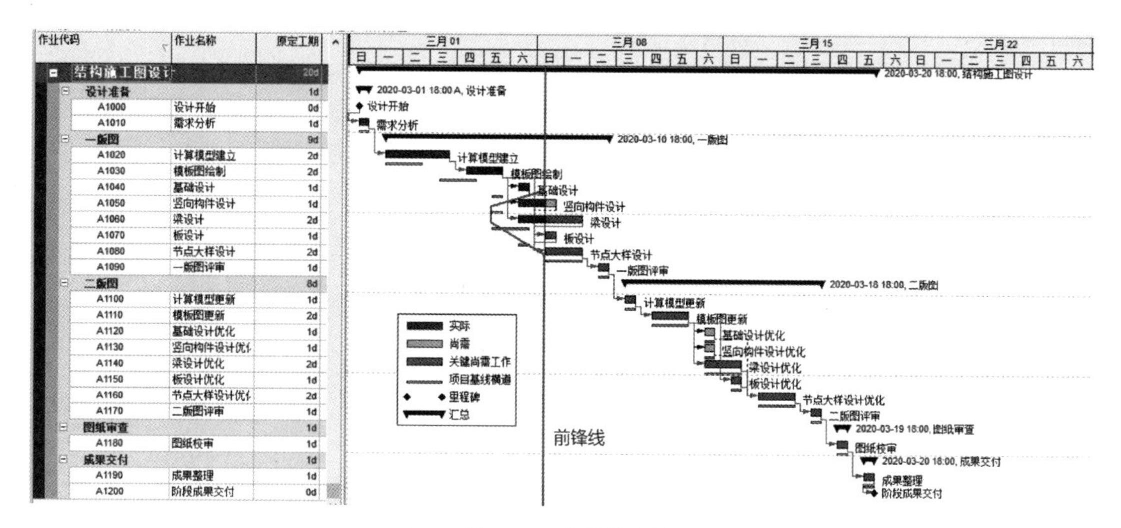

作业代码	作业名称	原定工期
结构施工图设计		20d
设计准备		1d
A1000	设计开始	0d
A1010	需求分析	1d
一版图		9d
A1020	计算模型建立	2d
A1030	模板图绘制	2d
A1040	基础设计	1d
A1050	竖向构件设计	1d
A1060	梁设计	2d
A1070	板设计	1d
A1080	节点大样设计	2d
A1090	一版图评审	1d
二版图		8d
A1100	计算模型更新	1d
A1110	模板图更新	2d
A1120	基础设计优化	1d
A1130	竖向构件设计优化	1d
A1140	梁设计优化	2d
A1150	板设计优化	1d
A1160	节点大样设计优化	2d
A1170	二版图评审	1d
图纸审查		1d
A1180	图纸校审	1d
成果交付		1d
A1190	成果整理	1d
A1200	阶段成果交付	0d

图 4-17　前锋线比较

扫码看彩图

PV＝9600 元；EV＝6816 元；AC＝10560 元；BAC＝24960 元

SV＝EV－PV＝－2784 元

CV＝EV－AC＝－3744 元

SPI＝EV/PV＝0.71，说明进度滞后；

CPI＝EV/AC＝0.65，说明成本超支。

以下对项目完工时的情况进行预测及费用估算：

1）“乐观”估算

EAC＝AC＋BAC－EV＝28704 元

ETC＝EAC－AC＝18144 元

ACV＝BAC－EAC＝－3744 元

在乐观估算下，实际成本将超过投资预算 3744 元；

2）“最有可能”估算

EAC＝AC＋（BAC－EV）/CPI＝38474

ETC＝EAC－AC＝27914 元

ACV＝BAC－EAC＝－13514 元

在最有可能估算下，实际成本将超过投资预算 13514 元；

3）“悲观”估算

ETC＝（BAC－EV）/（CPI×SPI）＝39315 元

EAC＝AC＋（BAC－EV）/（CPI×SPI）＝49875 元

ACV＝BAC－EAC＝－24915 元

在悲观估算下，实际成本将超过投资预算 24915 元。

从以上分析可以看出，该项目的进度滞后且成本超支较多，费用趋势预测状况也较差，为确保项目的计划工期和成本目标，需要采取必要的纠偏措施。

图 4-18、图 4-19 为设计案例的挣值分析曲线和资源直方图。

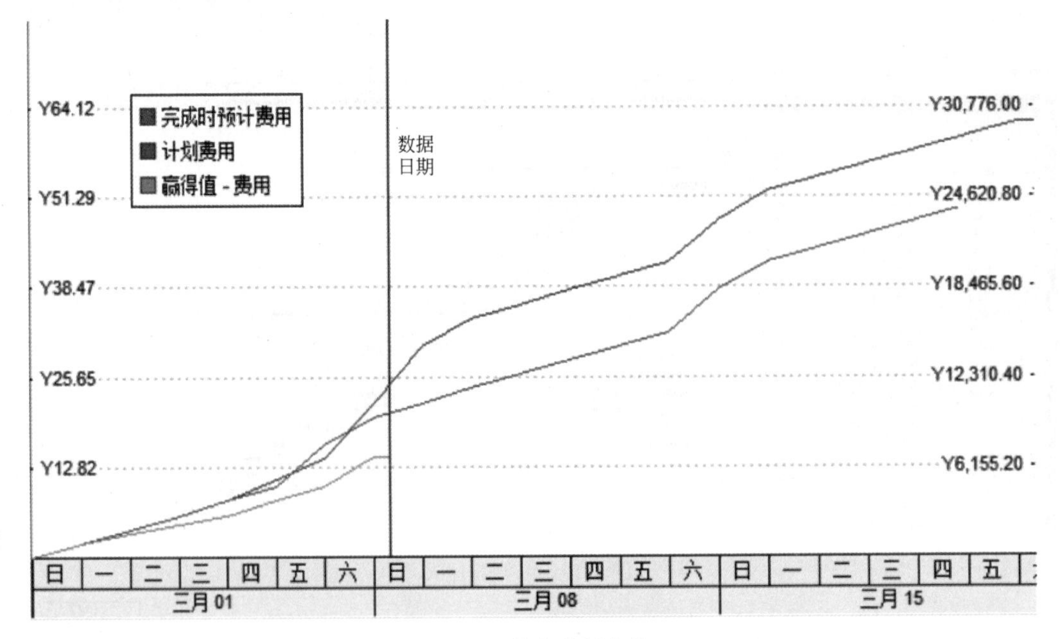

图 4-18　挣值分析曲线

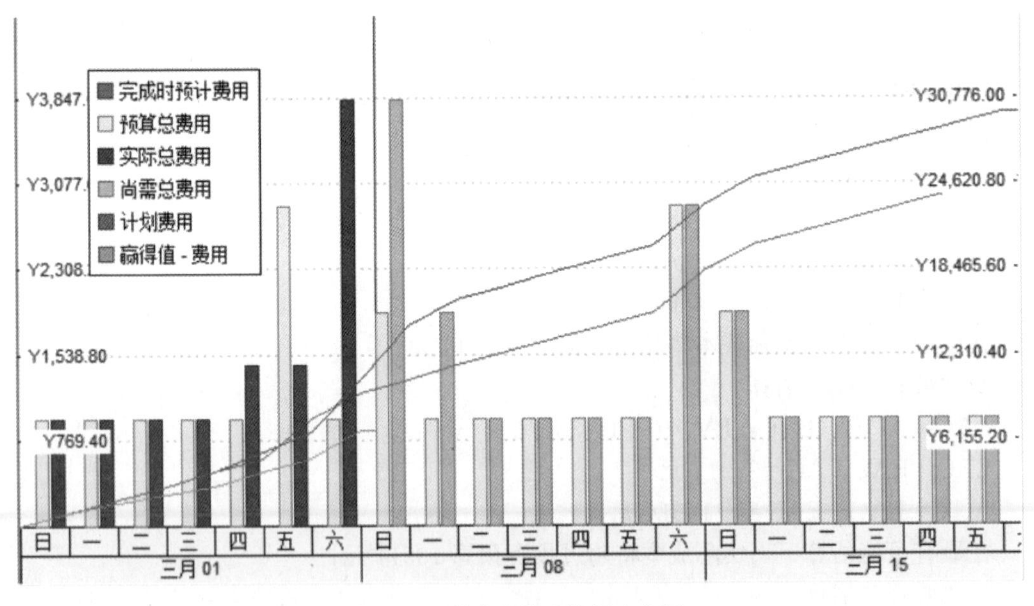

图 4-19　挣值曲线及资源直方图

（3）计划调整

按照图 4-17 所示，计划进度明显不能满足后续作业要求，需要调整计划，通过 P6 软件可直接在此基础上进行进度计算和自动调整，自动计算后的进度计划如图 4-20 所示。从图中可以看出，新的计划比计划总工期滞后 2 天，并且后续作业出现资源超额分配的情况（图 4-21），需要进行进度优化和资源平衡，以满足计划总工期及资源配置要求。

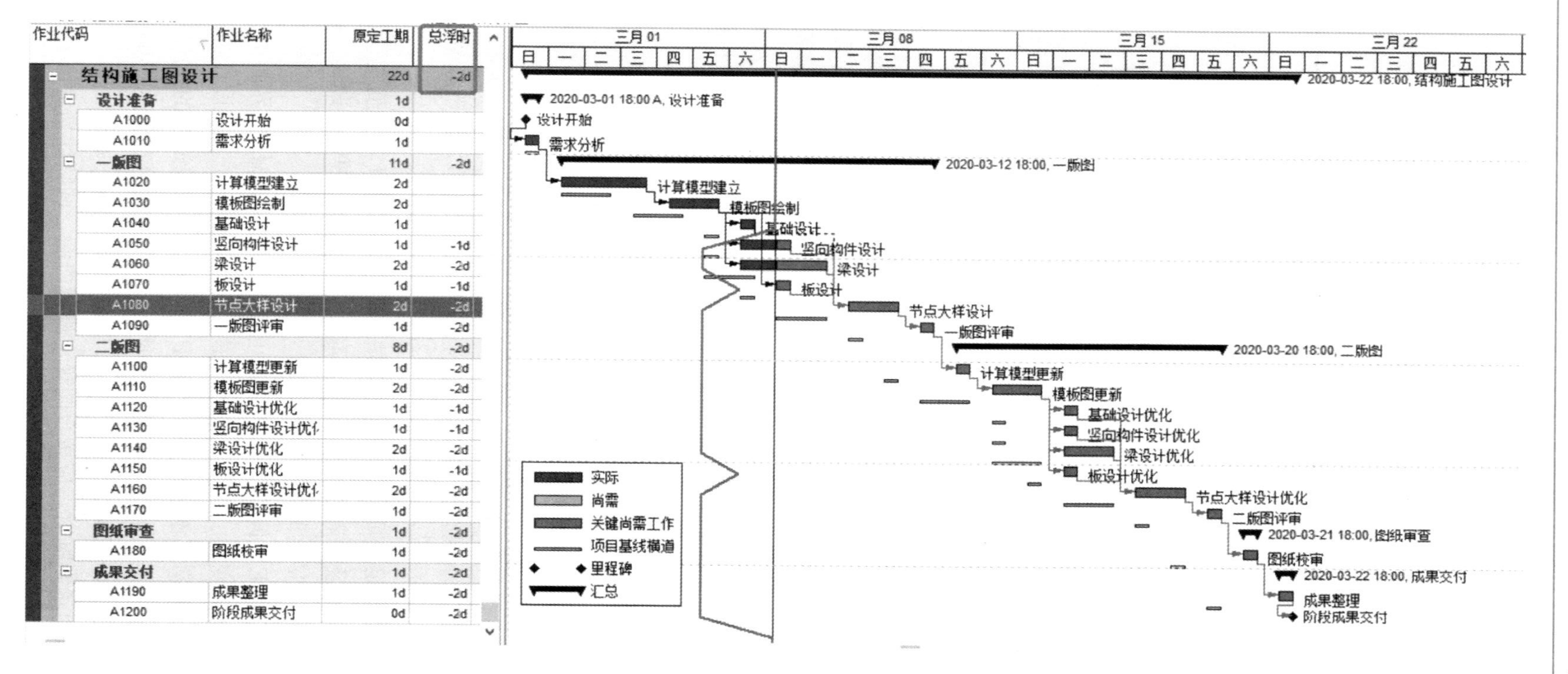

作业代码	作业名称	原定工期	总浮时
结构施工图设计		22d	-2d
设计准备		1d	
A1000	设计开始	0d	
A1010	需求分析	1d	
一版图		11d	-2d
A1020	计算模型建立	2d	
A1030	模板图绘制	2d	
A1040	基础设计	1d	
A1050	竖向构件设计	1d	-1d
A1060	梁设计	2d	-2d
A1070	板设计	1d	-1d
A1080	节点大样设计	2d	-2d
A1090	一版图评审	1d	-2d
二版图		8d	-2d
A1100	计算模型更新	1d	-2d
A1110	模板图更新	2d	-2d
A1120	基础设计优化	1d	-1d
A1130	竖向构件设计优化	1d	-1d
A1140	梁设计优化	2d	-2d
A1150	板设计优化	1d	-1d
A1160	节点大样设计优化	2d	-2d
A1170	二版图评审	1d	-2d
图纸审查		1d	-2d
A1180	图纸校审	1d	-2d
成果交付		1d	-2d
A1190	成果整理	1d	-2d
A1200	阶段成果交付	0d	-2d

图 4-20　进度计算结果

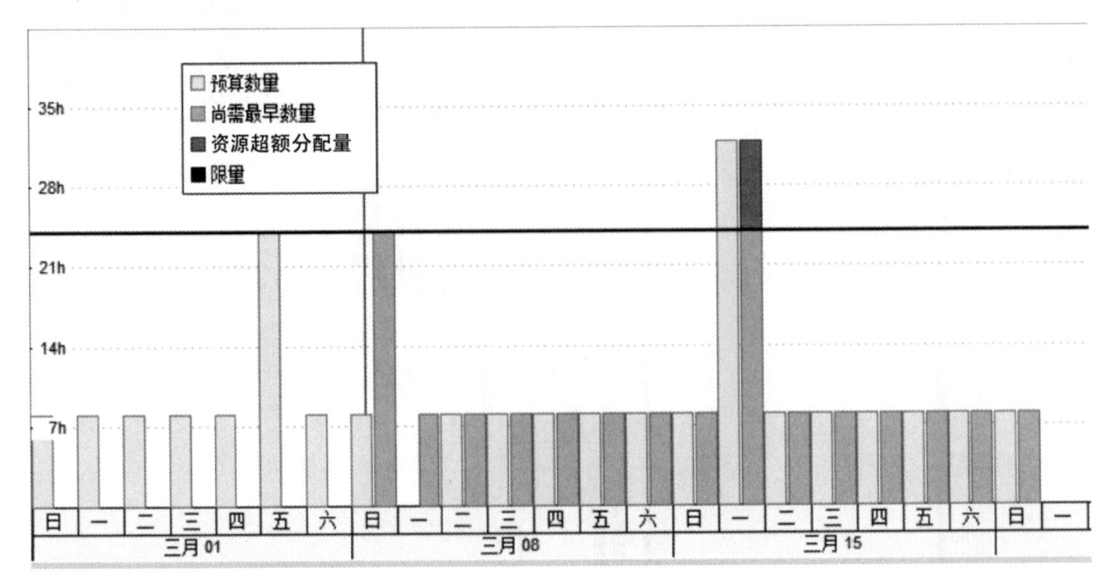

图 4-21 资源超额分配

(4) 进度及资源优化

通过关键路径法优化关键路径，将关键工作 A1080、A1160 与紧前作业的逻辑关系由 FS 优化为 SS（优化工作需要项目团队成员共同决策）。经过进度优化和资源平衡，新计划的总浮时为“0”，可满足计划总工期和资源配置的要求，如图 4-22、图 4-23 所示。

综上，通过挣值分析可以进行项目进度与成本的联合监控、偏差分析和发展趋势预测，及时把控项目的执行绩效状态，从而实现项目进度与成本的综合控制。项目挣值分析需要进行大量的工作，借助 P6 软件工具可以大幅提高项目管控效率。

4.5.4 设计进度与成本的控制程序

通过对项目执行效果进行挣值分析，找出偏差原因，提出改进意见或采取纠偏措施，可使项目按照预定的计划目标进行，即 EV 和 AC 两条曲线逐步靠近 PV 曲线。在实际项目中，造成进度与成本偏差的原因较多，项目设计人员工资费用的控制和调整也较为复杂[13]，一般按照设计进度与成本综合控制的程序进行调整（图 4-24），以下是常见的几种情况。

(1) 由于设计人员配备不足、项目成员能力欠缺，专业之间设计条件变更、设计质量缺陷及设备供货商图纸提供不及时等原因，一般可不进行计划价值 PV 的调整，通过采取必要措施，减小 EV、AC 与 PV 之间的偏差。

(2) 因业主原因使 AC 和 EV 偏离 PV，例如，业主提供的工作任务界面不完整或者出现变更、资金不到位、合同变化、甲供设备图纸提供延期等问题，若对设计进度影响较小，设计人工时增加不多，通常可不进行计划价值 PV 的调整，采取适当的措施即可。

(3) 因业主原因造成设计重大错误，对设计进度或人工时消耗产生较大影响时，项目经理应及时与业主协商，适当调整计划价值 PV，必要时也可调整项目总计划。

(4) 因受到不可抗力因素影响时，应按合同规定进行协商，调整计划价值 PV。

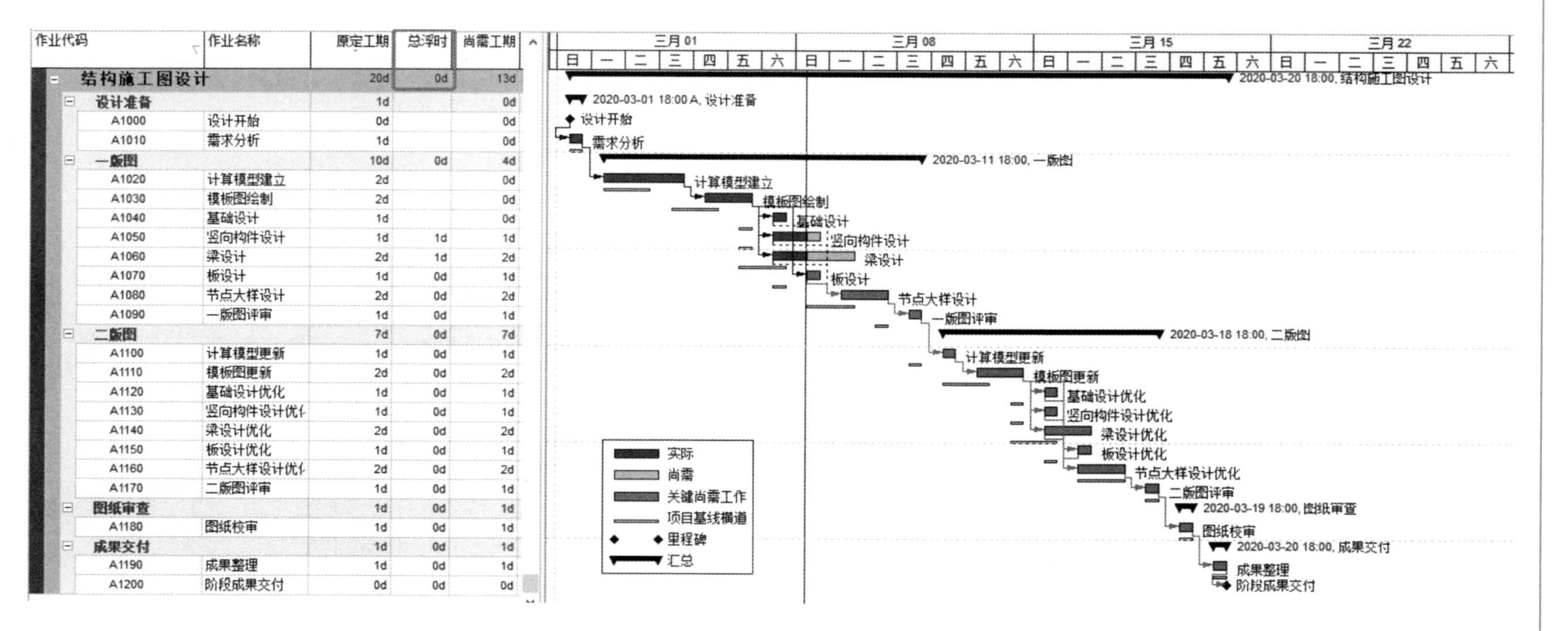

作业代码	作业名称	原定工期	总浮时	尚需工期
结构施工图设计		20d	0d	13d
设计准备		1d		0d
A1000	设计开始	0d		0d
A1010	需求分析	1d		0d
一版图		10d	0d	4d
A1020	计算模型建立	2d		0d
A1030	模板图绘制	2d		0d
A1040	基础设计	1d		0d
A1050	竖向构件设计	1d	1d	1d
A1060	梁设计	2d	1d	2d
A1070	板设计	1d	0d	1d
A1080	节点大样设计	2d	0d	2d
A1090	一版图评审	1d	0d	1d
二版图		7d	0d	7d
A1100	计算模型更新	1d	0d	1d
A1110	模板图更新	2d	0d	2d
A1120	基础设计优化	1d	0d	1d
A1130	竖向构件设计优化	1d	0d	1d
A1140	梁设计优化	2d	0d	2d
A1150	板设计优化	1d	0d	1d
A1160	节点大样设计优化	2d	0d	2d
A1170	二版图评审	1d	0d	1d
图纸审查		1d	0d	1d
A1180	图纸校审	1d	0d	1d
成果交付		1d	0d	1d
A1190	成果整理	1d	0d	1d
A1200	阶段成果交付	0d	0d	0d

图 4-22　进度优化

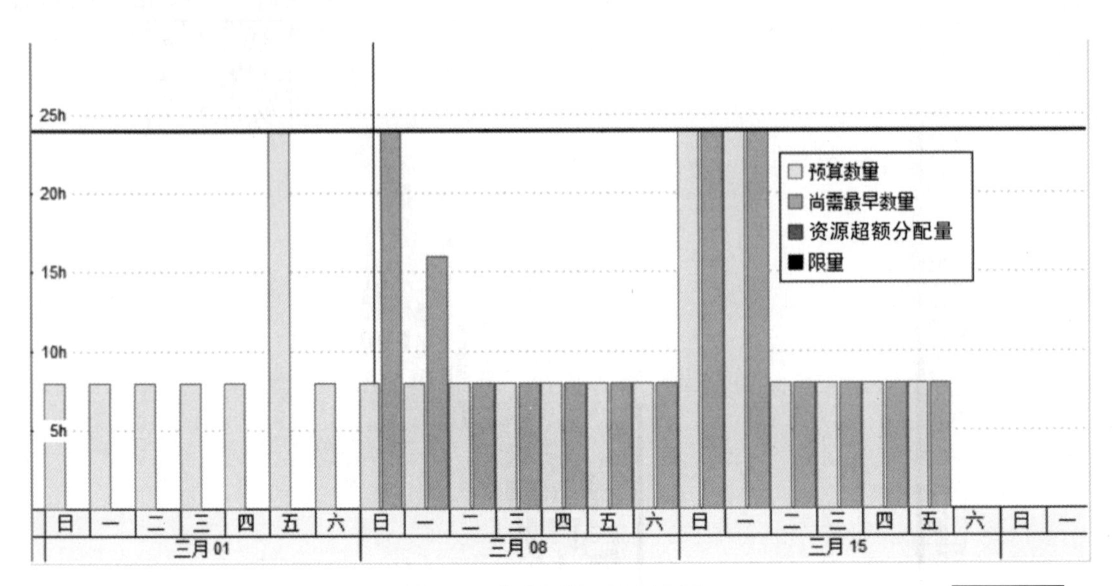

图 4-23　资源平衡后满足要求

扫码看彩图

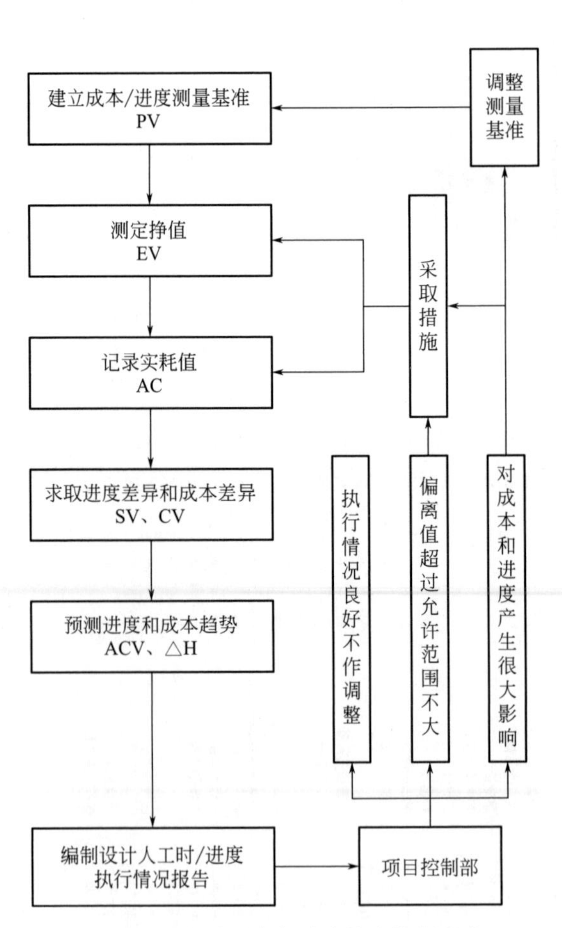

图 4-24　设计进度与成本综合控制程序

设计进度与成本的综合控制和调整通常按上述方法进行，但因项目的合同类型不同以及合同计价方法（如固定总价、固定单价）等不同，可根据项目具体情况进行相应调整。

4.5.5　价值工程

开展价值工程活动的重点是在项目启动和规划设计阶段，在这个阶段可以对产品的功能和成本进行综合考虑，关系到价值工程活动的最终效果。而在项目实施阶段，只能对产品的功能和成本进行小幅度的改善，价值工程发挥的效果不明显。因此，在项目设计阶段，充分运用价值工程进行设计管理，是项目成本控制和价值提升的重要手段。下面以作者团队牵头设计的山东某装配式住宅楼项目为例，介绍价值工程的具体应用。

1. 项目背景

工程项目位于山东日照市，总建筑面积 15016.56m^2，建筑高度 81.8m，地上 28 层，地下 3 层，标准层层高 2.9m，地下室层高为 3.1m。设计年限为 50 年，防火等级为一级，装配率为 51%。该项目目前已完工，并被评为山东省科技示范工程，项目效果如图 4-25 所示。

图 4-25　建筑立面效果

2. 价值工程应用

（1）建筑方案

该项目的建筑方案由业主提供，结构体系按照剪力墙结构考虑（图 4-26）。

（2）VE 的提出

在结构体系的策划阶段，项目团队对其功能和成本进行了系统分析。

首先是功能分析，主要考虑以下两个方面：

1）住宅的舒适性。随着人们生活质量的改善，对住宅的功能需求也逐步提高，室内空间布局成为业主重点考虑的因素之一。考虑到剪力墙结构体系的墙体较多，且不能拆除，不利于形成大空间，室内空间布局和装修风格的选择余地较小。

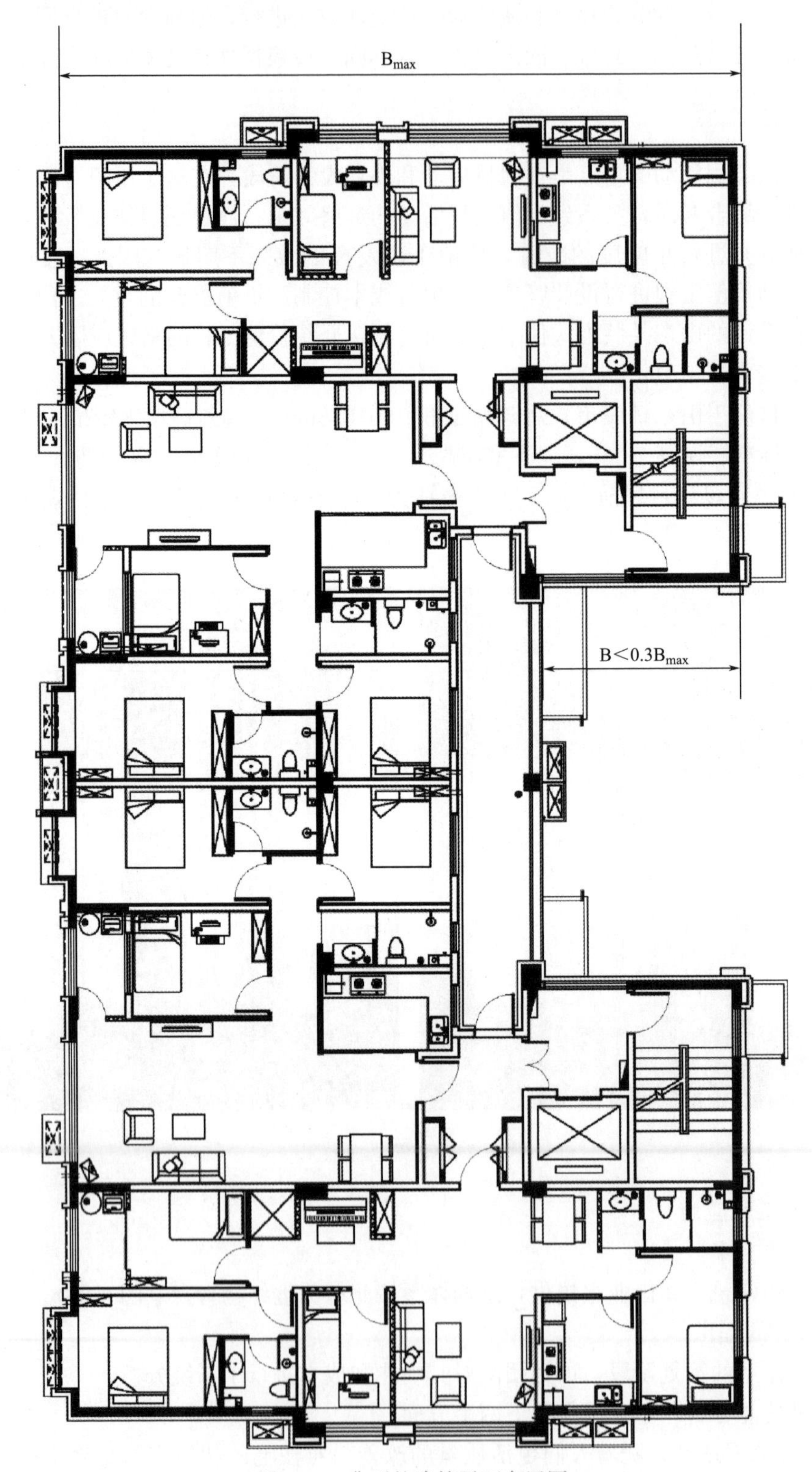

图 4-26　典型的建筑平面布置图

2）施工便捷性。传统现浇结构工期较长且环境污染严重，可采用装配式结构与施工穿插的方式，提高施工效率，缩短工期，同时符合绿色环保的要求。

其次是成本分析，通过对多种结构体系进行成本测算，优选成本相对较低的结构体系。项目团队以价值工程理论为指导，对多种结构体系进行了技术经济分析。

（3）方案的确定

通过对功能和成本的综合分析，最终确定采用外部剪力墙-内部组合框架的混合结构体系。该方案的剪力墙全部设置在建筑外围，钢-混凝土组合柱全部设置在建筑内部（图4-27）。

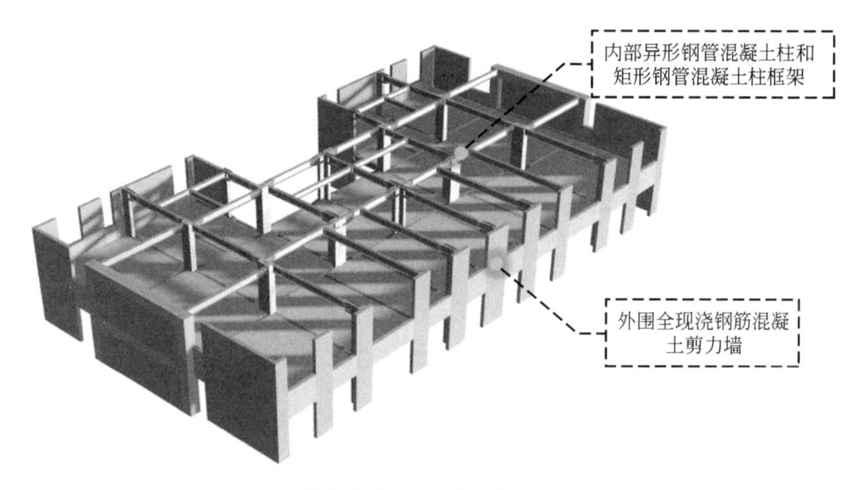

图4-27 外剪力墙-内组合框架混合结构体系

1）结构体系的特点：混凝土外墙全现浇无凸出的墙肢，非常适合高精度铝模施工工艺；内部框架柱采用异形钢管混凝土柱（图4-28）或矩形钢管混凝土柱，钢管既是受力构件又可当作永久模板；钢框架梁与外围混凝土剪力墙采用铰接的方式进行连接，节点连接方便。

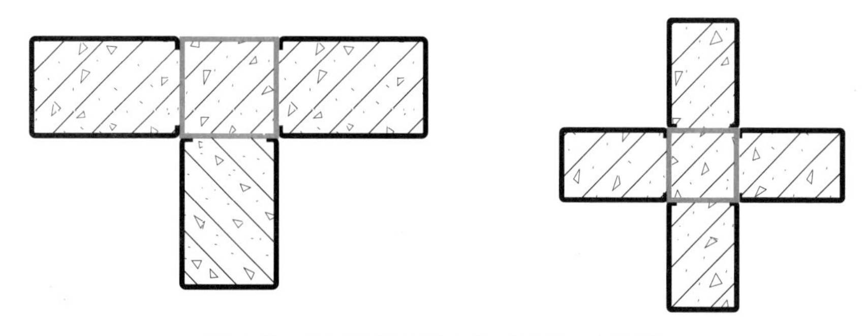

图4-28 异形钢管混凝土柱（T形、十字形）

2）结构整体布置方案。地下室、首层及屋面层均采用传统现浇混凝土结构，标准层采用外部剪力墙-内部组合框架的混合结构布置方案（图4-29、图4-30），钢框架梁布置在建筑分户墙及主要隔墙处，结构内部仅布置少量次梁。楼板采用钢筋桁架楼承板，最大跨度为5800mm，最大板厚为160mm（图4-31）。

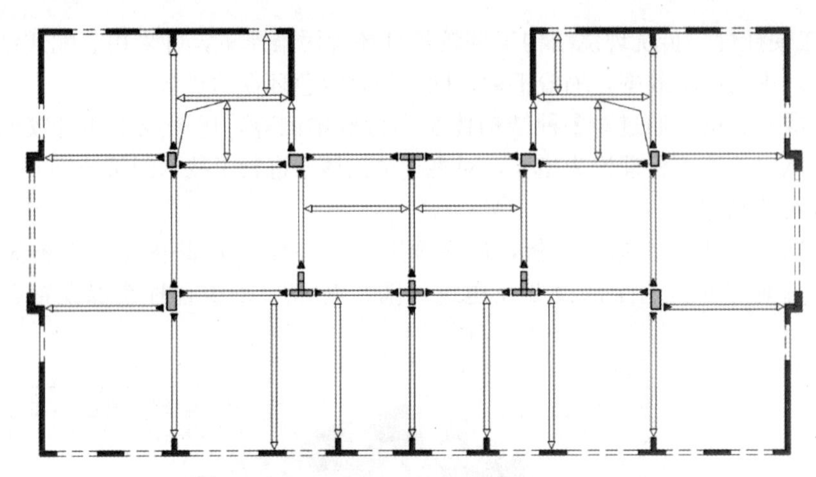

图 4-29 标准层结构平面布置图

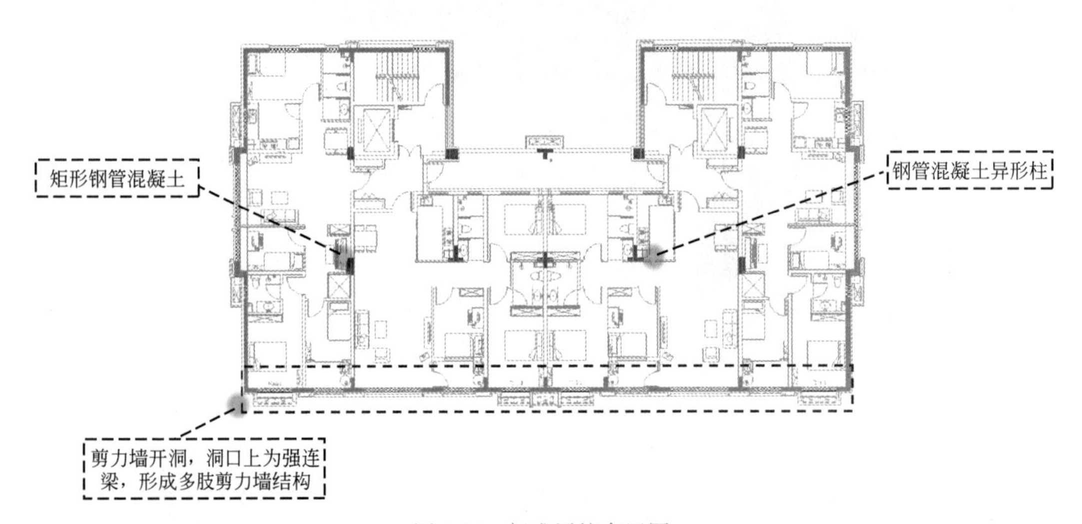

图 4-30 标准层柱布置图

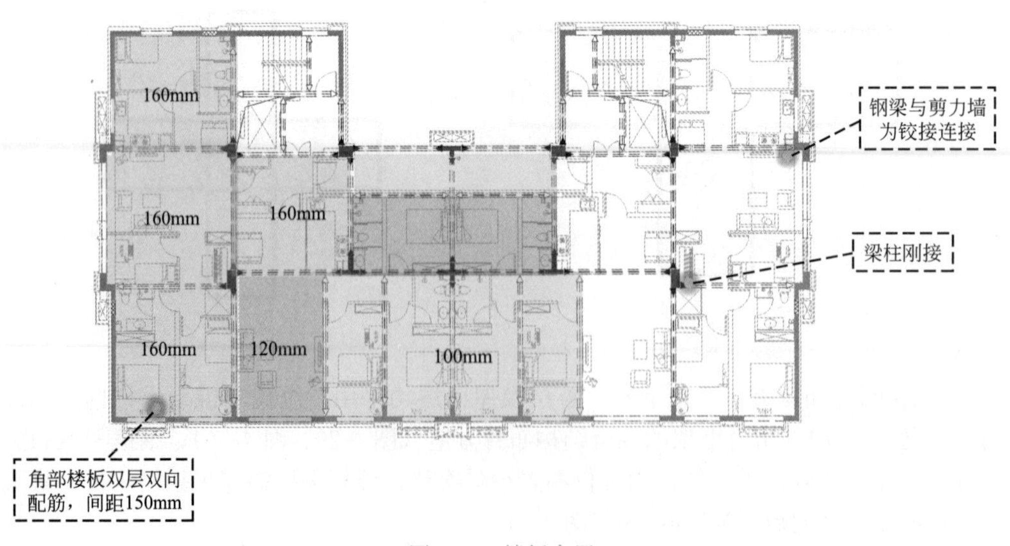

图 4-31 楼板布置

3）节点设计。钢管混凝土异形柱-H 型钢梁节点采用铰接方式进行连接，节点构造简单、受力明确、加工便利且柱外占据空间小（图 4-32）。

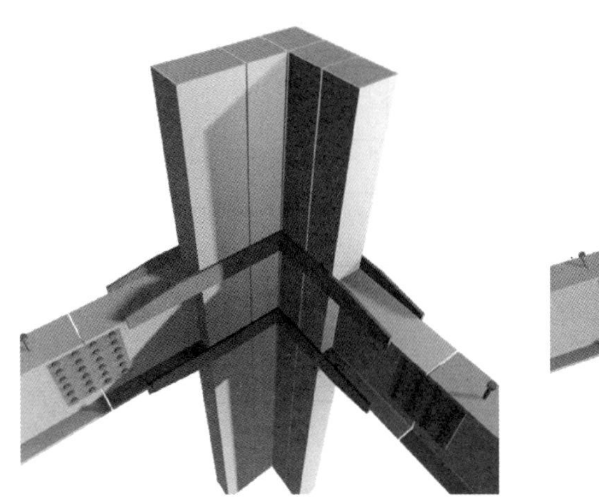
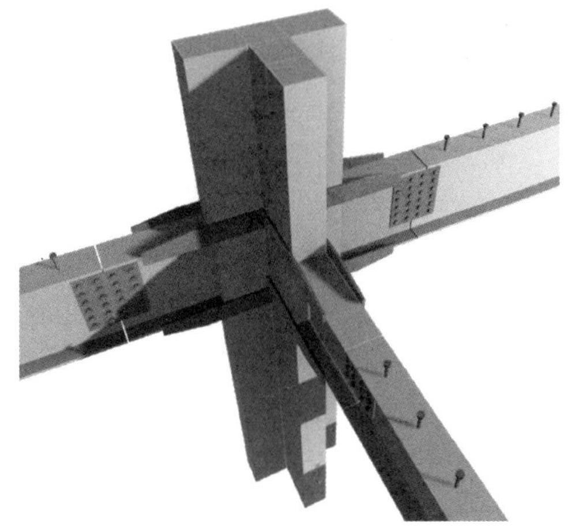

图 4-32　连接节点设计

（4）方案评价

该结构体系具有以下优点[14]：

1）受力明确，空间灵活。钢筋混凝土剪力墙作为主要的抗侧力构件，全部设置在结构外围；组合柱框架设置在结构内部，主要承担竖向荷载；配合无次梁大跨度楼盖结构，套内空间彻底释放，增强室内空间的灵活性与美观性。

2）全现浇外墙不需设置结构缝，施工难度大大降低，防水密封性能好，成型面更加平整美观。

3）成本可控且适合工业化的建造方式。该混合结构体系用钢量为 50～60kg/m^2（不含楼板），接近普通钢筋混凝土剪力墙结构体系；异形钢管柱采用冷弯成型工艺，加工成标准组件然后进行拼接，焊接量少，工艺简单；采用混合结构，可实现内部钢结构先行施工并配合穿插作业，有效缩短工期。

本项目应用价值工程的方法，在不增加成本的基础上，提升了建筑的使用功能，实现了项目的经济效益、社会效益和环境效益。

4.6　设计质量管理与控制

设计质量不仅直接关系到工程项目的设备及材料采购、生产、施工和试运行，对工程的安全性、耐久性及使用性也具有十分重要的影响。因此，加强设计质量管理与控制，确保工程设计的整体质量，是 EPC 项目管理的一项重要任务。

工程设计不仅需要满足合同要求，同时还必须严格贯彻执行国家的有关方针、政策，符合国家有关法规和标准。设计质量的管理与控制应执行《质量管理体系 要求》GB/T 19001—2016 的相关规定，设计阶段中的每个环节需按质量控制程序的要求进行，并在设计过程中进行动态控制，使设计全过程质量都处于受控状态（图 4-33）。

为保证设计质量，还需要建立健全的质量管理体系，优化组织结构，根据设计质量方针确定基本方向，设定质量目标，明确管理体系要素并分配质量职责。由各专业设计组和项目部共同负责设计质量计划的实施和控制，相关人员应按各自的职责分工和设计质量保证程序的要求开展工作，并接受项目经理和项目设计经理的监督和检查[15]。

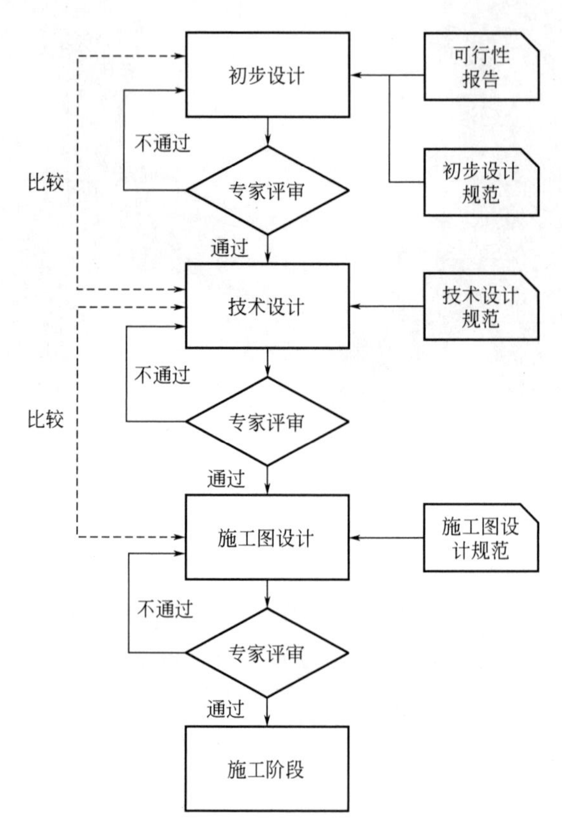

图4-33 设计阶段质量动态控制流程

4.6.1 设计质量管理的组织结构

为保证设计质量，通常在项目部设置质量安全办公室并配备质量工程师，进行设计过程的质量管理工作，并由项目设计经理对设计质量进行监督，其组织结构如图4-34所示。

4.6.2 质量职责与分工

设计工作的质量职责与分工是实现设计质量方针和目标的组织保证，质量职责的制订范围一般包括决策层、管理层和项目实施层，可根据项目实际情况进行编制和调整，以下质量职责与分工供参考。

1. 质量安全部的质量职责

质量安全部的主要质量职责是负责按《质量管理体系 要求》GB/T 19001—2016建立质量管理体系，包括质量手册、程序文件、作业书、产品质量标准等文件；同时还负责质量体系的有效运行和持续改进，不断提高公司的质量管理水平。

具体质量职责包括：1）在公司管理者代表的领导下，负责组织和推动《质量管理体系 要求》GB/T 19001—2016，宣贯、认证和日常归口管理工作，建立质量管理体系和编

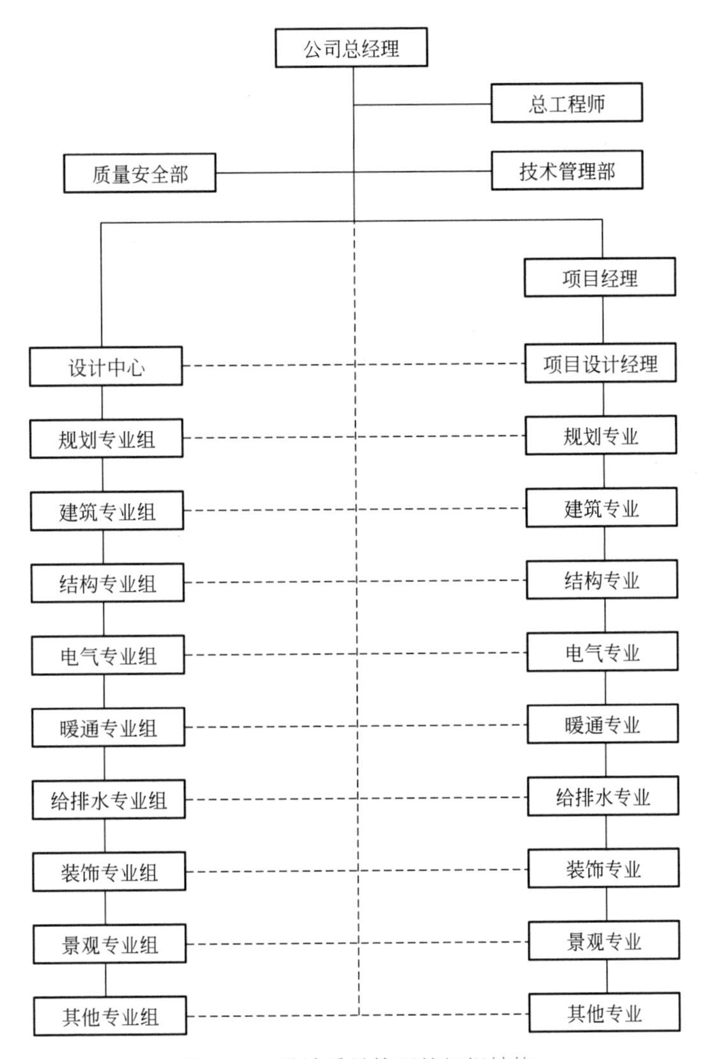

图4-34 设计质量管理的组织结构

制相关文件，并组织实施；2）负责编制年度内审计划，按批准计划组织专职或兼职内审人员对体系运行情况及产品质量情况进行内部审核，汇总不符合项，作为管理评审的输入和依据；3）负责组织内审和外审工作，对体系及产品出现的不符合项采取纠正和预防措施，并跟踪实施效果；4）负责质量体系文件和质量记录的管理和控制，质量记录是质量体系有效运行的依据，应按质量记录控制程序的要求对其进行有效管理等。

2. 技术管理部的质量职责

技术管理部的质量职责包括：1）按照《质量管理体系 要求》GB/T 19001—2016及公司质量体系文件的要求，负责公司技术规划、技术创新研发、奖项申报、标准编制、先进技术的推广应用等技术管理工作；2）负责各种标准规范管理，包括公司标准规范的发放、标识、回收和处理等；3）负责各种技术评审记录的管理工作；4）负责设计输出文件的标识审查，参与产品标识和可追溯性的程序文件的编制；5）参加合同报价评审，并协同项目管理部组织技术方案的评审等。

3. 设计中心的质量职责

设计中心的质量职责包括：1）贯彻执行公司的质量方针和目标，按照公司质量体系要求建立设计中心的程序文件、设计手册、作业书等质量文件，并负责设计质量文件的修订、审批、发放以及过程文件、台账记录等管理工作；2）负责对内审和外审出现的不合格项进行原因分析，提出纠正和预防措施，跟踪整改的有效性，并作好记录和信息处理；3）负责设计项目质量记录的收集、编目和保管，并按规定要求送交质安部归档；4）负责对设计成品、人工时、费用控制等数据进行统计汇总，编制公司的设计定额等。

4. 项目设计经理的质量职责

项目设计经理的质量职责包括：1）在项目经理领导下，对设计全过程进行控制，按公司质量方针和质量目标要求，在项目设计中贯彻执行质量管理体系及程序文件，以保证质量管理体系在设计工作中有效运行；2）负责编制项目设计质量计划，经项目经理审批后组织实施；3）监督检查各专业执行项目质量计划的情况，按设计质量管理程序的要求，承担相应审查工作的质量责任；4）对设计各阶段进行有效控制，收集不合格项及设计缺陷，并组织各专业进行原因分析，采取有效的纠正措施；5）负责控制设计变更，按程序规定进行控制和签署；6）负责组织对设计输入的评审，确认设计数据的有效性、完整性和可靠性，审查综合性的设计方案，协调各设计专业间的设计条件关系等。

5. 专业设计组的质量职责

专业设计组的质量职责包括：1）对本专业的设计质量全面负责，贯彻执行公司的质量方针、质量目标和质量管理体系及程序文件，确保其在设计过程中有效地运行；2）根据项目实际情况，为项目指派具备资格的各类设计人员，并依据项目进度要求，及时调整人员安排，为项目配备充分的人力资源；3）负责协调各设计专业之间的组织和技术的接口关系，保证文件和信息的传递质量；4）负责设计各专业标准、规范的现行有效版本的更新，对发放前的设计文件进行评审，确保满足设计要求；5）负责确定设计中采用的专业技术方案，对其可靠性、合理性负责等。

4.6.3 设计过程质量控制

在建立公司质量管理体系，制订质量体系文件的基础上，项目设计经理对设计全过程进行控制，监督并检查设计各专业执行公司质量体系文件和项目质量计划的情况，确保设计产品和服务满足合同规定的质量要求[16]。同时，在实施设计质量控制过程中，项目设计经理需要做好设计计划编制、设计输入、设计组织接口和技术接口、设计评审、设计验证和输出以及设计变更等各项管理工作。

1. 项目设计计划

设计计划是指根据项目合同建立质量目标，确定质量控制要求，制订开展各项设计活动的具体计划。设计计划中明确了设计活动内容、职责分工和人力资源配置等要求，是项目设计管理和控制的主要文件。

设计计划需要充分体现业主的设计意图，满足合同要求，包括：有关项目批准文件、设计基础资料、设计规模和质量标准、设计进度计划要求、技术经济指标、限额设计指标和项目费用控制指标等内容，并建立设计执行效果测量基准。

项目设计计划编制是项目设计经理在项目初始阶段的一项重要工作，由项目设计经理组织各专业负责人共同编制完成，经有关部门评审，项目经理批准并经业主确认后组织实施。项目设计计划编制流程如图 4-35 所示。

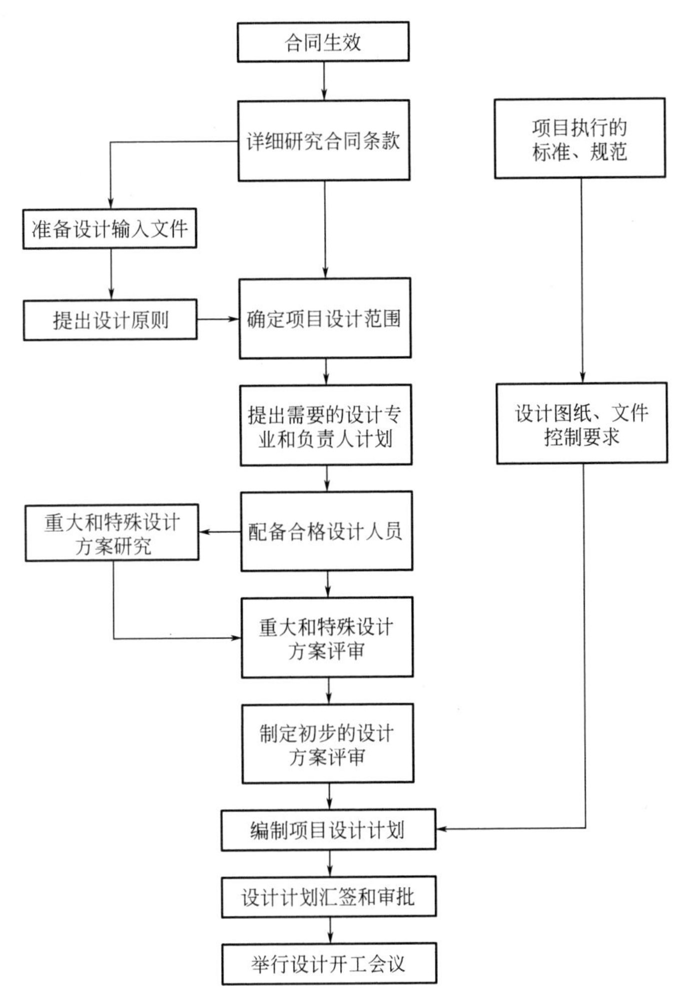

图 4-35　项目设计计划编制流程

2. 设计输入

设计工作开展前，需要明确设计输入，即设计依据的要求和内容并组织评审，确保设计输入的有效性和完整性。设计输入一般包括为开展设计工作而由外部正式提供的文件、资料、数据以及有关的规定、标准等。

设计输入的内容和质量，直接关系到设计产品的质量，是设计工作的重要环节。其主要内容包括：项目设计依据文件（包括已批准的计划任务书、项目可行性研究报告、环境影响评价报告书、项目批准文件、项目合同、强制性标准、国家及行业规定的设计深度要求等），项目设计基础资料（包括地形、区域规划、工程地质、气象水文、施工运输要求、装配式目标、环保与绿化、安全卫生、技术经济指标等），供货商及分包方技术接口资料，所需的其他补充资料等。设计输入文件由项目设计经理根据文件的性质、种类和涉及范围等，组织有关专业负责人及职能部门进行评审。

3. 设计接口

设计接口包括设计各专业之间的接口以及设计中心与其他职能部门的接口。前者主要包括各专业之间的协作要求、资料互提过程、图纸校审等内容；后者是 EPC 总承包项目管理的重点，主要包括：重大技术方案论证、重大变更评估、进度协调、采购文件编制、技术评审、各阶段的技术服务等工作。为了对设计接口进行有效管理，保证设计质量，需要制订相应的设计接口管理程序。

(1) 设计与采购的接口[17]

设计与采购的接口管理内容主要包括：1) 设计中心负责编制设备、材料采购询价的技术文件，内容包括采购清单、技术规范书、采购说明书等；2) 采购部门收到询价技术文件后，将其与采购部门编制的商务文件组成询价文件，向投标厂商发出询价；3) 采购部门收到投标厂商的报价书后，将技术报价部分送交设计中心评审，并注明要求的完成日期，通常设计中心应于 7～10 天内提出意见返回采购部门，并说明技术方面推荐或否定的理由；4) 对于核心工艺设备和重大设备，由设计中心牵头，采购部组织相关供货商开展技术与商务交流，从技术和成本方面综合论证，确定基本工艺和设计方案原则；5) 供货厂商提供的图纸、资料由采购部门负责催交并提交给设计中心审查和确认。表 4-8 为设计与采购接口程序控制表。

设计与采购接口程序控制表　　表 4-8

项目名称			项目号			
子项名称			子项号			
填表人			日期			
工序		执行人				备注
		设计人员	校核人员	审核人员	采购人员	
1	采购技术文件(请购单)编制	√				
2	校核采购技术文件		√			
3	审核采购技术文件			√		
4	采购商务文件的编制、校核				√	
5	向投标厂商发出询价书				√	
6	投标厂商报价的技术评审	√				
7	投标厂商报价的商务评审				√	
8	供货厂商图纸的催交				√	
9	供货厂商图纸的确认	√				

(2) 设计与施工的接口

通过设计中心与施工现场建立有效的沟通机制，将先进的施工方法和新技术融入设计过程中，可更好地体现设计的完整性、正确性和合理性，减少施工中出现变更、返工的现象，有效地控制施工进度、成本及质量。具体包括：1) 设计中心与施工部门共同协商确认关键控制点，如分专业分阶段的施工图交付时间；2) 设计中心组织各专业向施工部门相关人员进行设计交底，实施过程中建立定期的设计交流机制，保证设计与现场的紧密结合；3) 及时处理施工现场提出的有关设计问题；4) 严格按程序执行设计变更与工程洽商。

（3）设计各专业间的接口

各专业间的接口主要以设计条件控制表的形式进行管理，其格式通常在作业指导书中作出规定，由技术管理部定期进行有效性评审并组织实施。常用的设计条件表可参考表 4-9。

设计条件程序控制表　　表 4-9

项目名称			项目号			
子项名称			子项号			
填表人			日期			
工序		执行人				备注
		提设计条件人	设计条件校核人	接受设计条件人		
1	提出设计条件专业准备设计文件或设计条件	√				
2	校核设计文件或设计条件		√			
3	设计文件或设计条件分发	√				
4	设计条件确认或返回意见			√		
5	发表文件或修改设计条件	√				
6	发表文件或设计条件修改的校核		√			
7	修改文件或设计条件分发	√				
8	设计条件确认或返回意见			√		

4. 设计评审

设计评审是对设计阶段成果进行综合性、系统性的检查，以评价设计是否满足相关的质量要求，识别问题并提出必要的措施。设计评审应根据设计的成熟程度、技术复杂程度确定设计评审的级别和方式，并按程序要求组织进行设计评审[18]。

设计文件的质量评审内容主要包括功能性、可行性、安全性、可实施性、经济性和时间性六个方面[19,20]，具体内容如下：

（1）功能性：建设规模、建筑构成、产品方案等满足项目合同、可行性研究报告或工程设计审批文件的要求。

（2）可行性：设计资料齐全、准确、有效，计算依据可靠合理，设计文件的内容深度和格式符合规定要求；采用的新工艺、新设备和新材料均已通过鉴定，并有相应的证明材料。

（3）安全性：总图布置、地基处理、建筑物设计安全可靠，具有防御自然灾害的能力，符合设计标准和规范的要求。

（4）可实施性：需考虑项目建设地区的具体情况及施工单位的技术能力和装备水平；需考虑装配式建筑构件及大型设备的运输安装方案、实施条件及特殊安装要求；需提供主要设备和材料采购、制作及检验的技术要求。

（5）经济性：工程建设总投资需按项目合同条款或上级审批文件的要求控制；环保和节能措施先进可行；投资回收期、借贷偿还期、各项收益率及利润等方面的技术经济指标需合理。

（6）时间性：工程设计文件的交付进度满足合同规定的要求，相关设计服务满足项目建设进度的要求。

5. 设计验证

设计文件在输出前需要进行设计验证，确保设计输出满足设计输入要求，主要采用设计校审方式完成。设计文件校审是对设计工作进行的逐级检查和验证，以满足规定的质量要求。设计校审一般按照设计过程中规定的阶段进行，包括图纸及文件的校审。校对人、审核人按照有关规定进行校审，并填写校审记录，设计人员按照校审意见进行修改完善。校审程序控制表可参考表 4-10。

设计文件校审程序控制表　　表 4-10

项目名称			项目号			
专业名称			专业代码			
填表人			日期			
工序		执行人				备注
		设计人	校核人	审核人	审定人	
1	设计成果自校	√				
2	设计文件校核、填写校核记录		√			
3	设计文件审核、填写审核记录			√		
4	设计文件审定和签署				√	
5	设计文件修改	√				
6	校审人员检查修改情况		√	√		
7	重要设计文件和图纸审定				√	

6. 设计文件确认

为确保设计输出文件满足规定要求，需进行设计确认，包括：可行性研究报告、环境评价报告、方案设计审查、施工图设计会审、施工图审查等。业主、监理和设计中心三方都应参加设计确认活动。

7. 设计输出

设计输出主要由图纸、规格表、说明书、作业指导书等文件组成。设计输出文件发放前，由专业负责人协助项目设计经理组织有关人员进行评审，以保证文件的完整性。设计输出文件评审合格后，按规定记录、标识并进行下发。

8. 设计完工报告

为了总结工程设计在进度、成本、质量等方面的实施情况，并积累经验和数据，在项目设计完工后的一个月内，由项目设计经理编制设计完工报告，经项目经理审批后分送设计、项目管理、技术管理和质量管理等部门，并报公司经理后入库归档。

设计完工报告主要内容包括：设计完成情况（设计起止时间及参加人数、计划人工时和实际人工时比较、进度计划执行情况、设计成品数量、出图效率等）、采用新技术情况、设计质量检查情况及评价、过程中出现的问题和处理措施等。

9. 设计变更

设计变更是在设计过程中由于业主变更或内部变更而导致的设计更改，对设计进度、质量和成本产生直接的影响。在 EPC 总承包项目中，设计变更控制是项目进度与成本控制关键环节，尤其是重大设计变更可能直接导致进度和成本的不可控，因此需要制定针对设计变更的控制流程（图 4-36）。

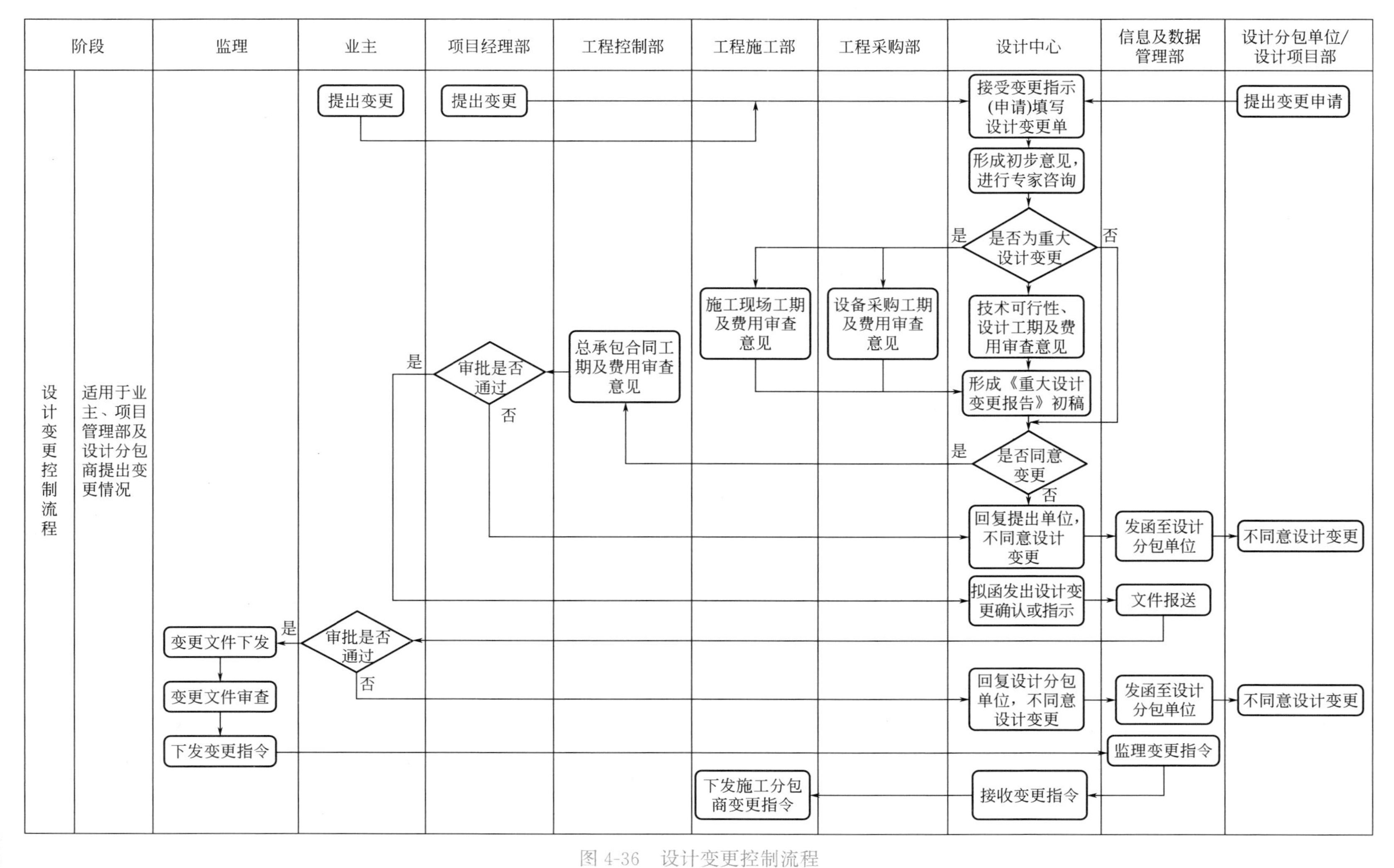

图 4-36　设计变更控制流程

业主变更是指由于业主要求修改项目任务范围或设计内容而引起的设计更改，通常由业主承担因设计更改而产生的设计进度、人工时消耗所追加的费用。内部变更是指因总承包方自身原因如设计不当、设计改进、设备供货改变、采购变更、设计接口条件改变等，引起设计更改，一般由总承包方承担费用，通常在项目实施过程中内部调整处理。

设计变更引起的专业设计修改通常由原设计人员完成，设计更改后的成品按规定完成校审和会签，当设计变更涉及多个专业修改时，由项目设计经理协调有关专业负责人修改。

10. 设计质量记录及信息反馈

在设计过程中的各阶段，通常需要填报并保存各种质量记录，包括：合同评审记录、设计评审记录、设计验证记录、设计质量信息反馈等。设计质量记录是设计产品满足质量要求和质量体系有效运行的客观依据。

设计质量信息反馈的收集、分析和处置为改进设计质量、制订纠正和预防措施提供依据。通过收集采购过程、生产现场、施工现场、试运行现场以及业主反映的设计质量问题，由质量管理部组织主要责任部门进行原因分析，提出纠正措施和预防措施并监督实施。设计质量信息反馈程序控制表可参考表 4-11。

设计质量信息反馈程序控制表　　表 4-11

<table>
<tr><td colspan="2">项目名称</td><td></td><td colspan="2">项目号</td><td colspan="2"></td></tr>
<tr><td colspan="2">专业名称</td><td></td><td colspan="2">专业代码</td><td colspan="2"></td></tr>
<tr><td colspan="2">填表人</td><td></td><td colspan="2">日期</td><td colspan="2"></td></tr>
<tr><td colspan="2" rowspan="2">工序</td><td colspan="4">执行人</td><td rowspan="2">备注</td></tr>
<tr><td>现场代表或有关人员</td><td>项目设计经理或现场设计代表负责人</td><td>质量管理部</td><td>质量问题责任部门</td></tr>
<tr><td>1</td><td>按质量信息卡记录质量问题</td><td>√</td><td></td><td></td><td></td><td></td></tr>
<tr><td>2</td><td>质量问题分析</td><td></td><td>√</td><td></td><td></td><td></td></tr>
<tr><td>3</td><td>组织质量问题分析报告会</td><td></td><td></td><td>√</td><td></td><td></td></tr>
<tr><td>4</td><td>传送质量信息给责任部门</td><td></td><td></td><td></td><td>√</td><td></td></tr>
<tr><td>5</td><td>提出纠正和预防措施</td><td>√</td><td>√</td><td>√</td><td></td><td></td></tr>
<tr><td>6</td><td>跟踪监督</td><td></td><td>√</td><td>√</td><td></td><td></td></tr>
</table>

4.6.4 装配式建筑设计质量控制

装配式建筑设计与传统现浇建筑设计不同，在设计流程、设计方法及质量控制等方面都有所区别，设计过程更加系统化、精细化。下文将从装配式建筑的方案设计、初步设计、施工图设计和预制构件深化设计阶段简要阐述装配式建筑的设计质量控制流程和方法。

1. 方案设计阶段

装配式建筑方案设计阶段的重点是平面组合设计和立面设计，设计过程中以建筑专业牵头，结构、机电、装饰、景观、构件深化等各专业一体化协同设计，紧密配合。方案设计阶段的质量控制流程如图 4-37 所示。

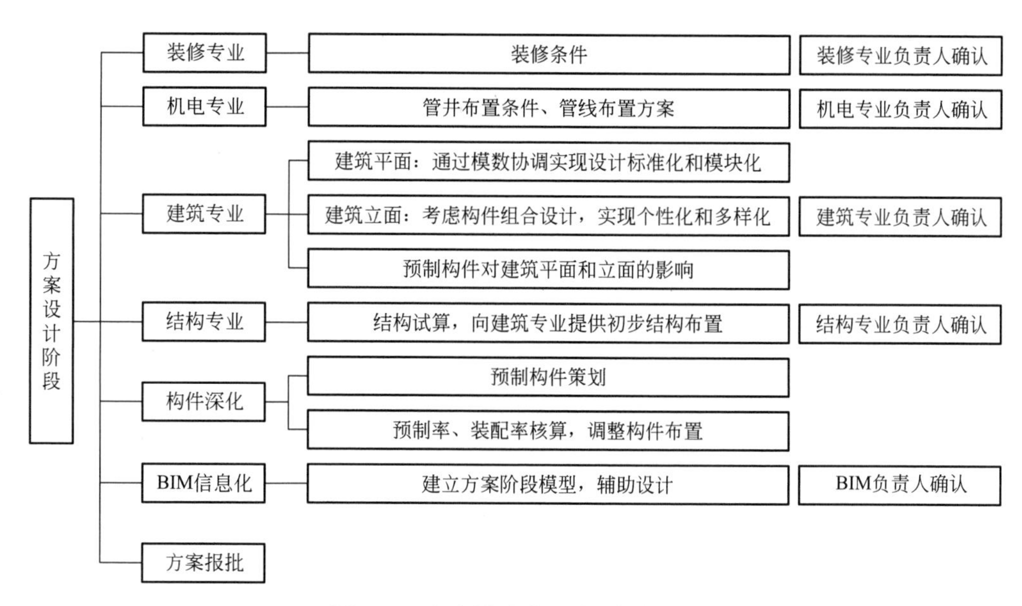

图 4-37　方案设计阶段质量控制流程

2. 初步设计阶段

初步设计阶段主要是根据各专业设计要点和需求进行一体化协同设计，包括对平立面图修改、确定合理技术路线、确定预制构件拆分范围、优化机电专业预留预埋和点位布置、优化装修点位布置、进行经济性评估等工作，其质量管控流程如图 4-38 所示。

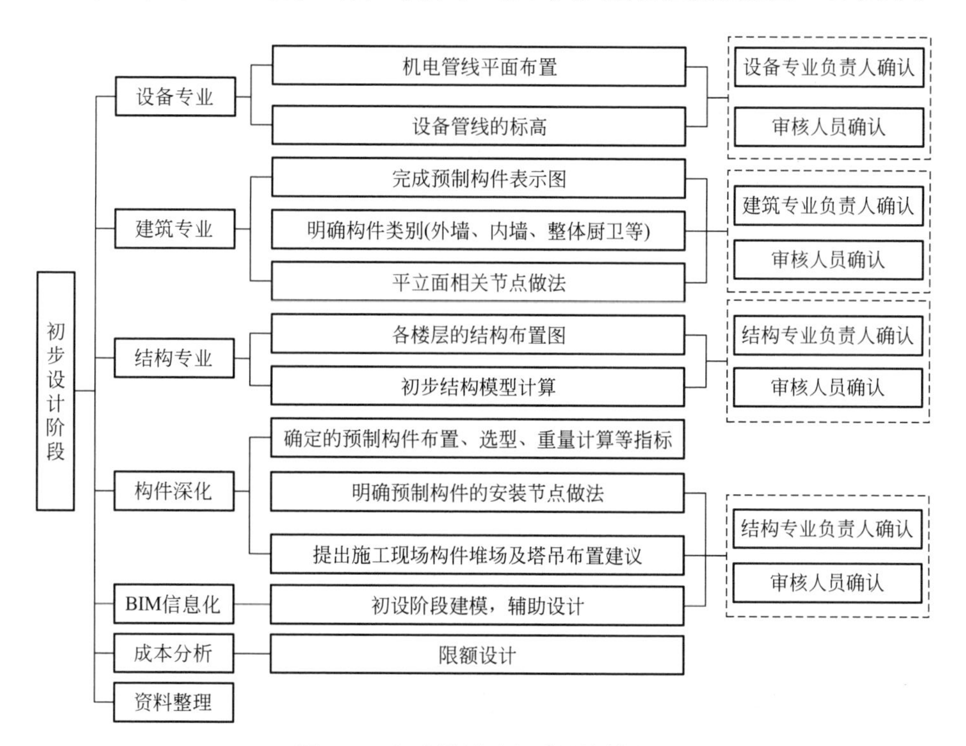

图 4-38　初步设计阶段质量控制流程

此阶段的具体工作包括：设备专业对设备管线进行平面布置和标高标注；建筑专业完成构件表示图，明确构件类别（如外墙、内墙、整体厨卫等），同时标注平立面相关节点做法；结构专业完成各楼层的结构布置图及初步结构模型计算；深化专业应确定构件的布置、选型、重量计算等指标，明确构件安装连接节点做法，提出施工现场堆场和塔式起重机设备布置建议等。

3. 施工图设计阶段

施工图设计是按照初步设计阶段确定的技术路线进行深化和优化设计，其质量控制流程如图 4-39 所示。

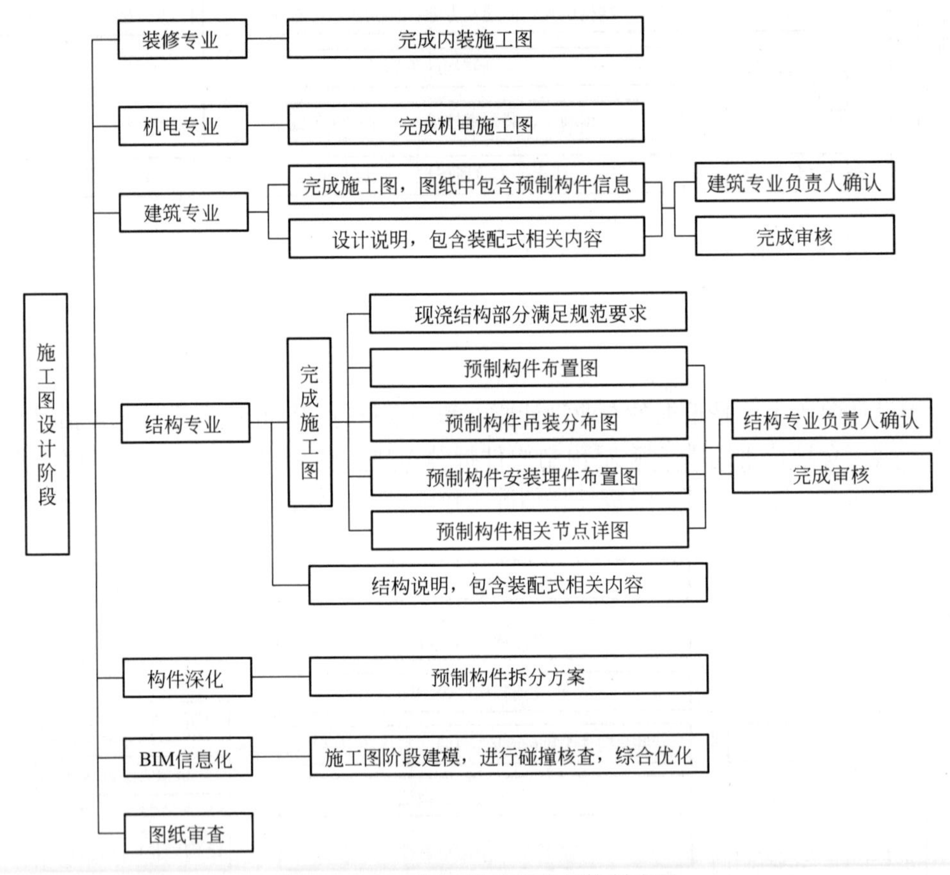

图 4-39 施工图设计阶段质量控制流程

4. 深化设计阶段

深化设计是根据各专业施工图阶段的设计成果，进行预制构件加工图设计。该阶段在传统现浇建筑设计中并不存在，预制构件的工厂生产取代了现场湿作业。预制构件作为建筑的一个最基本的单元，其设计质量水平直接决定了建筑的安全性和可靠性。预制构件加工图设计需要充分考虑生产、运输、吊装的可行性，图中应全面准确反映预制构件的规格、类型、尺寸、连接形式、预留预埋定位等，满足工厂生产的要求。一般每个预制构件都具有独立的平立剖面图、配筋图、预留预埋图、装饰设计图和 BIM 模型。深化设计阶段质量控制流程如图 4-40 所示。

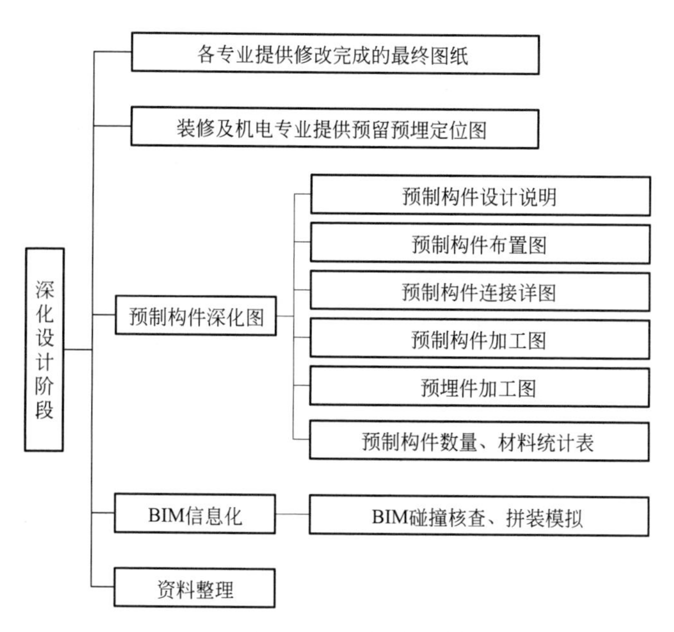

图 4-40　深化设计阶段质量控制流程

4.7　设计文档管理

文档管理是指对作为信息载体的资料进行有序的收集、加工、分解、编码、传递和储存，并为项目各方提供信息服务的过程。设计文档是项目设计过程中涉及内、外部的有关文件和资料，包括各设计阶段形成的技术文件和图纸、设计任务书、委托书、合同及附件、项目基础资料、项目设计数据、采购文件以及设计采用的标准、规范和手册等。设计文档是设计工作以及采购、生产、施工和试运行等阶段的依据，对确保工程设计质量以及控制项目成本均有直接的影响。

4.7.1　设计文件归档的范围

设计文件归档范围包括：各设计阶段形成的技术文件，如设计前期文件、方案设计、项目设计计划、设计进度计划、强制性标准、项目设计数据、各专业设计、设计完工报告、竣工图、技术总结等成品文件（包括底图、计算书底稿等）；设计任务书、委托书、合同及附件、协议书、技术经济比较方案、建设项目可行性研究报告、各种设计会议纪要及资料、项目基础资料、采购文件等；设计审查意见及会议纪要、行政部门审批文件；施工、试运行中重大的修改文件、图纸及设计变更记录等。

4.7.2　标准、规范及通用性技术文件的归档

通常由技术管理部对国家标准、行业标准、地方标准信息进行收集，实行动态管理，及时向设计人员提供新标准规范的信息，及时发布对过期、失效、作废的标准、规范的通知并进行处理。各专业组需指定专人对标准、规范和通用性技术文件进行管理，根据现存有效标准、规范情况填写现行版本标准规范表，并在新标准、规范收到后及时更新表内记

录内容。

4.7.3 设计文件编码规则

为提高设计工作和设计文件的信息化管理水平，设计文件的编码需要符合信息管理的要求。同时，设计文件的编码结构需满足 WBS 编码系统的要求，便于按规定的编码准确识别、调取需要的设计文件和数据。

1. 编码结构

常用的设计文件编码结构组成如下：项目、专业代码、文件图纸类别码、版次码。

2. 编码结构说明

（1）项目

按照项目的大小和复杂程度、资源情况以及用户要求来确定，应与项目的 WBS 相一致。

（2）专业代码

1）管理部门

管理部门专业代码为一位大写英文字母，后接两位阿拉伯数字，如下所示：

M10 项目管理部；M20 项目控制部；M30 技术管理部；M40 质量安全部；M50 设计中心；M60 工程采购部；M70 工程施工部；M80 试运行管理部。

2）设计部门

设计专业代码：以大写英文字母“D”表示设计，其后接一位阿拉伯数字，如下所示：

D1 规划专业；D2 建筑专业；D3 结构专业；D4 电气专业；D5 暖通专业；D6 给排水专业；D7 装饰专业；D8 景观专业；D9 其他专业。

3）文件图纸类别码

文件图纸类别码规定如下：

A 方案图；B 初设图；C 施工图；D 深化图；E 数据表、计算书及统计表格；F 标准规范、文字说明。

4）顺序码

指图纸（文件）的特定代码，为两位阿拉伯数字，可自行编制。

5）版次码

第一版以“0”表示，随后修改版的版次码从“1”开始依次编排。

6）设计文件编码示例

项目	专业代码	文件图纸类别码	顺序码	版次码
B001	D3	C	05	2

参考文献

[1] 江苏省住房和城乡建设厅，江苏省住房和城乡建设厅科技发展中心．装配式建筑总承包管理［M］．南京：东南大学出版社，2021.

[2] 国家市场监督管理总局．项目工作分解结构：GB/T 39903—2021［S］．北京：中国

质检出版社，2021
[3] 沈源．建筑设计管理方法与实践［M］．北京：中国建筑工业出版社，2014.
[4] 魏娜．变电站给排水设计与各专业配合的问题分析［J］．建材与装饰：中旬，2012（12）：2.
[5] 姚昌．房地产项目的设计变更管理研究［D］．华东师范大学，2011
[6] 樊则森．从设计到建成［M］．北京：机械工业出版社，2018.
[7] 陆帅．装配式混凝土住宅建筑全寿命期设计研究［D］．东南大学，2019
[8] 陆帅，宁延．基于工程全寿命期的装配式住宅设计准则研究［J］．建筑经济，2018（6）：4.
[9] 谭瑞成．EPC 管理模式在国内管道建设项目中的应用研究［D］．北京化工大学，2008.
[10] 何清华，杨德磊，等．项目管理［M］．上海：同济大学出版社，2019.
[11] 中国化学工程（集团）总公司．工程项目管理实用手册［M］．北京：化学工业出版社，1998.
[12] 洪玲．海洋工程项目设计费用/进度综合控制［J］．中国海洋平台，2001（5）：4.
[13] 王凯．勘察设计公司项目设计人工时管理研究［D］．长春工业大学，2019.
[14] 滕跃，刘界鹏，齐宏拓，等．内组合框架-剪力墙混合结构体系及其施工方法［P］．2021.
[15] 丁棠．核电工程（A/E）公司设计质量管理的设想［C］//中国电机工程学会．中国电机工程学会青年学术会议，2002.
[16] 刘建华．建设项目业主方的设计管理研究［D］．天津大学，2013.
[17] 黄伟杰．石油化工工程 EPC 总承包模式下的风险管理研究［D］．上海交通大学，2010.
[18] 范云龙，朱星宇．EPC 工程总承包项目管理手册及实践［M］．北京：清华大学出版社，2016.
[19] 岳光．法院类建筑设计质量管理［D］．中国科学院大学（工程管理与信息技术学院），2014.
[20] 陆军．论设备工程的设计监理［J］．中国设备工程，2007（6）：4.

第5章 EPC项目施工管理

建筑工程项目的施工过程是按照设计文件的描述和要求，将采购的设备、材料转化为项目产品的过程，也是把设计质量和采购质量转化为建筑产品质量的过程。对装配式建筑EPC项目而言，施工过程承担了整个工程项目的建造任务，不可预知的因素多、风险高、管理难度也最大。然而，装配式建筑EPC项目的特征使得施工方同时具备协调设计端、工厂生产端和施工现场端的权力和能力，更有利于项目进度、成本、质量等目标的实现，也为并行工程、精益建造、准时生产等先进管理方法的实施提供应用基础和场景。因此，通过系统和科学的管理方法，对装配式建筑EPC项目的施工过程进行计划、组织、监督、控制和协调等全过程的动态管理，可确保项目目标的顺利实现。

本章重点阐述了装配式建筑EPC项目的施工管理内容，包括组织模式、施工组织策划、进度管理、成本管理、质量管理、HSE管理以及预制构件生产与运输管理等方面，并结合工作分解结构（WBS）、挣值分析、质量工具、价值工程等项目管理工具，分析了装配式建筑EPC项目施工管理过程中的关键问题。

5.1 装配式建筑EPC项目施工管理组织模式

工程项目组织是为完成工程任务而建立的组织系统，对于装配式建筑EPC项目，组织是实现有效的项目管理的前提和保障。项目组织管理是项目管理的首要职能，其他各项管理职能都要依托组织结构去执行。

5.1.1 施工管理组织结构

项目的施工管理组织是为完成施工管理任务而建立的临时性组织，在项目实施期间直属项目经理领导，装配式建筑EPC项目施工管理通常采用强矩阵式组织结构，如图5-1所示。

可根据具体项目的大小和施工管理的范围、内容，确定不同规模的组织结构。对于大型项目一般要同时设置公司施工经理和现场施工经理，公司施工经理重点负责施工准备阶段的管理工作，现场施工经理重点负责施工阶段的现场管理工作；对于规模较小的项目，也可只任命一名施工经理，同时承担公司施工经理和现场施工经理的管理职责[1]。现场施工管理组织由现场施工经理领导，向项目经理及工程施工部报告工作。

从装配式建筑EPC项目施工管理组织结构可以看出，在该组织模式下，项目经理可以协调公司各职能部门的资源，能够对项目设计、采购、生产、施工各个环节进行集成管理，打破传统DBB模式各参与方的组织边界，促进了现场施工与设计、生产形成高效的工作协同。装配式建筑EPC项目现场施工管理组织一般包括工程管理组、技术管理组、计划组、成本组、质量管理组、综合管理组以及物料管理组等，以下对各组织的分工和工作职责进行阐述。

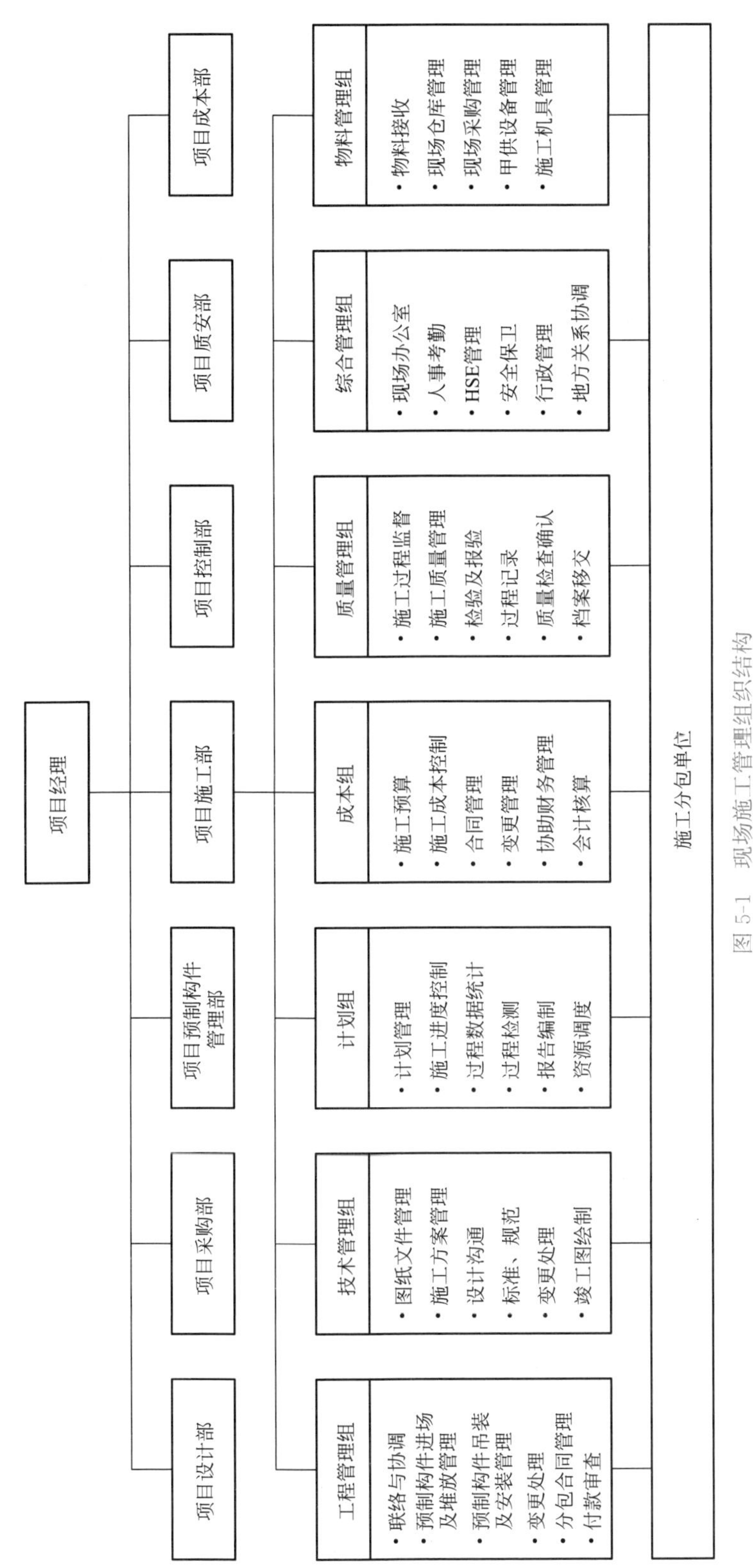

图 5-1　现场施工管理组织结构

5.1.2 组织分工及工作职责

1. 主要管理人员职责

(1) 项目经理的施工职责

项目经理是项目的负责人，经授权代表公司执行项目合同，负责项目整体实施的计划、组织、领导和控制，对项目的质量、安全、成本和进度等目标全面负责。项目经理授权委托项目施工经理负责项目施工计划、组织、协调与控制，完成工程项目施工质量、施工进度和成本控制、HSE、文明施工等目标。项目经理的主要职责包括：1）确定项目的工作分解结构、组织分解结构及编码系统；2）组建项目部，任命项目部主要成员，有效开展项目工作；3）对施工经理的工作进行检查和指导，对施工中需要项目经理决策或沟通协调的工作及时予以处理；4）审批施工计划、施工总体进度计划、工程变更单及需要项目经理签署的文件和信函；5）运用挣值分析进行项目的成本、进度综合管理和控制，审批项目执行效果测量基准，对施工进度和成本的实施情况进行定期检查和控制；6）审核项目施工分包入围短名单，参加合同评审并签署合同签发单、合同付款单等；7）主持项目级评审和工程例会；8）负责组织工程竣工验收工作等。

(2) 公司施工经理

公司施工经理的重点工作主要是在施工准备阶段，主要包括：1）配合工程控制部，参与编制项目总进度计划、单项工程进度计划和各阶段的估算，并组织编制项目的施工计划、施工总体进度计划；2）组织施工现场的调查，编制初步的施工组织设计和装配式专项施工方案，并对设计中心提出与施工安装有关的建议和要求；3）负责拟定施工分包方案，组织施工分包招标、施工分包合同的编制和谈判，代表公司签订施工分包合同；4）制订现场施工管理文件，包括施工现场管理办法、协调程序、分包合同管理办法、进度计划与成本控制办法、施工执行效果测量基准等；5）确定现场施工管理组织结构及各岗位主要负责人，并组织现场施工管理人员进驻现场；6）在现场开始施工后，对现场施工执行情况的协调、监督、检查和指导等。

(3) 现场施工经理

现场施工经理是公司在现场的授权代表，全面负责组织现场的施工管理工作。主要职责包括：1）在现场施工期间，在项目经理授权下，直接与业主、施工分包方和预制构件供应商联络和协调，履行合同义务和权力；2）定期检查施工进展，进行挣值测定和实际人工时消耗记录，将现场施工进度、成本、质量、安全等实际情况及存在问题进行月度书面汇报，确保施工工作按项目计划和项目合同要求完成；3）组织审查施工分包方提出的施工组织设计及重大施工方案等施工技术文件；4）定期召开施工计划执行情况检查会，分析施工中存在的主要问题，研究解决办法，重大问题及时报告；5）负责施工分包合同管理，负责现场签证、施工变更费用审批，并依据现场施工进度和完成质量合格的实际工程量，按照合同约定办理施工进度款付款单；6）协助项目经理组织办理工程竣工验收及相关工作，组织现场施工工程档案资料的及时报验、整理、归档及移交；7）组织编写项目施工总结报告，对现场管理人员工作进行考核等。

2. 项目各工作组的职责

（1）工程管理组

工程管理组成员在施工经理的领导下工作，主要负责分包合同管理和有关调度协调工作，具体包括：1）按照合同要求督促施工分包方进场，落实项目开工的各项条件；2）定期组织现场施工例会，协调施工分包方、预制构件生产商、设备厂商及业主、监理之间的工作及关系；3）负责跟进预制构件的生产情况，定期检查构件生产进度和产品质量（或进行驻厂监造），与生产厂家共同确定构件供货计划，并根据现场施工情况及时沟通和动态调整，保证施工进度和产品质量；4）按照现场情况组织预制构件发货、进场和卸车工作，确保现场道路和场地满足预制构件运输和码放的要求，并负责预制构件进场后的管理工作；5）核实和处理有关合同变更问题，按照公司规定办理工程变更；6）组织各施工分包方之间施工工序交接，尤其是现浇工序与预制构件吊装、安装工序的穿插和衔接；7）组织竣工资料的编制与整理，协助施工经理完成施工总结等。

（2）技术管理组

现场技术管理组的施工技术人员由公司的工程施工部派出，在施工经理的领导下负责现场的施工技术管理工作。技术管理组主要工作包括：1）熟悉工程设计图纸，结合施工经验，从施工角度提出设计建议，并审查现场施工图纸资料的完整性；2）组织设计交底工作，协调解决施工过程中出现的设计技术问题；3）负责审查施工分包方的施工组织设计和重大施工方案；4）负责项目变更的技术评审工作等。

（3）计划组

计划组人员在项目施工经理的领导下，负责现场施工进度计划的编制和管理工作，具体工作包括：1）根据合同要求和项目总进度计划，编制项目总体施工进度计划、单项工程施工进度计划和详细进度计划，经项目经理批准后作为项目成本控制的依据；2）根据现场实际情况，编制三月滚动计划，施工分包方再依据三月滚动计划编制周计划；3）跟踪及审查施工分包方的工程进展挣值完成情况，并按月统计汇总工程进展的挣值，提出进度计划执行中的问题和解决措施等。

（4）成本组

成本组人员在项目施工经理的领导下负责现场施工成本的管理和控制、合同管理、现场财务会计管理等工作，具体包括：1）制定施工成本分解控制计划，对现场费用使用进行监控和管理，监测分析成本发展趋势，对偏离成本控制计划的情况及时提出解决措施和调整意见；2）审查施工现场采购材料差价，大批量的材料差价需项目经理批准；3）审核施工分包方根据设计变更编制的工程预算，分析设计变更对成本控制的影响；4）负责施工分包方及供方单位相关计划、工程预算的审核，以及工程结算的审核等。

（5）质量管理组

质量管理组人员根据设计图纸、施工验收规范及公司工程质量控制文件的要求，负责现场施工质量的管理和控制工作，具体包括：1）监督施工分包方按照设计图纸、技术规范、标准图集要求进行施工，确保施工质量；2）审查施工分包方的质量保证文件和质量控制程序；3）根据施工部位的功能性和安全性的重要程度，设置质量管理分级控制点，进行质量分级管理；4）负责日常施工质量管理工作，参加各项质量检查活动并做好记录等。

（6）物料管理组

物料管理组人员负责施工期间设备、材料交接及库房管理，具体包括：1）负责预制构件吊装、安装过程所需的设备及材料采购，组织设备和材料到场后的检验工作；2）负责现场设备、材料的入库、储存和出库管理工作，按月提交统计报告；3）负责施工现场剩余材料的统计核对，及时掌握现场设备、材料的动态情况，发现问题及时提出等。

（7）综合管理组

根据工程需要在施工现场设置综合管理组，协助现场施工经理处理综合性和日常的管理工作，包括现场人事考勤、安全生产、职业健康、文明施工、环境管理、治安保卫、人员调度、地方关系协调等。

5.2 装配式建筑 EPC 项目施工组织策划

装配式建筑 EPC 项目施工组织策划的重要内容是施工组织设计的策划。施工组织设计作为对施工过程进行科学管理的重要手段，是用于指导施工全过程活动的技术、经济和管理的综合性文件。通过施工组织设计，可以根据项目的具体情况，拟定施工方案、施工顺序、技术组织措施、施工进度计划及资源需用量与供应计划，明确临时设施、材料和机具的具体位置，合理地使用施工场地，提高经济效益。

装配式建筑是将建筑的部分构件转移到专业的工厂进行生产加工，再运输到施工现场经过有组织的、科学的装配形成的。装配式建筑具有系统性、集成性和工业化生产的基本特征，施工管理组织模式不同于传统管理模式，在施工组织设计策划方面也存在较大的区别，传统的项目管理方法难以满足，需要匹配并行工程、精益建造、价值工程、准时生产制度等科学的管理方法和管理工具。

5.2.1 施工组织设计的主要关注点

建筑工业化的发展促进了建筑生产组织方式的根本性变革，建筑业由过去的以现场手工作业为主向工业化、专业化和信息化集成的生产方式转变；传统建筑重点关注的钢筋、模板、混凝土三大工程，也转变为对预制构件生产、吊装及安装工程的重点管理，以及对设计、生产、施工的综合协调管理。因此，装配式建筑 EPC 项目的施工组织设计策划与传统现浇建筑有所不同，需要充分考虑装配式建筑的特点，在施工组织设计策划过程中主要关注以下几点。

1. 项目特点及施工重难点分析

根据装配式建筑 EPC 项目的特点，分析施工过程中的重点、难点，并提出应对措施。装配式建筑相比传统建筑更复杂，施工过程具有安装节点多、各专业交叉、预留预埋精度高、吊装作业时间长等特点，需要综合考虑构件生产、运输、进场、码放、吊装、安装及节点连接等众多方面。在施工准备阶段，项目团队需要仔细研究设计图纸，结合现场踏勘，组织设计、生产、施工等专业技术人员对项目重难点进行详细分析，并制定相应的措施。通常装配式建筑 EPC 项目的施工重难点及主要措施可参考表 5-1。

装配式建筑EPC项目施工重难点及主要措施 表5-1

序号	施工重难点	主要措施
1	预制构件运输及堆放	• 构件生产工厂严格按照设计吊装顺序进行装车和进场 • 构件生产工厂负责对构件装车重量和数量进行合理安排 • 施工现场根据设计要求进行场地硬化和堆放点合理布置 • 临时道路需要满足车辆运输荷载和运输宽度，并设置运输车辆掉头区域
2	成品保护	• 构件生产工厂负责编制详细的预制构件运输成品保护方案 • 施工现场负责编制预制构件堆放及安装后的成品保护方案 • 设置专人监督成品保护方案的执行情况
3	人员组织	• 施工现场负责对各施工作业人员进行操作培训和安全意识教育 • 培养作业人员流水施工意识 • 组织协调不同工种之间的施工穿插
4	新工艺质量控制	• 施工现场针对新工艺编制专项施工方案 • 针对新工艺对施工人员进行严格的作业培训 • 现场工人操作时由专人进行旁站监督
5	塔式起重机使用协调	• 塔式起重机选取和布置需要满足构件吊装要求 • 合理安排各类材料的吊装时间和吊装顺序 • 严格规划材料使用量和占用空间
6	外防护架选型及安装	• 组织考察学习，选择适合于装配式建筑的外防护架 • 外防护架与预制构件的连墙点需要与设计沟通，提前预留孔洞 • 编制专项施工方案并进行专家论证 • 按照专项方案对操作工人进行专业培训
7	测量放线控制	• 每栋楼至少采用2个测量孔，通过垂直激光仪和全站仪放出主控线和预制构件安装位置控制线 • 针对预制构件安装精度控制要求，制定操作规程
8	灌浆工艺	• 制定灌浆专项施工方案 • 严格要求由专业工人进行灌浆作业
9	吊装作业	• 制定吊装专项施工方案 • 作业人员必须经过严格培训并考核合格后方可上岗

2. 施工组织部署

施工组织部署是按照项目的施工范围和施工内容，在满足合同工期要求的前提下，充分分析工作任务、资源、时间、空间的总体布局，使施工时间连续、空间统筹，符合工序逻辑关系。通常，项目施工顺序是按照先地下后地上，先结构后装修，先土建后专业的原则进行部署。在组织流水立体交叉施工时，可在结构施工期间插入相应楼层的土建装修和设备安装工序。

装配式建筑EPC项目在进行施工组织部署时需要明确总体施工流程、预制构件供货流程、预制构件安装流程及标准层施工流程等，充分考虑预制构件作业与现浇结构施工的工序交叉。合理划分作业界面，确定工序穿插的施工顺序，综合考虑预制构件的数量、重量、安装位置、工期计划等因素，优化垂直起重设备，划分流水施工段，提高施工效率。

（1）施工阶段划分

按照项目特点进行施工阶段的划分，通常单位工程以土建工程施工为主导，根据土建工程的施工特点划分为地基基础、主体结构和装饰装修三个主要施工阶段，给水排水、电气、暖通空调、设备安装等工程全过程紧密配合土建施工，装配式建筑预制构件的施工内容在主体结构阶段进行。

（2）施工流水段划分

施工流水段的合理划分是组织流水施工的前提。流水施工是将拟建工程按其工程特点和结构部位划分为若干个工作量大致相同的施工段，按照一定的工艺和施工顺序，组织各专业施工队依次连续、均衡地在各施工段上完成自己的工作，使施工有节奏进行的施工方法。通过合理划分施工流水段，能够确保各工种的连续作业、材料的流水供应和机械设备的高效使用，达到项目资源的最优配置，便于现场组织、管理和调度。

装配式建筑 EPC 项目需要综合考虑阶段交付计划、现场场地情况、塔式起重机施工半径及项目施工特点等因素，进行施工流水段的合理划分。以下将介绍南京某装配式建筑 EPC 项目的施工流水段划分方案。

1）一级流水段划分

按照项目进度要求划分为两个一级流水施工段，其中流水段Ⅰ包括 1＃、2＃、3＃、8＃楼、临街商业及周边车库，流水段Ⅱ包括 4＃、5＃、6＃、7＃、9＃楼、临街商业及周边车库（图 5-2）。

2）二级流水段划分

在二级流水段划分过程中，应充分考虑项目计划开盘顺序及塔式起重机垂直运输能力。由于各施工段楼栋开盘时间接近，为了尽量平衡各塔式起重机的服务范围，流水段Ⅰ划分为 12 个二级流水段，流水段Ⅱ划分为 10 个二级流水段。应先施工主楼及相邻两跨车库区域，剩余车库区域应尽早施工，为后期场地转换创造条件（图 5-3）。

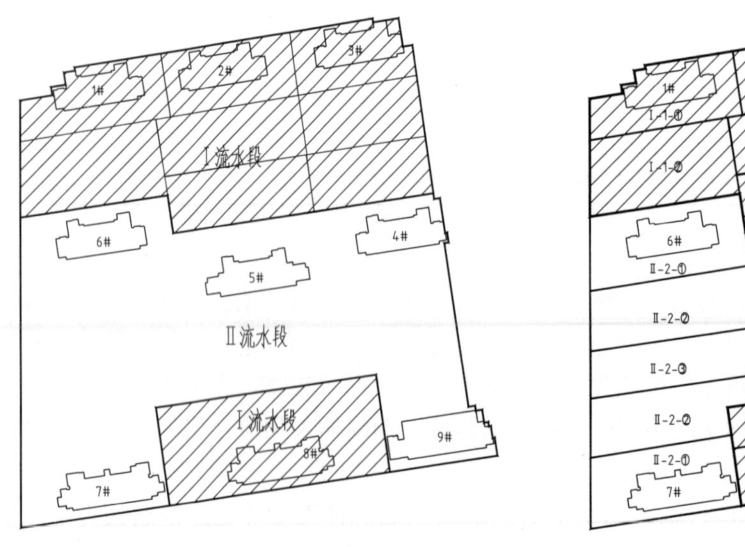

图 5-2　一级流水段划分

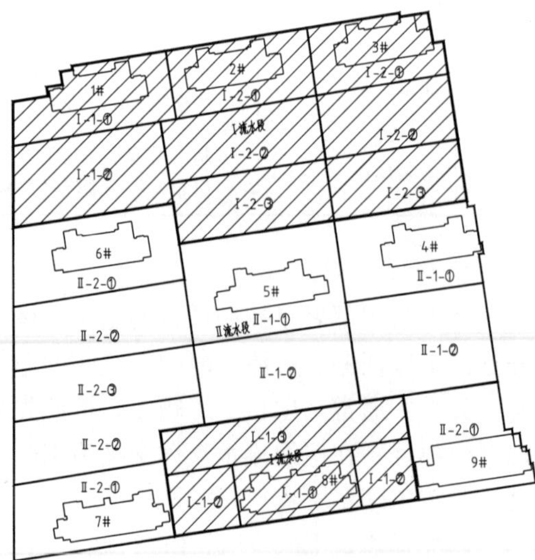

图 5-3　二级流水段划分

3）具体楼栋的施工流水段划分

根据一、二级施工流水段的划分情况，按结构后浇带位置将楼栋划分为若干个流水段，如图 5-4 和图 5-5 所示。

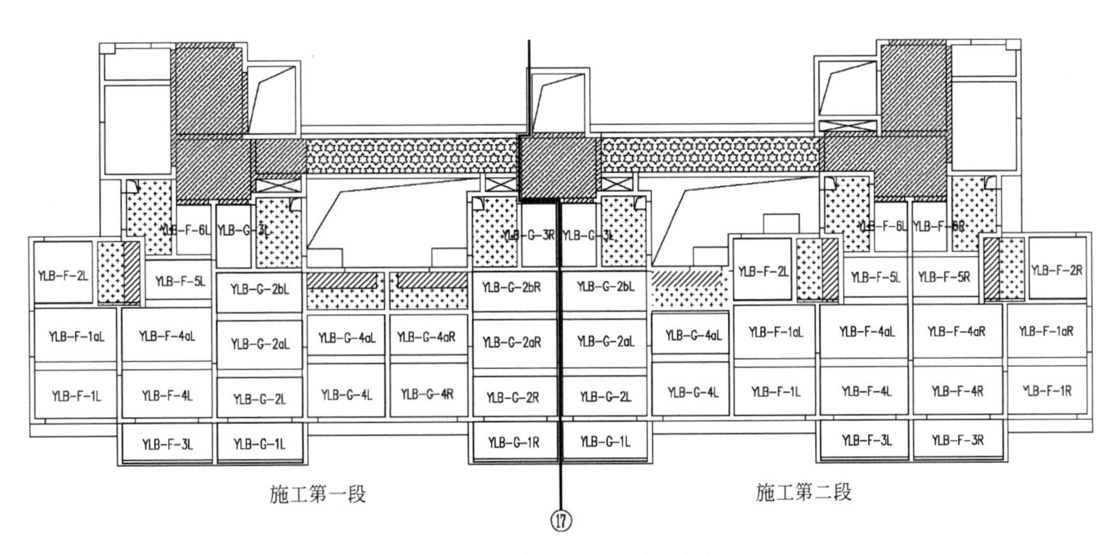

图 5-4　预制楼板施工区流水段划分

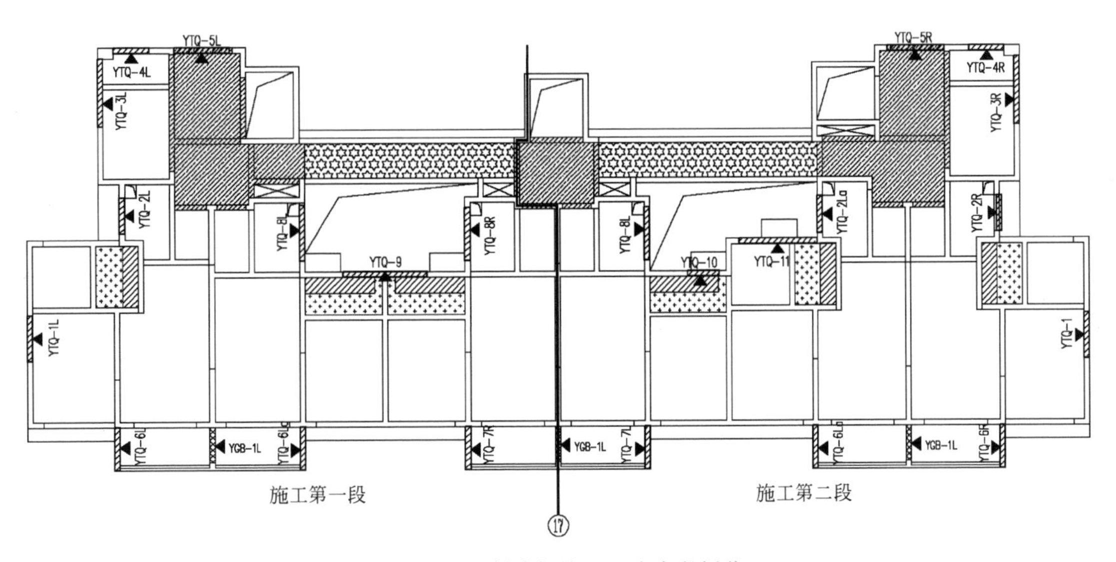

图 5-5　预制墙板施工区流水段划分

3. 施工准备

建筑工程项目施工准备一般包括技术准备、现场准备和资源准备等，根据装配式建筑 EPC 项目的特点，在施工准备方面主要关注以下方面。

（1）技术准备

技术准备是施工准备工作的核心内容，包括熟悉和审查设计图纸资料、原始资料的调查分析、编制施工方案和岗位培训工作。由项目技术负责人组织各专业人员熟悉图纸，对图纸进行自审和会审，熟悉和掌握施工图的全部内容和设计意图；施工前对地质情况、水文情况、地下管线情况进行更为详细的调查了解，在对水文情况进行细致了解的基础上，制定切实可行的降、排水措施；按照三级交底制度要求逐级进行技术交底，尤其对新技术、新工艺进行针对性交底，可采用书面文字、图表和 BIM 可视化模型等方式，交底活动要逐级签字。对于装配式建筑，需要做好相关岗位的培训工作，以保证施工安全和施工质量，具体岗位培训内容如下：

1）材料进场验收人员培训。主要对技术员、质量员、材料员和施工员进行预制构件的进场验收培训，包括国家、行业和地方预制构件质量验收相关标准、进场验收操作规程及相关质量证明文件等内容。

2）吊装人员培训。主要对塔式起重机司机、信号工、挂钩工进行吊装安全作业的相关培训，包括预制构件吊装专项方案、吊装作业规程等内容。装配式建筑的预制构件数量多、重量大，塔式起重机占用时间长，吊装作业的风险较高，因此需要针对吊装作业编制专项方案，吊装人员必须考核合格并持证上岗。在进行预制构件吊装前，吊装人员需要熟悉不同规格构件的重量、几何尺寸、重心位置，检查构件吊点位置的连接件是否完好，钢丝绳、吊装带、吊环等是否损坏等，在整个吊装过程中，严格按照操作规程执行。

3）预制构件安装人员培训。培训内容主要包括《装配式混凝土建筑技术标准》GB/T 51231—2016[2]、《装配式钢结构建筑技术标准》GB/T 51232—2016[3] 等标准规范和预制构件安装专项方案。安装人员上岗前需要熟悉深化拆分图纸、安装顺序和操作流程，管理人员可利用 BIM 信息技术进行可视化拼装模拟（如构件起吊、就位、斜撑固定、定位校正、节点处理等过程），提高作业人员对安装工序的熟悉程度。

4）套筒灌浆操作人员培训。培训内容主要包括《钢筋连接用套筒灌浆料》JG/T 408—2019[4]、《钢筋套筒灌浆连接应用技术规程》JGJ 355—2015[5]、钢筋套筒灌浆施工方案、灌浆工艺操作指导手册等。操作人员上岗前需要熟悉工艺设计图纸、灌浆所需的工器具、施工工艺流程及质量控制要求，并且需要经过实操培训和考核。

5）质量检查人员培训。主要对质量员、技术员进行预制构件质量检查验收培训，内容包括《混凝土结构工程施工质量验收规范》GB 50204—2015[6]、地方标准及预制构件安装专项方案等。质量检查人员需要熟悉设计图纸、施工方案和相关规范标准，掌握预制构件质量验收方法和验收工具的使用，在施工过程中严格控制施工质量。

（2）现场准备

装配式建筑 EPC 项目施工现场需要满足三通一平的条件，优化布置现场临时设施和预制构件堆场位置，根据项目施工进度计划、预制构件最大单重及吊装距离、现有场地条件等因素，选取合适的塔式起重机型号并进行合理布置，每栋楼均宜配置 1 台塔式起重机，以满足进度节点要求。对于多楼栋同时施工的大型项目，可能会存在塔式起重机平面布置交叉碰撞的问题，需要编制群塔作业专项方案。现场堆场需坚实平整，满足预制构件堆放的荷载要求，宜采取混凝土硬化地面。临时道路需要满足预制构件运输车辆的荷载和转弯半径的要求，并设置车辆掉头区域。

（3）资源准备

资源准备一般包括安装材料及工具、机械设备、劳动力、试验与计量器具等的需求计划。以下根据装配式建筑 EPC 项目施工特点，对材料工具和劳动力准备进行简要阐述。

1）安装材料及工具准备。根据设计图纸和预制构件吊装、安装专项方案的要求，制订各种吊装工具和安装材料的采购计划，并落实专人进行采购跟踪和物料到场后的使用管理，表 5-2 为南京某装配式项目的材料工具清单。

某装配式项目材料工具清单　　表 5-2

序号	材料工具名称	规格型号	单位	数量	备注
1	墙板定位	170×100	个	2300	
2	固定螺栓	M16×30	个	4200	提供检验报告
3	单面泡沫胶条	30×3	m	4100	
		15×5	m	4100	
4	(黑色)双面泡沫胶条	20×30	m	4100	
5	斜支撑	2.5/3m	个	1060	
6	自攻钉	M10×75	个	4320	
7	聚氨酯胶		根	800	
8	泡沫棒	直径 3cm	m	80000	
9	钢扁担	6m	根	70	
10	钢丝绳 22×3m 扎头	6×37a(钢芯)	根	150	提供检验报告
11	钢丝绳 20×4m 扎头	6×37a(钢芯)	根	150	提供检验报告
12	钢丝绳 20×6m 扎头	6×37a(钢芯)	根	150	提供检验报告
13	撬棍	25mm 螺纹钢/长 1.5m	把	40	
14	卸扣		个	50	
15	吊钩		个	70	提供检验报告

2）劳动力准备

根据预制构件类型、装配率等项目特点，结合类似项目经验，合理配置劳动力数量和各工种占比，并在施工过程中根据实际情况进行调整，确保劳动力配置最优，减少闲置或者窝工的情况，表 5-3 为上文中南京某装配式项目的劳动力投入计划。

劳动力投入计划　　表 5-3

工种	人数	工种	人数	工种	人数	工种	人数
电焊工	20	混凝土工	64	电工	12	木工	96
钢筋工	60	试验工	12	壮工	32	架子工	60
信号工	28	塔式起重机司机	24	电气工	80	测量工	20
水暖工	48	安装工	96	灌浆工	28		
							共计:680 人

在目前的装配式项目施工过程中，通常采用与具有类似工程经验的劳务队伍合作，或者对自有工人进行培训上岗两种方式。为了提高装配式建筑施工质量和施工效率，需要培育装配式产业工人，利用科学的组织管理和专业技能，结合信息化、智能化技术，实现装配式建筑施工质量和效率的大幅提升。

4. 施工方案

装配式建筑 EPC 项目施工方案编制时，除了对传统的地基与基础、现浇主体结构、防水工程、安装工程等编制施工方案外，重点还需要编制预制构件的生产供货方案、运输方案、现场堆放方案、吊装方案、安装方案、节点施工方案、成品保护方案等，具体内容在本章 5.2.2 中详细阐述。

5. 施工现场总平面布置

装配式建筑 EPC 项目施工现场总平面策划时，除了考虑生活办公设施、施工便道、仓库及堆场等布置外，还需要根据预制构件类型、构件数量、构件最大单重、安装位置、现场可利用场地、运输条件等因素，进行综合分析和优化，合理选取塔式起重机型号，布置预制构件专用堆场和临时道路，具体内容将在本章 5.2.3 中详细阐述。

6. 施工协调

目前装配式项目大多仍采用传统的管理模式，施工现场容易出现预制构件安装偏差过大、供应不及时、安装质量难控制等情况，影响了项目的整体进度和质量。装配式建筑在 EPC 总承包管理模式下，施工现场可与设计、生产有效衔接，为并行工程和精益建造提供了应用场景。

现场施工与设计的协同。装配式建筑相比传统现浇建筑增加了预制构件深化设计环节，目前多由设计单位或构件生产企业完成深化设计图纸。在进行深化设计的过程中，既要充分考虑建筑、结构、机电、装饰装修等专业的集成，还要考虑预制构件模具设计、构件生产、运输、吊装和施工安装的可行性，以及对现场塔式起重机选型和施工安装的影响。因此，现场施工需要提前介入到施工图设计和深化设计环节，结合施工技术、工艺要求以及丰富的施工经验，协助设计人员共同完成设计工作，使得设计能最大程度地满足施工要求，减少变更、提高施工安装效率、节约起重设备和劳动力投入成本。

现场施工与构件生产的协同。构件厂通常按照合同要求的工期和数量进行排产，过程中与施工现场沟通较少，不能充分掌握现场实际进展情况并及时做出相应的生产调整，可能会出现供货不及时影响施工进度，或者构件积压占用有限的堆场空间等问题，影响构件厂其他项目预制构件的正常生产。施工现场需要根据项目总进度计划编制构件吊装计划，并协同构件厂共同编制构件生产和供货计划。在项目实施过程中，现场施工管理人员需要与构件厂紧密联系，及时了解构件的生产情况，并根据现场场地条件规划合理的构件存放数量，在不影响施工进度的前提下尽可能提高场地利用率。

7. 相关保证措施

1）施工进度计划

根据项目施工总进度计划，结合现场条件、塔式起重机工作效率、预制构件生产能力、构件运输状况、气候环境情况等因素制定预制构件进场计划和吊装计划。同时确定预制构件安装流程、标准层施工作业流程等内容，充分考虑预制构件吊装、安装环节与现浇结构施工的作业交叉，明确两者之间的界面划分及协调安排。

2）质量管理计划

在质量管理计划中应明确质量管理目标，并围绕质量管理目标重点针对预制构件生产、运输、吊装及安装、成品保护等环节制定质量管理计划，进行项目全过程的质量管控[7]。例如，制定预制构件进场验收标准、预制构件安装质量验收标准、交底与培训管理办法、安装材料及工具检验流程、隐蔽工程验收标准等。

3）成本管理计划

根据项目成本控制目标进行分解，制定成本管理计划，统筹考虑装配式建筑 EPC 项目生产、施工各环节的成本控制要点，编制相应的管理措施。例如：协同生产工厂进行预制构件生产工艺优化，减少生产成本；合理选择运输路线及运输方式，降低运输成本；合理组织预制构件进场和卸车，避免对其他施工环节的干扰；根据塔式起重机运行负荷及现场情况，可适当考虑采用汽车起重机进行卸车，或者直接从运输车上进行吊装，提高施工效率；合理规划构件堆场和临时道路，避免预制构件运输和堆放过程中出现损坏；合理组织预制构件安装与现浇作业的施工穿插，避免出现窝工；加强对吊装、安装材料和工具的管理和维护，减少损耗，提高周转利用率等。

4）安全管理计划

根据项目安全管理目标制定安全管理计划，明确预制构件生产、运输、卸车、堆放、吊装、安装等不同工序的安全管理重点和管理措施，包括建立施工安全管理组织、编制装配式施工各工序的安全操作规程、编制安全设施检验及维护计划、制定操作人员的安全交底和培训计划等。

5.2.2　主要实施方案

装配式建筑EPC项目施工管理相比传统现浇结构项目，增加了预制构件的全过程管理，具体包括预制构件生产、运输、进场、堆放、吊装、安装和节点施工等环节，对施工管理提出了更高的要求。装配式建筑的系统性、集成性和低容错性特征，决定了预制构件管理环节的重要地位。可以认为，装配式建筑EPC项目能否实现项目目标，主要取决于预制构件的全过程管理水平。因此，项目施工前需要根据装配式建筑的特点，针对预制构件编制科学合理的实施方案。

1. 预制构件生产方案

预制构件生产方案是确保供货计划的技术和组织保障，在进行方案编制时，现场施工方需要协同构件生产工厂共同研究确定。生产方案编制前需要综合考虑生产线的选择、原材料的采购方案、生产工艺的确定、堆场规划等因素，并根据施工总进度计划的要求完成预制构件生产计划的编制。

（1）预制构件生产计划。根据构件生产工厂具备的生产线和模具数量、劳动力情况和生产能力，结合施工总进度计划进行编制，尽可能做到生产计划与现场吊装计划相匹配，同时在生产过程中根据现场实际进展情况及时动态调整。

（2）合理选择生产线。根据项目预制构件类型、数量、供货计划等因素选择合理的生产线（详见本章5.7.2节），针对外形复杂、结构特殊的预制构件，需制定专项方案并在生产前进行样板试验。根据项目的特点，综合考虑构件类型及数量、生产效率、复杂程度等因素，适当选择柔性生产线。对于制作工艺简单的预制构件（如预制楼梯），还可以考虑现场生产的方式，降低生产成本和运输成本。

（3）确定原材料采购计划。在生产前根据合同要求的构件类型和数量，结合深化设计图纸，准确计算混凝土、钢筋、预埋铁件、连接件等各种原材料的需求量，分析各种原材料的市场供应情况，制定不同的采购策略，避免出现原材料供应不足的情况。

（4）确定生产工艺。根据项目的预制构件类型和现有的生产条件，制定相应的生产工艺流程，确保产品质量满足要求。

（5）合理规划堆场空间。根据项目的预制构件工程量和施工进度计划，计算所需的堆场面积，并依据各类构件的生产量和堆放特点，合理规划堆放场地，便于构件装车和管理，提高构件生产过程中的场地周转效率[8]。

2. 运输方案

运输方案一般由运输单位进行编制，经过施工方和构件厂共同确认后实施，确保顺利完成构件的配送任务。运输方案主要包括运输车辆的选型和数量、运输路线和运输时间段、现场装卸要求等方面。

（1）运输车辆选择。运输方应根据各类预制构件的特点，以提高运输效率、降低运输成本和保证构件运输质量为目标，提前策划车辆选型。根据各种车型的运载能力、运输空间和构件装运特点等因素，提前进行运输模拟，确定合适的运输车辆。

（2）运输路线规划。从构件厂到施工现场往往有多个运输路线可供选择，运输方需要提前调研各条运输路线的路况和沿途对车辆限高、限宽和限载等要求，综合分析各条运输线路的特点，提前确定主要运输路线和备选路线[9]。

3. 现场施工方案

科学的施工方案是确保项目进度、成本、质量、安全等目标实现的前提，是进行项目管理的依据。在 EPC 模式下，施工方被赋予了协调设计方、预制构件生产方的权力。在编制装配式建筑 EPC 项目现场施工方案时，施工方可与设计方、生产方进行充分沟通，共同论证方案的可实施性和经济性，并进行优化。装配式建筑 EPC 项目施工方案主要包括：进场及码放方案、吊装方案、安装方案及节点施工方案等内容，由于不同类型预制构件的安装方案和节点施工方案具有较大区别，以下仅对进场及码放方案和吊装方案进行简要阐述。

（1）进场及码放方案

施工现场需根据实际施工进度合理规划预制构件的进场计划和储备数量，既要保证满足施工进度要求，又要确保现场储备数量在合理范围内，以免过多占用堆场空间影响其他施工工序的正常开展，通常提前一周将进场计划通知构件生产工厂，吊装前 2～3 天将预制构件运输至现场。同时根据构件类型、吊装顺序、构件重量和场地情况等因素制定相应的固定措施和码放方案，满足吊装和施工安全的要求，如采用预制构件专用存放架、设置码放安全距离、码放层数要求、构件码放位置应在塔式起重机吊运能力范围内等。

（2）吊装方案

预制构件吊装方案需要满足整体施工计划的要求，根据建筑的结构形式和各类构件的吊装特点确定，以提高吊装效率、保证吊装安全和减少施工干扰为目标，确定合理的起重设备和构件吊装工艺，制定可靠的安全措施。施工现场的各种起重设备常常同时作业，不同起重设备的旋转半径和吊运能力不同，在选择预制构件起重设备时需要综合考虑最远吊距、最大起吊重量和经济性等因素。施工方可根据堆场位置、构件分布和构件最大单重等情况，利用 BIM 技术进行可视化吊装模拟，选择与现场施工条件最匹配的吊装工艺和起重设备，避免出现起重设备之间的干扰和构件无法吊装等问题。同时根据项目情况制定各类构件的吊装工具、吊装材料、安装支撑及安装工具等的采购和使用计划。

5.2.3 施工总平面布置

施工总平面布置是装配式建筑项目施工管理的重要组成部分，为确保施工过程能够顺利进行，实现预期的项目目标，需要对施工现场总平面进行科学合理的布置。

1. 施工总平面布置的原则

施工总平面布置需要满足《建筑施工组织设计规范》GB/T 50502—2009[10] 的要求，主要按照以下原则布置：

（1）合理布局规划，协调紧凑，减少施工场地的占用面积；

（2）合理规划预制构件现场堆放区域，满足运输和吊装要求，避免二次搬运；

（3）施工区域的划分和场地的临时占用应符合总体施工部署和施工流程的要求，减少相互干扰及场地内部运输费用；

（4）充分利用既有建筑物、构筑物和原有的设施为项目施工服务，减少临时设施的建造费用；

（5）临时设施应方便生产和生活，办公区、生活区和生产区宜分离设置，尽量减少工作人员的往返时间；

（6）符合节能、环保、安全和消防的要求，并满足安全文明施工的相关规定。

2. 施工总平面布置的主要内容

传统现浇结构施工总平面布置需要考虑的因素包括：施工用地范围内的地形情况；全部已建和拟建建筑、构筑物、基础设施、地下管道等的位置关系；垂直起重设备的布置；施工临时设施布置，包括办公楼区、生活区、生产设施及辅助设施等；临时施工道路、临时供水设施、临时供热设施、排水排污设施、临时供电和变配电设施等布置；施工现场必备的消防设施、安全防汛设施、保卫和环境保护设施位置。

装配式建筑较传统现浇结构增加了预制构件生产、运输、进场、吊装、安装等环节，在进行施工现场总平面布置时，除了传统现浇结构需要考虑的因素，还需要重点考虑预制构件的进场道路、垂直起重设备吊运能力、堆放场地、装卸车位置等的布置情况。装配式建筑施工过程中，垂直起重设备的使用频率较现浇结构大幅增加，堆场和垂直起重设备的布置将直接影响施工效率，合理布置垂直起重设备和预制构件堆场对装配式建筑 EPC 项目的施工总平面布置至关重要。

3. 装配式建筑 EPC 项目施工总平面布置要点

装配式建筑 EPC 项目施工现场总平面布置的关键是解决垂直起重设备、构件运输道路和堆场布置的问题。

（1）塔式起重机选型及平面布置

塔式起重机是工程项目施工过程中最常用的垂直起重设备，在进行塔式起重机布置时需要考虑满足相应工作面的材料、设备、施工机具等的运输需求。在传统现浇结构施工中，塔式起重机的工作频率不高，有时多栋建筑可共用 1 台塔式起重机。在装配式建筑施工过程中，塔式起重机不仅要满足现浇结构施工的垂直运输功能，还要承担预制构件的吊装、安装就位工作，并且预制构件吊装和安装占用时间较长，因此每栋楼宜单独设置塔式起重机。

通常在塔式起重机选型和布置时需要考虑的因素包括：按照装配式建筑深化设计图纸，确定最重的预制构件重量及所处楼层和位置；塔式起重机的覆盖范围、塔式起重机末端的起吊能力、各层预制构件的重量及分布情况；塔式起重机与堆场的距离应满足预制构件的装卸、起吊及施工装配的要求，避免二次转运情况的发生；塔式起重机进出场费、租赁费等。在保证使用功能和安全性的基础上，综合考虑以上因素，确定最合理的塔式起重机型号。表 5-4 和图 5-6 是南京某装配式建筑 EPC 项目塔式起重机选取和塔式起重机平面布置情况。

塔式起重机选取情况　　表 5-4

塔机编号	型号	厂家	前臂长(m)	主要服务楼栋	附着楼栋
1	TC7020		50	1#楼、商业、配套用房及相邻车库	1#楼
2	TC7020		50	2#楼、商业、配套用房及相邻车库	2#楼
3	TC7020		50	3#楼、商业及相邻车库	3#楼
4	TC7020		50	4#楼、配套用房及相邻车库	4#楼
5	TC7020	江苏	50	5#楼及相邻车库	5#楼
6	TC7020		50	6#楼、商业、配套用房及相邻车库	6#楼
7	TC7020		50	7#楼、商业、配套用房及相邻车库	7#楼
8	TC7020		50	8#楼及相邻车库	8#楼
9	TC7020		50	9#楼及相邻车库	9#楼

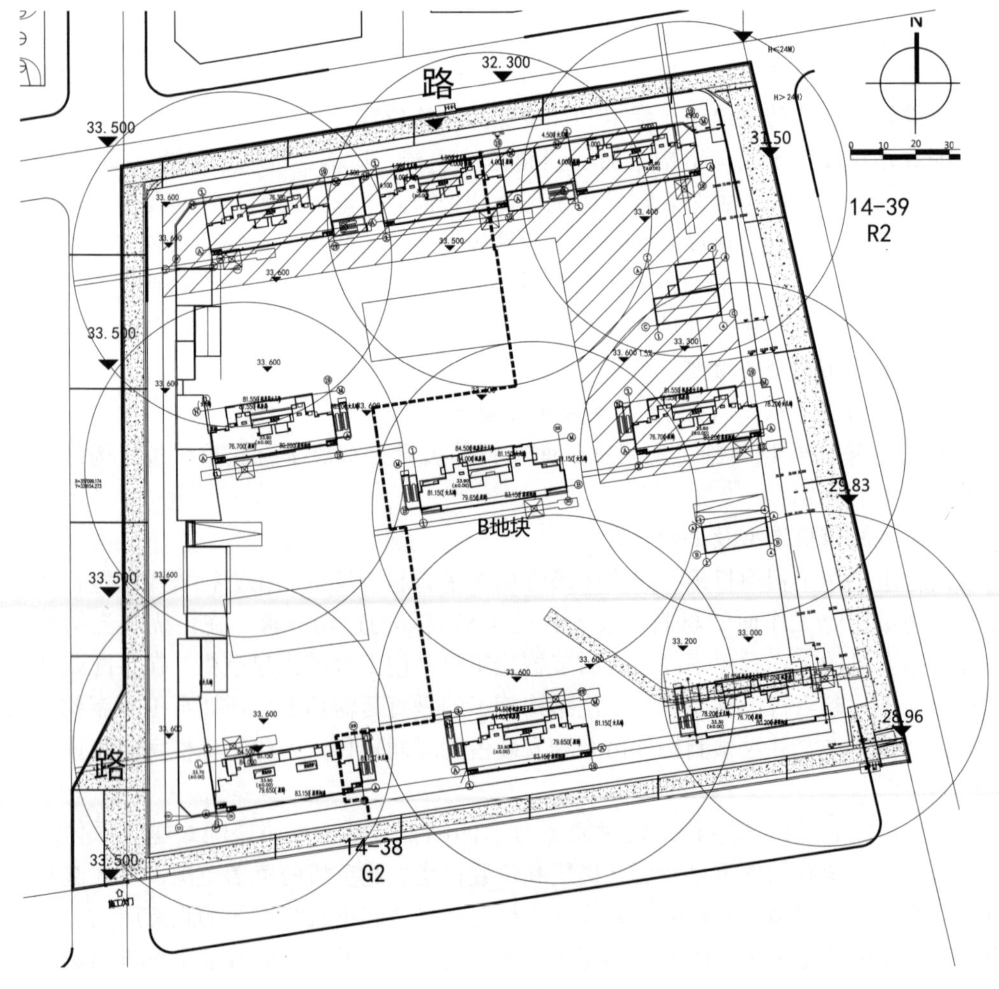

图 5-6　施工总平面布置及塔式起重机平面布置

（2）预制构件堆场布置

预制构件堆场的布置，直接影响预制构件的吊装效率和吊装安全，合理的堆场布置可提高施工效率，节省施工工期。在进行预制构件堆场布置时，需要满足大型运输车辆、起重设备通行和装卸的要求，重型构件宜靠近塔式起重机存放，轻型构件可存放在塔式起重机起吊范围较远处；同时，堆场容量需满足安装进度的需求，应按照吊装顺序合理规划各类堆放区的位置。预制构件堆场通常分为预制墙板堆放区、叠合板堆放区、预制楼梯堆放区、预制阳台堆放区、钢构件堆放区等，各类预制构件需按照专项方案进行堆放和管理。预制构件的堆场是装配式建筑EPC项目最重要的安全管理区域之一，要求对预制构件按照类型分区码放，对易倒塌构件进行重点控制。

预制构件堆场布置需靠近楼栋，在塔式起重机吊运范围内，尽量避开地下车库区域，当因场地限制需采用地下室顶板作为堆场时，要进行承载力计算，并采取加固措施。

（3）运输构件车辆装卸点布置

预制构件通常采用大型车辆进行运输，运输构件较多，装卸时间长，因此需要合理地规划装卸点位置，避免车辆长时间占用临时道路，影响现场其他工序的正常作业。如果现场空间受限，需要占用临时道路，可考虑错开作业时间进行卸车。

（4）内部运输道路布置

施工现场道路通常按照永久道路和临时道路相结合的原则布置，节省施工道路的建设费用。施工道路宽度、转弯半径需满足运输车辆双向通行的要求，路面承载力需满足运输车辆和起重设备的荷载要求。

5.3　装配式建筑EPC项目施工进度管理

工程项目的施工进度管理是按照项目总体进度目标进行分解，对项目施工过程中的各项工作进行计划、实施和控制的过程。施工进度管理是EPC总承包方项目管理的重点工作之一。对于装配式建筑，由于其建造方式的特殊性，如预制构件生产和施工安装两地分离、项目参与方众多、设计—生产—施工配合度要求高等，对施工进度计划与控制提出了更高的要求，需要针对项目特点制订科学合理的进度管理方法。例如，以预制构件吊装时间为控制点，确定预制构件的生产时间、运输时间及进场时间，从而确定设计单位出具深化设计图和构件生产工厂准备生产材料的时间。这样既可以确保项目关键节点工期，也可以让构件生产商的生产和供货计划与现场进度计划相匹配。

5.3.1　施工进度计划

施工总进度计划应根据项目合同和项目计划编制，施工各级进度计划是在施工总进度计划的约束条件下，根据施工活动开展顺序、持续时间和资源条件进行编制。施工进度计划遵循末位计划系统（Last Planner System，简称LPS），即让施工一线的基层团队负责人（施工班组长）作为末位计划者，充分参与到项目计划的制定过程，通过保证末位计划者负责的每个任务按时完成，来保障整个项目计划的顺利实施。

施工进度计划可分为施工总进度计划、各专业施工进度计划、三月滚动计划和三周滚动计划。其中，前两类进度计划是控制项目施工进度的指令性计划，属于长期计划；三月滚动计划和三周滚动计划是项目实施的执行计划，属于短期计划。以下对 EPC 工程总承包项目常见的施工进度计划编制方法进行介绍。

1. 施工总进度计划

施工总进度计划是施工进度计划的第一级计划，在项目进度计划系统中属于第三级计划，目的是控制整个项目的施工进度，同时作为编制各专业施工进度计划的依据。

施工总进度计划是以项目总进度计划、项目实施计划及项目工作分解结构 WBS 等为依据进行编制，主要的编制方法及步骤包括：1）收集整理编制依据文件和项目资源、费用、工程量的估算情况；2）计算各分部分项工程的施工工期和资源投入，确定各活动之间的逻辑关系，编制计划初稿，确定关键路径；3）对计划初稿进行优化，通过关键路径、资源负荷图和 S 曲线优化调整有关活动的开工、完工时间及工期，形成正式的施工总进度计划。表 5-5 和图 5-7 是南京某装配式建筑 EPC 项目施工总进度控制目标和进度计划。

施工总进度控制目标　　表 5-5

楼栋号	开工时间	基础完工时间	正负零完成时间	主楼封顶	二次结构及隔墙完成	架体拆除	竣工验收
1#楼	2019-12-25	2020-1-8	2020-2-16	2020-8-11	2020-9-4	2020-10-19	
2#楼	2020-1-1	2020-1-15	2020-2-24	2020-8-16	2020-9-6	2020-10-21	
3#楼	2020-1-1	2020-1-15	2020-2-24	2020-8-16	2020-9-6	2020-10-21	
4#楼	2020-4-25	2020-5-9	2020-5-29	2020-11-25	2021-1-8	2021-3-18	
5#楼	2020-4-25	2020-5-9	2020-5-29	2020-12-9	2021-1-8	2021-3-18	2021-10-26
6#楼	2020-5-10	2020-5-24	2020-6-13	2020-12-10	2021-1-24	2021-4-3	
7#楼	2020-5-10	2020-5-24	2020-6-13	2020-12-24	2021-1-24	2021-4-3	
8#楼	2019-12-25	2020-1-8	2020-2-16	2020-8-17	2020-9-4	2020-10-19	
9#楼	2020-5-10	2020-5-24	2020-6-13	2020-12-24	2021-1-24	2021-4-3	
商业	同相邻主楼	同相邻主楼	同相邻主楼	2020-11-25	2020-12-20	2021-3-15	2021-10-26

2. 各专业施工进度计划

各专业施工进度计划是施工总进度计划的进一步深化，属于施工进度计划中的第二级计划，在项目进度计划系统中属于第四级计划，目的是控制各专业工程的施工进度，同时作为编制三月滚动计划的依据。该计划是以土建、安装、装修等专业阶段划分为基础，分解每个阶段需完成的具体工作内容，形成阶段计划，便于各专业进度的安排、组织与落实，有效控制工程进度。

各专业施工进度计划是以施工总进度计划、项目实施计划及项目工作分解结构为依据进行编制，主要的编制方法及步骤包括：1）收集编制依据文件，以及类似项目的经验数据和资料；2）确定各项活动的施工工期、资源投入、施工顺序和逻辑关系；3）确定各项活动的开始和完成时间，编制计划初稿；4）对初稿进行优化，通过各项活动的资源分配，计算出资源负荷图和 S 曲线，再优化调整相关活动的开工、完工时间以及施工工期，明确主要进度控制点、主要设备及材料到场时间，形成正式的各专业施工进度计划。

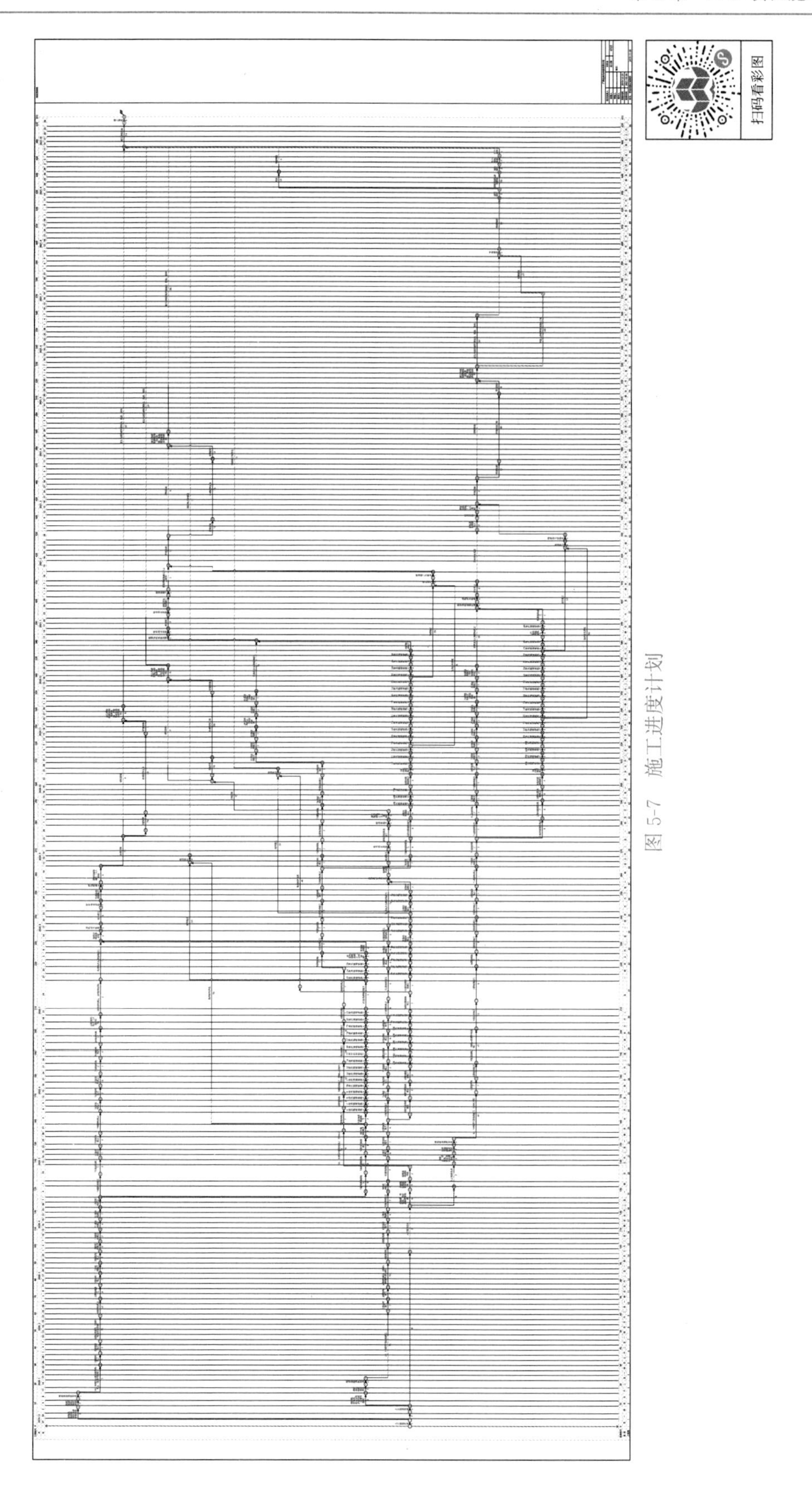

扫码看彩图

图5-7 施工进度计划

3. 三月滚动计划

三月滚动计划属于施工进度计划中的第三级计划，在项目进度计划系统中属于第五级进度计划。三月滚动计划是保证项目施工进度计划实现的基础，用于控制各施工分包单位的施工进度，同时也是施工分包单位编制三周滚动计划的依据。三月滚动计划通常每月编制一次，每次安排三个月，第一个月为实施计划，后两个月为准备计划，其中实施计划需要详细编制，准备计划是准备工作，可以粗略编制。三月滚动计划中应注明各项工作的工程量，反映出本月、后两个月工程量以及截至目前的累计完成量。

三月滚动计划依据施工总进度计划、各专业施工进度计划、项目实施计划及项目工作分解结构 WBS、图纸交付进度计划、设备及材料到货计划等进行编制，主要的编制方法及步骤包括：1）收集有关设备和材料的采购及到货情况、现场工作进展实际情况和施工分包单位目前投入的资源情况；2）确定工作内容，根据施工总进度计划、各专业施工进度计划、设备和材料到货情况以及图纸交付情况，确定各项活动的起止时间，并根据各项活动的工程量和施工工期，确定每月应完成的工作量；3）编制计划初稿；4）对计划初稿进行优化，通过调整有关活动的起止时间、调整计划中的施工内容等方法进行优化调整，形成正式实施的三月滚动计划。

4. 三周滚动计划

三周滚动计划是施工进度计划中的第四级计划，在项目进度计划系统中也属于第五级计划，是为了确保三月滚动计划的顺利实施，控制各施工队的每周施工进度以及明确各施工队的具体施工作业任务。三周滚动计划一般以施工队为单位进行编制，即每个施工队都需要编制。三周滚动计划通常每周编制一次，包括执行周、第二周和第三周的工作计划，其中执行周是需要执行的计划，第二周和第三周是准备计划，编制时需要注明各项活动分别在执行周、第二和第三周中的工程量，以及到本周为止的累计完成量。

三周滚动计划是依据三月滚动计划、图纸资料交付计划、设备及材料到场计划、现有人力资源和施工机具等进行编制，主要的编制方法及步骤包括：1）收集资料，确定各项活动内容及起止时间、每周应完成的工程量；2）编制计划初稿并进行优化调整，根据三月滚动计划要求和各施工队的资源情况，调整和确定合理的劳动力资源负荷，形成正式的三周滚动计划。

装配式建筑 EPC 项目施工进度计划管理程序如图 5-8 所示。

5.3.2 进度计划编制要点

通常在进行工程项目施工进度计划编制时，需要充分考虑项目特点，根据项目总工期和总体施工方案的要求，制定合理的施工进度计划。根据装配式建筑的施工特点，在进行施工进度计划编制时，需要重点关注预制构件环节对项目整体进度的影响，提前做好预制构件相关工作的分析研究和前期准备。例如，应尽早对项目周边的构件生产工厂进行考察调研，确定供货厂家；一般需要提前两个月与预制构件生产厂家确定并签订生产订单合同；需要提前考虑预制构件生产工厂的地理位置、生产能力、产品质量、构件运输等情况。

装配式建筑 EPC 项目施工进度计划编制过程中，需要综合考虑前期准备工作、工程量统计、吊装工效分析、标准层施工进度分析、构件进场计划、劳动力计划和穿插施工等

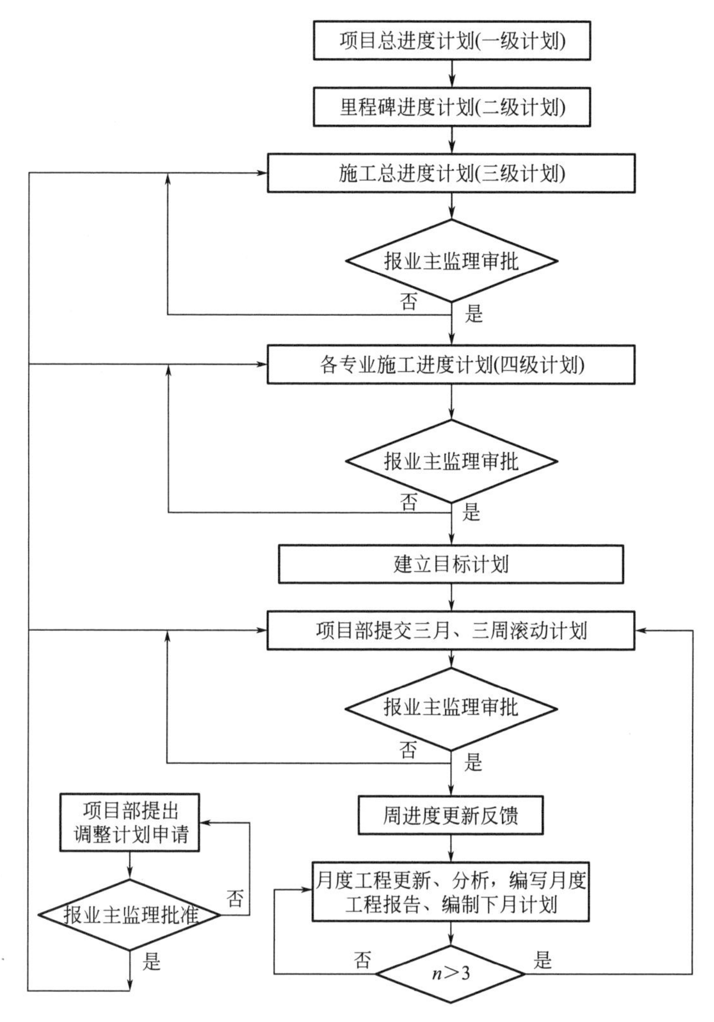

图 5-8　施工进度计划管理程序

因素，并结合类似项目的施工经验，进行合理规划。

1. 编制前的准备工作

编制施工进度计划前需要做如下准备：由各专业设计、生产工厂、施工方协同完成预制构件深化设计，确保深化方案的可实施性和经济性；根据深化设计图纸，分析各楼层构件分布和最大单重，选择合理的垂直运输起重机型号；进行施工总平面图的合理布置，特别是预制构件堆场位置的规划；合理进行工序划分，采用穿插施工工艺，提高塔式起重机的利用率等。

2. 工程量统计

装配式建筑结构中包括现浇结构部分及预制构件部分，在总体工程量计算时需分开统计，一般按照单层进行工程量统计。其中现浇结构部分的工程量按照传统计算方式进行统计；预制构件部分工程量按照预制构件类型、编号、外形尺寸、单重、数量等进行统计汇总，为后续生产计划、运输计划、吊装计划等提供依据。表 5-6 是南京某装配式项目标准层预制构件的统计情况。

南京某装配式项目标准层预制构件统计表　　表 5-6

序号	楼栋号	层数	标准层预制构件数量			
			预制外墙板（YTQ）	叠合板（YLB）	预制空调板（YKB）	预制楼梯（YLT）
1	1#楼	24	22	44	12	4
2	2#楼	24	22	44	12	4
3	3#楼	24	22	44	12	4
4	4#楼	23	22	44	12	4
5	5#楼	25	26	52	12	4
6	6#楼	23	22	44	12	4
7	7#楼	25	24	52	14	4
8	8#楼	25	24	52	14	4
9	9#楼	25	23	44	14	4

在表 5-6 的基础上，通常还需要编制详细的预制构件明细表，标明构件编号、外形尺寸、重量、数量等参数，以该项目 1#楼标准层预制外墙板为例进行说明（表 5-7），图 5-9 为 1#楼标准层预制外墙板布置图。

1#楼预制外墙板明细表　　表 5-7

编号	长度（mm）	高度（mm）	厚度（mm）	重量（t）	数量	层数	总数
YTQ-1L	1200	1500	220	0.9	1	24	24
YTQ-1R	1200	1500	220	0.9	1	24	24
YTQ-2L	1200	1500	220	0.9	1	24	24
YTQ-2R	1200	1500	220	0.9	1	24	24
YTQ-3L	2200	2480	220	2.73	1	24	24
YTQ-3R	2200	2480	220	2.73	1	24	24
YTQ-4L	1800	950	220	0.86	1	24	24
YTQ-4R	2000	950	220	0.95	1	24	24
YTQ-5L	1600	2480	220	1.98	1	24	24
YTQ-5R	1600	2480	220	1.98	1	24	24
YTQ-6L	1600	2480	220	1.98	1	24	24
YTQ-6R	1600	2480	220	1.98	1	24	24
YTQ-7L	1500	2550	220	1.91	1	24	24
YTQ-7R	1500	2550	220	1.91	1	24	24
YTQ-8L	900	2550	220	1.15	1	24	24

续表

编号	长度(mm)	高度(mm)	厚度(mm)	重量(t)	数量	层数	总数
YTQ-8R	1000	2550	220	1.28	1	24	24
YTQ-9L	2100	2550	220	2.68	1	24	24
YTQ-9R	2100	2550	220	2.68	1	24	24
YTQ-10L	1800	980	220	0.88	1	24	24
YTQ-10R	1000	980	220	0.49	1	24	24
YTQ-11L	3500	980	220	1.71	1	24	24
YTQ-11R	3500	980	220	1.71	1	24	24

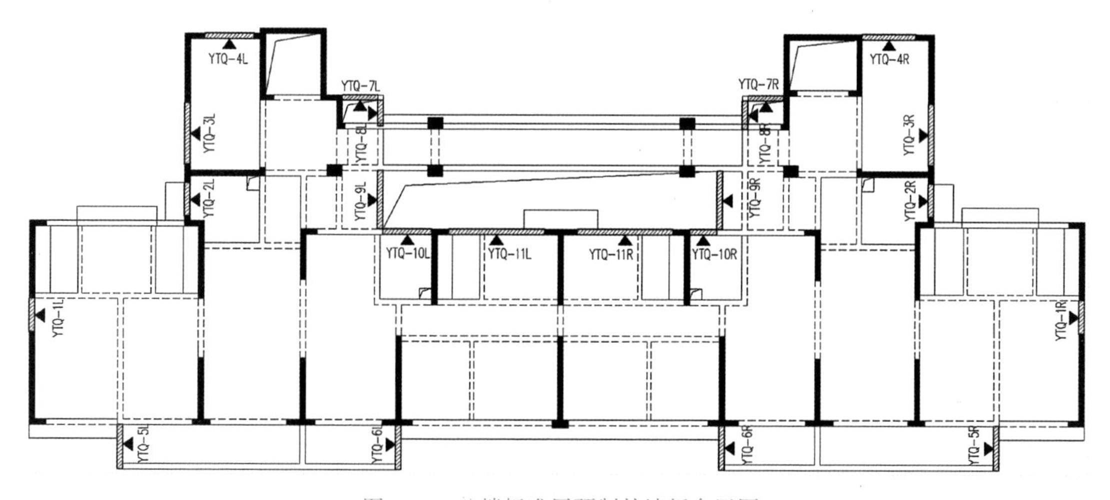

图5-9 1#楼标准层预制外墙板布置图

3. 吊装工效分析

预制构件吊装工序的效率直接影响施工流水组织。预制构件吊装时间由吊装准备时间（包括挂钩、安全检查等）、起升时间、回转就位时间、安装作业时间、调整时间、落钩至地面时间等组成。参考类似装配式项目施工经验，对单个不同构件的吊装耗时进行分析，估算构件吊装各环节平均所需时间（表5-8），再进一步估算标准层的吊装总耗时（表5-9，以上文中南京某装配式项目1#、5#楼为例），作为进度计划编制的重要数据。单个构件吊装时间与预制构件类型、外形尺寸、重量及节点连接复杂程度等密切相关，此处为常规构件的吊装时间估算。该估算时间并不是固定不变的，会随着安装人员操作熟悉程度和相互配合度的逐步提高而递减并最终趋于稳定。

单个构件吊装平均耗时估算　　表5-8

吊装工序	起吊准备	起升时间	回转就位	安装作业	调整	松钩、落钩至地面	平均耗时
时间(min)	2	1.5	1.5	10	5	2	22

标准层吊装耗时估算　　表 5-9

楼栋号	标准层预制构件数量（块）	单个构件吊装平均耗时（min）	总耗时（h）
1＃楼	82	22	30.1
5＃楼	94	22	34.5

4. 标准层施工进度分析

应按照统计的工程量及吊装工效分析，充分考虑定位放线、构件吊装、支撑安装、灌浆作业、现浇部分施工、水电线管安装等工序所需的时间，合理策划标准层的施工组织流水和施工工期。南京某装配式项目标准层施工流程如图 5-10 所示。

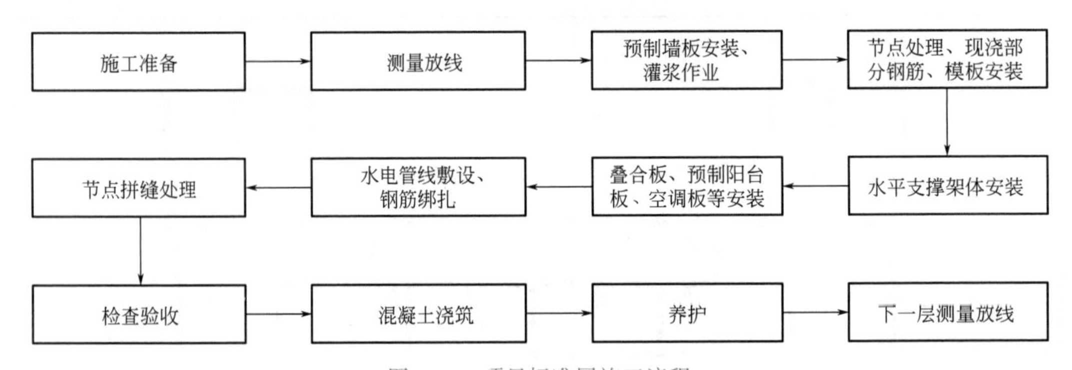

图 5-10　项目标准层施工流程

装配式项目施工进度可采用学习曲线的方法进行分析和预估。学习曲线（Learning Curve）也称为经验曲线、起始曲线或改善曲线，最早应用于飞机制造业，由美国学者怀特（Theodore Paul Wright）于 1936 年首次在航空工业杂志中提出，认为在飞机制造过程中，每当飞机的产量积累增加 1 倍时，平均单位工时就下降约 20％。学习曲线被定义为描述积累性产品的产量与单位产量所需投入要素之间关系的曲线，是用于工时预测、成本预估、生产控制、工作考核等的重要工具和方法，在生产制造行业得到广泛应用。学习曲线在不同的阶段呈现不同的状态，通常分为学习阶段和稳定阶段。学习阶段即通过个人或组织学习逐步积累经验，在此阶段完成单位产品的生产时间随着产品数量的增加逐渐减少；稳定阶段即当经验积累到一定程度后，学习效应逐渐减弱，完成单位产品的生产时间趋于稳定，学习过程结束（图 5-11）。

学习曲线的数学公式为：

$$Y=Kx^n$$

其中：x——产品累计产量；

Y——生产第 x 个产品所需的时间；

K——生产第一个产品所需的时间；

n——$\lg b/\lg 2$，其中 b 为学习率。

根据学者研究，验证了学习效应在建筑工程施工中的应用，并计算出建筑施工领域的学习率通常在 80％～95％之间。对于常规的装配式建筑项目，在首次进行预制构件安装

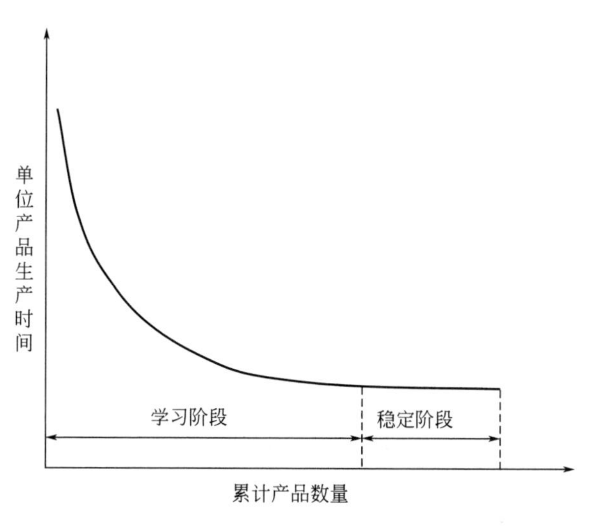

图 5-11 学习曲线模型

时，由于施工队伍需要熟悉图纸、安装工具、材料和安装工艺，且不同施工班组之间的穿插配合需要磨合，安装效率较低，前几层作为施工队伍开始学习的重要单元，施工进度一般约 10～12 天/层。通过个人和组织的不断学习，施工队伍安装操作逐渐熟练，组织协调管理能力提升，在后续楼层可以实现 6～7 天/层的施工进度。南京某装配式项目标准层的施工计划甘特图如图 5-12 所示。

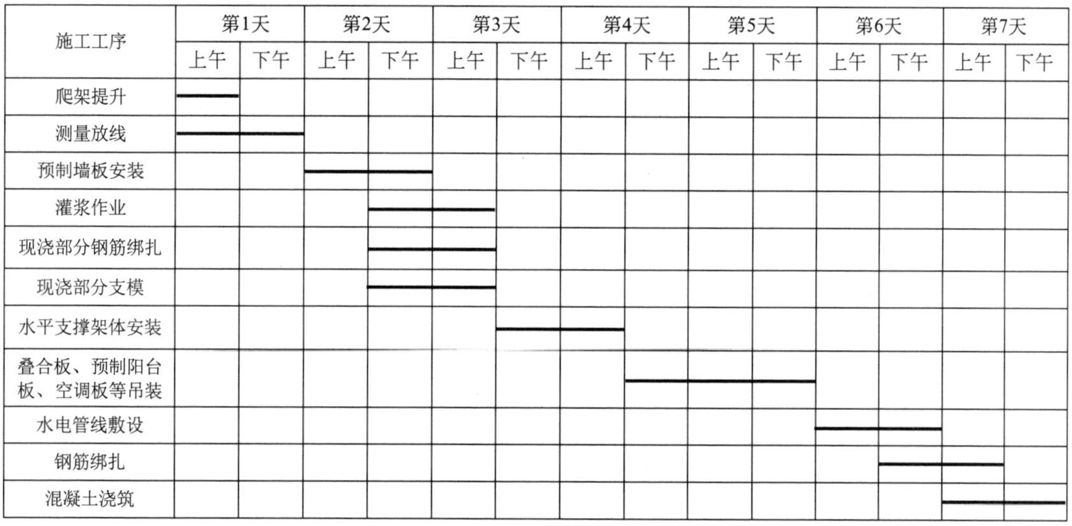

施工工序	第1天		第2天		第3天		第4天		第5天		第6天		第7天	
	上午	下午	上午	下午	上午	下午	上午	下午	上午	下午	上午	下午	上午	下午
爬架提升	——													
测量放线	——	——												
预制墙板安装			——	——										
灌浆作业				——	——									
现浇部分钢筋绑扎				——	——									
现浇部分支模				——	——									
水平支撑架体安装						——	——							
叠合板、预制阳台板、空调板等吊装								——	——	——				
水电管线敷设											——	——		
钢筋绑扎												——	——	
混凝土浇筑													——	——

图 5-12 项目标准层施工计划甘特图

装配式建筑项目作为一个系统工程，需要把控项目的整体施工进度而非仅关注标准层的施工效率。对项目整体而言，将机电管线及外装饰集成在预制构件中，可节省现场管线安装和外饰面作业时间，减少现浇作业量，为工序穿插提供更多的作业面，节省施工工期。

另外，采用不同的模板与外架体系，对施工进度也有较大影响。为了提高施工效率和工程质量，装配式项目宜采用铝模+爬架体系，其主要优点有：1）铝合金模板体系。铝模由标准化模块组装而成，材料重量较轻，可通过楼板预留洞实现上下层的人工转运，减少塔式起重机占用时间；铝模成型的墙、板平整度高，可实现免抹灰；铝模可实现早拆技术，减少拆模时间等。2）集成爬架体系。可同时用于主体结构施工的安全防护及外立面穿插施工；架体由升降机构自动爬升或下降，不占用塔式起重机吊次，施工组织更为合理等。

铝模+爬架体系的标准层施工组织流水示例如图 5-13 所示。

第1天：施工准备、爬架提升、测量放线

爬架提升

定位放线、混凝土养护、钢筋吊装

第2天：外墙板、内墙板吊装，现浇部分钢筋绑扎及铝模安装

预制墙板吊装、灌浆

现浇部分钢筋绑扎、支模

第3天：现浇部分钢筋绑扎及铝模安装、水平支撑架体搭设

钢筋绑扎、支撑架体搭设

现浇部分铝模安装

图 5-13 铝模+爬架体系的标准层施工组织流水示例图（一）

第4天：水平支撑架体安装、叠合板吊装

水平支撑架体安装

叠合板安装

第5天：预制叠合板、预制阳台板、预制空调板等安装

预制叠合板、预制阳台板、预制空调板等安装

第6天：水电管线敷设、钢筋绑扎

叠合板钢筋绑扎

水电线管预埋

第7天：钢筋绑扎及验收、混凝土浇筑

钢筋绑扎及检查验收

混凝土浇筑、养护

图5-13 铝模+爬架体系的标准层施工组织流水示例图（二）

5. 预制构件进场计划

根据施工进度计划，明确预制构件的吊装计划，从而确定预制构件的进场计划。在项目实施阶段，根据项目实际进度情况和现场条件，及时与构件生产工厂沟通，动态调整预制构件的进场计划，以满足现场施工进度要求。

6. 劳动力计划

根据施工进度计划和施工工艺，编制相应的劳动力计划，装配式项目现场施工涉及多个工种，详见本章 5.2.1 施工准备内容。

7. 穿插施工工艺

为了提高装配式建筑 EPC 项目的施工效率、缩短施工工期、稳定施工质量、节约成本，可采取穿插施工的方法。穿插施工是在主体施工的同时，将后续工作分层安排，实现主体结构、二次结构、室内装修、外立面装饰的施工流水段划分，将每个施工段进行合理的工序分解，按工序组织等节奏流水施工，形成空间立体交叉作业。每个施工工序由一个专业施工队伍负责，总承包方通过协调分配劳动力，组织整体大穿插施工，让专业人员流水作业，从而实现精细化管理。

通过采用铝合金模板＋附着爬架＋截水系统等技术，实现混凝土墙面免抹灰以及土建、机电、装修各专业穿插施工。穿插施工的各工种交叉作业多，管理协调工作量大，在施工前期需要进行科学的组织和策划，避免施工阶段出现窝工的情况。例如，在主体施工过程中，考虑按照分段组织主体验收；提前安装施工电梯和准备二次结构的材料和施工人员；沟通协调门窗、消防、供暖等分包方的进场时间和施工节点等。

（1）铝模工艺

铝模工艺解决了以往传统木模板存在的缺陷，使混凝土施工精度得到大幅提升，主体结构一次浇筑成型，实现免抹灰和结构自防水，可消除砂浆空鼓、墙体开裂、雨水渗漏三大墙体质量隐患。与传统木模相比，铝模的优势见表 5-10。

铝模与木模的比较　　**表 5-10**

类别	铝模板	传统木模板
模板规格	系列化、模块化、快装易拆	模板规格变化较多、无排列顺序
荷载性能	50kN/m^2，受力均匀	30kN/m^2，受力均匀
早拆技术	采用早拆技术：1 层模板，3 层支撑	不采用早拆技术：3 层模板，3 层支撑
施工工期	3～4 天一层，工期有保证	4～6 天一层，工期相对较长
施工效率	15～30m^2/天/人	10～15m^2/天/人
节能环保	可周转 300～500 次	通常周转 5～10 次，损耗大量木材
劳务资源	劳务资源充足，仅需要装配熟练工人	劳务资源困难，需要有专业技能木工
工程质量	平整度及垂直度好、节省抹灰	易爆模、胀模、抹灰工作量大
材料损耗	几乎没有	大量废弃模板、边料、铁钉
施工垃圾	可回收重复利用	大量废弃模板、边料、铁钉
成本	综合考虑劳务费用、租赁成本、抹灰成本等方面，铝模成本更低	

通常在施工图设计阶段就要进行铝模的深化设计，对建筑门窗洞口、防水企口、滴水线、阳台反坎、外立面线条等进行优化（图 5-14）。铝模的现场安装示意如图 5-15 所示，

铝模的施工效果如图 5-16 所示。

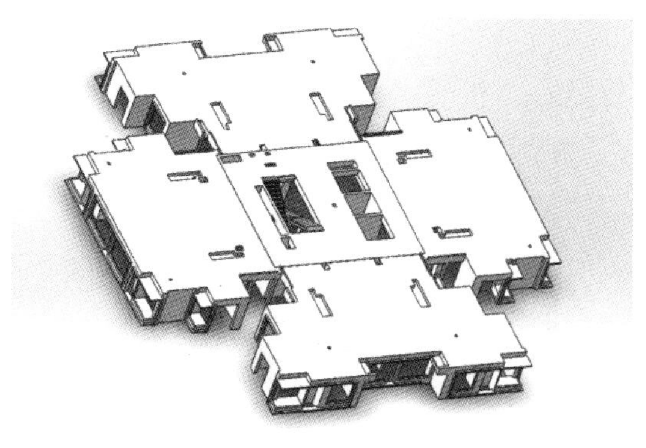
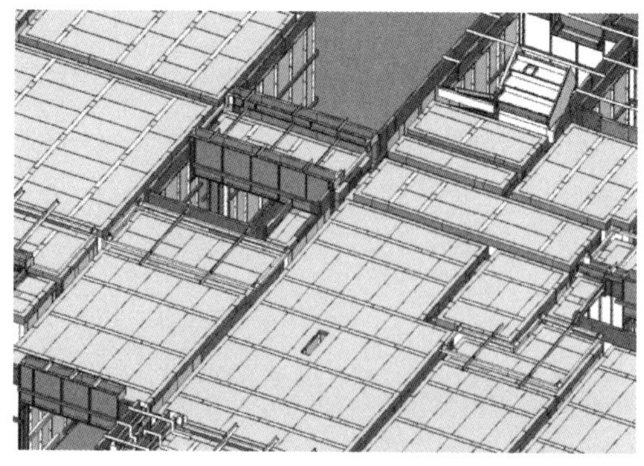

图 5-14　铝模深化设计

图 5-15　铝模现场安装示意

图 5-16　铝模施工效果

（2）爬架系统

爬架（即附着式升降脚手架）由架体系统、附着导向卸荷系统与防坠系统、动力提升系统、施工防护系统四部分构成（图 5-17、图 5-18），具有装备集成、低搭高用、全封闭防护、安全防火等特点。爬架一般在地面或较低楼层一次性组装 4～5 层楼层高度，通过将脚手架与专门设计固定在建筑物上的升降机构连接在一起，由升降机构上的动力设备实现脚手架整体提升或者下降，节省钢材和人工投入。

图 5-17 爬架外观

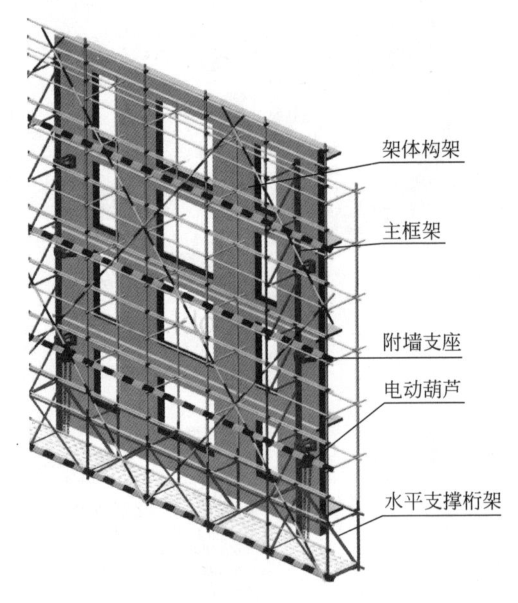

图 5-18 爬架构造示意

爬架系统通过安装物料电梯为穿插施工的材料运输提供了条件，使各层流水施工的材料供应和施工进度同步，为穿插施工提供材料运送条件。爬架安全系数高，在加快施工进度的同时，也能保障施工人员的安全，爬架与传统落地式脚手架、悬挑脚手架的主要区别见表 5-11。

爬架与其他脚手架的比较 表 5-11

脚手架类型	安全性	施工管理	施工进度	文明形象	技术进步	经济性
落地双排脚手架	高空搭拆量大，坠人、坠物隐患持续时间长	维护范围大，使用材料多，占市场量多，管理工作量大	占用塔式起重机不利于加快施工进度	维护面积大，文明形象较差	耗钢量大，耗费人工多，作业环境安全风险高，技术落后	成本高
悬挑脚手架	持续重复高空搭拆作业，工作量增加，坠人坠物危险性大	管理难度大	占用塔式起重机时间长，影响施工进度	始终重复搭拆，文明形象差	重复的高空搭拆，作业环境安全风险高，悬挑梁、拉结点增加	成本较高
附着式升降脚手架	低空组装，使用专业设备，安全性能好	一次组装完成，便于管理	不占用塔式起重机，不占用施工时间，有利于加快施工进度	一次安装完成，维护面积小，文明形象较好	大量节省钢材，作业环境安全，专业化，自动化，技术先进	成本较低

（3）截水系统

通过楼层截水系统，对上部结构施工用水和雨水进行有组织的拦截与引流，实现楼层干湿分区，为装修和外饰面穿插施工提供条件。对于装配式项目，外墙通常由现浇剪力墙与预制墙板共同组成，更有必要使用截水系统，防止对预制墙板外表面造成污染。截水系统通常采用成品 U 形截水槽，外墙截水系统沿着四周连续布置，按照 1%放坡，引流至最近阳台或者楼梯休息平台处，通过临时水管排出。图 5-19 为重庆某装配式项目的截水系统布置方式，楼梯间截水和外墙截水如图 5-20 所示。

图 5-19　截水系统布置方式

(a) 楼梯间截水示意

(b) 外墙截水示意

图 5-20　截水示意

（4）穿插施工策划

科学合理的穿插施工可有效提高施工效率，减少施工过程中的资源浪费，节省项目工期和成本，是精益建造理念的充分体现。穿插施工涉及的工序和参与方较多，实施过程管理需要更加科学和严谨。在穿插施工前，根据项目特点对整个施工过程进行组织与策划，编制合理的施工方案，包括组织方案、技术准备方案、总体安全方案、材料供应方案、劳动力需求方案等，进行施工工序分解和详细进度计划的编制，确保穿插施工的顺利开展。

穿插施工通常是将每栋楼的施工过程由上到下划分为 N、$N-1$、$N-2$……$N-7$ 等层，具有主体结构、二次结构、基层处理及打点冲筋、抹灰、地采暖及地面施工、腻子施工、各构件及设施安装交付等 7 道主工序，每道主工序均按照 6 天一层（常规主体施工大约为 6 天/层）等节奏流水，并按照土建、水暖、电气专业配合穿插施工（表 5-12）。

传统现浇建筑穿插施工工序　　表 5-12

楼层关系	主工序	土建穿插工序	水暖穿插工序	电气穿插工序
N	主体结构作业层	—	预留预埋	预留预埋
$N-1$	拆模及止水层	缺陷修补、打磨	—	—
$N-2$	二次结构	烟道安装	管井、卫生间套管	线管、线盒、电箱安装
$N-3$	墙面基层处理、墙面打点充筋、接缝挂网	厨卫、公共走道拉毛抹灰、窗附框安装、管井抹灰	—	线管穿带线
$N-4$	抹灰、粉刷石膏、水泥砂浆	管井刮腻子、卫生间第一道 JS 防水、顶板找平	管井立管安装、厨卫间立管安装	电井桥架安装
$N-5$	地采暖施工、地面浇筑、养护	地面清理、修整	立管根部封堵	—
$N-6$	室内一遍腻子、二遍腻子	卫生间第二遍 JS 防水、第二次闭水	水暖调试	配电箱安装
$N-7$	楼梯踏步抹灰、走道地砖、公共部位装饰	户门安装调试、窗扇安装调试、室内清理锁门	水暖主管保温、消防箱、立管安装	室内穿线、灯具、开关、插座安装

装配式项目具有工厂生产、现场装配和集成交付等特点，可以同时实现生产工厂和施工现场、工序和作业面之间的两级穿插。装配式项目将部分建筑构件委托给专业工厂生产，通过施工方与生产工厂的协作配合，现场施工与工厂生产并行开展，实现一级穿插（或称为“大穿插”）；同时装配式项目的预制构件在工厂预制生产，在现场进行装配，施工质量和产品外观比现场施工方式大幅提升，可节省现场支模、钢筋绑扎、混凝土浇筑和养护等工序，以及表面修补、打磨、抹灰等作业时间，为后续工作及时提供作业面，实现二级穿插（或称为“小穿插”）。如果是全装配项目可最大限度减少现场湿作业，为施工穿插提供更多的作业面，大幅缩短项目工期。表 5-13 和表 5-14 是装配式项目穿插施工的两个策划示例。

装配式建筑项目穿插施工策划示例（案例一）　　表 5-13

楼层关系	土建工程	水电安装	户内精装修
N	主体结构作业层(包括测量放线、爬架提升、铝模安装、预制构件安装、节点施工、钢筋绑扎、混凝土浇筑等)	水电预埋	—
$N-1$	拆模(梁板顶支撑保留)、预制楼梯吊装、层间止水、外墙修补打磨	—	—
$N-2$	反坎施工、室内清理、修补打磨、止水、烟道安装	—	—
$N-3$	轻质隔墙安装、顶支撑拆除、窗框安装、阳台栏杆安装	水暖立管安装、线管穿带线	—
$N-4$	地坪施工	厨卫间立管安装	—
$N-5$	顶板找平、入户门安装、厨卫防水施工及闭水试验	公共区消防立管、喷淋、水电管线施工	—
$N-6$	—	—	移交精装、地砖铺贴
$N-7$	—	—	公共区移交精装、龙骨安装
$N-8$	—	消防箱安装	吊顶内线管、线盒安装
$N-9$	—	公共区桥架安装	天花吊顶施工
$N-10$	—	公共区桥架穿线、给水管施工	封板、户内地砖勾缝
$N-11$	—	整体卫浴安装	室内一遍及二遍腻子施工、公共区吊顶施工
$N-12$	—	—	公共区地砖铺贴、室内部品安装
$N-13$	—	—	室内部品安装
$N-14$	—	水电调试	保洁

装配式建筑项目穿插施工策划示例（案例二）　　表 5-14

穿插阶段	楼层关系	工序作业
爬架内穿插	N	结构作业层(包括测量放线、爬架提升、铝模安装、预制构件安装、节点施工、钢筋绑扎、混凝土浇筑等)
	$N-1$	拆模、外墙修补、层间止水
	$N-2$	门窗安装，外保温施工
	$N-3$	内隔墙放线、外保温施工
	$N-4$	导墙浇筑、栏杆安装、外墙腻子施工
粗装修穿插	$N-5$	轻质内隔墙安装
	$N-6$	墙面基层处理、墙面打点充筋、接缝挂网
	$N-7$	二次预埋安装
	$N-8$	地坪施工
	$N-9$	抹灰、粉刷石膏、水泥砂浆
	$N-10$	厨房、卫生间防水施工、门窗玻璃安装

续表

穿插阶段	楼层关系	工序作业
精装修穿插	$N-11$	卫生间施工、木地板基层找平
	$N-12$	厨卫墙砖施工、天花吊顶施工
	$N-13$	室内、厨卫、阳台地砖施工
	$N-14$	一遍腻子、厨卫铝扣板施工
	$N-15$	二遍腻子、橱柜安装
	$N-16$	涂料、墙纸施工
	$N-17$	木地板、户内门、五金洁具安装
	$N-18$	水电调试、清洁

5.3.3 施工分包单位进度计划管理

装配式建筑EPC项目不仅包括传统模式的施工分包，还增加了预制构件安装、灌浆施工、轻质隔墙板安装等专业分包。在项目进度管控过程中，对施工分包方的有效管理是总承包方项目管理的重点工作。

总承包方对施工分包方的进度控制一般分为总进度计划、月进度计划和周进度计划三个层次。总进度计划是总承包方在综合了各分包方意见，经过合理协调后统一计划的，一般采用时标网络形式，对关键线路及关键节点进行控制；月进度计划是进度控制的中间环节，各方需要严格控制当前月的关键线路节点，防止非关键工作转化为关键工作，通常采用网络图或甘特图形式；周进度计划控制施工分包方每周的施工进度，周计划中的进度偏差应在一个月内调整及纠正，确保月计划不出现延误，一般采用甘特图。

1. 分包方进度计划编制要求

施工分包方中标后一个月内，需要提交合同进度计划，该计划内容包括设计（如有）、材料及设备采购、施工、报审、验收等全部工作。合同进度计划需满足合同约定的所有节点，计划编制应合理，逻辑关系应准确，尽量避免使用作业限制条件，并且采用与总承包方一致的编码方式，作业编码与施工总进度计划的层级相吻合。

施工分包方在提交合同进度计划时应同时提交一份分析报告，内容包括：1）合同进度计划中的关键路径；2）进度计划编制所采用的日历（如一周工作7天，一天24小时轮班工作等）；3）主要作业和工种的预计完成工作量；4）各工种的劳动力需求计划；5）主要设备的采购清单，并说明设备采购所需时间；6）以S曲线图和柱状图形式，显示主要设备和人力资源的每周预计数量等。

2. 月进度计划更新

施工分包方应在每月底提交月进度计划更新。施工分包方需参照已批准的进度计划和报告周期内各工程的详细进度状况，制定书面的进度报告，具体内容包括：

（1）上月工作总结。应详细说明重点关注事项、进度、已遇到或预期发生的问题等，以及施工分包方提出的相关建议和措施；在报告周期内施工现场的实际人数与计划人数的偏差；实际资源投入与计划投入的偏差等。

（2）下月工作计划。包括下月进度计划、资源计划、里程碑、关键节点、关注的风险等情况说明。

3. 周进度计划更新

施工分包方应在每周五前提交更新后的周进度计划，周进度计划应包含：1）本周的实际完成情况说明，包括更新的 S 曲线图、详细进度、现场照片等；2）下周工作计划以及需要总包项目部协调解决的问题。

4. 每日施工进度汇报

现场计划工程师负责督促施工分包方提交每日施工进度汇报，并将每日施工进度情况与周计划进行对比，以监督每日计划完成情况和监控每日的人力资源、材料资源、设备资源情况，并提出相关要求。

5.3.4　施工进度控制

项目进度控制是在项目实施过程中，监督项目活动状态，检查项目进展情况，必要时采取纠偏措施以实现项目进度目标的过程。在项目实施过程中，总承包方需要对施工进度进行动态管理，建立项目实施进展情况的检查制度，跟踪检查项目实际进展状态并测量绩效数据，再与项目基准计划进行比较。若发现偏差，分析产生的原因和对后续工作及项目工期目标的影响，找出解决问题的办法，采取切实可行的措施，保证项目工期目标得以实现[11]。施工进度控制流程如图 5-21 所示。

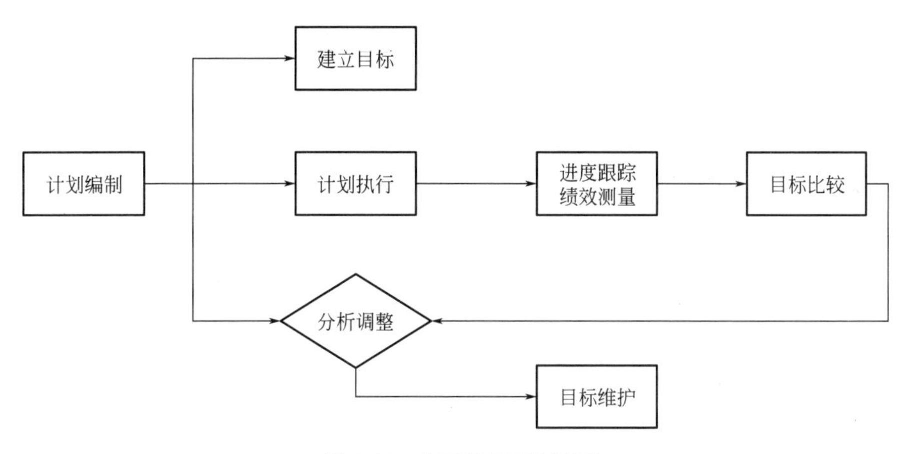

图 5-21　施工进度控制流程

以下对施工进度控制流程进行简要阐述。

1. 进度计划执行情况检查与跟踪

（1）进度计划执行情况检查

施工经理需要定期组织各参建方召开每月（周）工程例会，检查本月（周）施工计划的完成情况，协调解决现场出现的问题。根据检查情况，由现场计划工程师及时更新月计划和三月滚动计划，施工分包方再按照月计划更新三周滚动计划。月报和周报由现场计划工程师根据施工分包方提供的实际完成情况进行编制。

1）施工进度周报

施工进度周报需要报送项目经理、工程施工部和业主代表，其主要内容包括：①本周完成工作量，本周实际消耗人工时和累计人工时；②本周平均现场人数；③三月滚动计划和三周滚动计划执行情况；④设备和材料接收情况；⑤预制构件进场及安装情况、本周的施工安全、文明施工及工程质量情况；⑥需要协调解决的问题等。

2）施工进度月报

施工进度月报需要报送项目经理、工程施工部、监理和业主代表，并下发给施工分包单位，其主要内容包括：施工进度计划的修改报告、三月滚动计划报告（第一个月为执行计划，第二、三个月为预测计划）、设备及材料接收报告、预制构件进场及安装报告、施工进展横道图和人力投入曲线、施工进展综合报告、需要协调解决的问题等。

（2）进度计划跟踪与保证措施

通过对施工实际进度的跟踪检查，收集并整理相关绩效数据，并运用关键路径法、横道图、S 曲线、香蕉形曲线、前锋线等方法，分析实际进度与计划进度的偏差情况，以及预测项目的发展趋势。如有延误分析原因，制定追赶计划并采取劳动力、机械设备、资金等资源保证措施和技术保证措施。

1）进度计划跟踪

施工分包方按照总承包方发布的施工进度计划组织施工生产，总承包方负责对各分包方的计划执行情况进行监督。各分包方以周为单位提交施工进度计划执行情况跟踪表，由总承包方对跟踪表的各项进度计划进行分析，对已出现或即将出现进度延误的情况提出预警。当发现偏差时，组织召开计划管理协调会，分析偏差原因和对项目工期目标的影响，必要时制订合理的纠偏措施。工期延误预警分级表制定可参考表 5-15。

工期延误预警分级表示意　　　　表 5-15

序号	计划类型	正常延误	一般延误	严重延误
1	总进度计划	10 天	11～29 天	30 天以上
2	季度/阶段进度计划	7 天	8～14 天	15 天以上
3	月度进度计划	3 天	4～6 天	7 天以上
4	重要节点计划	1 天	2～4 天	5 天以上
5	预警信号	蓝色	黄色	红色
6	处理措施	下发书面函件给分包方项目部，制定纠偏措施	下发书面函件给分包方公司，依据合同条款进行处罚，并制定纠偏措施	上报公司处理

2）保证措施

组织保证措施。完善项目管理组织体系，制定项目进度控制的工作流程和会议制度。

技术保证措施。协调设计人员及时解决设计图纸问题，减少设计变更，从而为工期目标的顺利实现提供设计保障；根据施工总进度计划及甲方的节点要求，编制详细的图纸交付计划，以满足图纸会审、材料准备和现场施工的需要。

劳动力保证措施。为确保工期目标，总承包方需严格要求各施工分包方的施工人员相对固定，避免因节假日或农忙季节而导致劳动力缺乏，影响项目进度。

资金保证措施。严格执行专款专用制度，编制资金平衡计划，避免施工过程中因资金问题而影响工程进展，充分保证劳动力、机械配备及施工材料的需求。

2. 施工进度计划的调整措施

在进度控制过程中，当实际进度与计划进度出现偏差时，需要分析偏差产生原因和对后续工作及项目总工期的影响程度，及时调整施工进度计划，并采取相应措施以确保工期目标。

施工进度计划的调整主要是通过对尚未完成工作的进度计划进行调整，以达到缩短工期的目的。装配式建筑EPC项目施工进度计划的调整方法与传统现浇项目类似，主要包括调整工程量、调整起止时间、调整作业持续时间、调整逻辑关系、调整资源分配、增减施工内容等。

（1）调整工程量

调整工程量主要是通过改变技术方案、施工工艺和施工方法，引起施工作业工程量的增加或减少，从而影响施工进度。

（2）调整起止时间

起止时间的调整一般在施工作业的浮时范围内进行，在调整作业的起止时间后需重新计算时间参数，分析其对施工进度计划的影响。

（3）调整作业持续时间

这种方法不改变施工作业之间的逻辑关系，而是通过缩短某些作业的持续时间使施工进度加快，确保工期目标[13]。

（4）调整逻辑关系

如果实际施工进度产生的偏差影响了总工期，在允许改变施工作业之间逻辑关系的前提下，可通过改变关键路径和非关键路径有关作业之间的逻辑关系，达到缩短工期的目的，调整效果较明显[12]。例如，可以把依次进行的有关作业改成平行或互相搭接，或者分成几个施工段同时进行流水施工等。

（5）调整资源分配

如果资源供应发生异常，应采用资源平衡的方法进行优化调整，或采取相应措施，使其对工期影响最小化。

（6）增减施工内容

增减施工内容应不打乱原计划的逻辑关系，只对局部逻辑关系进行调整。在增减施工内容以后，需重新计算时间参数，分析其对原计划的影响，并采取相应的调整措施[14]。

5.4 装配式建筑EPC项目施工成本管理

目前装配式建筑虽然在国内建筑市场已占有一定规模，但一直存在装配式建筑建设成本高于传统现浇建筑的现象，这也是行业内业主、顾客和建筑企业一直关注的问题。在本书3.5.4节中提到，装配式建筑EPC项目成本管理需要站在整个项目目标的角度，采用系统化和精益化的思考方式，通过全过程的装配式建筑规划和策划，实现材料、劳动力和工期统筹，同时协调工厂和现场，堆场和运输的关系，达成项目成本目标。

本节基于精益思想的视角，阐述了供应链和采购管理的系统方法，为装配式建筑的成本管理提供参考，并从预制构件生产、运输、施工安装的角度对装配式建筑EPC项目施工成本的控制进行了阐述。

5.4.1 供应链管理

成本管理是企业管理的永恒命题，其中供应链管理是成本管理的重中之重。供应链（Supply Chain）是指由围绕核心企业的供应商、制造商、销售商、服务商合作组成，从原材料采购、产品设计、中间产品到成品制造，实现价值增值的供需网链结构。供应链的概念最早来源于彼得·德鲁克提出的“经济链”，后经由迈克尔·波特发展成为“价值链”，最终演变为“供应链”。

供应链管理（Supply Chain Management，简称 SCM）在国家标准《物流术语》GB/T 18354—2021[15] 中定义为：从供应链整体目标出发，对供应链中采购、生产、销售各环节的商流、物流、信息流及资金流进行统一计划、组织、协调、控制的活动和过程。供应链管理是通过运用系统的方法对整个供应链上的信息流、物流、资金流、业务流和价值流的有效规划和控制，使得供应链系统成本最优，强调资源整合和过程协调，充分发挥各企业的核心能力，提升企业竞争力。供应链管理是一种先进的管理理念，以客户为中心，采用集成的思想和方法，将供应链系统的供应商、制造商、分销商、零售商等所有节点企业作为一个有机整体，实现供应链全过程的战略管理。工程项目供应链管理模式与传统工程项目管理模式的区别见表 5-16。

工程项目供应链管理模式与传统管理模式对比分析　　表 5-16

工程项目供应链整合管理	传统工程项目管理
全寿命周期集成化管理	各阶段独立进行管理
多目标—利益协调—实现共同目标	多目标—利益冲突—偏离控制目标
积极主动、合作、信任	消极被动、竞争、不信任
互利性契约	约束性契约
长期信用合作	短期利益交易
相互依赖、团队协作	相对独立、独立运作
资金适时支付（协调决策）	资金延期支付（往往由业主单方面决定）
风险协调分担、收益激励缩短工期	工程索赔、工程延期惩罚
信息共享（Information Sharing）—信息平台	信息隐匿（Information Hiding）—信息孤岛
材料 JIT 供应或者较短的供货提前期	材料供货提前期长时间的不确定

供应链管理思想从 20 世纪 80 年代以来在制造业得到广泛应用，成为一种新的组织管理模式，取得了丰硕的成果，并逐步拓展到建筑业。工程项目的建筑主体包括业主、承包商、分包商、供应商等，他们虽然以项目为中心紧密相连，但相互之间的关系却在自身利益的驱动下劣性发展，甚至形成敌对，导致索赔、冲突和竞争在工程项目中普遍存在。通过借鉴制造业供应链管理模式，把供应链管理的集成、合作和协调的本质思想真正引入工程项目实施全过程，变革传统项目管理思想和模式，整合项目实施各阶段和过程的所需资源，通过在目标各异的项目各参与方之间建立合作伙伴关系，可为营造协作性的组织关系及和谐项目管理环境奠定良好的基础[16]。

装配式建筑 EPC 项目供应链是以总承包方为核心，与各利益相关方围绕项目的设计、生产、采购、施工过程形成的功能型项目建设网络。装配式建筑是将建筑的部分构件转移到专业工厂进行生产，具有制造业的某些特征（图5-22），相比传统项目更适合采用制造业先进的管理理念和方法。

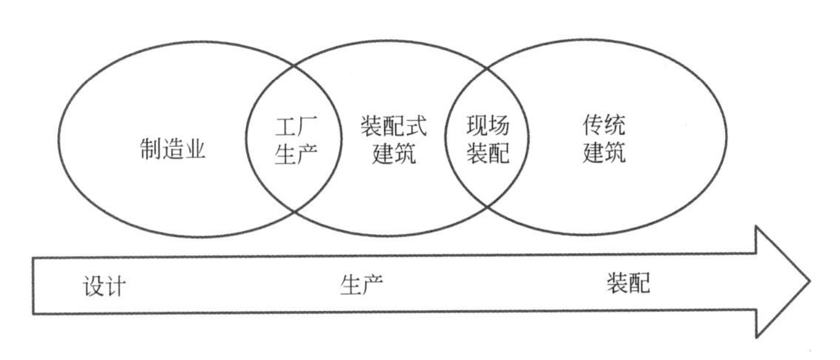

图5-22 装配式建筑与传统建筑和制造业的相互关系示意

1. 精益供应链

在过去50年中最具影响力的供应链管理方法是精益生产（Lean Production），其核心理念是尽可能减少浪费。精益思想来源于日本丰田的准时制生产（Just in Time，简称JIT），是指产品只在需要的时候才进行生产，按照需要的数量生产需要的产品，绝不过度生产；上一道工序的生产量由下一道工序的需求状况确定；原材料只有在需要的时候才由指定的供应商进行供货，通过这种方式达到少库存、高质量、低成本的理想状态，所以JIT也称为“零库存生产方式”。JIT是一种持续改善的管理模式，其核心是消除一切浪费，以尽可能低的成本和尽可能高的质量对顾客做出快速反应，从而提升企业的竞争力。

精益供应链（Lean Supply Chains）是指将整个供应链的环节和上、下游的链条进行整合，快速响应顾客多变的需求，消除企业中的浪费，用尽可能少的资源最大程度满足顾客需求。精益供应链由以下几部分组成：1）精益供应商；2）精益采购；3）精益制造；4）精益仓储；5）精益物流；6）精益客户。精益供应链最大的优势在于对市场环境和顾客需求的快速反应，通过供应链上下游共同努力，消除整个流程的浪费，提高客户满意度[17]。

对于装配式预制构件生产工厂，通过建立精益供应商，包括原材料供应商、模具供应商、预埋件供应商、连接件供应商、机械设备供应商等，对提高产品质量和市场竞争力有着重要意义。在精益仓储方面，装配式项目施工现场需要根据安装进度、场地条件，合理规划预制构件堆场和现场储备，在满足施工进度的前提下尽可能减少场地的占用；对于预制构件生产工厂，需要综合考虑各项目的供货计划，按照施工现场的实际进度动态调整，避免库存积压占用堆场空间，影响正常生产。

建立精益供应链需要一个能整合项目各参与方的系统方法，供应必须与生产需求相匹配，而生产则必须与顾客需求紧密联系，这与装配式建筑的特征相契合。因此，可通过与材料供应商、配件制造商、销售商、物流服务商等形成战略合作关系，资源共享、合作互赢、消除浪费、降低生产成本、提升客户满意度，最终形成预制构件的精益供应链。

2. 采购管理

采购是企业供应链管理的重要组成部分，其管理水平直接影响供应链的服务质量。采购既是企业内部供应链的起点，也是与外部供应链相联系的节点，企业通过采购活动与供应商建立良好的合作伙伴关系。

采购管理是供应链管理中的基本活动，对优化项目运作、控制成本、提高质量以及价值最大化等方面至关重要。传统的采购模式中，比较典型的做法是多个供应商彼此间通过价格竞争获得收益，这一模式不利于采购双方的信息沟通和合作[18]。供应链环境下的供应链采购注重供应商的质量和采购总成本，与优秀的供应商建立战略伙伴关系，加强相互之间的协作，保证供应链的协调性和集成性，增强企业的竞争能力。传统采购管理与供应链采购管理的主要区别见表 5-17。

传统采购管理与供应链采购管理的主要区别　　表 5-17

内容	传统采购管理	供应链采购管理
供应商/买方关系	相互对立	合作伙伴
合作关系	易变的，短期的	长期的
合同期限	短	长
与供应商的信息沟通	采购订单	网络
信息沟通频率	离散的，较少的	连续的，经常性的
对库存的认识	资产	债务
设计流程	先设计产品后询价	供应商参与产品设计

从传统采购走向供应链采购，是采购发展的趋势。供应链采购坚持将总成本最低作为最高的采购原则，通过推进集中采购直至集成采购、发展供应商关系、鼓励早期参与等方式，实现总成本最低[19]。供应链采购中的早期参与方式与 EPC 工程总承包模式相匹配，通过采购过程早期参与到设计过程，充分发挥采购部门和供应商的专业能力，共同优化技术方案，确保方案成本最优。同时，可通过供应链采购模式，发展优质的供应商，如预制构件生产供应商、预制构件专业安装分包商、灌浆料生产商、物流服务商等，与其建立长期的合作伙伴关系，从而获得质量更优、成本更低的产品和服务。

5.4.2 成本管理

在进行装配式建筑的施工成本管理时，不仅要考虑施工安装过程的成本控制，更要注重预制构件生产、运输的成本控制。本节主要说明了预制构件生产、运输和施工安装方面的成本控制要点，并通过案例阐明了施工进度和成本的综合控制方法。

1. 预制构件生产成本控制

装配式建筑主要以钢结构建筑和装配式混凝土建筑为主，钢结构建筑在国内发展多年，生产管理体系较为成熟，本节主要针对装配式混凝土建筑的预制混凝土构件的生产成本管理进行说明。

装配式混凝土建筑的预制构件在专业工厂进行生产，具有工业产品的成本属性。预制混凝土构件的生产成本主要包括：人工费、材料费、机械设备折旧费、厂房建设成本摊销、企业管理费、利润、税金等费用，如图 5-23 所示。

预制混凝土构件的生产成本控制主要体现在人工费和材料费两方面。

(1) 人工费

目前国内的混凝土预制构件生产以固定模台生产线为主，这种生产线自动化设备较少，机械化程度不高，仍然以人工操作为主。构件生产包括钢筋加工、模具组装、钢筋及

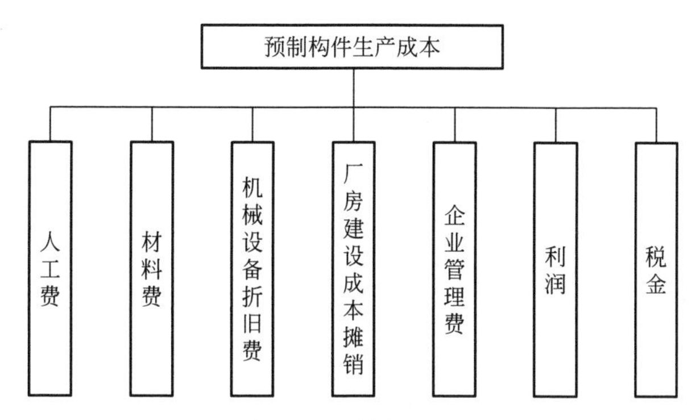

图 5-23 预制混凝土构件的生产成本组成

预埋筋安装、混凝土浇筑、养护、拆模及入库等环节，各环节均设置工作班组并配备一定数量的操作人员，劳务人员数量较大，相应的人工成本在生产成本中占比较大。

固定模台生产方式的工作效率很大程度上依赖于操作人员的专业程度和熟练程度，即使同一班组的人员在工作效率和工作质量上都会有较大的差别。按照学习曲线，为了提高生产效率，需要配备专业的、有经验的、具有一定学习能力的技术工人，才能降低人工成本。但目前的装配式建筑行业发展不够成熟，产业工人较为缺乏，往往是农民工通过培训上岗，学习能力有限，导致产品质量和生产效率难以得到较大提升，人工成本也就难以降低。因此，需要通过培训、学习等方式不断提高生产人员的专业知识和业务操作能力，逐步提高生产效率和质量水平。

（2）材料费

预制构件生产材料种类较多，包括钢筋、混凝土、预埋铁件、保温材料、连接件、灌浆套筒、辅材等。在生产过程中应严格按照生产任务进行限额领料，及时盘点和统计材料的实际消耗，将统计结果与材料计划进行比较，运用科学的管理工具和方法分析偏差原因，并制定合理的纠偏措施和预防措施，做好盈亏记录，作为绩效考核和成本分析的依据。材料成本控制流程图如图 5-24 所示。

2. 物流运输成本控制

预制构件运输过程包括构件厂装车、道路运输、施工现场卸车等环节，运输成本包括人工费、机械使用费、材料费、运输成本、装卸车成本、管理费、税金等（图 5-25）。由于预制构件具有体积大、重量大、种类多等特点，对装车、运输和卸车提出较高的要求。可以通过合理规划提高运输效率、缩短运输时间，从而节约运输成本。具体措施包括：1）综合考虑需要运输的预制构件类型、重量、外形尺寸及数量等因素，确定合理的运输车辆和构件排布方式，提高车辆满载率，尽量减少运输次数；2）对不同运输路线进行实地勘察，包括运输距离、路况、道路限载、道路限高、是否有桥和隧道等情况，选择最优的路线，提高运输效率，节省运输时间和成本；3）出厂前，需要仔细核对预制构件的种类和数量是否符合要求，以免出现装车错误，导致重复运输，产生浪费；4）确保运输过程的安全，预制构件需要采取措施进行固定，防止倾倒或掉落，车辆在运输途中设置明显的安全标志；5）预制构件进入施工现场前，需要确定现场道路、堆场是否满足卸车要求，避免出现等待的情况；6）卸车时需要规划预制构件堆放位置和顺序，满足塔式起重机的吊运要求，避免出现二次倒运，增加运输成本。

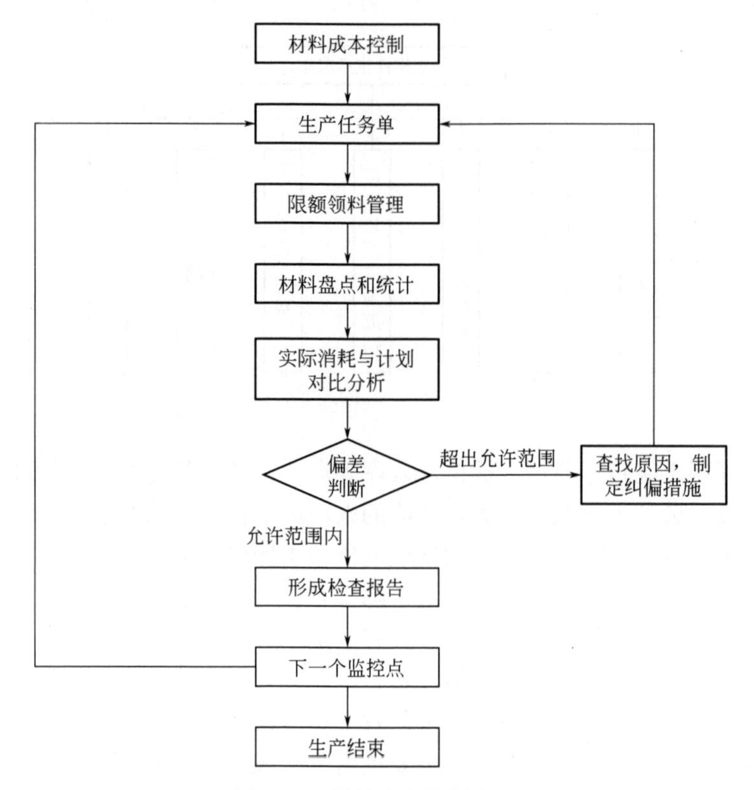

图 5-24　材料成本控制流程

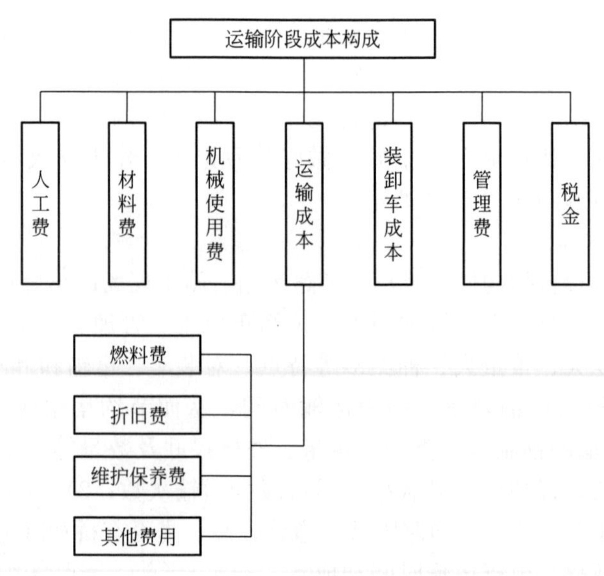

图 5-25　运输成本构成

3. 施工成本控制

相比传统现浇建筑，装配式建筑增加了预制构件深化设计、预制构件生产、运输、施工安装等环节。装配式建筑的施工安装成本是指在施工过程中进行预制构件安装及辅助工作所产生的费用。

（1）装配式建筑施工成本的优势及劣势

1）装配式建筑施工安装成本与传统现浇建筑相比，在以下方面有所降低。

现场人工费。装配式建筑减少了大量现场湿作业，建筑构件的钢筋绑扎、模板支护和混凝土浇筑等作业转移到了专业生产车间，施工现场对钢筋工、木工、混凝土工的需求数量相应减少，并且预制构件表观质量达到免抹灰要求，可减少抹灰工的数量。

措施费。传统现浇建筑在施工现场需要大量的模板和支撑，装配式构件在工厂生产，在现场装配，不需要另外搭设模板，减少了模板和支撑的使用。

质量管理费用。预制构件在专业工厂生产，产品质量有保障，现场安装后不需要进行修补、打磨等处理，并且后期维护费用比现浇结构更低。

2）由于装配式建筑的特点，也会导致一些成本的增加，主要表现在以下两方面：

材料成本增加。由于装配式建筑还没有普遍实现标准化和模块化设计，预制构件不能进行大规模批量生产，未能发挥规模效益，生产效率较低，人工费、管理费、模具分摊费、设备及厂房折旧费等生产成本降低难度大，这是装配式建筑成本高于传统现浇建筑的主要原因之一。

垂直运输费增加。预制构件数量多、重量大，传统现浇建筑的施工塔式起重机难以满足，需要选用更大吊重的塔式起重机，造成设备租赁费和塔式起重机运行费用的增加。

（2）装配式建筑施工成本控制要点

装配式建筑施工安装涉及的环节较多，需要对整个安装过程进行动态成本控制。装配式建筑施工安装费主要包括人工费、机械费（如灌浆设备、电焊设备、切割机等小型机械设备费，起重设备租赁费及进出场费等）、安装工具及材料费（吊装工具、安装工具、斜支撑、固定件、连接件、灌浆料、接缝处理材料、防水材料、填充密封胶等）、管理费等，见表5-18。

装配式建筑施工安装成本分析　　表5-18

类别	项目	说明
机械费用	起重设备费用、小型机械设备费用	因吊装预制构件需要增加塔式起重机吊重，造成塔式起重机租赁费用、基础施工费用、进出场费用等增加
人工费用	安装人工费用	安装预制构件人工费用、配合预制构件装卸车人工费用
安装工具及材料费	斜支撑	预制外墙板支撑：数量为外墙板数量×2套，周转使用； 预制梁、板、楼梯：不增加； 预制柱：单根柱需要四个支撑，每根≤3m，可伸缩
	预埋件、固定件、连接件、安装工具等	可周转使用，可按kg计价
	吊装工具	周转使用，可按kg计价
	密封胶条（含PE棒）、防水材料、填充密封胶等	预制构件安装接缝处理
	灌浆料	预制墙板安装、预制柱安装
	外墙保护膜	清水混凝土预制构件、外饰面为面砖的构件需要考虑采用外墙保护膜
其他费用	管理费用	根据项目管理人员配置确定
	安全文明	按常规考虑

装配式项目施工成本控制措施主要包括以下方面：

1）组织措施

组织专业的安装队伍，提高安装效率。预制构件安装是装配式建筑施工的关键环节，安装效率和安装质量直接决定了安装成本。施工组织策划时，安排专业的安装队伍，采用分段流水施工，实现多工序同时作业，同时组织合理的施工穿插，有利于提高安装效率，降低安装成本。加强安装人员的专业技术培训，提高工人的专业技能。

2）技术措施

合理优化构件进场计划和堆场位置。预制构件生产计划与现场施工安装进度尽量相匹配，按照精益生产的思想进行合理规划，减少构件厂的堆场压力和现场码放的管理费用。构件现场堆放位置需要与施工吊装顺序相符，并处于塔式起重机的工作范围内，较重的构件宜靠近塔式起重机位置码放，避免二次转运。

合理规划施工顺序。应按照项目工期的要求，根据劳动力、材料、机械供应等具体情况，综合考虑进度、质量、成本目标等因素，确定施工顺序。合理安排施工顺序可以平衡资源的使用，提高施工效率，防止窝工，从而降低施工成本。

合理选择起重机械。在施工组织策划时需要明确项目最大的预制构件重量及位置分布，根据塔式起重机的工作范围和吊运能力选择合适的型号。同时还要兼顾考虑现场钢筋、模板、混凝土、砌体等材料的吊运问题，在吊装冲突时，可选择其他类型的起重机械（如汽车起重机）进行配合。

3）经济措施

材料费控制。材料费占工程总费用的比例较大，直接影响项目成本和经济效益，需要重视材料采购成本和材料用量方面的控制工作。材料采购成本控制可采用供应链采购的方式，与材料供应商建立长期合作关系，以降低采购价格。材料用量的控制措施主要包括：严格执行限额领料制度、避免和减少二次搬运、减少材料库存而降低资金占用等。

人工费控制。加强安装队伍管理及定额用工管理，严格控制人工费，主要包括：优化人员组织，合理安排劳动力，提高工作效率；执行劳动定额，实行合理的考核与奖励制度；严格控制非生产人员的比例；加强对安装工人的技能培训，提高工人的专业技能和安装效率。

机械费控制。根据项目特点，合理选用机械设备，并做好机械设备的保养维护工作，避免设备损坏。

管理费用控制。精简管理机构，确定合理的管理幅度和管理层次，制定各部门费用指标，有计划地控制各项费用开支，并建立相应审批制度。

重视竣工结算工作。工程结束后，项目部要尽快组织施工人员、施工机械及时退场，安排技术人员做好资料的整理工作，完善各种材料和手续，并组织各参与方进行工程验收，提交竣工报告，作为工程决算的依据。在工程竣工结算办理时，认真检查、核对工程项目内容，整理施工过程中的实际签证工作和实际工程量，对项目的人工费用、机械使用费、管理费、材料费等各种费用进行分析，确保结算的完整性和准确性。

4）管理措施

加强合同管理。合同管理是降低项目成本，提高经济效益的有效途径，在施工过程中严格按照合同执行，收集整理施工中与合同有关的资料，必要时可提出索赔。

加强现场材料管理。合理安排项目进度计划和构件进场时间，减少现场堆放时间和二次搬运。加强对现场施工材料和周转材料的管理和控制，每批预制构件进场前严格按照质量验收标准进行验收，避免不合格构件进入施工现场，从而降低修补成本及二次运输成本。

优化施工工艺。合理组织流水施工，提高支撑、模板、连接件等周转材料的周转率，防止积压和长时间占用，并使各工序衔接顺畅，避免出现窝工现象。通过改进安装工艺，提高预制构件安装质量和安装效率。

加强预制构件成品保护。采取成本保护措施，避免预制构件在场内运输、卸车、吊装、安装就位过程中出现损坏，而增加修补成本。

4. 施工进度与成本综合控制

施工进度和成本的综合控制是在进度计划的基础上开展的，具体流程为：1）定义项目范围，包括 WBS 和 OBS，并建立对应的责任关系，明确项目团队成员的工作目标和职责；2）在项目 WBS 的基础上定义作业工序，估算作业工期，建立逻辑关系和约束条件，形成初步的施工进度计划，然后检查初步施工计划的合理性，包括逻辑关系是否合理、是否存在逻辑回路和开口作业等，并通过关键路径法（CPM）优化和调整项目工期，直到满足项目总工期要求，形成最终的施工进度计划，同时将此计划作为项目施工的目标计划进行控制；3）分析和建立企业资源库，编制施工资源计划，并在施工进度计划的基础上将各种资源按照资源计划分配到对应的作业中，然后进行资源平衡，对分配不合理的资源进行优化调整，形成最终的施工资源计划和成本计划；4）将优化完成的计划进行发布，并以此建立项目的基准计划（或称为目标计划），作为施工绩效考核和分析的依据；5）在项目施工过程中，经常会出现偏离计划的情况，项目团队需要对施工过程进行实时跟踪，并测量实际执行的绩效数据；6）将实际执行绩效与目标计划进行对比，运用挣值法进行偏差分析，找出偏差原因并采用纠偏措施，同时对项目未来发展趋势进行预测，作为管理层决策的依据，也为剩余工作的安排和资源统筹提供了依据。

以下以南京某装配式项目标准层的施工安装为例，结合 P6 软件，对装配式建筑 EPC 项目的施工进度和成本的综合控制方法进行阐述。

（1）项目 WBS 及作业清单

装配式项目标准层的施工作业包括开始施工、测量放线、预制墙板安装、墙柱钢筋绑扎、墙柱管线安装、墙柱模板安装、水平支撑及模板安装、叠合板及其他构件安装、楼板管线安装、楼板及梁钢筋绑扎、隐蔽验收、混凝土浇筑等，作业代码为 A1000～A1120（图 5-26）。

作业代码	作业名称	原定工期	尚需工期
装配式住宅项目		7d	7d
施工准备		1d	1d
A1000	开始施工	0d	0d
A1010	测量放线	1d	1d
施工阶段		5d	5d
A1020	预制墙板安装	1d	1d
A1030	墙、柱钢筋绑扎	1d	1d
A1040	墙、柱管线安装	1d	1d
A1050	墙、柱模板安装	1d	1d
A1060	水平支撑及模板安装	1d	1d
A1070	叠合板及其他构件安装	2d	2d
A1080	楼板管线安装	1d	1d
A1090	楼板、梁钢筋绑扎	1d	1d
检查验收		1d	1d
A1100	隐蔽验收	0d	0d
A1110	混凝土浇筑	1d	1d
A1120	本层施工完成	0d	0d

图 5-26　WBS 及作业清单

（2）施工进度计划

项目标准层计划施工工期为 7 天/层，总浮时为“0”，图 5-27 为施工进度计划甘特图，项目资源已经按照资源计划分配至各作业并进行了资源平衡（图 5-28），在此计划基础上建立目标计划，作为项目进度控制和绩效评价的基准。

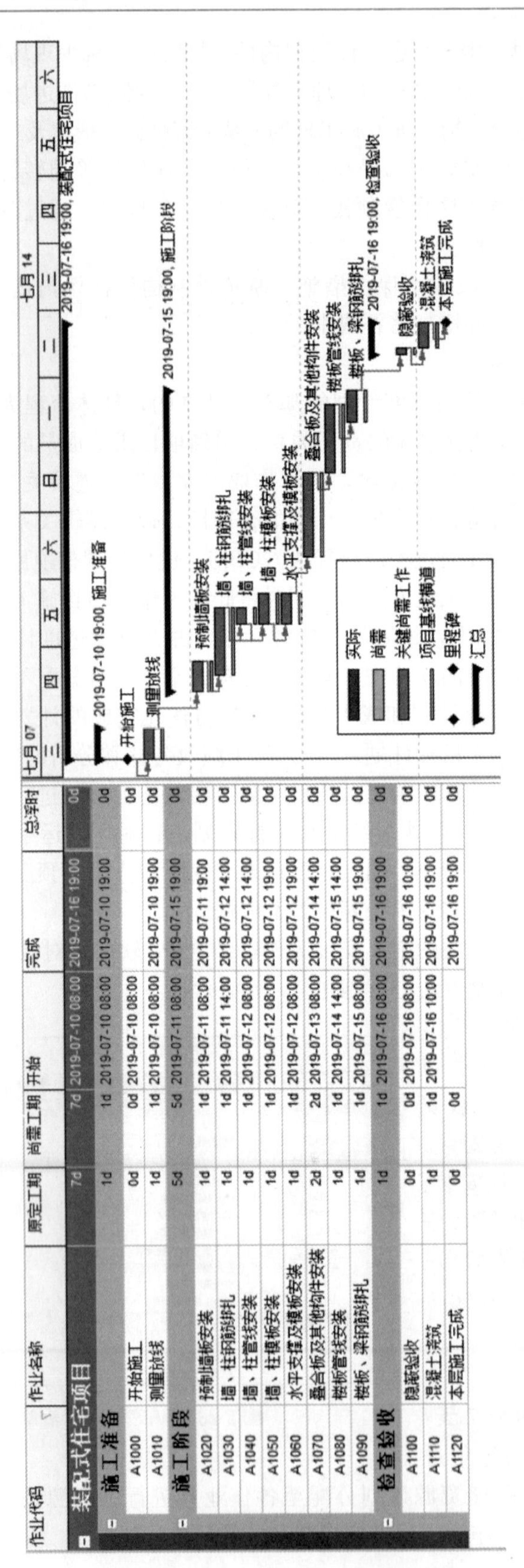

作业代码	作业名称	原定工期	尚需工期	开始	完成	总浮时
装配式住宅项目		7d	7d	2019-07-10 08:00	2019-07-16 19:00	0d
施工准备		1d	1d	2019-07-10 08:00	2019-07-10 19:00	0d
A1000	开始施工	0d	0d	2019-07-10 08:00		0d
A1010	测量放线	1d	1d	2019-07-10 08:00	2019-07-10 19:00	0d
施工阶段		5d	5d	2019-07-11 08:00	2019-07-15 19:00	0d
A1020	预制墙板安装	1d	1d	2019-07-11 08:00	2019-07-11 19:00	0d
A1030	墙、柱钢筋绑扎	1d	1d	2019-07-11 14:00	2019-07-12 14:00	0d
A1040	墙、柱管线安装	1d	1d	2019-07-12 08:00	2019-07-12 14:00	0d
A1050	墙、柱模板安装	1d	1d	2019-07-12 08:00	2019-07-12 19:00	0d
A1060	水平支撑及模板安装	1d	1d	2019-07-12 08:00	2019-07-12 19:00	0d
A1070	叠合板及其他构件安装	2d	2d	2019-07-13 08:00	2019-07-14 14:00	0d
A1080	楼板管线安装	1d	1d	2019-07-14 14:00	2019-07-15 14:00	0d
A1090	楼板、梁钢筋绑扎	1d	1d	2019-07-15 08:00	2019-07-15 19:00	0d
检查验收		1d	1d	2019-07-16 08:00	2019-07-16 19:00	0d
A1100	隐蔽验收	0d	0d	2019-07-16 08:00	2019-07-16 10:00	0d
A1110	混凝土浇筑	1d	1d	2019-07-16 10:00	2019-07-16 19:00	0d
A1120	本层施工完成	0d	0d		2019-07-16 19:00	0d

图 5-27 进度计划甘特图

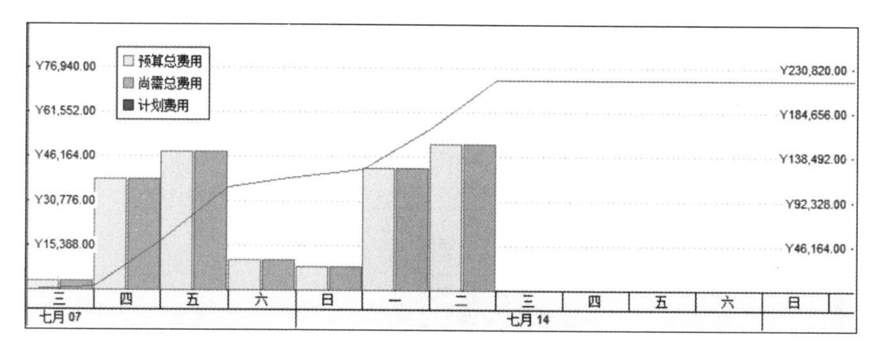

图5-28　资源直方图及计划费用曲线

（3）施工过程跟踪及绩效测量

施工过程中应及时跟踪实际执行状态，本案例在施工第3天结束后采集实际状态数据，包括作业的实际开始日期、实际完成百分比、实际资源数量及费用和尚需工期等，按照实际数据更新项目计划。将实际进度状态与目标计划进行对比分析，通过前锋线可查看施工进度的偏差情况（图5-29）。

（4）挣值分析

运用挣值法进行偏差分析，并对项目发展趋势进行预测，图5-30为项目案例的挣值分析曲线。

挣值分析计算过程如下：

1）计算EV、PV、AC、SV、CV等指标：

PV＝107336元；EV＝92456元；AC＝100150元；BAC＝218536元

SV＝EV－PV＝－14880元

CV＝EV－AC＝－7694元

SPI＝EV/PV＝0.86

CPI＝EV/AC＝0.92

2）预测及费用估算：

①“乐观”估算

EAC＝AC＋BAC－EV＝226230元

ETC＝EAC－AC＝126080元

ACV＝BAC－EAC＝－7694元

在乐观估算下，实际成本将超过投资预算7694元。

②“最有可能”估算

EAC＝AC＋（BAC－EV）/CPI＝237193元

ETC＝EAC－AC＝137043元

ACV＝BAC－EAC＝－18657元

在最有可能估算下，实际成本将超过投资预算18657元。

③“悲观”估算

EAC＝AC＋（BAC－EV）/（CPI×SPI）＝259503元（悲观估算）

ETC＝EAC－AC＝159353元

ACV＝BAC－EAC＝－40967元

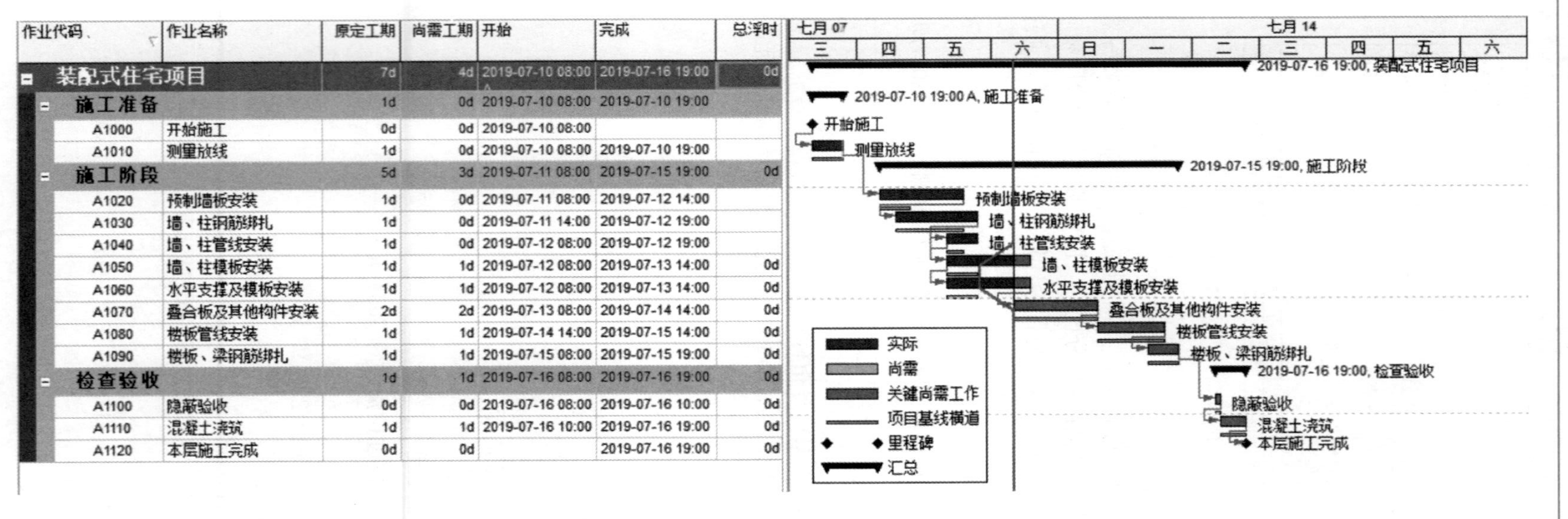

作业代码	作业名称	原定工期	尚需工期	开始	完成	总浮时
	装配式住宅项目	7d	4d	2019-07-10 08:00	2019-07-16 19:00	0d
	施工准备	1d	0d	2019-07-10 08:00	2019-07-10 19:00	
A1000	开始施工	0d	0d	2019-07-10 08:00		
A1010	测量放线	1d	0d	2019-07-10 08:00	2019-07-10 19:00	
	施工阶段	5d	3d	2019-07-11 08:00	2019-07-15 19:00	0d
A1020	预制墙板安装	1d	0d	2019-07-11 08:00	2019-07-12 14:00	
A1030	墙、柱钢筋绑扎	1d	0d	2019-07-11 14:00	2019-07-12 19:00	
A1040	墙、柱管线安装	1d	0d	2019-07-12 08:00	2019-07-12 19:00	
A1050	墙、柱模板安装	1d	1d	2019-07-12 08:00	2019-07-13 14:00	0d
A1060	水平支撑及模板安装	1d	1d	2019-07-12 08:00	2019-07-13 14:00	0d
A1070	叠合板及其他构件安装	2d	2d	2019-07-13 08:00	2019-07-14 14:00	0d
A1080	楼板管线安装	1d	1d	2019-07-14 14:00	2019-07-15 14:00	0d
A1090	楼板、梁钢筋绑扎	1d	1d	2019-07-15 08:00	2019-07-15 19:00	0d
	检查验收	1d	1d	2019-07-16 08:00	2019-07-16 19:00	0d
A1100	隐蔽验收	0d	0d	2019-07-16 08:00	2019-07-16 10:00	0d
A1110	混凝土浇筑	1d	1d	2019-07-16 10:00	2019-07-16 19:00	0d
A1120	本层施工完成	0d	0d		2019-07-16 19:00	0d

图 5-29　实际进度与目标计划对比

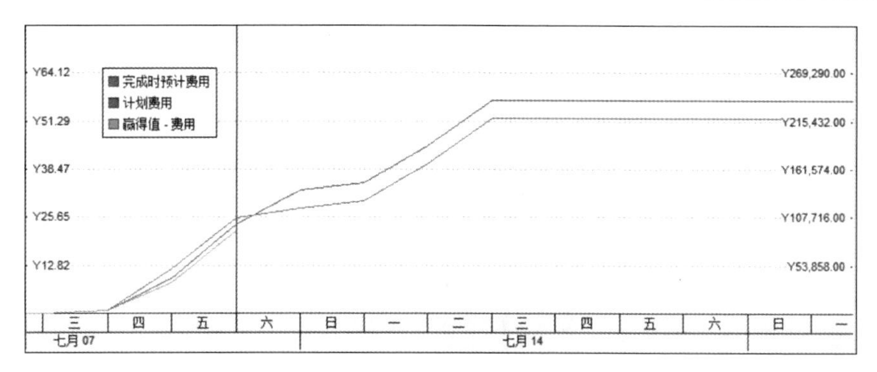

图 5-30　挣值分析曲线

在悲观估算下，实际成本将超过投资预算 40967 元。

通过以上的挣值分析可以看出，该案例项目的进度出现滞后，并且成本超支，预测情况也不乐观，项目团队需要采取合理的纠偏措施，控制项目按照预定的目标发展。

通过资源直方图（图 5-31）可以查看资源使用情况和资源使用超量（图 5-32）的具体工作，可作为绩效考核和预算的依据。

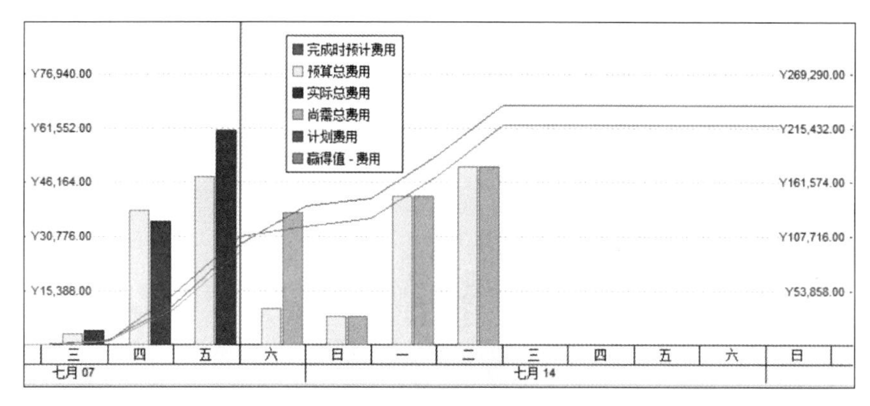

图 5-31　资源直方图

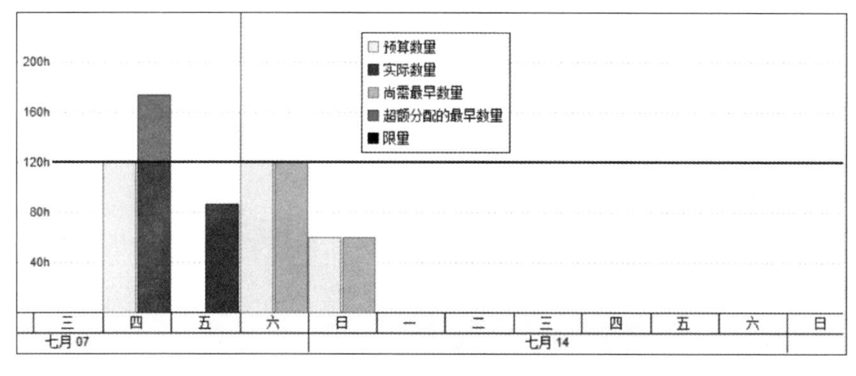

图 5-32　资源使用超量情况示例

（5）重新计算进度计划

按照项目实际情况，查看是否能满足总工期要求，如果不满足，可采用关键路径法对进度进行优化和调整。本案例重新计算后，项目进度延后 1 天（图 5-33）。

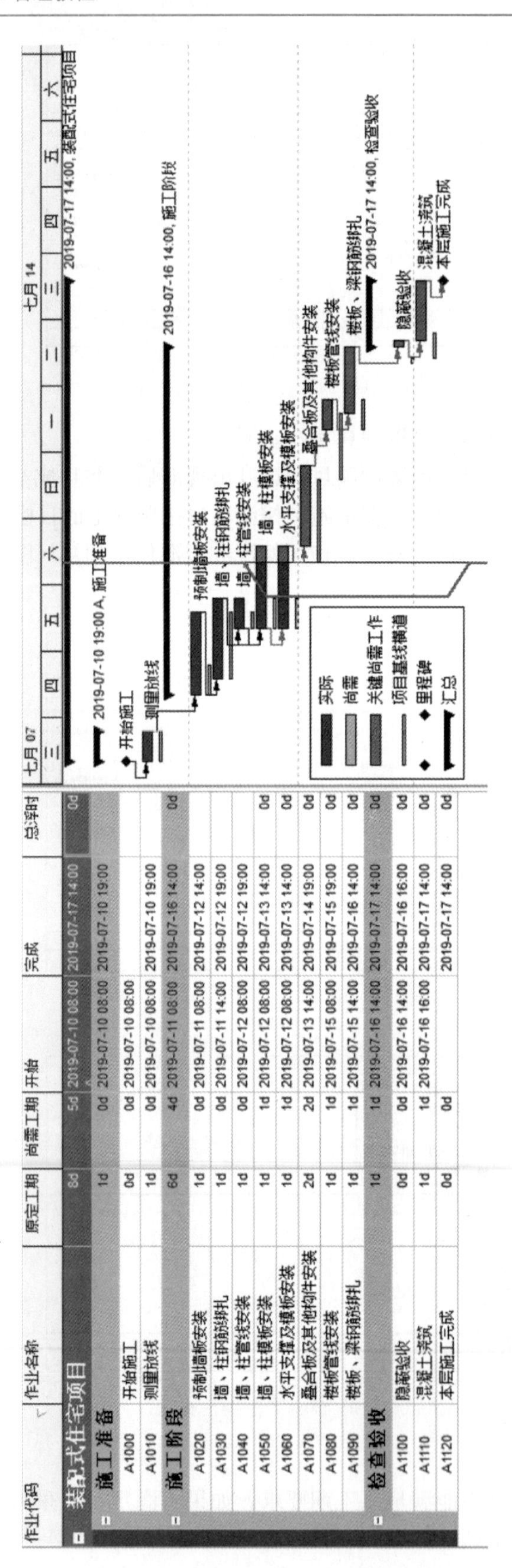

作业代码	作业名称	原定工期	尚需工期	开始	完成	总浮时
装配式住宅项目		8d	5d	2019-07-10 08:00 A	2019-07-17 14:00	0d
施工准备		1d	0d	2019-07-10 08:00	2019-07-10 19:00	
A1000	开始施工	0d	0d	2019-07-10 08:00		
A1010	测量放线	1d	0d	2019-07-10 08:00	2019-07-10 19:00	
施工阶段		6d	4d	2019-07-11 08:00	2019-07-16 14:00	0d
A1020	预制墙板安装	1d	0d	2019-07-11 08:00	2019-07-12 14:00	
A1030	墙、柱钢筋绑扎	1d	0d	2019-07-11 14:00	2019-07-12 19:00	
A1040	墙、柱管线安装	1d	0d	2019-07-12 08:00	2019-07-12 19:00	
A1050	墙、柱模板安装	1d	1d	2019-07-12 08:00	2019-07-13 14:00	0d
A1060	水平支撑及模板安装	1d	1d	2019-07-12 08:00	2019-07-13 14:00	0d
A1070	叠合板及其他构件安装	2d	2d	2019-07-13 14:00	2019-07-14 19:00	0d
A1080	楼板管线安装	1d	1d	2019-07-15 08:00	2019-07-15 19:00	0d
A1090	楼板、梁钢筋绑扎	1d	1d	2019-07-15 14:00	2019-07-16 14:00	0d
检查验收		1d	1d	2019-07-16 14:00	2019-07-17 14:00	0d
A1100	隐蔽验收	0d	0d	2019-07-16 14:00	2019-07-16 16:00	0d
A1110	混凝土浇筑	1d	1d	2019-07-16 16:00	2019-07-17 14:00	0d
A1120	本层施工完成	0d	0d		2019-07-17 14:00	0d

图 5-33 重新计算进度计划

可以看出，挣值法是将施工进度和成本进行综合控制的有效方法，通过偏差分析和发展趋势预测，为项目团队提供决策依据，及时采取应对措施，驱动项目按照预定的目标发展。

5.5　装配式建筑EPC项目施工质量管理

装配式建筑EPC项目施工质量管理不仅要考虑建筑实体的施工质量，还要充分考虑预制构件的生产质量，可以认为整体项目质量高度依赖于预制构件质量，需要运用先进的技术和科学的管理方法来提升项目施工质量管理水平，从而提高项目整体质量。

装配式建筑EPC项目在施工质量管理方面具有以下优势：

1）工厂生产，质量可靠性高。工厂化生产将施工现场转移到专业工厂，以平面作业方式代替了现场立体作业，生产操作更简单和高效，同时预制构件生产在室内完成，降低了环境因素的影响，生产质量比现场更容易控制，可靠性更高。

2）多专业集成，减少现场施工质量风险。预制构件集成了保温、防水、装饰、机电管线等，通过在工厂一体化生产完成，减少了现场施工作业量，节约工期，同时减少了现场施工带来的质量风险。

3）多工序并行作业，有利于施工质量控制。传统现浇结构施工受到作业面的制约，钢筋绑扎、管线安装、模板支护、混凝土浇筑、养护等工序需要按照先后顺序进行，而工厂化生产让这种作业方式转变为多工序的并行作业，且工序之间互不影响，提高了工作效率，同时工厂拥有专业工人和专业设备，降低了生产难度，有利于质量的控制。

当然，装配式建筑EPC项目的低容错性，也给施工质量管理提出了更高的要求。预制构件生产完成后不可逆转，这对图纸设计和构件深化的准确性提出很高的要求，同时对现场连接件预埋、连接钢筋及洞口预留、放线定位等方面的质量控制也更严格。因此，需要施工方与设计、生产方紧密配合，制订合理的施工方案，配备专业的安装队伍，建立科学完善的质量管理体系，在项目施工过程中运用先进的技术和方法进行全面质量管理，确保装配式建筑EPC项目质量目标的实现。以下从项目质量规划、质量保证、质量控制与改进、质量验收及质量管理工具等几方面进行阐述。

5.5.1　质量规划

项目质量规划是项目质量管理的重要组成部分，通过质量规划确定项目质量目标，优化作业过程和相关资源配置。在装配式建筑EPC项目施工前期，项目经理需要组织项目组主要人员共同对项目实施过程进行质量规划，以公司质量管理体系为基础，根据项目的具体情况，建立一套符合ISO 9000质量标准的质量管理体系，明确项目质量目标，确定项目组成员的工作内容、质量职责和权限，再确定工作程序和工作要求[20]。

作为项目质量规划的主要输出成果，项目质量管理计划是项目质量管理工作的核心指导文件，是对外质量保证和对内质量控制的依据。施工质量管理计划一般包括以下内容：1）项目的质量目标、质量标准和质量要求；2）以公司的管理体系为基础，根据项目合同要求及工作范围，明确项目的组织结构和职责分工；3）产品标识和可追溯性控制，通过对产品进行标识，防止在项目施工中错误使用，并对产品质量的形成过程进行追溯；4）施工过程控制，包括施工准备阶段、施工安装阶段、竣工验收阶段等各个阶段的质量控制；5）不合格品的控制，主要是对原材料和施工过程中出现的不合格品进行处理；6）纠正和预防措施，为避免施工过程中不合格品的重复出现，制订纠正和预防措施，以及跟踪检查活动等。

5.5.2 质量保证

项目质量保证通常分为内部质量保证和外部质量保证，内部质量保证是指项目组织通过对项目活动进行监督、检验和审核，及时发现质量问题并提出改进，促使项目质量控制机制有效运行；外部质量保证是让客户对项目质量信任的活动，这种信任一般是在合同签订前建立起来的。在项目实施过程中一般采用质量审计、过程分析和质量控制工具等方法实现项目质量保证。

装配式建筑 EPC 项目质量保证内容一般包括：具有明确的项目质量要求，特别是预制构件生产、堆放、安装、节点施工等方面的质量要求；明确项目质量标准，通常采用现行的国家及行业标准，如《装配式混凝土建筑技术标准》GB/T 51231—2016[2]、《钢筋套筒灌浆连接应用技术规程》JGJ 355—2015[5] 等；制定质量控制流程和制度，如图纸会审制度、人员管理制度、样板引路制度、构件厂协同管理流程、预制构件质量检验流程、成品保护操作流程等；具有合格和必要的资源配备，如具备经验丰富的装配式项目施工队伍、合格的安装工具和材料等；持续开展质量改进活动，在装配式建筑 EPC 项目施工过程中，应用 PDCA 原理，持续优化安装工艺、施工方案和施工组织措施等，确保达到项目质量要求；全面控制项目变更，项目变更是导致项目目标偏离的重要因素之一，因此项目团队需要充分利用 EPC 模式的资源整合优势，根据装配式建筑 EPC 项目的特点，协同设计、采购、生产各方共同完成项目的各项任务，减少变更的产生。

5.5.3 质量控制与改进

装配式建筑 EPC 项目施工质量控制是指按照项目质量管理计划的要求，对施工各个阶段中（施工准备阶段、生产阶段、施工阶段、竣工阶段等）影响施工质量的五大要素（4M1E，即人员、机械、材料、方法、环境）进行有效的控制，最终实现项目的质量目标。装配式建筑 EPC 项目在 4M1E 管理中常见的问题如下：

（1）人员方面：人员配备数量不足；专业技术能力欠缺；人员变动率高；质量意识和生产安全意识不到位；纠偏和成品保护意识较差等。

（2）机械方面：起重机械吊运能力不足，难以满足预制构件的吊装施工；预制构件吊装工具、安装工具、辅材准备不充分，如数量不足、存在质量缺陷等；机械设备日常管理和维护保养不到位等。

（3）材料方面：预制构件生产质量不合格；预制构件运输安排不合理；进场材料质量不合格，如预制构件质量缺陷、发货错误、灌浆料质量问题等；成品保护材料质量问题等。

（4）方法方面：设计图纸质量问题，如图纸下发不及时、频繁变更；技术交底不充分，安装工人未掌握操作流程；预制构件安装工艺不成熟，如灌浆料拌制质量问题、预制墙板套筒安装质量问题、注浆不饱满等；施工组织策划不合理，如塔式起重机选型不合理、场内运输动线和预制构件堆场布置不合理、施工流水组织不合理、成品保护方案不合理等。

（5）环境方面：施工场地限制，导致现场临时道路、预制构件堆场未能最优布置，可能出现二次搬运；天气影响，如高温、雨季会对施工质量造成一定影响；恶劣天气造成工期延误等。

根据以上常见问题，装配式建筑EPC项目施工质量控制主要包括：1）控制施工技术方案、施工质量计划、施工质量保证措施、安全文明施工措施及技术交底等；2）控制分包方的施工质量，着重审查施工技术方案和施工作业指导书；3）控制预制构件进场质量，以及现场堆放、吊装过程和安装完成后的成品保护，控制安装工具及安装材料的采购质量；4）控制质量检查、吊装作业、安装作业及灌浆作业等人员的技能培训和上岗考核；5）控制施工过程的质量检查和隐蔽工程验收等。

装配式建筑EPC项目施工过程中，需要对施工质量进行监控和检查，分析产生质量问题的原因，运用PDCA循环法和6Sigma的管理方法对施工质量进行全面控制和持续改进，提高项目整体的施工质量。装配式混凝土结构项目的施工质量控制要点如下文所述。

1. 施工准备阶段质量控制要点

（1）项目施工前，总包项目部需要组织图纸会审及工艺分析，掌握有关技术要求和细部构造，并对分项工程进行交底。

（2）根据设计要求和施工方案进行施工验算，一般包括运输固定支架、构件翻转、构件堆放、吊装施工、临时支撑、节点连接、预埋件等内容。对可用作施工模板的预制构件（如叠合板、预制阳台板等）需要进行相应工况的施工荷载验算。

（3）为避免由于设计或施工经验缺乏造成损失，在预制构件正式安装前应进行试拼装，验证设计和施工方案的可行性，并根据试拼装情况及时调整工艺方案。

（4）安装前，对连接节点（包括钢筋套筒灌浆连接、钢结构螺栓连接、焊接等）、密封防水施工等关键工序制作样板，并对操作人员进行交底。

（5）施工现场应合理规划构件堆放场地和运输道路，满足相应的要求。堆放场地宜采用混凝土硬化地面并设置排水措施，面积应满足楼栋施工进度的需求，且堆场平整度、承载能力需要满足构件堆放、运输车辆、起重设备对场地要求，承载力不足时可以铺设钢板；预制构件专用存放架应具有足够的抗倾覆能力，构件堆放时应设置安全距离；施工现场宜设置循环道路，运输道路需要满足构件运输车辆荷载和转弯的要求。

（6）构件堆放时应设置垫块或垫木，且各层的垫块须上下对齐，避免受力不均损坏；预制墙板、异形构件竖向堆放时设置固定支架，需验算支架的刚度和稳定性；构件的标识应明确和清晰，易于操作人员观察。

（7）安装前需要进行测量放线，设置构件安装定位标识。预制构件的放线包括构件中心线、水平线、安装定位点等。

2. 施工安装阶段质量控制要点

（1）吊装工程质量控制要点

1）按照预制构件的形状、尺寸及重量等参数配置吊装工具，且应经过设计验算和检验，合格后方可使用；吊装用的钢丝绳、吊装带、卸扣、吊钩等吊具，在使用过程中存在磨损情况，需要定期进行检查，防止安全事故的发生。

2）吊点数量和位置需要经过计算确定，应确保吊具连接可靠；吊点合力与构件重心线重合，确保吊装过程的吊具受力均衡和构件平稳。

3）吊装时吊索水平夹角越小，受拉力就越大，对构件可能造成损坏，通常水平夹角宜为60°，不应小于45°。

4）预制构件吊装时需要采用慢起、稳升、缓放的操作方式，防止出现偏斜、摆动和扭转的情况，一般需要设置缆风绳来控制构件转动，保证构件平稳。

（2）构件安装质量控制要点

1）预制构件安装过程中，需设置临时支撑来确保施工定位、施工安全和施工质量。安装就位后采用临时支撑系统进行固定，并对构件安装位置、标高、垂直度进行调整。

2）预制柱安装控制。安装前进行单元划分，与现浇部分连接的柱宜先行吊装，并以轴线和外轮廓线为控制线进行安装；设置柱底调平装置和临时支撑，对标高、垂直度进行调整；进行灌浆作业时，柱脚连接部位应采取可靠封堵措施。

3）预制墙板安装控制。钢筋绑扎前先行吊装与现浇部分连接的墙板，墙板底部设置限位装置不少于2个，间距不宜大于4m；墙板安装以轴线和轮廓线为控制线进行安装，就位后设置临时支撑并进行水平位置、垂直度、标高的调整；进行分仓灌浆时，应采用坐浆料进行分仓，强度应满足设计要求。

4）预制梁安装控制。安装顺序宜遵循先主梁后次梁、先低后高（梁底标高）的原则，主次梁深入支座的搭接长度应满足设计要求；严格控制梁底临时支撑标高，一般支撑标高高出梁底标高2mm，使支撑充分受力，避免受力不均出现开裂；临时支撑应在后浇混凝土强度达到设计要求后方可拆除。

5）预制楼板安装控制。叠合板吊点不少于4点，安装时尽量一次铺开，楼板安装需要设置竖向临时支撑，控制相邻板缝宽度和平整度，可以采用可调托座进行调节，临时支撑应在后浇混凝土强度达到设计要求后方可拆除；施工荷载或受力较大部位应避开拼缝位置；叠合板面水电线管敷设与面层钢筋同时施工，管线之间不宜交叉。

6）预制楼梯安装控制。吊装前测量楼梯构件平面定位及标高，设置不同厚度垫片或铺设砂浆进行标高调平；楼梯吊点不少于4点，一般使用钢扁担进行吊装，就位后及时调整水平位置和标高。

7）预制阳台板安装控制。安装前检查支座顶面标高及平整度，设置高度可调的防倾覆支撑架；阳台板施工荷载不得超过设计荷载，预留锚固钢筋应深入现浇结构内；通过U形托调节阳台的标高、泛水坡度；临时支撑在后浇混凝土强度达到设计要求后方可拆除。

（3）节点施工控制要点

1）采用套筒灌浆连接的预留钢筋需要采用专用模具进行定位，并采用可靠的固定措施控制连接钢筋的中心位置和外露长度，以满足设计要求。

2）构件安装前检查预制构件上套筒、预留孔的规格、位置、数量和深度，清除套筒和预留孔内的杂物。

3）检查预留钢筋的规格、数量、位置和长度，当钢筋倾斜时，应进行校正；当预留钢筋中心位置存在严重偏差影响安装时，会同设计制定专项处理方案，严禁随意切割和强行调整；连接钢筋及预埋件安装位置允许偏差及检验方法见表5-19。

连接钢筋及预埋件安装位置允许偏差及检验方法　　表5-19

项目		允许偏差(mm)	检验方法
连接钢筋	中心线位置	5	尺量检查
	长度	±10	
灌浆套筒连接钢筋	中心线位置	2	宜用专用定位模具整体检查
	长度	3,0	尺量检查
安装用预埋件	中心线位置	3	尺量检查
	水平偏差	3,0	尺量和塞尺检查
斜支撑预埋件	中心线位置	±10	尺量检查
普通预埋件	中心线位置	5	尺量检查
	水平偏差	3,0	尺量和塞尺检查

注：检查预埋件中心线位置时，应沿纵、横两个方向测量，并取其中较大值。

4）预制构件节点钢筋绑扎时，需要先校正预留钢筋、箍筋位置及箍筋弯钩角度；剪力墙垂直连接节点暗柱、剪力墙受力钢筋采用搭接绑扎，搭接长度满足设计要求，暗梁纵向受力钢筋宜采用焊接[21]。

5）节点施工宜采用刚度及平整度较好的铝模板，使后浇筑结构同预制构件观感和平整度一致；预制柱或预制剪力墙斜支撑应在节点混凝土或灌浆料强度达到设计要求后拆除。模板安装允许偏差及检验方法见表5-20。

模板安装允许偏差及检验方法　　表5-20

项目		允许偏差(mm)	检验方法
轴线位置		5	尺量检查
底模上表面标高		±5	水准仪或拉线、尺量检查
截面内部尺寸	柱、墙、梁	±5	尺量检查
柱、墙垂直度	层高≤6m	8	经纬仪或吊线、尺量检查
	层高>6m	10	经纬仪或吊线、尺量检查
相邻两板表面高低差		2	尺量检查
表面平整度		5	2m靠尺和塞尺检查

注：检查轴线位置时，应沿纵、横两个方向测量，并取其中偏差的较大值。

（4）灌浆控制

1）编制专项施工方案，首次灌浆作业前，需要选择有代表性的单元或部位进行试制作和试灌浆。

2）灌浆前对灌浆孔道、泌水孔、排气孔进行全数检查，可采用鼓风机注入空气方式检查孔道是否通畅；并对灌浆部分进行清洁，表面充分浇水湿润。

3）严格按照产品说明书的要求配置灌浆料，采用电动搅拌器搅拌，搅拌时间从开始加水至搅拌结束不少于5min，灌浆料应在30min内用完，每次拌制的灌浆料应进行流动度检测，每个工作班应制作不少于1组且每层不少于3组的试块。

4）灌浆作业采用机械压力注浆法从下口灌注，当浆料从上口流出后及时封堵，持压30s后再封堵下口，同一个仓位要连续作业，不得中途停顿，直至排气管排除的浆液稠度与灌浆口相同，且没有气泡排出再进行封堵。

（5）防水施工控制

1）预制外墙止水条安装时，贴合面应干燥，结合部位均应涂刷粘结剂，止水条安装应压紧贴实。

2）外墙板接缝密封防水施工的嵌缝材料性能、质量、配合比应符合设计要求，且密封胶与衬垫材料相容，接缝施工前需要将板缝内部清理干净并保持干燥。

3）防水密封胶的注胶宽度、厚度应符合设计要求，注胶应均匀、顺直和密实，表面光滑且不应有裂缝。

4）施工完成后应在外墙面进行淋水试验，形成淋水试验报告。

（6）成品保护

1）预制构件在运输、堆放、安装施工过程中需要采用包裹、遮盖等措施进行成品保护；对预制构件内嵌门窗框、预埋件、止水条、高低口、阳角等部位，采取定型保护垫块或专用工具保护，结构质量验收前不得拆除或损坏。

2）预制构件饰面砖、石材、涂刷等装饰材料表面可采用贴膜、保护剂或用其他专业材料保护，饰面砖保护应选用无褪色或污染的材料[22]。

3）预制楼梯饰面应采用铺设模板或其他材料覆盖等形式的成品保护措施，踏步口铺设木条进行保护。

4）进行混凝土浇筑时，应采取措施防止物料污染预制构件；交叉作业时，应做好工序交接，不得对预制构件造成损坏；预制构件外露的预埋件需及时涂刷防锈漆。

5.5.4 质量验收

装配式建筑 EPC 项目施工应按现行标准《建筑工程施工质量验收统一标准》GB 50300—2013[23] 的有关规定进行单位工程、分部工程、分项工程和检验批的划分和质量验收。装配式混凝土结构工程应按照《混凝土结构工程施工质量验收规范》GB 50204—2015[6] 的有关规定进行验收。

1. 预制构件进场验收

（1）预制构件的外观质量不宜有一般缺陷，对于已经出现的一般缺陷，应要求构件生产单位按技术处理方案进行处理，并重新检查验收。预制构件外观质量缺陷分类见表 5-21。

预制构件外观质量缺陷分类　　表 5-21

名称	现象	严重缺陷	一般缺陷
露筋	预制构件内钢筋未被混凝土裹而外露	纵向受力钢筋有露筋	其他钢筋有少量露筋
蜂窝	混凝土表面缺少水泥砂浆而形成石子外漏	主要受力部位有蜂窝	其他部位有少量蜂窝
孔洞	混凝土中孔穴深度和长度均超过保护层厚度	主要受力部位有孔洞	其他部位有少量孔洞
夹渣	混凝土中夹有杂物且深度超过保护层厚度	主要受力部位有夹渣	其他部位有少量夹渣
疏松	混凝土中局部不密实	主要受力部位有疏松	其他部位有少量疏松

续表

名称	现象	严重缺陷	一般缺陷
裂缝	缝隙从混凝土表面延伸至混凝土内部	主要受力部位有影响结构性能或使用功能的裂缝	其他部位有少量不影响结构性能或使用功能的裂缝
连接部位缺陷	构件连接处混凝土缺陷及连接钢筋、连接件松动；插筋严重锈蚀、弯曲，灌浆套筒堵塞、偏位，灌浆孔洞堵塞、偏位、破损等缺陷	连接部位有影响结构传力性能的缺陷	连接部位有基本不影响结构传力性能的缺陷
外形缺陷	缺棱掉角、棱角不直、翘曲不平、飞边凸肋等；装饰面砖粘结不牢、表面不平、砖缝不顺直等	清水混凝土构件或具有装饰功能的预制构件有影响使用功能或装饰效果的外形缺陷	其他混凝土构件有不影响使用功能的外形缺陷
外表缺陷	预制构件表面麻面、掉皮、起砂、沾污等	具有重要装饰效果的清水混凝土构件有外表缺陷	其他混凝土构件有不影响使用功能的外形缺陷

（2）预制构件不应有影响结构性能、施工安装及使用功能的严重外观质量缺陷和严重尺寸偏差，对已出现严重外观质量缺陷和严重尺寸偏差的构件应作退场处理，如经设计同意可以进行修理使用，则应按技术方案处理并重新验收。

（3）预制构件的粗糙面处理及外观质量、抗剪键槽的尺寸和数量应满足设计要求。

（4）专业工厂生产的预制构件，进场时应检查质量证明文件，包括产品合格证、预制构件混凝土强度报告、灌浆直螺纹套筒性能检测报告、预制构件保温材料性能检测报告，预制构件面砖拉拔试验报告等。

（5）预制构件表面饰面砖、石材及装饰混凝土面的外观质量应符合设计要求。

（6）预制构件预留孔洞、预埋件、预留钢筋、预留管线等规格型号、数量应满足设计要求。

（7）预制楼板、墙板、梁柱等构件的外形尺寸偏差应符合表 5-22、表 5-23 要求。

预制构件外形尺寸允许偏差及检验方法　　表 5-22

项目			允许偏差(mm)	检验方法
长度	楼板、梁、柱、桁架	<12m	±5	尺量检查
		≥12m 且<18m	±10	
		≥18m	±20	
	墙板		±4	
宽度、高(厚)度	楼板、梁、柱、桁架		±5	钢尺量一端及中部，取其中偏差绝对值较大处
	墙板		±4	
表面平整度	楼板、梁、柱、墙板内表面		5	2m 靠尺和塞尺检查
	墙板外表面		3	
侧向弯曲	楼板、梁、柱		$L/750$ 且≤20	拉线、钢尺量最大侧向弯曲处
	墙板、桁架		$L/1000$ 且≤20	
翘曲	楼板		$L/750$	调平尺在两端量测
	墙板		$L/1000$	

续表

项目		允许偏差(mm)	检验方法
对角线差	楼板	10	钢尺量两个对角线
	墙板	5	
预留孔	中心线位置	5	尺量检查
	孔尺寸	±5	
预留洞	中心线位置	10	尺量检查
	洞口尺寸、深度	±10	
预埋件	预埋板中心线位置	5	尺量检查
	预埋板与混凝土面平面高差	0,−5	
	预埋螺栓中心线位置	2	
	预埋螺栓外露长度	+10,−5	
	预埋套筒、螺母中心位置	2	
	预埋套筒、螺母与混凝土面平面高差	±5	
预留钢筋	中心线位置	5	尺量检查
	外露长度	+10,−5	
键槽	中心线位置	5	尺量检查
	长度、宽度	±5	
	深度	±10	

注：1. L 为构件长度，单位为 mm；
2. 检查中心线、螺栓和孔洞位置偏差时，沿纵横两个方向测量，并取其中偏差较大值。

装饰构件外观尺寸允许偏差及检测方法　　表 5-23

装饰种类	检查项目	允许偏差(mm)	检验方法
通用	表面平整度	2	2m 靠尺或塞尺检查
面砖、石材	阳角方正	2	用拖线板检查
	上口平直	2	拉通线用钢尺检查
	接缝平直	3	用钢尺或塞尺检查
	接缝深度	±5	用钢尺或塞尺检查
	接缝宽度	±2	用钢尺检查

2. 预制构件安装验收

（1）预制构件临时固定措施应符合设计、专项施工方案要求及国家现行有关标准的规定。

（2）预制构件安装时，外观质量不应有影响结构性能和使用功能的严重缺陷，连接钢筋和套筒等主要传力部位不应出现影响结构性能和安装施工的严重尺寸偏差。

（3）套筒灌浆连接、浆锚搭接用的灌浆料强度和预制构件底部接缝坐浆强度应满足设计要求；预制构件采用焊接或螺栓连接时，焊接和螺栓连接质量应符合设计要求。

（4）外墙板拼缝处的防腐和防水施工质量应满足设计要求。现场安装的允许偏差及安装后的外观检查应符合表 5-24、表 5-25 要求。

安装允许偏差及检验方法　　表 5-24

项目			允许偏差(mm)	检验方法
构件中心线对轴线位置	基础		15	经纬仪及尺量
	竖向构件(柱、墙板、桁架)		8	
	水平构件(梁、楼板)		5	
构件标高	梁、柱、墙、楼板底面或顶面		±5	水准仪或拉线、尺量
构件垂直度	柱、墙板	≤6m	5	经纬仪或吊线、尺量
		>6m	10	
构件倾斜度	梁、桁架		5	经纬仪或吊线、尺量
相邻构件平整度	梁、楼板底面	外露	3	2m靠尺和塞尺量测
		不外露	5	
	柱、墙板	外露	5	
		不外露	8	
构件搁置长度	梁、板		±10	尺量
支座、支垫中心位置	板、梁、柱、墙板、桁架		10	尺量
墙板接缝宽度			±5	尺量

预制构件外观检查要求　　表 5-25

序号	检查项目		检查标准
1	构件破损	磕碰掉角	不应出现
		裂缝	
		装饰层损坏	
		棱角损坏	
2	表面污染	混凝土浇筑过程污染	不应出现
		灌浆过程污染	
		打胶过程污染	
		装饰面层被污染	
		油污等污染	
3	拼缝处理	外观平整度	允许偏差±5mm
		拼缝间距	
		拼缝错缝情况	
4	其他缺陷	影响结构和使用功能的缺陷	不应出现
		明显色差	

3. 实体检验

(1) 对涉及混凝土结构安全的代表性部位应进行结构实体检验，包括混凝土强度、钢筋保护层厚度、结构位置及尺寸偏差等，对于梁、板类构件进场时应进行结构性能检验。

(2) 钢筋混凝土构件和预应力混凝土构件应进行承载力、挠度和裂缝宽度检验；对大型构件及有可靠应用经验的构件，可只进行裂缝宽度、抗裂和挠度检验；对使用数量较少的构件，当能提供可靠依据时，可不进行结构性能检验。

（3）对于不做结构性能检验的预制构件，应采取以下措施：总承包单位或监理单位代表进行驻场监督；无驻场监督时，预制构件进场时应对混凝土强度，主要受力钢筋规格、数量、间距、保护层厚度，以及尺寸偏差等进行实体检验。

5.5.5 质量管理工具

通过质量管理工具可以科学地掌握项目施工的质量状态，及时分析施工过程中存在的质量问题和影响质量的各种因素，明确质量问题产生的主要原因，并采取相应纠正和预防措施，达到提高工程质量和经济效益的目的。下文将通过重庆某项目楼板裂缝的原因分析，说明其中几种质量管理工具的应用方法。

1. 项目案例背景

（1）项目案例概况

本项目位于重庆市两江新区，由 33 栋叠拼别墅和 1 栋双拼别墅构成。该住宅工程结构层数为 4F/－1F，结构高度为 18.3m，为部分框支剪力墙结构，抗震设防烈度为 6 度，结构安全等级为二级，结构使用年限为 50 年；抗震等级：框支梁、框支柱二级，底部加强区三级，一般部分四级；项目为清水房交付。

由于部分楼栋室内楼板出现不同程度的可见裂缝，为确保房屋使用安全，对该项目开裂楼板进行现场检测并分析裂缝产生原因。根据现场施工日志和施工设计图纸，获知以下主要信息：

1）楼板施工时间和当时气温（表 5-26）

楼板施工时间和当时气温　　表 5-26

序号	楼板编号	施工时间	当时气温(℃)
1	5-3-3-1(次卧)	2016-11-17	15～20
2	6-3-3-2(次卧)	2016-09-09	20～29
3	6-1-3-2(次卧)	2016-09-09	20～29
4	23-3-1-1(客厅)	2016-08-02	26～35
5	23-3-1-1(次卧)	2016-08-02	26～35

2）楼板设计情况（表 5-27）

楼板设计情况　　表 5-27

序号	楼板编号	板尺寸(mm)	板厚(mm)	板配筋
1	5-3-3-1(次卧)	3300×4950	100	面筋：8@200/10@200/10@150； 底筋：8@200
2	6-3-3-2(次卧)	3300×4950	100	面筋：8@200/10@200/10@150； 底筋：8@200
3	6-1-3-2(次卧)	3300×4950	100	面筋：8@200/10@200/10@150； 底筋：8@200

续表

序号	楼板编号	板尺寸(mm)	板厚(mm)	板配筋
4	23-3-1-1(客厅)	4250×4950	180	面筋：8@150/10@150； 底筋：8@200
5	23-3-1-1(次卧)	3300×4950	180	面筋：8@200/10@200/10@150； 底筋：8@200

注：楼板混凝土强度设计等级：基顶～±0.000 为 C35，±0.000 以上为 C30。

3）强电布置图（图 5-34、图 5-35）

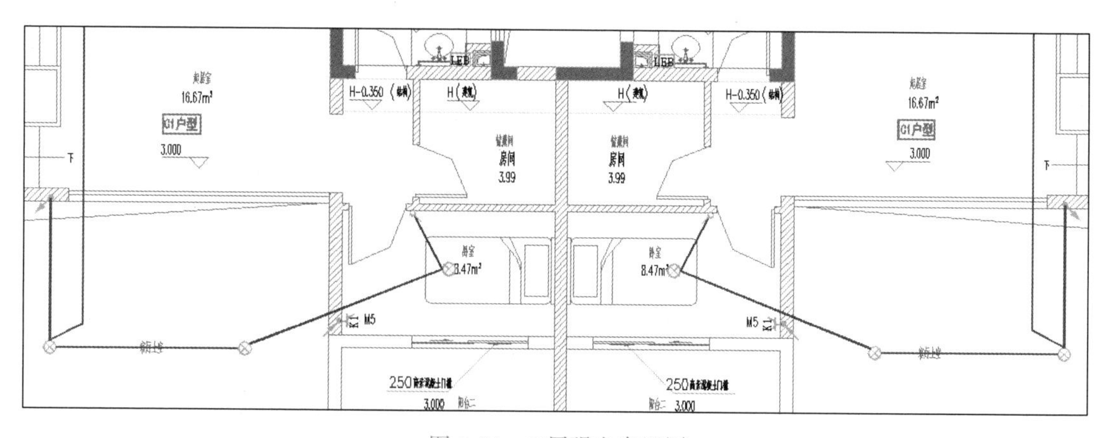

图 5-34　二层强电布置图

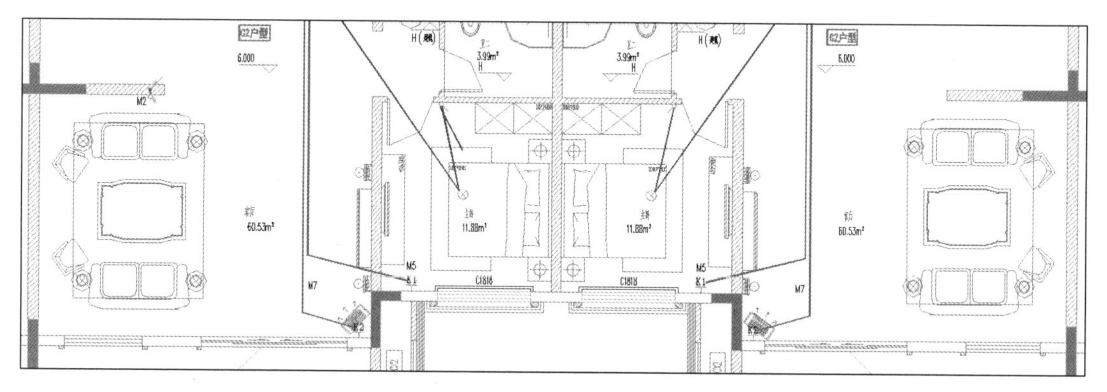

图 5-35　三层强电布置图

（2）现场检测情况

1）裂缝外观检测

经现场调查了解，板面采用全轻混凝土浇筑，板底刮白色腻子。板面裂缝比较明显，板底裂缝需仔细观察才可发现。项目技术人员采用裂缝测宽仪、钢卷尺对楼板裂缝的形态特征及宽度进行了检测，并进行现场记录，得到楼板裂缝的分布及形状特征，见表 5-28。

板裂缝的分布特征和形状特点 表 5-28

编号	检测部位	情况描述	裂缝分布及走向示意图	现场检测图
1	5-3-3-1 次卧	裂缝沿板块长向开裂，最近端距离墙边 1300mm，最大裂缝宽度 δ=1mm	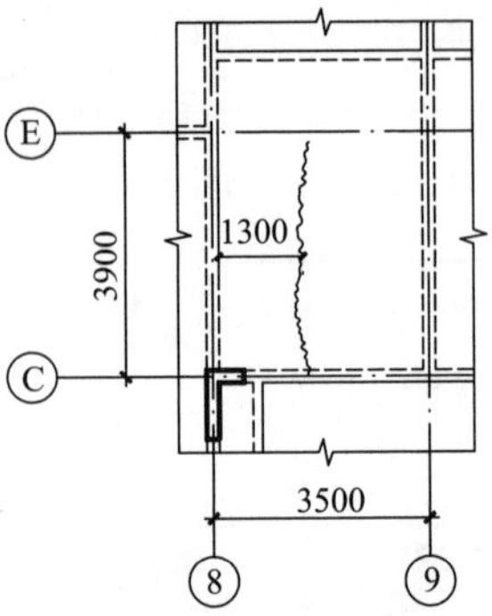	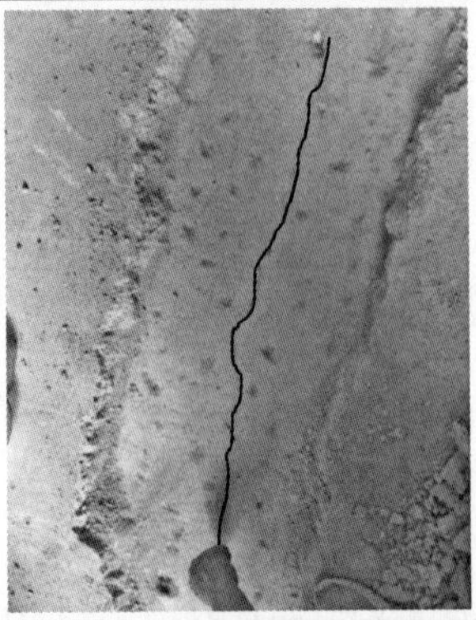
2	6-3-3-2 次卧	裂缝为板角斜向开裂，最大裂缝宽度 δ=1mm	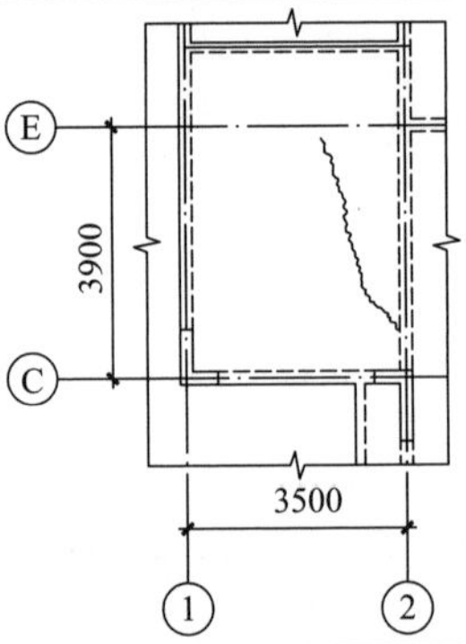	
3	6-1-3-2 次卧	裂缝为板角斜向开裂，最大裂缝宽度 δ=1mm	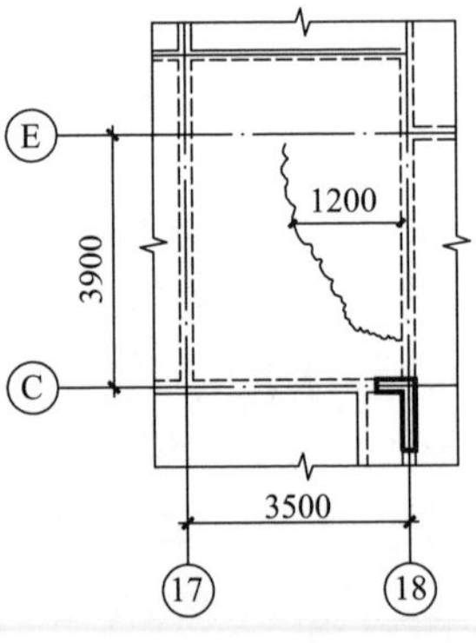	
4	23-3-1-1 客厅	裂缝沿板块长向开裂，最近端距离墙边 1130mm，最大裂缝宽度 δ=1mm	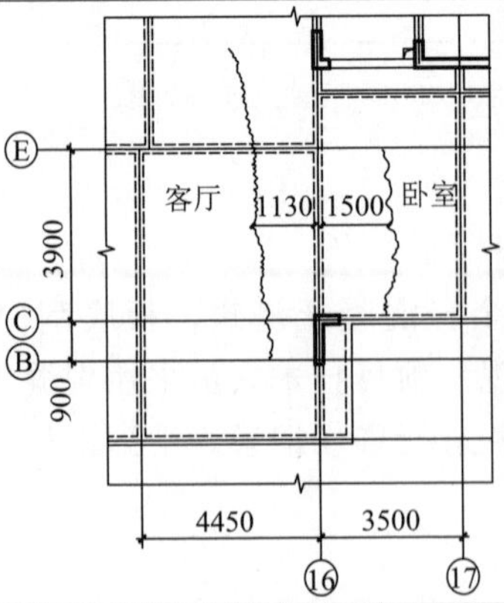	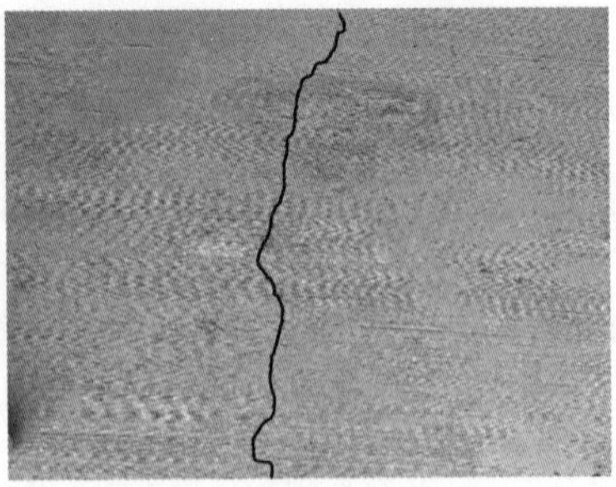

续表

编号	检测部位	情况描述	裂缝分布及走向示意图	现场检测图
5	23-3-1-1 次卧	裂缝沿板块长向开裂，最近端距离墙边1500mm，最大裂缝宽度$\delta=1$mm		

2）混凝土强度检测

现场采用回弹法对部分楼板混凝土强度进行检测，检测结果表明：所检测楼板混凝土抗压强度推定值在37.4～38.6MPa区间，满足设计强度等级C30的要求。检测数据见表5-29。

混凝土回弹检测结果　　表5-29

序号	楼板编号	平均值(MPa)	最小值(MPa)	标准差(MPa)	推定强度(MPa)
1	5-3-3-1(次卧)	41.1	38.5	1.55	38.6
2	6-3-3-2(次卧)	41.8	38.1	2.05	38.4
3	6-1-3-2(次卧)	40.4	37.1	1.83	37.4
4	23-3-1-1(客厅)	40.3	37.5	1.66	37.6
5	23-3-1-1(次卧)	41.4	38.7	1.87	38.3

3）钢筋间距及保护层厚度检测

经现场调查了解，该楼板钢筋为分离式配筋，采用钢筋保护层测定仪对开裂部分板面、板底的钢筋间距及钢筋保护层厚度进行检测，检测结果表明：板底、板面钢筋间距满足设计要求；部分板面钢筋保护层厚度不满足《混凝土结构设计规范》GB 50010—2010（2015年版）[24] 和《混凝土结构工程施工质量验收规范》GB 50204—2015[6] 中允许偏差的要求；板底钢筋保护层厚度满足允许偏差的要求，结果见表5-30。

钢筋间距和保护层厚度检测结果　　表5-30

序号	楼板编号	实测钢筋平均间距(mm)	保护层厚度		允许偏差(mm)
			设计参考值(mm)	实测值(mm)	
1	5-3-3-1卧室	板底钢筋@190	15	13,10,11	+8,−5
2	5-3-3-1卧室	支座负筋@130	15	47,31,40,38	+8,−5
3	6-3-3-2卧室	板底钢筋@190	15	20,11,20,25	+8,−5
4	6-3-3-2卧室	支座负筋@140	15	40,32,26	+8,−5
5	6-1-3-2卧室	板底钢筋@190	15	14,17,18,23	+8,−5

续表

序号	楼板编号	实测钢筋平均间距（mm）	保护层厚度		允许偏差（mm）
			设计参考值（mm）	实测值（mm）	
6	6-1-3-2 卧室	支座负筋@140	15	33,13,23,21,30	+8,−5
7	23-3-1-1 客厅	支座负筋@185	15	44,40,51	+8,−5
8	23-3-1-1 卧室	支座负筋@140	15	36,22,29	+8,−5

（3）安装线路与裂缝走向对比

从图 5-36 中可以看出，裂缝走向与强电预埋管线分布有一定关系，通常在此位置容易出现裂缝情况。

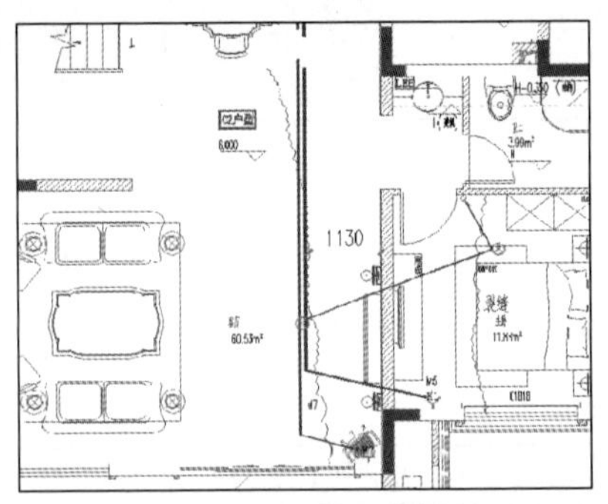

(a) 23-3-1-1安装线路与裂缝走向对比

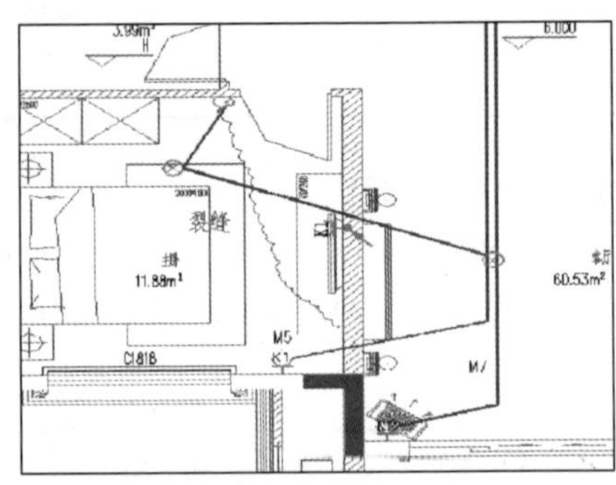

(b) 6-3-3-2安装线路与裂缝走向对比

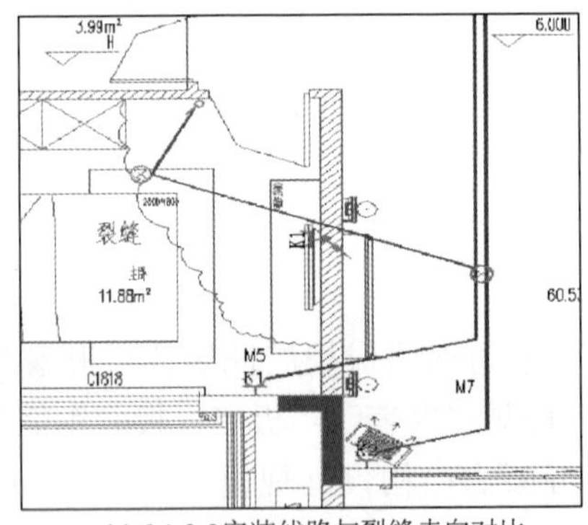

(c) 6-1-3-2安装线路与裂缝走向对比

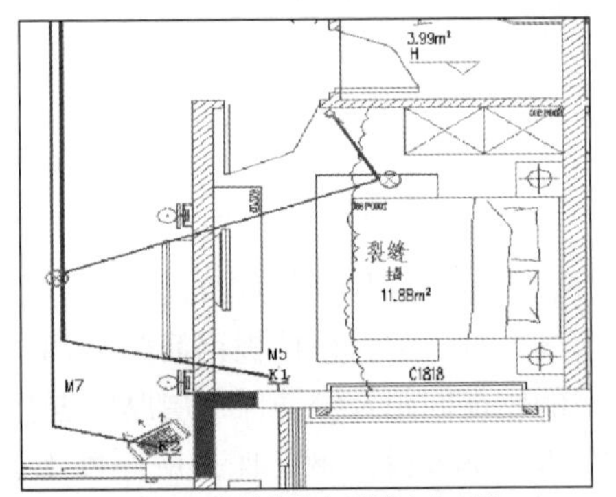

(d) 5-3-3-1安装线路与裂缝走向对比

图 5-36 安装线路与裂缝走向对比

（4）承载力校核

对现浇楼板构件承载力按实际情况进行验算，取恒载 1.6kN/m²，活载 2.0kN/m²，验算结果表明楼板配筋、挠度和裂缝均满足正常使用要求。

2. 因果图分析

根据本项目案例楼板开裂情况，从设计、材料、施工、人员操作和环境多方面因素进行原因分析。设计因素包括配筋计算、伸缩缝设置、地基不均匀沉降、构造设置等方面；施工因素包括施工准备、施工措施、过程控制等方面；材料因素包括混凝土配合比、水泥及骨料等原材质量等方面；人员及环境因素包括混凝土振捣、养护、外界温度影响等方面。因果图分析如图 5-37 所示。

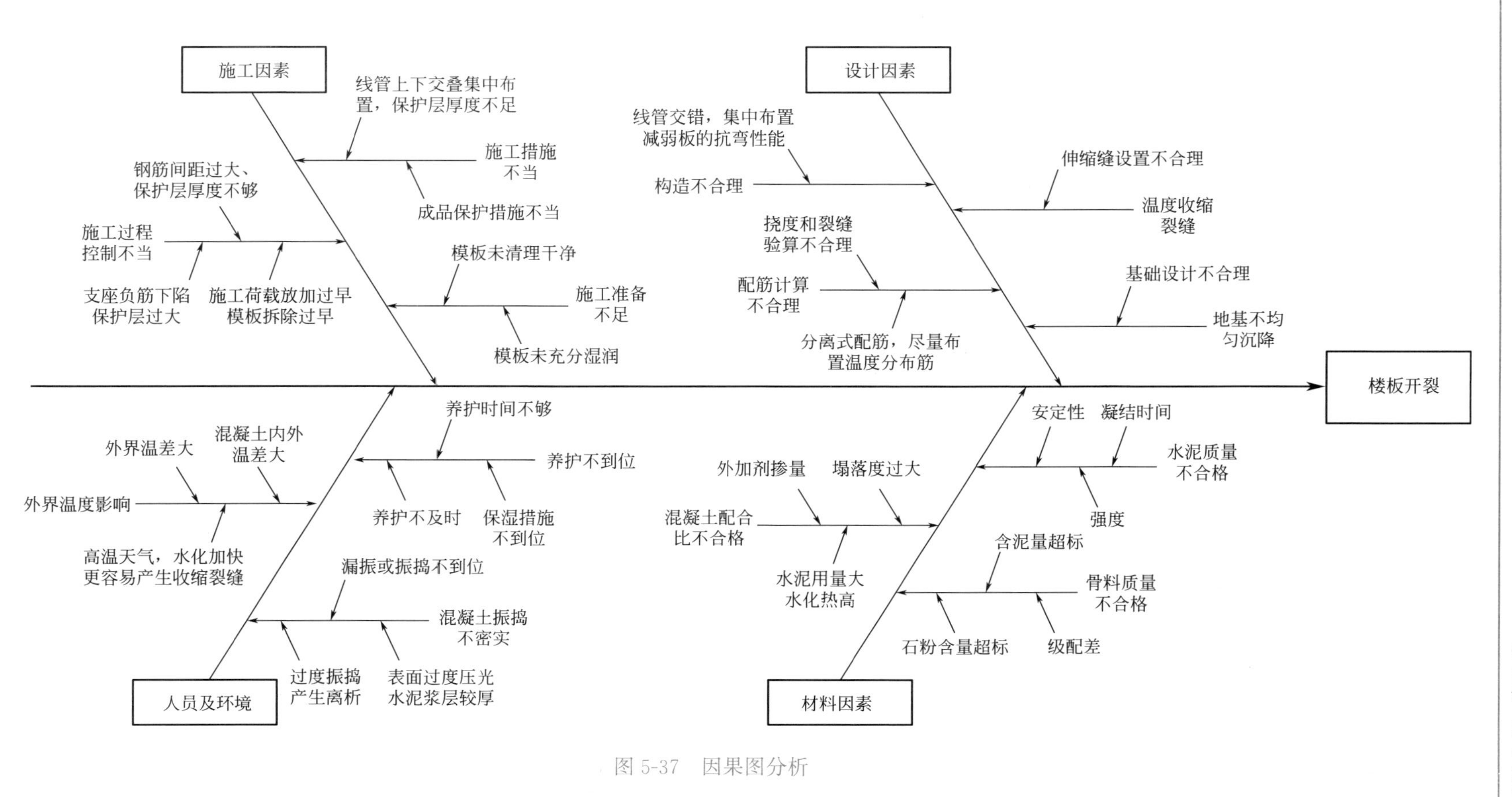
施工因素
线管上下交叠集中布置，保护层厚度不足
施工措施不当
成品保护措施不当
钢筋间距过大、保护层厚度不够
施工过程控制不当
支座负筋下陷保护层过大
施工荷载放加过早模板拆除过早
模板未清理干净
施工准备不足
模板未充分湿润
设计因素
线管交错，集中布置减弱板的抗弯性能
构造不合理
伸缩缝设置不合理
温度收缩裂缝
挠度和裂缝验算不合理
配筋计算不合理
分离式配筋，尽量布置温度分布筋
基础设计不合理
地基不均匀沉降
楼板开裂
人员及环境
外界温差大
混凝土内外温差大
外界温度影响
高温天气，水化加快更容易产生收缩裂缝
养护时间不够
养护不到位
养护不及时
保湿措施不到位
漏振或振捣不到位
混凝土振捣不密实
过度振捣产生离析
表面过度压光水泥浆层较厚
材料因素
安定性
凝结时间
水泥质量不合格
强度
外加剂掺量
塌落度过大
混凝土配合比不合格
水泥用量大水化热高
含泥量超标
骨料质量不合格
石粉含量超标
级配差

图5-37 因果图分析

3. 检查表

利用检查表可以将管理工作简单化，有效地发现问题、分析问题和解决问题，并为排列图、因果图、直方图、控制图等其他质量管理工具提供数据基础。根据上述项目案例情况，可编制检查表，见表 5-31。

楼板裂缝检查表　　表 5-31

序号	裂缝位置	最大裂缝宽度（mm）	施工环境温度（℃）	混凝土回弹强度检测（MPa）	实测钢筋平均间距（mm）	实测保护层最小厚度（mm）	裂缝处是否有安装线路	承载力验算
1	5-3-3-1（次卧）	1	15～20	38.6	板底:190 支座:130	10	有	满足要求
2	6-3-3-2（次卧）	1	20～29	38.4	板底:190 支座:140	11	有	满足要求
3	6-1-3-2（次卧）	1	20～29	37.4	板底:190 支座:140	13	有	满足要求
4	23-1-3-2（客厅）	1	26～35	37.6	支座:185	40	有	满足要求
5	23-1-3-2（次卧）	1	26～35	38.3	支座:140	22	有	满足要求

4. 帕累托图分析

绘制本案例的帕累托图，如图 5-38 所示。从图中可以看出，由施工过程控制不当、线管布置密集导致裂缝产生的累计频率为 80%，可定为 A 类问题，即主要问题，应进行重点管理；由于未布置温度分布筋导致裂缝产生的累计频率在 80%～90%，可定为 B 类问题，即次要问题，作为次重点管理；其他问题为 C 类问题，即一般问题，按照常规适当加强管理。

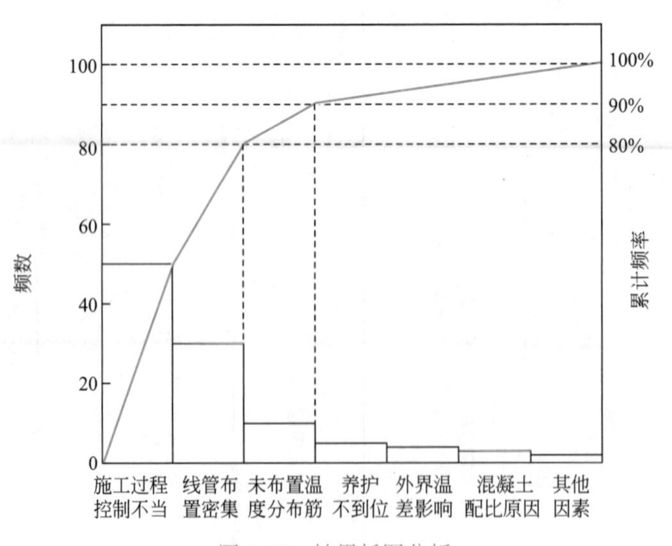

图 5-38　帕累托图分析

5.6　装配式建筑EPC项目HSE管理

HSE管理即职业健康、安全、环境的一体化管理，该概念起源于国际标准化组织石油行业小组提出的推荐标准《石油天然气工业健康、安全与环境管理体系》ISO/CD 14690[25]，此标准提出通过事前进行风险分析，确定自身活动可能引发的风险和后果，从而采取有效的防范手段和控制措施，减少可能引起的人员伤害、财产损失、环境污染和生态破坏，促进可持续发展。国内项目一般是进度驱动性、高周转的建设模式，以完成进度要求为首要任务，同时最大限度节约成本，使得项目的HSE管理得不到足够的重视，不能充分体现HSE一体化管理为项目带来的一系列增值。

近年来国家对职业安全、绿色环保、节能减排等方面越来越重视，2021年国务院政府工作报告中要求做好碳达峰、碳中和的各项工作，制定行动方案，优化产业结构和能源结构[26]。建筑行业在建材生产、施工建造和运行的过程中都消耗了大量的能源并产生了巨量的碳排放，建筑节能减排对发展低碳经济、控制全球气候变暖具有深远的意义。装配式建筑EPC项目可大量减少现场湿作业，减少施工现场安全隐患，减少材料浪费和环境污染，更有利于项目的HSE管理。

5.6.1　施工阶段HSE管理目的

工程项目实行HSE全方位管理，可将项目建设本身的危险、对社会的危害、对环境的破坏降到最低点，它是贯彻科学发展观的重要环节，是实现工程项目建设目标的需要，也是我国法律法规的要求。施工阶段HSE管理的目的是防止和减少生产安全事故、保护劳动者的健康与安全，同时保护生态环境，使社会的经济发展与人类生存环境相协调。装配式建筑EPC项目部应根据公司规定并结合项目实际情况，按照主管部门的相关要求，建立项目部HSE管理制度，确定项目职业健康、安全和环保的总体目标[27]。

5.6.2　装配式建筑绿色施工的特点

绿色施工作为建筑全寿命周期中的一个重要阶段，是实现建筑领域资源节约、节能减排和可持续发展的关键环节。绿色施工是在保证质量、安全等基本要求的前提下，通过科学的管理方法和先进技术，最大限度地节约资源和减少对环境负面影响的施工活动，实现节能、节地、节水、节材和环境保护（“四节一环保”）。装配式建筑是实现绿色施工的重要方式，通过提高装配化程度可提升绿色建造的整体水平。

1. 节能

生产工厂可根据项目特点，以节约成本和能源为原则，合理选择施工工艺和施工机械，综合控制能源消耗；同时装配式建筑减少了施工现场各类机械设备的使用量，节约了能源消耗；通过专业工厂加工生产，提高了建筑构件的生产质量，确保墙体保温和门窗密闭性满足设计要求，使得装配式建筑具有良好的保温、隔声、抗渗等性能，从而可降低空调等电气设备的运行能耗。

2. 节地

装配式建筑将建筑构件转移至工厂生产，减少了现场施工材料的使用量，如钢筋、模板、砌体等，从而节约了材料堆放场地和加工场地；采用预制墙板代替了砌体，减少了砌体施工产生的废弃物，节约废弃垃圾堆放场地；预制构件在专业工厂生产，质量得到保障，表面平整度可达到免抹灰要求，减少现场抹灰工作量，节约了施工机械的占用场地等。

3. 节水

节约用水：装配式建筑的预制构件全部在工厂生产，减少了施工现场湿作业，用于混凝土养护、模板冲洗、泵车清洗等施工用水大幅度减少，节约水资源。

水资源重复利用：预制构件生产工厂通常都要求设置水处理系统，收集生产废水和雨水，经过处理后可用于生产模具清洗、厂区清洁、厂区绿化、运输车辆清洗等生产辅助工作，实现水资源的重复利用。

4. 节材

通过工业化生产方式，严格把控材料质量和材料用量，避免材料盲目使用和材料质量问题造成的材料浪费。装配式建筑的预制构件均在工厂生产完成，施工现场减少了模板、钢筋、钢管支撑、砌体、抹灰材料等建筑材料的用量，同时也减少了砌体、模板等废弃物的产生。

5. 环境保护

装配式建筑的预制构件在工厂集中生产，大量减少了现场作业量，从而减少了粉尘、噪声、废弃物和水污染。并且装配式内装采用现场拼装和干法施工，减少了现场砌筑、抹灰、刮腻子等工作，从而减少二次装修产生的建筑垃圾污染。

5.6.3 项目 HSE 管理组织与职责

装配式建筑 EPC 项目需要建立 HSE 管理小组，配备必要的人力、技术和经济资源，对项目施工过程和下属各分包方进行监督管理。HSE 管理小组的职责见表 5-32。

HSE 管理小组职责　　表 5-32

机构与岗位		主要职责
HSE 小组	组长：项目经理 副组长：施工经理 组员：项目部各工作组负责人、安全负责人、安全员	√认真贯彻执行国家法律法规、方针政策、地方政府及公司的各项安全生产规定，坚持“安全第一、预防为主、综合治理”的方针，督促本项目部各项安全生产管理制度的有效实施。 √监督各项 HSE 管理制度的执行、组织现场检查、召开现场的 HSE 会议、对现场事故进行调查和提出处理意见等。 √建立健全安全生产管理机构，配备安全生产管理人员，建立健全项目部安全生产责任制。 √组织相关部门制定项目部 HSE 规章制度和操作规程。 √督促检查本项目部 HSE 各项投入的有效实施
组长	项目经理	√项目安全生产第一责任人，对项目的 HSE 管理工作负全面责任。 √建立项目安全生产责任制，与项目管理人员签订安全生产责任书，组织对项目管理人员的安全生产责任考核。 √组织制定和完善项目安全生产制度、操作规程及 HSE 措施计划。 √负责项目 HSE 费用的批准及监督落实。 √组织并参加项目定期的安全生产检查，落实隐患整改，保证生产设备、安全装置、消防设施、防护器材和急救器具等处于完好状态。 √组织召开安全生产领导小组会议、安全生产例会。 √组织编制项目应急预案，并进行交底、培训和演练。 √及时、如实报告生产安全事故，负责事故现场保护和伤员救护工作，配合事故调查和处理

续表

机构与岗位		主要职责
副组长	施工经理	√组织项目施工全过程工作，对项目的HSE管理负主要领导责任。 √组织实施工程项目总体和施工各阶段安全生产工作规划，组织落实工程项目人员的安全生产责任制。 √组织落实安全生产法律法规、标准规范及规章制度，定期检查落实情况。 √组织实施安全专项方案和技术措施，检查指导安全技术交底。 √组织对安全防护设施、临时用电设施、消防设施及中小型机械设备的验收。 √配合项目经理组织定期安全生产检查，组织日常安全生产和文明施工检查。 √组织对各分包单位和合作单位的HSE管理工作进行考核与评价。 √发生伤亡事故时，按照应急预案处理，组织抢救人员、保护现场
组员	安全负责人	√对项目的HSE执行情况进行监督检查，监督HSE管理费用的落实。 √负责项目HSE管理实施细则的编制，对落实情况进行监督。 √参与定期安全生产检查，组织安全管理人员每天巡查，督促隐患整改。 √落实员工安全教育、培训、持证上岗的相关规定，组织相关人员进行HSE相关制度的培训，以及作业人员入场三级安全教育。 √组织开展安全生产月、安全达标、安全文明工地创建活动。 √协助项目经理组织项目日常安全教育、节假日安全教育、季节性安全教育、特殊时期安全教育等，督促班组开展班前安全活动。 √发生事故应立即向项目经理、公司安全负责人报告，并迅速参与抢救
组员	安全员	√认真宣传、贯彻安全生产法律法规、标准规范，检查督促执行。 √每天进行安全巡查，及时纠正和查处违章指挥、违章操作、违反劳动纪律的行为和人员，并填写安全日志。对施工现场存在事故隐患有权责令纠正和整改，对重大事故隐患有权下达局部停工整改决定。重点部位实施旁站监督。 √负责组织各班组的安全自检、互检和施工队的月检，通过检查发现问题，及时提出分析方案和处理意见。 √参加现场机械设备、用电设施、安全防护设施和消防设施的验收。 √建立项目安全管理资料档案，如实记录和收集安全检查、交底、验收、教育培训及其他安全活动的资料。 √参加安全教育培训活动及安全技术交底工作。 √发生生产安全事故时，立即报告，参与抢救，保护现场，并对事故的经过、应急、处理过程做好详细记录

5.6.4 HSE管理体系

HSE管理体系由以下十项要素构成：领导承诺、方针目标和责任；组织结构、职责和文件控制；风险评价和隐患治理；承包商和供应商管理；设计和施工；运行和维护；变更管理和应急管理；检查和监督；事故处理和预防；审核、评审和持续改进。各要素之间紧密相关，相互渗透，以确保体系的系统性、统一性和规范性。与ISO 9000质量管理体系类似，HSE管理体系的管理和控制文件包括管理手册、程序文件、作业指导书三个层次的文件，HSE管理体系的总体结构如表5-33所示。

HSE管理体系总体结构　　表5-33

一级要素	二级要素
HSE规划	HSE方针：总方向、总原则、承诺

续表

一级要素	二级要素
HSE 实施和运行	危险源识别，环境因素识别，风险评价和风险控制；法律法规和其他要求；可测量的目标；HSE 管理方案：行动计划，实现目标的途径与方法
HSE 检查和纠正措施	组织结构和职责；培训和执行能力；协调和沟通；文件的有效性；文件和资料控制；计划和控制措施；应急准备和响应；绩效测量和监控
HSE 管理评审	纠正和预防措施；记录管理；HSE 的有效性；HSE 管理体系的适应性和持续性

5.6.5 施工阶段 HSE 管理内容

施工阶段 HSE 管理是为达到建设工程 HSE 管理目的而进行组织、计划、控制、领导和协调的一系列活动，具体内容如下。

1. 施工准备阶段

施工准备阶段的 HSE 管理内容包括：制定 HSE 管理计划、熟悉施工工艺并进行风险分析、识别和控制危害健康的材料使用、进行 HSE 管理培训、检查并总结分析、落实项目 HSE 管理制度执行情况、制定事故的预防和报告措施等[28]。

2. 施工阶段

施工阶段需要建立 HSE 现场会议制度、HSE 报告制度、HSE 现场检查制度和 HSE 培训制度，确保 HSE 管理体系的正常运行。

HSE 现场会议制度：现场会议是 HSE 管理最好的沟通方式，施工现场应定期举行会议（一般每周一次）。

HSE 报告制度：在项目执行过程中，项目 HSE 工程师应根据 HSE 管理手册中规定的报告范围、内容、频率提交报告，一般包括项目 HSE 月报、HSE 实施计划和事故报告等。

HSE 现场检查制度：各级管理人员应对现场 HSE 实施情况进行检查，通常包括专项检查、周检查和日常检查，确保健康、安全和环保方面的制度和要求都得到落实，对检查中发现的问题及时纠正，必要时进一步完善 HSE 管理体系。

HSE 培训制度：通过培训的方式使现场的全体管理人员和施工人员了解 HSE 的规定和要求，包括进场培训、日常培训和专项培训。

5.6.6 装配式建筑 EPC 项目 HSE 管理要点

装配式建筑施工过程具有以下特点：预制构件数量多、重量大，现场管理难度较大；构件吊装作业持续时间长，安全风险高；构件安装工序多、精度高，需要具备一定的专业技能等。相对于传统现浇建筑，对装配式建筑进行 HSE 管理意义更为重大。HSE 管理内容中，安全生产是重中之重，也是项目顺利开展的前提，职业健康和环境管理都是在安全生产管理的基础上进行的。下文将对装配式建筑的施工安全管理内容进行介绍。

（1）装配式建筑的主要危险源

通过对装配式建筑施工过程中的主要危险源（表 5-34）进行识别和风险评价，采取预防和控制措施，可降低施工过程中的安全风险。

装配式建筑施工主要危险源 表 5-34

作业	危险源	可能导致的事故	备注
构件堆放	现场构件种类及数量多、体积大、重量重，可能出现堆放不稳	坍塌、物体打击	现场管理控制
运输	水平运输、垂直运输的构件数量多	机械伤害、交通安全	现场管理控制
吊装、安装	由于吊装稳定性和控制精度差而发生碰撞	物体打击	现场管理控制
	预埋吊点设置不合理	物体打击	设计控制
	钢丝绳、吊装带、吊环等吊装工具质量不合格	物体打击	现场管理控制
	构件安装后临时支撑固定不稳	物体打击	现场管理控制
临边防护	安装防护设施	高处坠落	现场管理控制
	高处无防护，材料、机具易坠落	物体打击	现场管理控制
高处作业	高处进行构件安装作业	高处坠落	现场管理控制

（2）装配式建筑安全管理主要内容

1）预制构件运输安全

运输安全是装配式建筑安全管理的重要内容，合理的运输方案和现场道路布置是保证预制构件运输安全的基础。预制构件运输装车时，叠合板、阳台板等水平构件宜采用平放，外墙板、叠合墙板等竖向构件宜采用专用支架运输，专用支架的稳定性和承载力需经过设计验算；构件与支架接触部位设置柔性材料，防止运输过程中构件损坏；运输过程中，为防止车辆颠簸造成构件损坏，需要采取可靠的固定措施，避免构件出现移动、倾倒、变形等情况；在施工现场，施工道路应设置为环形道路，道路宽度和转弯半径要满足运输车辆的行驶的要求。

2）预制构件堆放安全

对堆放方案和施工场地进行合理规划，确保预制构件的存放安全，是装配式建筑施工安全管理的重要内容。现场堆放区地面宜采用混凝土硬化，应满足平整度和承载力要求，并合理设置排水措施，防止预制构件堆放过程中失稳倾倒造成安全事故和经济损失。在构件堆放区设置专用堆放架，确保稳定可靠，并设置明显的警示标识牌，禁止无关人员靠近。

3）预制构件吊装安全

预制构件吊装是装配式建筑施工的重要环节，也是施工安全管理的重点。预制构件体积和重量较大，且吊装作业时间长，安全风险高。吊装前应制订专项方案，主要包括：根据项目实际情况，对塔式起重机吊运能力和稳定性进行计算，合理选择塔式起重机型号；严格执行吊装过程中的安全注意事项，如吊运时下方严禁站人、构件应垂直吊运、构件不得长时间悬在空中、不得进行吊装作业的情况等；吊装就位时需要采取安全可靠的临时支撑系统，支撑的稳定性需要经过计算确定，构件拼装完成并形成整体结构后方可拆除；构件吊装过程中，需采取确保构件稳定起升的措施，如设置缆风绳、采用横梁吊具等；根据被吊构件的结构、形状、体积、质量、预留吊点等情况，结合现场作业条件和作业要求，确定合适的吊具等。

5.7 装配式建筑预制构件生产与运输管理

装配式建筑的预制构件是指通过工业化生产、现场装配的具有建筑使用功能的建筑产品。预制构件主要分为混凝土预制构件、钢结构构件、木结构构件，均由专业工厂生产加工完成，再运输至施工现场进行装配。预制构件生产与运输的费用在装配式建筑 EPC 项目总成本中的占比较大，通过对预制构件生产和运输过程进行精益化管理，提高生产效率和产品质量，有效控制生产和运输成本，对降低装配式建筑 EPC 项目成本有着重要的意义。

5.7.1 预制构件主要类型

目前，装配式建筑市场主要以装配式混凝土建筑和装配式钢结构建筑为主。钢结构建筑在国内应用较早，已经具有成熟的生产与管理体系，通过工厂完成钢构件的加工，如钢梁、钢柱、节点板、支撑、钢桁架等，再运输至施工现场经过螺栓连接、焊接、铆接等工艺装配而成，是典型的装配式建造方式。而装配式混凝土建筑推广应用时间较短，技术和管理体系仍不成熟。本节主要对混凝土预制构件的产品类型、生产工艺、生产及运输管理等方面进行说明。

常见的混凝土预制构件包括预制柱、预制梁、预制墙板、预制楼板和其他预制构件。

1. 预制柱

装配式混凝土结构的预制柱具有截面小、高度大、竖向稳定性差等特点，因此在制作时多采用平模生产。预制柱主要分为单层柱、跨层柱和工业厂房柱三类，如图 5-39 所示。

(a) 单层柱

(b) 跨层柱

(c) 工业厂房柱

图 5-39 预制柱类型

2. 预制梁

预制梁是装配式混凝土结构的水平受力构件、通常采用平模制作、水平运输的方式。主要分为普通梁、叠合梁（图 5-40）和连体梁等。

3. 预制墙板

（1）预制剪力墙

预制剪力墙和现浇剪力墙在尺寸方面并无太大差别。将剪力墙边缘构件之外的水平部

图5-40　预制叠合梁

分在工厂预制，竖缝节点区后浇混凝土连接，水平缝节点区一般通过灌浆套筒连接，从而实现结构的整体性，是我国《装配式混凝土结构技术规程》JGJ 1—2014中推荐的剪力墙主要做法[29]，也是实现"等同现浇"这一理念的主要措施（图5-41）。

图5-41　预制剪力墙

（2）预制叠合剪力墙

预制叠合剪力墙主要由带钢筋网片的内外两层预制混凝土、连接的桁架钢筋及空腔组成，现场安装完成后在空腔内浇筑混凝土形成整体实心墙（也称为"双皮墙"）（图5-42）。桁架钢筋包括三根截面呈等腰三角形的上下弦钢筋和弯折成形的腹筋，可采用智能钢筋加工设备自动加工。预制叠合剪力墙不需要套筒或浆锚连接，比实心预制剪力墙现场安装便捷，效率更高，且施工质量更容易控制。

（3）预制复合墙板（PCF板）

预制复合墙板由外叶墙板、保温材料和专用连接件组成，具有特定保温性能且在施工过程中起到外模板作用，简称PCF板。PCF板的外叶墙板为非承重装饰板，作为墙板一侧的模板，可减少模板支拆工作量和施工周期，节省模板材料和人工费用。PCF板根据配筋形式不同可以分为单向单层、单向双层、双向单层等形式；也可根据实际工程需要改变外叶墙板的装饰效果，例如采用反打瓷砖、石材及艺术造型，实现丰富的肌理变化（图5-43）。

图5-42 预制叠合剪力墙构造

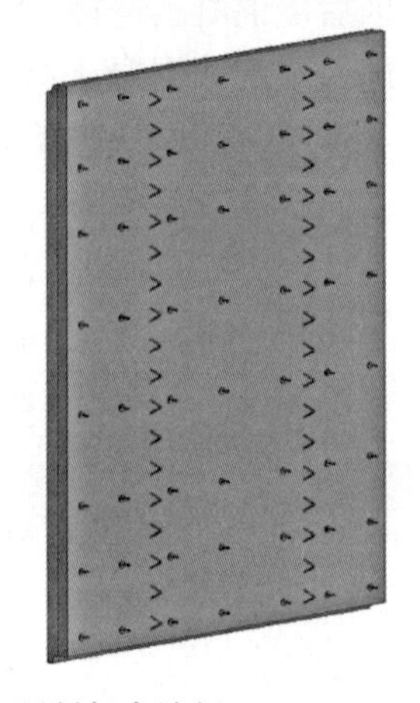
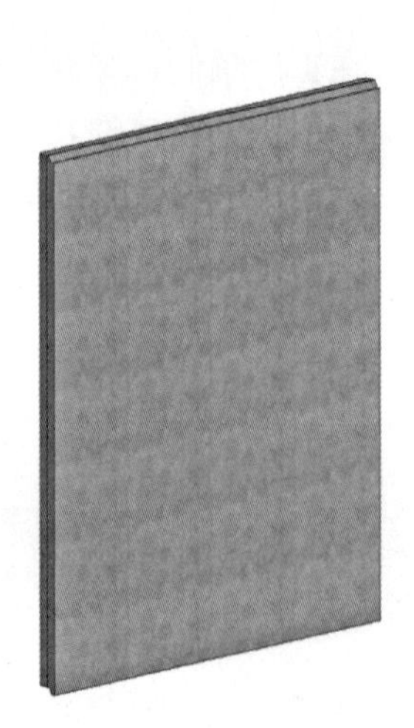

图5-43 预制复合墙板

(4) 预制外挂墙板

预制外挂墙板分为预制夹芯保温墙板（也称“三明治夹芯板”）和实心板，具有可塑性强、造型丰富、耐久性好、便于施工安装等特点。预制夹芯保温墙板是以混凝土内叶墙、外叶墙和中间保温层共同组成的复合板，主要用于装配式承重外墙、非承重结构围护外墙，是一种高效节能外墙板，具有保温、隔热、防火、防水、节能、耐久等优点（图5-44）。可通过不同生产工艺及附加材料，形成丰富的外饰面表现形式，如清水面、反打瓷砖、反打石材、艺术效果等，还可以在外饰面内嵌光伏板等使其具备更多的使用功能（图5-45）。

4. 预制楼板

目前装配式建筑的预制楼板主要包括叠合板、预应力叠合板、预应力空心板、双T板等，住宅类建筑大多采用叠合板。

(1) 叠合板

叠合板是目前装配式建筑主要采用的预制楼板类型，通过底部的钢筋网片与上部的钢筋桁架绑扎固定，再由混凝土浇筑而成。叠合板用作现浇混凝土层的底模，可节省模板。同时，可通过对模具进行尺寸调整生产出不同规格的产品，生产安装便捷，在我国的装配式建筑中得到了较为广泛的应用。叠合板又分为单向板和双向板，单向板侧面不需出筋，

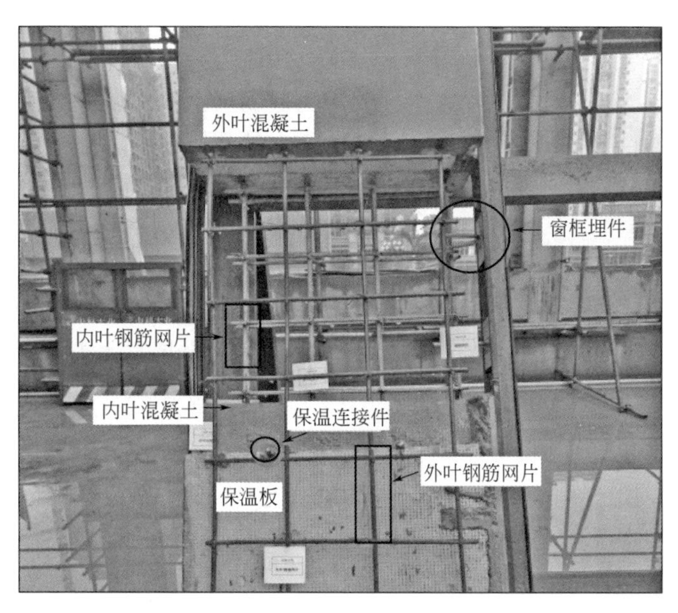

图 5-44 预制夹芯保温墙板构造

图 5-45 外饰面外挂墙板

双向板侧面需出筋（图 5-46、图 5-47）。但是在实际项目中应用时，侧面出筋给生产和施工均带来很多不便，因此单向板的应用逐渐增多。

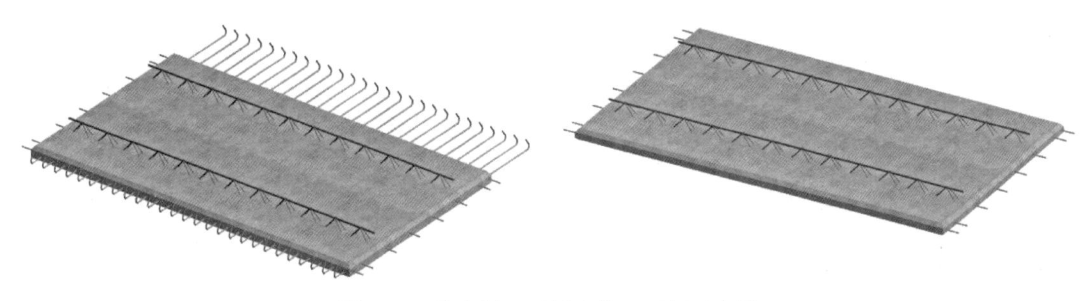

图 5-46 叠合板（两侧出筋、两侧不出筋）

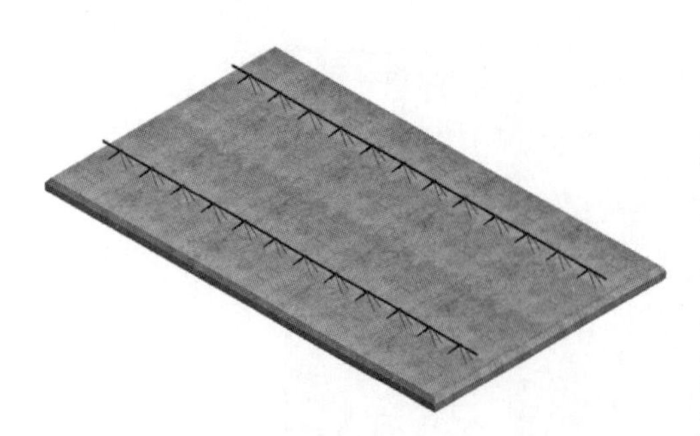

图 5-47　叠合板（四周均不出筋）

（2）预应力叠合板

预应力叠合板主要由沿板跨度方向的预应力底筋（钢绞线、冷拔钢丝等）、垂直板跨度方向的分布钢筋、混凝土（流态或干硬性）及上部桁架（钢筋或钢管，也可使用混凝土肋替代）等通过特定的工艺生产而成。由于其内部施加的预应力作用，可在施工阶段有效平衡上部荷载，因而具有安装无支撑或少支撑、用钢量低的优点。预应力叠合板主要用于空间跨度较小（3～6m）的住宅、商业、公寓等建筑的楼面、屋面等位置（图 5-48）。

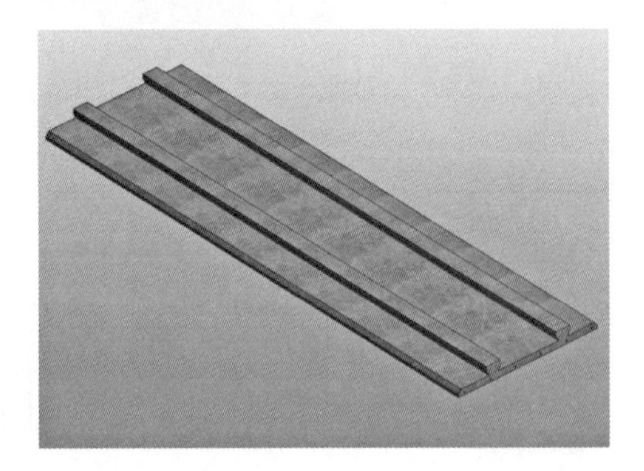

图 5-48　预应力叠合板（混凝土肋）

（3）预应力空心板

预应力空心板主要由预应力钢绞线和混凝土等材料组成，20 世纪 50 年代以后在我国开始大量生产使用，已有大量的案例和经验总结。市场上预应力空心板主要分为普通圆孔板（KB 板）、SP 预应力空心板两种形式（图 5-49）。KB 板采用冷拔低碳钢丝作为预应力钢筋，承载能力较低，跨度一般控制在 6m 以内，端部出筋，且生产设备较简陋，产品质量难控制；SP 预应力空心板为引进美国 Spancrete 公司的设备工艺制成，采用预应力钢绞

图 5-49　预应力空心板（KB 板与 SP 预应力空心板）

线，产品承载能力高，跨度最大可达18m，并可叠层生产，生产效率高。SP预应力空心板具有施工无需支撑、安装速度快、大跨度、综合成本低等优势，在跨度较大（6～18m）的厂房、办公楼、仓储物流、学校、医院、停车库等建筑中得到广泛应用。

（4）双T板

双T板（也可生产单T板）是板、梁结合的预应力钢筋混凝土构件，由宽大的面板和肋组成，因截面形状类似大写英文字母T而得名，其主要材料及生产方式与预应力叠合板、预应力空心板类似，在国内外得到广泛应用。双T板/单T板承载能力强、跨度大（可达到30m）、施工周期缩短，广泛用于如大型厂房、车库、物流仓库等项目，不仅可用作建筑楼板，还可作为墙板使用（图5-50、图5-51）。

图5-50 双T板用作承重楼板

图5-51 双T板用作屋面板和墙板

5. 其他预制构件

（1）预制楼梯

预制楼梯作为最常用的预制构件，被广泛用于各类装配式建筑中。预制整体式楼梯使用固定模具一次浇筑成，又可细分为带休息平台和无休息平台、固定式支座和滑动转动支座、板式和梁式等不同类型。不同项目、不同设计单位设计的楼梯均有差异，实现预制楼梯模数化和标准化设计的难度较大（图5-52）。

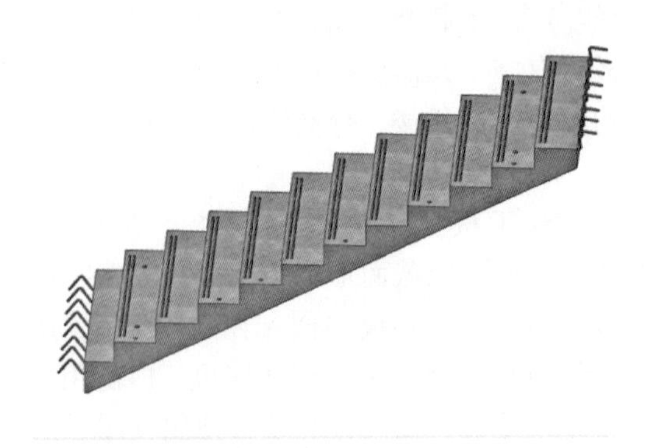

图 5-52　预制楼梯（滑动支座带休息平台、固定支座无休息平台）

（2）阳台、空调板、卫生间沉箱等

预制阳台、预制空调板两种构件较为类似。预制阳台分为叠合阳台（半预制）和全预制阳台（图 5-53），可以节省现浇模板支撑体系及人力成本。在施工安装中，可将预制阳台、叠合楼板及叠合墙板安装完成后，一次性浇筑形成整体。预制沉箱和预制整体卫生间如图 5-54 所示。

图 5-53　预制阳台

图 5-54　预制沉箱、预制整体卫生间

（3）轻质墙板

轻质墙板根据生产原材可分为轻质混凝土板、ALC板、轻质陶粒混凝土板等类型，主要用于建筑的内隔墙，也可用于建筑外墙（图5-55）。由于材料特性限制，在工程实际应用中，需通过增设构造措施进行加强。

(a) 轻质混凝土板

(b) ALC板

图5-55 轻质墙板类型

5.7.2 主要生产工艺

预制构件生产系统通常由构件成型生产线、钢筋生产线、混凝土搅拌运输系统、蒸汽养护系统、起重吊运系统等几大部分组成，其中构件成型生产线是整个生产过程的主线，其余部分为辅助生产系统。从国内大力推广装配式建筑以来，市场上涌现出多种预制构件生产线，包括固定模台线、流动模台生产线、自动化流水线、长线台座生产线等。同时，也出现了一批构件生产线制造企业，包括国内的三一重工、河北新大地、鞍重股份、海天机械等。国外的设备制造企业也相继进入中国市场，包括德国的Ebawe、Vollert、Sommer、Avermann、Weller，芬兰的Elematic以及意大利的Nordimplanti等。随着国内装配式建筑的快速发展，各类预制构件生产线在市场上得到深入应用，同时也体现出了各自的特点和适用范围。

1. 固定模台生产线

（1）固定模台生产线

固定模台生产线是指生产环节的组模、放置钢筋与预埋件、浇筑混凝土、养护和拆模都在固定模台上完成，模台固定不动的，作业人员和钢筋、预埋件、混凝土等材料在各个固定模台之间流动。固定模台生产线具有适用范围广、通用性强等特点，可制作各种标准化预制构件、非标准化预制构件和异形预制构件，如楼梯、阳台、飘窗、PCF板等；且其生产线布置比较灵活，可以布置在生产车间，也可以根据项目实际情况布置在施工现场，减少预制构件的运输费用；同时，固定模台工艺的机械化或自动化设备较少，投资少且操作简单，生产运行费用低。固定模台生产线在日本应用广泛，国内较多预制构件生产企业也开始逐步采用此种生产工艺。

（2）柔性生产线

柔性生产线是在固定模台生产工艺的基础上，通过增加自动化设备，改进生产工艺，提高生产效率和智能化水平的生产方式。柔性生产线以德国 Sommer 公司的产品为代表，已在上海建工、宝业等工厂建成并投入使用。该柔性生产线是基于固定模台生产方式，结合流水线中可在轨道上自行移动的高效装备，固定模台上进行工作，形成了一种全新的生产方式。

2. 流动模台生产线

流动模台生产线是将标准定制的钢平台放置在滚轴或轨道上，使其能够在各个工位循环流转。与固定模台工艺相比，流动模台工艺适用范围较小、通用性较低，一般适用于几何尺寸较规整的板类构件，例如叠合板、剪力墙板、内隔墙板、三明治外墙板等预制构件的生产。流动模台工艺比固定模台工艺具有更高的生产效率，但一次性投资成本相对较大。

3. 自动化流水线

自动流水线包括全自动流水线和半自动流水线。全自动流水线由全自动混凝土成型流水线设备及全自动钢筋加工流水线设备组成，通过电脑系统控制，实现机械手组模、钢筋自动加工、机械手入模、混凝土自动浇筑、自动养护、机械手拆模等类似汽车生产的全自动化操作（图 5-56）。半自动流水线仅包括全自动混凝土成型流水线设备，钢筋加工环节是单独进行，这也是国内现有的最多的自动化模式，以德国 Ebawe、Vollet 等公司的自动化流水线为代表。

尽管自动化流水线具有生产效率高、产品质量好和节约劳动力的优势，但仅仅适用于外形标准且不出筋的板类构件，如不出筋的叠合板、叠合剪力墙板、外形简单的板式构件，并且在需求量大的单一类型预制构件生产时，才能体现出自动化流水线的优势。因此在全世界范围内，自动化流水线应用较少。

图 5-56　自动化流水线

4. 长线台座生产线

长线台座生产线主要用于预应力构件的生产，如预应力叠合板、预应力空心板、预应力梁、双 T 板等。长线台座生产线长度一般为 150～200m，模具固定，产品类型单一，可实现标准化生产。预应力构件制作大多采用先张法工艺，具有生产工艺简单、生产效率高、质量易控制、综合生产成本低等优点。如预应力空心板（SP 板）长线台座生产线主要包含长线底模、混凝土成型设备、预应力张拉设备、切割机、起重设备、混凝土搅拌设备等，其中混凝土成型设备最为关键（图 5-57），国内也有众多小型机制造厂商，例如山东兴玉、德州海天等。

图 5-57　SP 板长线台座生产线

5.7.3　生产管理要点

1. 生产组织结构

目前国内的预制构件生产工厂大多是独立的生产经营企业，面对市场进行产品销售，也有部分是集团公司的下属生产部门，主要为集团公司提供服务。预制构件生产工厂一般包括生产管理部、质量安全部、技术中心、物资部、综合办公室、经营部、设备管理部、财务部等部门，组织结构如图 5-58 所示。

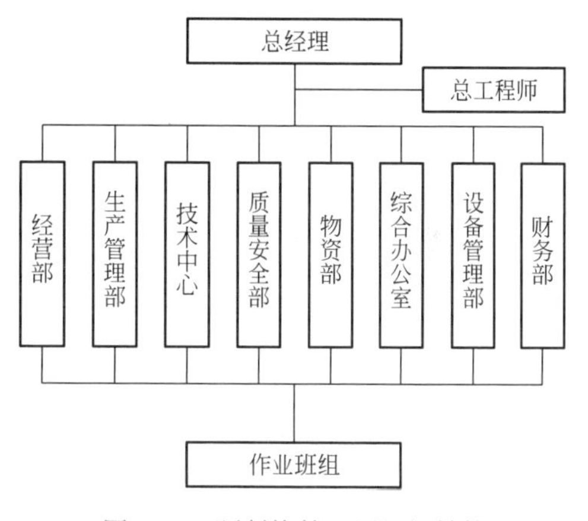

图 5-58　预制构件工厂组织结构

2. 生产计划编制

合理可行的生产计划是保证项目履约的关键，在预制构件生产前需要结合项目情况编制符合实际的生产计划[30]。

（1）编制依据。包括设计图纸；预制构件工程量清单；合同约定的供货时间、总工期和重要的时间节点；技术要求；施工现场的预制构件安装计划等。

（2）影响因素。包括设计图纸的质量；预制构件的类型、数量和复杂程度；现有的生产能力；劳动力的调配情况；模具数量及到货时间；原材料的种类、数量及到货时间；堆场可利用的存放空间；工具及辅材的准备情况；技术保障能力等。

（3）编制方法。生产计划可分为总计划（一级计划）和详细计划（二级计划）。

1）总计划。总计划是项目全过程的纲领性计划，主要包括：预制构件深化设计工期；模具设计和生产工期；原材料及配套件的到厂时间；试生产时间；正式生产时间；开始供货时间；每层构件的生产时间等，见表 5-35。

某工程预制构件生产总计划表

表 5-35

序号	项目	9月份 1—10	9月份 11—20	9月份 21—30	10月份 1—10	10月份 11—20	10月份 21—31	11月份 1—10	11月份 11—20	11月份 21—30
1	加工图	9 月 1 日完成								
2	模具生产	模具加工，9 月 29 日全部进厂								
3	原材料进厂	原材料采购，陆续进厂								
4	试生产			试生产						
5	正式生产				开始正式生产，11 月 18 日生产任务完成					
6	开始供货						开始发货，11 月 30 日全部完成			
7	3 层									
8	4 层									
9	5 层									
10	6 层									
11	7 层									
12	8 层									
13	9 层									

2）详细计划。详细计划是进行预制构件生产安排的基础，需要具体落实到每一天、每个构件、每个模台和每个模具的工作安排，见表5-36。详细计划主要包括：模具计划、劳动力计划、材料和配件计划、设备和工具计划以及堆场使用计划等。

周生产计划参考表　　表5-36

类型	模台号	模具编号 \ 方量 \ 生产日期	6月15日 星期一	6月16日 星期二	6月17日 星期三	6月18日 星期四	6月19日 星期五	6月20日 星期六	6月21日 星期日
预制梁	1	2号 2.683 m^3	4-3YKL-01L	4-3YKL-01R	4-4YKL-01L	4-4YKL-01R	6-3YKL-01L	6-3YKL-01R	6-4YKL-01R
	6	3号 3.265 m^3	5-3YKL-01L	5-3YKL-01R	5-4YKL-01L	5-4YKL-01R	7-3YKL-01L	7-3YKL-01R	7-4YKL-01R
预制墙板	2	1号 1.138 m^3	4-3YTQ-03L	6-3YTQ-03L	4-3YTQ-03R	6-3YTQ-03R	4-4YTQ-03L	6-4YTQ-03L	4-5YTQ-03L
		4号 0.825 m^3	4-3YTQ-05L	4-3YTQ-05R	4-3YTQ-06L	4-3YTQ-06R	6-3YTQ-05L	6-3YTQ-05R	6-4YTQ-05L
	5	6号 1.117 m^3	4-3YTQ-08L	4-3YTQ-09L	4-3YTQ-08R	4-3YTQ-09R	6-3YTQ-08L	6-3YTQ-08R	4-4YTQ-08L
		7号 0.796 m^3	4-3YTQ-07L	6-3YTQ-07L	4-3YTQ-07R	6-3YTQ-07R	4-4YTQ-07L	4-4YTQ-07R	4-5YTQ-07L

3. 生产准备

（1）技术准备

在接到设计图纸后，技术负责人立即组织有关人员熟悉图纸，同时收集整理有关的技术资料、规范、标准、图集等，尽快组织设计图纸交底。在预制构件生产前需要仔细审核构件加工图，对图纸中的设计错误和不满足生产工艺的内容应及时反馈总承包方或者设计人员。

依据质量目标，编制质量计划，制定完善的岗位责任制，确保质量计划的执行效果。建立完善的质量检验和试验管理流程并制定相应计划。对预制构件所用的原材料质量（包括水泥、砂石、外加剂、钢筋、装饰材料、保温材料及连接件等）、钢筋加工和焊接的力学性能、混凝土的强度、构件的结构性能等均应根据现行有关标准进行检验和试验，合格后方可使用。

（2）物资准备

预制构件生产材料种类较多，部分材料和配套件需要外地采购或者外委加工，需要充分考虑供应商的加工工期和物流运输时间，例如镀锌预埋铁件、镀锌预埋螺栓采购，因环保限制，镀锌厂这类污染企业一般在偏远地区，采购时就需要预留充足的加工时间。在进行材料准备时，首先需要根据设计图纸、生产技术要求和生产总计划编制材料的需求计划，再对现有库存进行清点，核查满足需求的材料和配套件数量，最后结合需求计划和库存数量制定材料和配套件的采购计划。考虑到生产损耗及质量缺陷，材料和配套件采购时需要预留一定的富余量。采购时可以通过分批采购、分批到货的方式减少资金压力。各项材料进场后要做好验收、检验、存放和保管工作，并进行分类和标识。

（3）劳动力准备

根据生产总计划，综合考虑生产工艺、生产流水组织等因素，确定各环节的劳动力数量，制定劳动力计划，并结合现有劳动力情况，确定劳动力补充和平衡方案，如劳务外包、劳务派遣或者采取两班倒等方式。人员进场后，应对操作人员进行入场培训、设备操作培训、安全生产培训、技术交底等培训工作，并进行考核，合格后方可上岗。

4. 精益生产

预制构件生产具有制造业的部分特征，可以运用精益生产的思想指导生产和管理。精益生产思想的核心是消除一切浪费，追求零库存。浪费是指消耗了资源而不创造价值的部分，对于预制构件生产而言，主要包括质量缺陷、过量生产、库存积压、多余操作、人员及设备闲置、二次转运等。

预制构件的生产计划是根据合同工程量和到货计划进行安排的，在生产过程中一般按照计划严格执行，往往较少根据施工现场的实际进展及时动态调整，全部生产完成后运送至堆场存放等待发货。在多项目订单同时生产时，生产任务较重，经常会出现生产进度不能充分满足有吊装需求的项目，而没有吊装需求的构件却积压在堆场内的现象，造成极大的浪费。同时因缺乏与施工现场的信息沟通，现场施工需要的构件未能及时准备和生产，而过量生产的其他构件造成堆场积压。这些情况都会影响正常生产，当堆场容量满载时，也就无法持续生产，造成工期延误和经济损失。因此，需要在生产前对各项目的生产任务进行综合考虑，制定合理的计划方案并预留一定的富余量，同时在生产过程中，与各项目施工现场保持紧密联系，跟踪实际施工进展，及时动态调整生产计划，尽量做到根据需求进行生产，减少库存积压造成的浪费。在生产过程中，借鉴JIT管理模式，实现准时化生产，提高生产效率，减少库存，降低生产成本。

5.7.4 生产信息化管理

传统的预制构件标识大多采用喷涂及粘贴防水纸等方法，信息化程度较低。为了保证项目管理过程中能及时掌握预制构件的进度和质量信息，实现项目全过程质量可追溯，需要对预制构件包括原材采购、生产过程、仓储运输、吊装码放、现场安装、验收等全生命周期信息进行标识和记录。

本书作者项目团队针对以上问题研发了基于RFID的生产信息系统，采用RFID无线射频信息采集技术，结合企业管理信息系统，将公司的财务、销售、采购、库存、生产、成品出入库等环节连接为一个有机的整体，集成了预制构件身份数字化管理、库存立体化管理、物料标准编码、可追溯的产品质量管理等技术，为预制构件的信息化管理提供了有效的解决方案，该系统在重庆某装配式项目的实施过程中取得了一定的成效。

基于RFID的生产信息系统具体应用包括原材料管理、生产计划管理、预制构件生产实时监控、预制构件质量检查和预制构件库存管理等功能，并将基础数据实现多部门、多环节共享，可有效提升工厂管理效率、保证生产进度和产品质量、降低生产成本。此处仅作简要描述，预制构件生产信息化管理的内容详见第6章。

5.7.5 运输管理

预制构件运输是装配式项目管理的重要环节，需要进行合理的组织、计划、协调和控制，确保运输质量和运输安全，并节约运输成本。预制构件运输管理主要包括堆场管理、装卸车管理和厂区外运输管理。

1. 堆场管理

堆场空间是制约构件厂生产产能的重要因素，堆场的合理规划和科学管理，不仅能够在有限的堆场空间最大程度提高构件堆放数量，还可以提高生产、装卸车和运输效率。一般根据预制构件类型、尺寸和重量、起重设备吊运能力、供货顺序等因素，同时综合考虑备货区、退货区、修补区、报废区等区域的设置，进行堆场空间功能区域的合理划分。

在预制构件供货过程中，可能会出现以下情况：装车时不能及时、准确定位所需构件位置，花费较多时间进行查找，降低了装车和运输效率；预制构件可能会由于堆存时间过长而出现部分损坏，直到装车时才发现，不能及时修补或者重新生产，造成施工现场的进度延误和经济损失；供货计划与施工现场吊装计划不匹配，装车及发货顺序与现场需求不符；生产工厂与施工现场信息沟通不及时，出现发货延误或者装车错误等。因此，需要重视堆场的管理工作，可通过循环盘点、信息化管理等方法提升堆场管理水平。

（1）循环盘点：在较短时间内，比如每周或者每月，对堆场库存进行盘点，可以按照构件存放区域或按照构件类型制定循环盘点计划。通过循环盘点，结合出入库记录，可准确掌握堆场构件数据，便于及时做出调整。

（2）基于RFID的信息管理：采用内置RFID标签的方式实现对预制构件生产过程控制、堆放管理、运输管理、现场安装以及质量追溯等全过程管理，实现信息实时共享，提高沟通效率。具体包括：1）对预制构件的生产、质检、出厂、进入项目现场、安装等各环节进行识别，记录预制构件在各个环节的相关信息；2）在预制构件生产过程中使用RFID技术，监控生产管理的全过程，达到质量监控、质量追溯的目的。

（3）堆场可视化。对堆场进行合理规划分区，包括堆放区、备货区、退货区、修补区、报废区等，并给每个分区进行编码，形成直观的可视化展示。

2. 装卸车管理

预制构件运输方式通常分为立式运输和水平运输，对于外墙板、内墙板等竖向构件多采用立式运输，其优点是装卸方便、装车速度快等；叠合板、楼梯、阳台等水平构件采用水平运输，优点是叠层运输可提高运输量、重心较低提高运输安全性等。在预制构件装卸车过程中需要对以下内容进行管控：装车前根据供货计划和现场吊装顺序进行构件装车的排布设计，提高车辆满载率，节省运输成本；核实运输车辆的载重和运输尺寸是否满足构件要求，避免出现超高、超宽和超重情况；装卸车时需采取两侧对称装卸，保证车体平衡；采取防止构件移动、倾倒或变形的固定措施，专用运输架应进行设计验算，确保其强度、刚度和稳定性，并与车体固定；构件下方一般采用木方作为垫块，并设置隔垫，防止构件移动和垫块接触处造成污染；构件之间需设置隔垫，防止运输过程中发生碰撞造成损坏等。

3. 厂区外运输管理

在构件运输前，总承包方和预制构件厂应组织运输负责人、安全员等相关人员对运输路线的情况进行详细查勘，包括道路状况以及沿途所经过的桥梁、涵洞、隧道对车辆限高、限宽和限载等要求，保证构件能安全及时地运送到施工现场，一般至少选择两条运输线路，一条作为常规路线，另一条作为备用路线。

根据运输车辆和运输道路的实际情况，以及现场起重设备、现场施工条件等因素综合考虑，制定最佳的运输方案。在构件运输之前，和交通管理部门保持沟通，询问交管部门的道路管制情况，获取通行线路、时间段的信息。当运输超高、超宽、超长构件时，必须向有关部门申报，经批准后在指定路线上行驶。

参考文献

[1] 中国化学工程（集团）总公司．工程项目管理实用手册［M］．北京：化学工业出版社，1998.
[2] 中华人民共和国住房和城乡建设部．装配式混凝土建筑技术标准：GB/T 51231—2016［S］．北京：中国建筑工业出版社，2016.
[3] 中华人民共和国住房和城乡建设部．装配式钢结构建筑技术标准：GB/T 51232—2016［S］．北京：中国建筑工业出版社，2016.
[4] 中华人民共和国住房和城乡建设部．钢筋连接用套筒灌浆料：JG/T 408—2019［S］．北京：中国标准出版社，2019.
[5] 中华人民共和国住房和城乡建设部．钢筋套筒灌浆连接应用技术规程：JGJ 355—2015［S］．北京：中国建筑工业出版社，2015.
[6] 中华人民共和国住房和城乡建设部．混凝土结构工程施工质量验收规范：GB 50204—2015［S］．北京：中国建筑工业出版社，2015.
[7] 庞业涛．装配式建筑项目管理［M］．成都：西南交通大学出版社，2020.
[8] 王威．基于 BIM 和物联网技术的装配式构件协同管理方法研究［D］．广东工业大学，2018.
[9] 江苏省住房和城乡建设厅，江苏省住房和城乡建设厅科技发展中心．装配式建筑总承包管理［M］．南京：东南大学出版社，2021.
[10] 中华人民共和国住房和城乡建设部．建筑施工组织设计规范：GB/T 50502—2009［S］．北京：中国建筑工业出版社，2009.
[11] 许佳．中冶华天项目设计进度管理研究［D］．东南大学，2015.
[12] 陈鹏．工程项目进度的检查、分析、调整的手段［J］．城市建设理论研究，2014，000（010）：1-4.
[13] 邢斌．国际 EPC 水电工程项目管理研究［D］．天津大学，2012.
[14] 郎文泽．施工项目进度控制［J］．交通世界，2012（5）：2.
[15] 中华人民共和国国家质量监督检验检疫总局．物流术语：GB/T 18354—2021［S］．北京：中国标准出版社，2021.
[16] 陈建华．工程项目供应链整合管理激励协调模型研究［D］．华中科技大学，2021.
[17] 雅各布斯，蔡斯．运营管理［M］．任建标，译．北京：机械工业出版社，2015.
[18] 蔡丽丽．基于供应链的采购建模与优化策略研究［D］．东华大学，2008.
[19] 周云．采购成本控制与供应商管理［M］．北京：机械工业出版社，2014.
[20] 李君，王敏．冶金工程总承包项目的质量管理［J］．城市建设理论研究：电子版，2013，000（002）：1-4.
[21] 张军，侯海泉，董年才，等．全预制装配整体式剪力墙结构住宅施工技术［J］．施工技术，2010（7）：3.
[22] 高太宁．装配式住宅精装修工程的质量安全控制要点［J］．建设监理，2018（8）：3.
[23] 中华人民共和国住房和城乡建设部．建筑工程施工质量验收统一标准：GB 50300—

2013 [S]. 北京：中国建筑工业出版社，2013.
[24] 中华人民共和国住房和城乡建设部 . 混凝土结构设计规范：GB 50010—2010 [S]. 2015 年版 . 北京：中国建筑工业出版社，2010.
[25] 杨俊杰，王力尚，余时立 . EPC 工程总承包项目管理模板及操作实例 [M]. 北京：中国建筑工业出版社，2014.
[26] 中华人民共和国国务院 . 国务院关于加快建立健全绿色低碳循环发展经济体系的指导意见 [EB/OL].（2021-02-22）. http：//www. gov. cn/zhengce/content/2021-02/22/content _ 5588274. htm.
[27] 王浩，李文，白聪敏，等 . 构建以设计为核心的装配式建筑项目实施模式 [J]. 城市住宅，2020，27（5）：5.
[28] 魏丽 . 工程建设项目施工阶段的 HSE 管理 [J]. 工程建设项目管理与总承包，2008，17（2）：7.
[29] 中华人民共和国住房和城乡建设部 . 装配式混凝土结构技术规程：JGJ 1—2014 [S]. 北京：中国建筑工业出版社，2014.
[30] 高中 . 装配式混凝土建筑口袋书 [M]. 北京：机械工业出版社，2019.

第6章　EPC项目信息化管理

现代大型工程项目的高度动态性、复杂性和不确定性，使得项目信息具有信息源众多、信息量巨大、信息动态持续变化、非结构化信息占比大等特点，在项目管理过程中容易出现信息不对称、信息孤岛和信息损失等情况。解决这些问题的关键是确保项目信息的顺畅流动和信息流的系统运转。通过规范项目信息数据的底层录入和编码系统，将项目信息数据结构化，便于信息的识别、提取、分析和应用，并以统一的BIM模型作为信息载体，集成项目全生命周期的信息，进行信息的表达和交换，再结合信息系统和数字化管理平台，进行信息的传输和管理，从而实现EPC项目的综合管理。本章重点阐述了建筑数字化信息平台、BIM技术及项目管理信息系统的相关内容，通过信息技术和管理工具的应用，实现EPC项目的信息化科学管理。

6.1　建筑信息化数据管理与平台建设

建筑业信息化是指运用先进的信息技术，包括计算机技术、网络技术、通信技术、控制技术、系统集成技术和信息安全技术等，并深度结合大数据、物联网、人工智能、5G、云计算及BIM等新技术，改造和优化建筑业的技术水平和生产组织方式，提高建筑企业经营管理水平和核心竞争能力，提升建筑业主管部门的管理、决策和服务水平。

我国建筑业信息化经过了30多年的发展，从20世纪80年代引进计算机辅助办公开始，先后经历了单机工具软件的使用、局域网与专业系统的应用、互联网与协同化、集成化应用等几个阶段，取得了一定的成果，如CAD和计价算量软件的普及、ERP和OA的广泛应用、BIM技术的推广等，但是建筑业仍然是各行业中信息化水平最低的行业之一，与国外相比还存在较大差距。

近年来在国家主管部门的大力推动下，建筑业信息化步入了发展快车道。2007年建设部颁布的《施工总承包企业特级资质标准》中提出了企业信息化建设的强制性要求；住房和城乡建设部印发的《2016—2020年建筑业信息化发展纲要》中明确提出了企业信息化、行业监管与服务信息化、专项信息技术应用和信息化标准的四大主要任务，要求全面推进建筑业信息化的建设和应用；2020年住房和城乡建设部连续发布了《关于推动智能建造与建筑工业化协同发展的指导意见》及《关于加快新型建筑工业化发展的若干意见》，提出加快推动新一代信息技术与建筑工业化技术协同发展，以信息化促进工业化，进而推进建筑数字化与智能化升级，转变建造方式，实现建筑业高质量发展。

在相关政策大力推动和建筑业转型升级的大环境下，越来越多的建筑企业开始重视信息化的建设和应用，通过信息技术提升企业的核心竞争力。信息化作为提高建筑业生产力的有效手段，在优化工作流程、提高工作效率、提升管理水平以及降低成本等方面都发挥着越来越重要的作用。

6.1.1　建筑信息化数据管理

1. 信息系统的应用

信息化管理是依托信息系统展开工作的，信息系统是对数据进行采集、传输、处理、存储、管理和检索的系统，为信息提供传输途径。按照建筑行业生产经营管理的特点，建筑企业信息系统一般分为两部分，即企业管理信息系统和项目管理信息系统。企业管理信息系统是指企业管理人员（包括企业层级管理人员和项目层级管理人员）共同使用的管理信息系统，侧重于企业管理和资源管理的具体方面，目前市场上以 ERP 系统为主，如 Oracle、SAP、用友、金蝶等；项目管理信息系统是指项目管理人员共同使用的管理信息系统，侧重于项目管理的具体方面，如项目计划、过程管理、数据收集和目标控制等。

企业管理信息系统具体包括战略规划、综合项目管理、集团财务管理、人力资源管理、协同办公管理、档案管理、企业资产管理、学习与知识管理、技术研发、电子商务等模块，覆盖了企业管理的各方面（图 6-1）。通过企业管理信息系统的应用，可实现人力资源、资金、知识、技术等资源的全面共享与优化，提高整个企业的运营效率和管理水平，降低运营成本，从而提升企业核心竞争力。

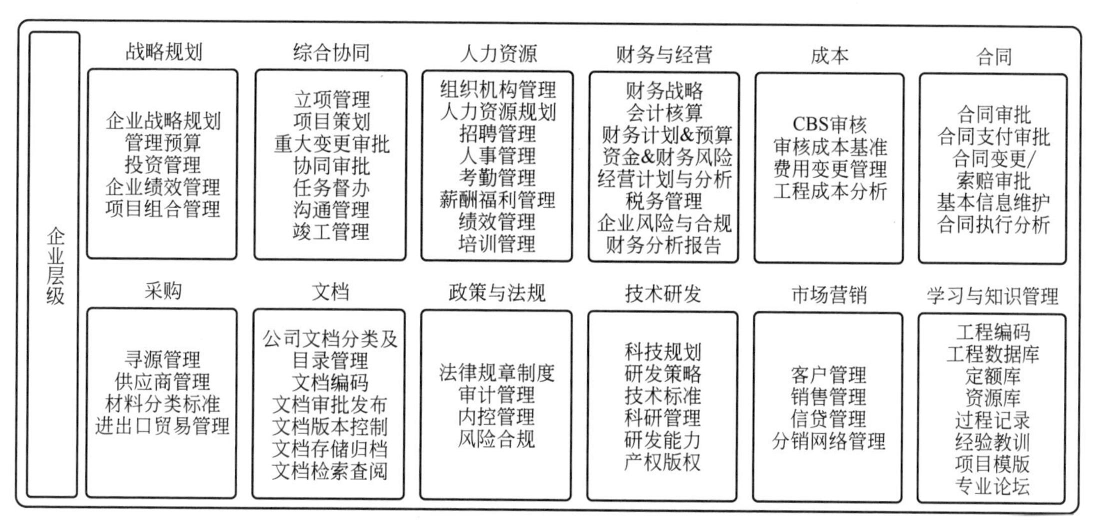

图 6-1　企业管理信息系统框架

项目管理信息系统具体包括合同管理、进度管理、成本管理、质量管理、设备管理、HSE 管理、风险管理等模块（图 6-2）。项目管理信息系统离不开专业项目管理软件的支撑，目前市场上常用的项目管理软件主要有 Oracle 公司开发的 Primavera6.0（详见本书第 2 章 2.6.5 节）、微软公司开发的 Microsoft Project（简称 MSP）、广联达的 BIM5D 等。

项目是建筑企业生产和运营的基本单元，项目的高效运行需要项目管理信息系统提供全过程服务。项目管理信息系统是企业管理信息系统运行的基础，而企业管理信息系统为项目管理信息系统提供了技术与管理支撑以及资源服务，两个系统密不可分，通过全面集成与信息共享，可实现企业资源的整合与优化，进而实现建筑企业的信息化。工程项目管理框架如图 6-3 所示，项目管理信息系统主要服务于项目的整个运营过程，企业管理信息系统为项目管理提供资源服务。

	综合管理	人力资源管理	财务管理	进度管理	成本管理	合同管理	设备管理	质量管理	HSE管理	风险管理
事业部或区域中心层级	综合管理体系 企业项目结构 项目优先级管理 项目筛选 组合规划 组合绩效监管	人员管理体系 人员主数据管理 人力资源池管理 人力资源规划 人员调配管理 人员绩效管理 人员培训管理 组合负荷分析 人员合规审查	财务管理体系 财务指标分析 经营指标分析 组合预算管理 财务资金管理 两金监控 财务合规审查	进度管理体系 进度知识库 组合进度分析 及监管 进度合规审查	成本管理体系 成本知识库 组合成本分析 及监管 成本合规审查	合同管理体系 合同相对人管理 合同知识库 组合合同执行 分析及监管 合同合规审查	设备管理体系 设备知识库 组合设备使用 分析及监管 设备调拨管理 设备合规审查	质量管理体系 质量知识库 组合质量分析 及监管 质量合规审查	HSE管理体系 HSE知识库 组合HSE分析 及监管 HSE合规审查	风险管理体系 风险知识库 组合风险分析 及监管 风险合规审查
项目集或单项目层级	立项管理 项目策划管理 项目绩效管理 二次经营管理 变更管理 界面管理 阶段评审 沟通管理 会议管理 停复工管理 项目竣工管理	人员基本信息 人员需求计划 人员绩效考核 工时填报审核 项目人员培训 人员负荷分析 临聘人员管理	资金来源管理 项目收款计划 项目付款计划 支付管理 财务成本核算及 工程结算 现金流管理及 利润分析 项目税务管理 项目发票管理 项目会计核算 项目财务分析	WBS管理 作业网络计划 层级计划 专业计划 计划模拟分析 权重体系 进度检测 进度计划变更 进度统计分析	CBS管理 工程概算/ 预算管理 费用基准管理 成本执行与监测 费用变更管理 费用支付管理 工程成本核算 工程成本分析	合同规划管理 合同生成管理 合同金额、工 程量分解 合同收付计划 合同支付申请 合同计量管理 合同变更管理 合同索赔管理 合同保函管理 合同台账管理 合同信息检索 合同执行分析 合同终止管理 合同归档管理	设备基本信息/ 品牌管理 设备需求计划 设备购置管理 设备租赁管理 设备验收管理 设备事故处理 设备报废&转让 设备状态评估 设备折旧管理 单机核算管理 特种设备管理 设备维保管理 设备产权管理	质量管理计划 质量保证管理 质量检查管理 质量监控 质量问题管理 质量缺陷管理 质量整改 质量事务管理 质量统计分析	HSE管理计划 危害因素识别 监督检查 应急管理 危害问题管理 事故事件 HSE事务管理 HSE统计分析	风险管理计划 风险识别 风险评估 风险预案 风险应对计划 风险监控及预警

图 6-2　项目管理信息系统框架

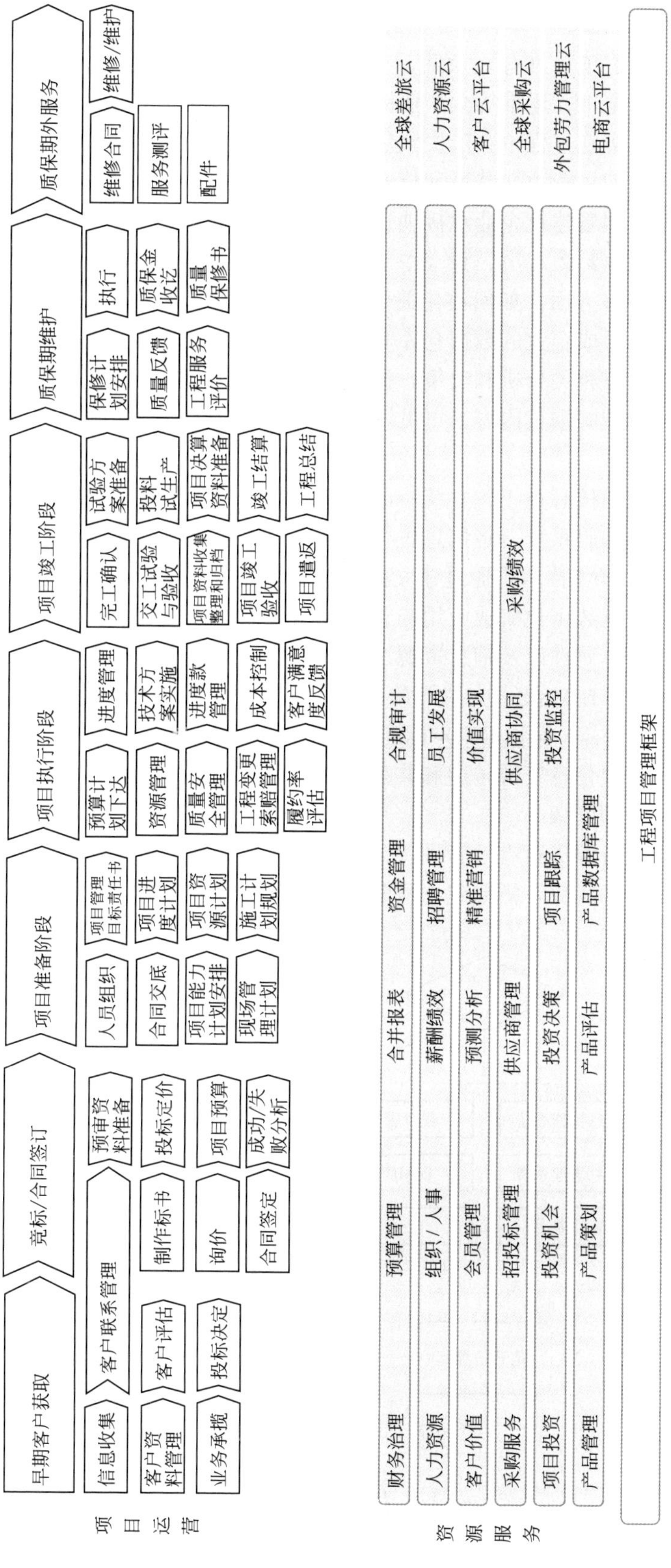

项目运营

早期客户获取
信息收集
客户联系管理
客户资料管理
客户评估
业务承揽
投标决定

竞标/合同签订
预审资料准备
制作标书
投标定价
询价
项目预算
合同签定
成功/失败分析

项目准备阶段
人员组织
项目管理目标责任书
合同交底
项目进度计划
项目能力计划安排
项目资源计划
现场管理计划
施工计划规划

项目执行阶段
预算计划下达
进度管理
资源管理
技术方案实施
质量安全管理
进度款管理
工程变更索赔管理
成本控制
履约率评估
客户满意度反馈

项目竣工阶段
完工确认
试验方案准备
交工试验与验收
投料试生产
项目资料收集整理和归档
项目决算资料准备
项目竣工验收
竣工结算
项目遣返
工程总结

质保期维护
保修计划安排
执行
质量反馈
质保金收讫
工程服务评价
质量保修书

质保期外服务
维修合同
维修/维护
服务测评
配件

资源服务

财务治理	预算管理	合并报表	资金管理	合规审计		全球差旅云
人力资源	组织/人事	薪酬绩效	招聘管理	员工发展		人力资源云
客户价值	会员管理	预测分析	精准营销	价值实现		客户云平台
采购服务	招投标管理	供应商管理	供应商协同	采购绩效		全球采购云
项目投资	投资机会	投资决策	项目跟踪	投资监控		外包劳力管理云
产品管理	产品策划	产品评估	产品数据库管理			电商云平台

工程项目管理框架

图 6-3 工程项目管理框架

2. 信息资源管理模式

现代大型建筑工程项目具有复杂性、动态性及不确定性等特征，纵向涉及项目规划、设计、采购、生产、施工、运维等全产业链，横向涵盖了建筑、结构、机电、装饰、景观等各专业内容，项目实施过程中会产生大量的数据和信息，如何从中识别与提取有效的信息资源，并确保这些信息资源在共享和传递过程中的可靠性和及时性，是项目信息化管理的核心任务。同时，随着建筑企业承接项目的数量逐渐增多，不断积累了海量的数据和信息，这些数据和信息涉及人员、设备、材料等对象，包括进度、成本、质量、合同、HSE、技术、知识等多方面，如何对相关信息进行高效的识别、整合和分析，提取有利用价值的数据和信息，形成企业的数据仓库和组织过程资产，更好地帮助企业管理层在后续的工程项目管理中进行相关分析和决策，提高企业对风险的管控能力和提升企业的核心竞争力，也是信息化管理的重点内容。可见，信息化管理的核心内容就是对项目信息的高效识别和系统管理。

实现信息化管理的核心在于建立统一的信息模型，用于存储和管理海量的信息，并通过相应的模型标准和编码系统，将信息进行标准化和结构化处理，便于管理人员对信息进行有效管理和利用。BIM 技术是通过建立统一的信息模型，基于面向对象方法，将项目全生命周期所有信息进行数字化集成应用与管理。BIM 模型可集成项目全生命周期的各种信息资源，准确表达构件属性以及信息资源之间的相互关系，使信息资源形成有机整体，便于管理和利用。同时，BIM 技术支持开放的环境，通过目前应用广泛的工业基础类（IndustryFoundationClasses，简称 IFC）标准，可实现信息资源在不同软件系统和不同企业之间的交换，从而解决信息资源传递和共享的关键问题。

（1）信息资源管理框架

为了对项目信息资源进行有效管理，让信息流在项目各阶段保持畅通，充分发挥信息资源服务于企业决策的优势，需要建立科学的信息资源管理框架，如图 6-4 所示。

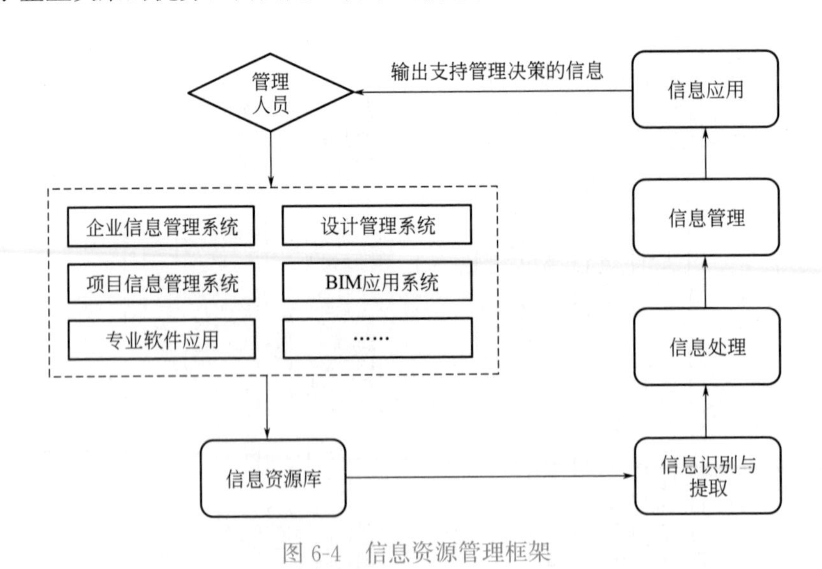

图 6-4　信息资源管理框架

通过该管理框架可对信息资源进行系统管理和高效利用，图中箭线表示信息资源在各阶段的流动方向，虚线框表示企业及项目数据的集成系统。根据该框架，管理人员利用各级信息系统、设计管理系统、BIM 应用系统等采集和积累项目数据，然后通过编码逻辑和数据录入控制标准将数据结构化，形成企业信息资源库，再经过信息识别与提取、信息处理、信息管理和信息应用等步骤，输出支持管理决策的信息成果。

1）信息识别与提取

建筑企业通过信息系统积累的数据和信息通常具有异构性、多样性和散存性等特点。一般根据项目管理的主要工作内容，可通过召开专家研讨会、用户调研等方法进行信息识别，目前的建筑企业多数采用商业智能（Business Intelligence）软件进行信息的智能识别和提取。

2）信息处理

在信息资源利用前，需要进行相应处理，便于信息的交换与共享。在建筑工程项目中采用统一的建筑信息模型作为建筑信息传递和交换的方式，可确保项目信息的一致性，减少项目各阶段信息传递过程中的信息丢失。目前 BIM 技术主要通过 IFC 标准进行不同软件和不同专业之间的信息交换。IFC 标准是由国际协同工作联盟（International Alliance for Interoperability，简称 IAI）发布的建筑行业数据标准，是国际标准。IFC 标准不依赖于任何软件系统，可以有效地支持建筑行业各个系统之间的数据交换和数据管理。

3）信息管理

信息管理主要包含信息资源的存储与展示，便于管理人员对信息资源进行管控。现行的一些信息管理方法也可用于信息资源的管理，如基于关系数据库的管理、基于工程数据库的管理、基于数据仓库的管理、基于面向对象数据库的管理等。

4）信息应用

利用信息资源进行分析预测，如通过针对结构化数据的分析方法、数据挖掘算法等对项目管理相关的信息进行预测；利用各类分析方法如多元线性回归、聚类分析、神经元网络对信息资源进行深入分析，为企业决策输出相应的信息成果。

通常当项目结束后，将累积的数据和信息中有价值的部分提取出来，进行标准化和结构化处理，再存入信息资源库，其余数据和信息则不入库，这样可减少冗余信息，简化信息管理工作，提高信息处理效率。

（2）决策输出

通过上文中的信息资源管理框架，利用 BIM 和信息化技术获得所需的数据源，再结合项目管理工具和方法，进行企业和项目的决策输出。建筑企业决策按照决策问题的重要性，分为战略决策、管理决策和业务决策，其中战略决策是对关系到组织生存和发展的根本问题进行决策，具有全局性、长期性和战略性的特点；管理决策是为了实现企业的战略决策而采取相应措施，对所需要的人力、物资和资金等资源进行合理配置或改变其组织方式的决策，具有局部性、中期性和战术性的特点；业务决策是为了提高日常管理和业务效率的具体决策活动。

目前建筑企业主要的决策方法可分为定性分析方法和定量分析方法。

定性分析方法主要依靠管理人员的丰富实践经验以及主观的判断和分析能力，推断事物的性质和发展趋势[1]。主要的定性分析方法包括头脑风暴法、专家会议法、德尔菲法等，见表 6-1。

主要的定性分析方法　　表 6-1

序号	方法名称	方法介绍
1	头脑风暴法	以会议方式，鼓励所有参与者根据会议主题和规则，提出尽可能多的解决方案
2	专家会议法	按照一定的方式组织专家会议，发挥专家的丰富知识和经验，通过对象未来的发展趋势及状况，做出预测和判断的方法
3	德尔菲法	也称专家调查法，以一群决策者或专家作为调查对象，应用连续问卷和适当操控的回馈机制，直至得到一致的意见
4	SWOT 分析法	通过对企业所面临的内外部环境进行系统研究，分析判断其优势（Strengths）、劣势（Weakness）、机会（Opportunity）、威胁（Threats）等结果，并做出匹配矩阵，进而制定相应的发展战略

定量分析方法主要依据数据进行计算和分析，利用数学模型进行决策。根据数学模型涉及的决策问题的性质，定量决策一般可以分为确定型决策、风险型决策和不确定型决策。主要的定量分析方法包括盈亏平衡分析、敏感性分析、挣值法等，见表 6-2。

主要的定量分析方法　　表 6-2

序号	方法名称	方法介绍
1	盈亏平衡法	在一定市场、生产能力及经营管理条件下，通过计算项目达产年的盈亏平衡点，分析项目成本与收入的平衡关系，判断项目对产出数量变化的适应能力和抗风险能力
2	敏感性分析	通过分析不确定性因素发生增减变化时，对财务或经济评价指标的影响，并计算敏感度系数和临界点，找出敏感因素
3	概率树法	在构造概率树的基础上，计算项目净现值的期望值及净现值大于或等于零时的累计概率，以判断项目承担风险的能力
4	决策树法	将各种可能的方案按阶段绘制成图形，每一方案的有关收益或代价和其发生的概率都标注在相应的位置上，然后运用概率方法求出各方案损益的数学期望值，进行比较得出结论
5	蒙特卡洛模拟	用随机抽样的方法抽取一组满足输入变量的概率分布特征的数值，输入变量计算项目评价指标，通过多次抽样计算可获得评价指标的概率分布及累计概率分布、期望值、方差、标准差，计算项目可行或不可行的概率，从而估计项目投资的风险
6	层次分析法	将决策有关的元素分解成目标、准则、方案等层次，在此基础之上进行定性和定量分析的决策方法
7	计划评审技术	应用网络图表达项目中各项活动的进度和逻辑关系，并进行网络分析，估算各项活动的时间参数
8	关键路径法	确定项目中的关键路径和关键工作，估算项目最短工期，确定逻辑网络路径的进度灵活性大小
9	挣值法	是项目进度与成本的综合控制方法，通过对比计划执行实际值与目标期望值之间的差异，分析偏差原因及预测项目发展趋势
10	时间序列预测法	将预测目标的历史数据按时间顺序排列成为时间序列，然后分析它们按时间变化的发展趋势

3. 信息化管理的战略意义

麦肯锡研究报告中指出新形势下的市场特征推动着建筑业向“下一个新的业态”转

变，建筑企业都在重新审视自己的战略定位，重新定义新的业务模式和运营模式，迅速适应外部环境的变化。当前许多大型工程总承包企业致力于培育企业的工程总承包管理能力，加强企业的信息化建设。在竞争日益激烈的市场环境中，如何根据企业的战略定位和管理模式进行创新与变革，规划与建设信息化管理体系，实现管理科学化，提升企业核心竞争力，已成为工程总承包企业面临的一个关系到生存和发展的重要课题[2]。

信息化管理是实现 EPC 工程总承包企业管理现代化的必要过程，是将现代信息技术与先进的管理理念相融合，转变企业的生产方式、经营方式、业务流程、管理方式和组织方式，重新整合内、外部资源，提高企业管理效率和增强竞争力的重要手段[3]。信息化管理的价值优势如图 6-5 所示。

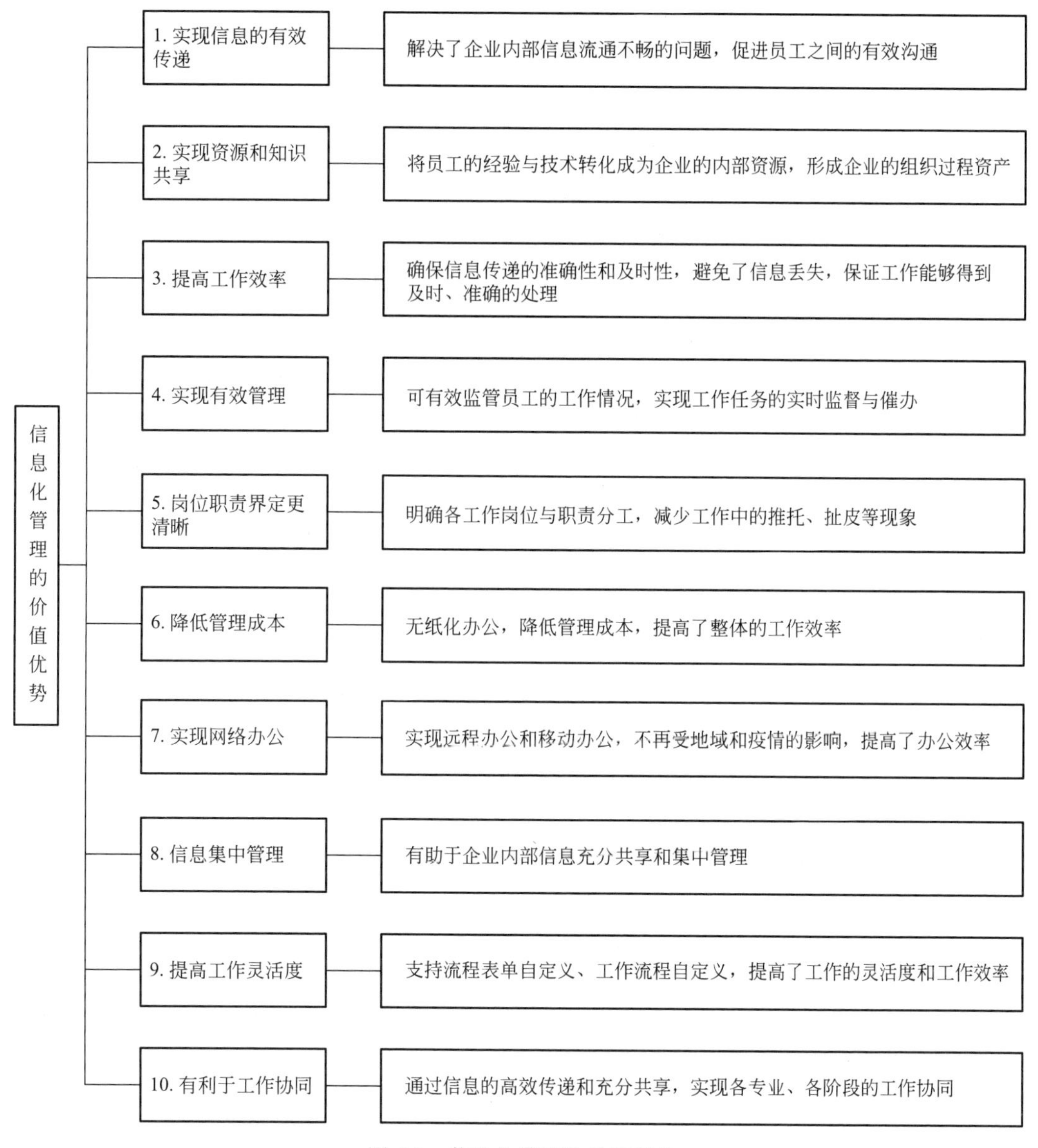

图 6-5　信息化管理的价值优势

6.1.2 建筑数字化信息平台建设

集成化综合管理信息系统通常由协同办公系统、综合档案管理系统、项目管理信息系统、物资管理系统、人力资源管理系统、财务管理系统等组成，经过多年的开发和应用，现已发展成为较完善的企业管理信息平台[4]。它是以工程项目管理为主线，服务生产为核心，通过企业信息门户实现系统集成，建立企业级的统一数据库，消除各系统间的信息孤岛，在经营、生产、管理上实现了最大程度的信息共享，保证数据的一致性和可靠性。

1. 信息化平台建设主要关注点

根据企业战略目标、组织结构和业务流程，建立以项目管理为核心、资源最大化利用为目标，以及面向未来的知识利用与管理的信息化平台，采用信息技术进行公司运营与决策管理，增强企业管控能力，实现公司总体战略目标[5]。信息化平台建设主要关注以下几点：

（1）信息化平台需要为企业战略服务

信息化平台需要满足公司总体战略目标，企业的战略和愿景决定了要建设什么样的信息平台，也决定了信息平台的架构和技术路线。

（2）信息化平台需要与企业的业务相结合

信息化平台是为企业管理服务，需要与企业的业务相融合。在建立企业的业务系统和业务流程的基础上，结合企业的组织架构，信息化平台的工作流程才能更清晰。

（3）信息化平台需要由领导小组进行管理

为了确保信息化平台的有效实施，企业需要成立信息化领导小组，组长一般由企业管理层领导担任，小组成员为各职能部门的负责人。

（4）信息化平台建设需要逐步深入

信息化平台建设是个长期持续投入的过程，应该根据企业不同的发展阶段以及当前的信息技术水平等因素，按照总体规划逐步深入，避免出现盲目性投资而造成经济损失。

根据 EPC 工程总承包企业的特点，在信息化平台建设过程中，一般从以下几方面考虑：1）按照企业发展战略进行业务流程重组，优化现有的管理模式和经营模式，逐步建立与 EPC 工程总承包企业管理相适应的组织结构和业务流程体系；2）优化组织结构，明确信息中心和资源中心的地位，改变信息传递的方式，打破部门职能的限制，将企业管理结构从传统的“金字塔型”转变为“扁平的矩阵型”，有利于提高管理质量和效率，提升企业快速反应能力和抗风险能力，使企业管理透明化、制度化和标准化[6]。

2. 基于数字化信息平台的企业管理框架

随着信息技术的发展和建筑业转型升级的需求，建筑数字化成为行业的重要发展趋势，数字化信息平台的建设也显得更为重要。数字化信息平台是以 BIM 为信息载体和技术核心，通过功能模块化、服务平台化、运营数字化实现项目全过程、全产业的数字化场景，形成项目资源统筹、管理联动和数字化指挥中心，提升项目工作效率和管理水平。数字化信息平台中的功能模块化有助于实现聚焦业务，做深具体应用，同时服务平台化有助于实现技术融合，提升服务品质。

基于数字化信息平台的企业管理框架按照功能结构可分为智能服务层、数据层、管理层、应用层和交互层，具体运行模式如下：1）智能服务层通过AI、图形算法、BIM引擎、语音识别等信息技术进行项目数据和信息的识别与提取；2）数据层是平台的主要数据处理系统，包括进行业务数据分析、数据标签、数据分类、数据编码、模型轻量化等操作，构建企业信息数据库；3）管理层即企业ERP系统，通过建立投资预算管理流程、设计管理流程、生产管理流程、供应链管理流程等，为项目信息提供传输路径；4）应用层集成了项目启动到客户交付全过程的BIM数字化功能模块，包括标准资源库模块、设计应用模块、成本和采购模块、工程应用模块和虚拟服务模块五大功能模块，25项子模块，提供项目各业务模块的深度应用服务；5）交互层是场景式数据集成系统，也可称为展现层，包括移动端、PC端和项目数据驾驶舱，实现项目管理决策的可视化（图6-6）。

3. 建筑数字化信息平台建设思路

国内目前大力推行EPC工程总承包管理模式、建筑师负责制、建筑工业化及建筑数字化，加速与国际接轨，推动建筑行业转型。通过数字化平台的建设，可实现资源整合与数据共享，打破业务边界和区域边界，消除信息孤岛和减少信息传递损失，形成产业生态圈，有效提高工程项目的管理效率、提升产品质量、降低工程风险，进而推动建筑业高质量发展，实现工程项目的科学管理及产业升级。

（1）基于数字化信息平台的项目全过程管理服务

数字化平台除了为企业自身提供平台服务以外，还可以面向市场提供项目全过程管理服务（图6-7），具体包括：

1）为投资单位、建设单位、设计单位、施工单位、咨询单位等合作伙伴提供咨询服务。以合作共赢为出发点，数字化平台为合作伙伴提供服务，合作伙伴为平台提供数据，并通过数据的不断积累持续提升平台的服务品质。

2）基于IPD的项目整体交付模式，为用户提供具有完整使用功能的建筑产品。整体交付模式集成了专业设计、定制精装、创意收纳、个性软装、智能家居、灯具窗帘、封窗饰品等服务，可满足用户对建筑的使用需求。

（2）数字化信息平台架构

数字化信息平台一般由综合数据库、数字模型、数据处理系统、项目管控系统、数据服务系统等五个部分构成。1）综合数据库涵盖了业务数据、资源库数据、知识库数据三大数据模块及其下属的多个子模块，积累了多个项目的全过程数据，这些数据均按照编码规则进行处理，便于识别和提取；2）数字模型是将综合数据库中的信息数据进行模型化，通过BIM模型进行信息的交换与共享，促进信息的一致性，减少信息传递过程中的信息丢失；3）数据处理系统是对信息数据进行提取和分析，包括数据标准、数据分类、数据清洗、数据感知、图形算法和数据安全等模块；4）项目管控系统是通过企业ERP和项目管理信息系统相结合，实现项目群级管控和单项目管控，项目群级管控由规划设计、风险把控、资源调配、章程标准等模块组成，项目层级管控由成本管理、进度管理、质量管理、安全管理、合同管理、采购管理等模块组成；5）数据服务系统即数据应用层，包括智能决策、风险推演、智能管控、自助分析等功能模块。建筑数字化信息平台系统架构可参考图6-8。

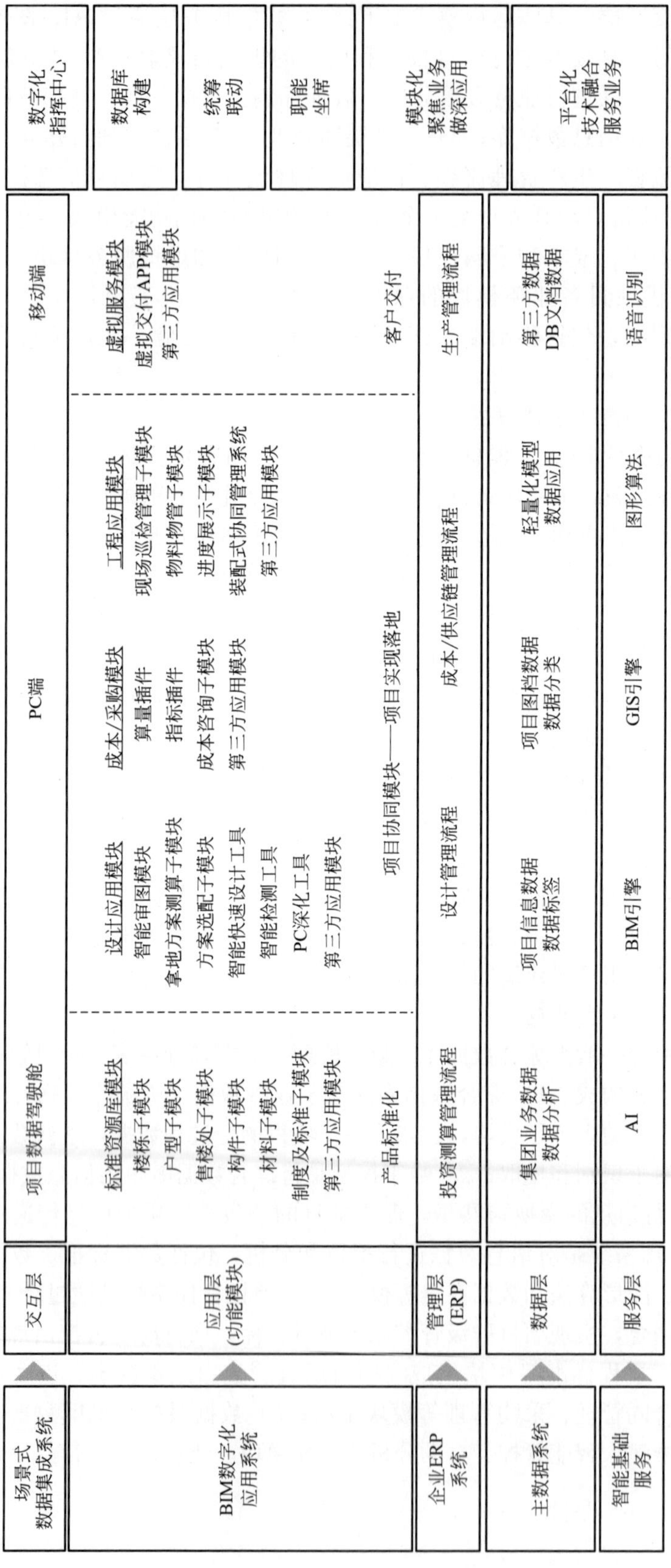

场景式数据集成系统 → 交互层：项目数据驾驶舱　PC端　移动端

BIM数字化应用系统 → 应用层(功能模块)：

标准资源库模块
楼栋子模块
户型子模块
售楼处子模块
构件子模块
材料子模块
制度及标准子模块
第三方应用模块
产品标准化

设计应用模块
智能审图模块
拿地方案测算子模块
方案选配子模块
智能快速设计工具
智能检测工具
PC深化工具
第三方应用模块

成本/采购模块
算量插件
指标插件
成本咨询子模块
第三方应用模块

工程应用模块
现场巡检管理子模块
物料物管子模块
进度展示子模块
装配式协同管理系统
第三方应用模块

项目协同模块——项目实现落地

虚拟服务模块
虚拟交付APP模块
第三方应用模块
客户交付

企业ERP系统 → 管理层(ERP)：投资测算管理流程　设计管理流程　成本/供应链管理流程　生产管理流程

主数据系统 → 数据层：集团业务数据 数据分析　项目信息数据 数据标签　项目图档数据 数据分类　轻量化模型 数据应用　第三方数据 DB文档数据

智能基础服务 → 服务层：AI　BIM引擎　GIS引擎　图形算法　语音识别

数字化指挥中心
数据库构建
统筹联动
职能坐席
模块化 聚焦业务 做深应用
平台化 技术融合 服务业务

图 6-6　基于数字化信息平台的企业管理框架

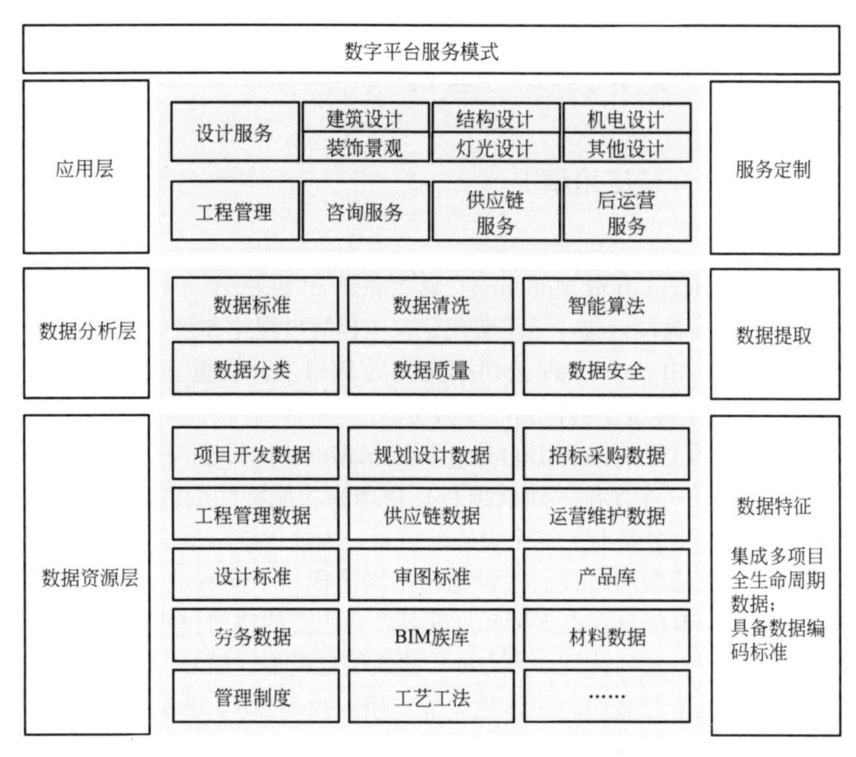

图6-7 基于数字化信息平台的项目全过程管理服务

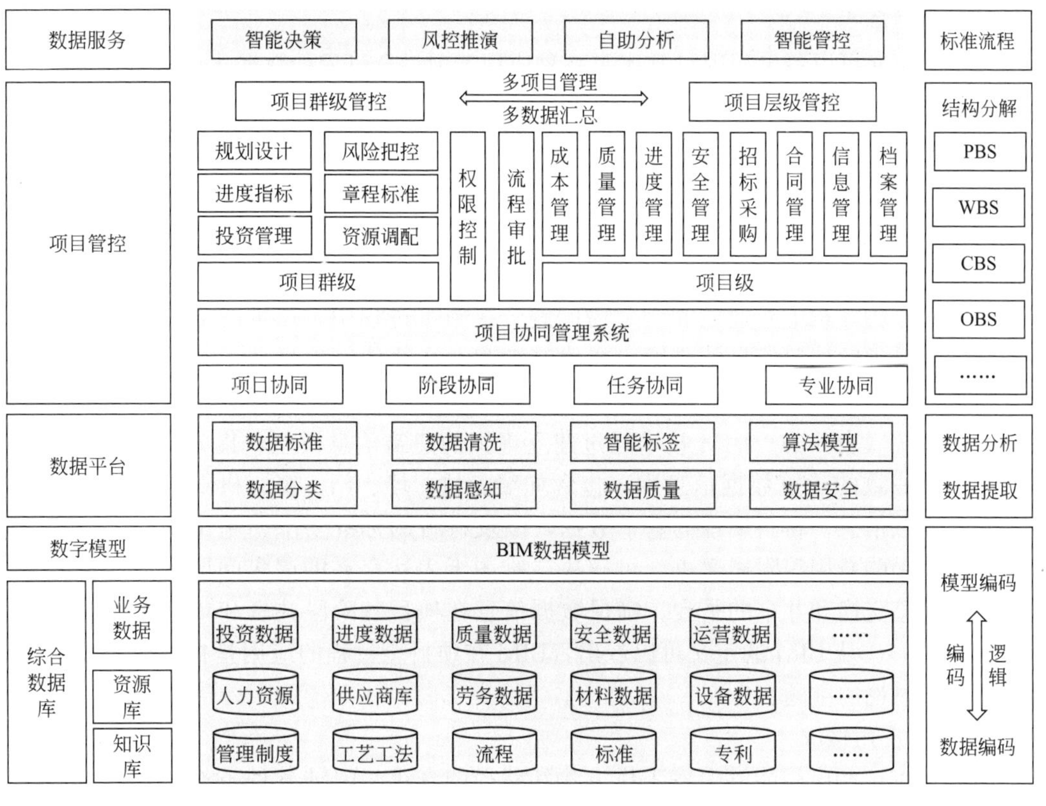

图6-8 建筑数字化信息平台系统架构

6.2 基于BIM技术的项目管理

6.2.1 BIM技术简介及应用情况

1. BIM技术简介

BIM（Building Information Modeling）思想源于20世纪70年代，由美国佐治亚理工学院的Chuck Eastman教授创建，用于实现建筑工程的可视化和量化分析，该技术在当时发展较缓慢。2002年，由Autodesk公司率先提出BIM技术，并正式发布了《BIM白皮书》。BIM技术现已在全球范围内得到广泛认可。

美国国家BIM标准（National Building Information Modeling Standard，NBIMS）对BIM的定义是：BIM是一个设施（建设项目）物理和功能特性的数字表达；BIM是一个共享的知识资源，是一个分享有关这个设施的信息，为该设施从概念到拆除的全生命周期中的所有决策提供可靠依据的过程；在设施的不同阶段，不同利益相关方通过在BIM中插入、提取、更新和修改信息，以支持和反映其各自职责的协同作业[7]。

近年来我国发布了一系列政策，大力推广建筑信息模型（BIM）技术，加快推进BIM技术在新型建筑工业化全寿命期的一体化集成应用。我国2016年颁布的《建筑信息模型应用统一标准》GB/T 51212—2016中将BIM定义为：建筑信息模型指在建设工程及设施全生命周期内，对其物理和功能特性进行数字化表达，并依此进行设计、施工、运营的过程和结果的总称[8]。

从以上定义可以看出，BIM技术是一种应用于项目全过程的数据化工具，在建筑工程领域，通过对建筑信息的数据化和模型化整合，在项目全寿命周期内实现信息的交换与共享，使项目管理人员对各种建筑信息做出正确理解和高效应对，为项目参与各方提供协同工作平台，在提高生产效率、节约成本和缩短工期等方面发挥重要作用[9]。

建筑本身是三维存在的实体，通过二维图纸表达三维的建筑信息，是对信息进行了压缩和删减，损失了信息细节，比如建筑、结构、机电专业的平面图剖视位置不一致，导致建筑、结构、机电专业之间的碰撞问题。在施工过程中，二维图纸表达方式加大了项目技术人员理解建筑信息的难度，在建筑细节上往往依靠项目技术人员的空间想象能力，造成对图纸的理解与设计师存在一定偏差。这些信息损失和理解偏差最终导致了项目变更的发生（表6-3）。BIM技术通过建立虚拟的建筑信息模型，集成了完整的、与项目实施过程一致的建筑数据信息库，包含如梁、柱、墙、门、窗、机电管线等构件的几何信息、参数信息、材料属性等基本数据，以及材料的标准要求、施工的技术要求、材料供应商、采购费用等附属数据，可解决二维图纸表达存在的诸多问题，为项目各参与方提供了信息交换和共享的平台，确保数据信息在项目各阶段共享和传递的可靠性和完整性（图6-9）。从BIM的定义可以看出，BIM在项目全过程的应用是根本出发点，也是我们在本节讨论的主题。

2. BIM应用情况

BIM的推广和应用能够引发工作方法和路径的变革。BIM软件虽然操作简单，但目前国内建筑行业的信息化水平较低，信息量难以达到BIM的基本要求，与BIM平台所构建的信息框架难以匹配，使BIM技术在建筑行业内的推广遇到瓶颈。这就建筑师习惯使用SketchUP、犀牛之类的三维建模软件，却迟迟无法适应BIM的主要原因[10]。

工程主要信息损失分析 表6-3

项目阶段	主要信息损失点分析
可研阶段-方案设计阶段	1)需求不清晰：业主对建设工程项目的使用功能、预算提出要求，以图表、数据、文档等方式对建设工程项目进行定义并提交给设计方，业主提交的需求不一定完整清晰，需要多次沟通，反复确认； 2)设计条件不完善：来自业主提供的项目任务书、拟建场地、气象气候、规划条件等设计信息不完善
方案设计阶段-施工图设计阶段	1)关注点不一致：前期建筑方案设计关注空间整体组织和安排，后期施工图阶段关注建筑材料的选择以及细部和详图设计，导致方案实现出现偏差； 2)材料选择理解偏差：材料选择一般是通过对图纸注释或规范条款等语言形式来进行说明，建筑师对材料的选择，在施工图设计阶段可能出现理解偏差； 3)图纸精度相差大：方案设计成果以基本的平面图、立面图、剖面图和SU模型呈现，远远达不到施工图设计所需要的精度，在设计意图理解方面可能出现偏差
施工图设计阶段	1)建筑设计、结构设计、机电设计各专业独立完成，专业间信息表达矛盾、错误和不完善之处难发现； 2)施工图设计阶段，施工单位和供应商未能确定，无法获得相关方专业建议，难以达到设计完全符合施工和采购条件； 3)二维设计模式下，容易出现土建与机电、装修专业之间发生碰撞的情况
施工图设计阶段-施工阶段	1)二维图纸承载三维信息的表达，存在较大程度的信息转换损失； 2)设计方和施工方的专业能力差异，对图集和规范等的理解存在偏差； 3)建筑、结构、机电各设计专业对应的施工主体不一致，通常建筑、结构专业设计对应土建施工，机电专业对应工程安装，专业对应口径不一致导致信息沟通不畅； 4)现行施工图深度不足，信息存在缺失； 5)频繁的变更及滞后的信息传递，导致信息较大程度损失
施工阶段	1)土建、机电、精装、幕墙、景观等责任主体及责任人诉求不一致，带来的信息被分割，信息无法交圈； 2)施工方、设备租赁方、材料供应方和设备供应方存在信息不交圈的情况，信息难以有效共享； 3)各参建方的信息只在各自内部传递，较难从项目整体利益出发形成系统性沟通渠道，信息容易出现偏差； 4)设计图→技术→实施，特别是技术→实施阶段，因二维图纸转换为三维信息，相关人员专业理解深度不一致，信息存在较大偏差； 5)施工方对设计重难点的理解偏差，应对措施不足

目前，BIM尚未充分发挥其先进性和高效性，但其服务费用却增加了项目成本。如果仅仅将BIM作为设计工具考虑，那无疑是失败的。但是如果从将信息化带入建筑行业的总体价值考虑，就不难发现信息化并非仅限于设计阶段，而是为建筑的全生命周期服务。设计阶段追加的信息化成本，可以从因信息化受益的其他阶段得到补偿[10]。

6.2.2 基于BIM的EPC管理模式

近年来，随着建筑信息化水平的不断提高，国际上（尤其在北美）出现了很多设计方牵头完成的EPC工程总承包项目，形成了成熟、系统的工作模式和行业惯例[10]。由设计

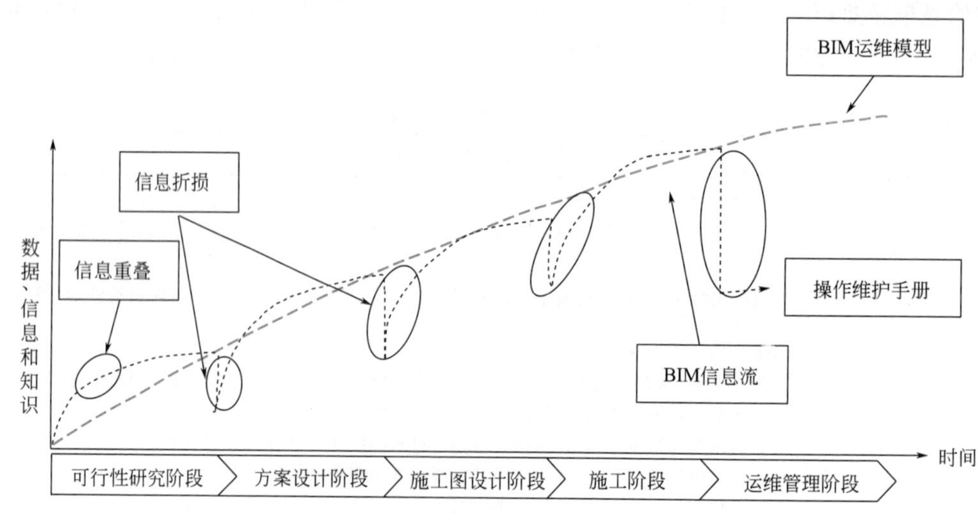

图 6-9　信息损失的解决方式

方牵头的 EPC 模式，有利于解决前文所述的 BIM 发展的痛点：1）在 EPC 模式下，设计方通过信息化进行项目全过程优化并获利，信息化工作不再是设计方的负担，而成为最核心的环节；2）设计方对设计、采购和施工的全过程统筹，可以全过程内重新分配利益、平衡信息化成本，追求更高的经济效益。

1. 管理模式简介

在传统的项目管理模式中，项目各参与方的信息集成化程度较差，设计、采购和施工基本处于独立的运作状态，设计方和总承包方之间、总承包方和分包方之间、总承包方和供应商之间、分包方和供应商之间、建设方和总承包方之间均缺乏长期的合作关系，往往只关注企业自身利益的最大化，协同决策的水平低，最终形成项目的局部最优而不是整体最优[11]。

随着 BIM 技术的逐渐成熟，以 BIM 技术为基础的 EPC 工程总承包管理模式，带来项目管理方式的转变。基于 BIM 的 EPC 模式可以最大程度地促进专业人员整合，实现信息共享及跨职能团队的高效协作，通过全过程统筹，在权限内按照贡献值重新分配利益、平衡信息化成本，追求更高的效率[12]。基于 BIM 的 EPC 管理模式将项目各参与方通过协同机制组成一个协作、集成、高效的项目团队，团队成员按照信任、透明的工作流程和有效协作、信息共享的原则组建，团队的成功就代表项目的成功，共担风险、共享收益，这也较大程度激发了各参与方的技术与管理潜力，共同实现项目目标[13]。

2. 管理模式的主要特点

（1）集成化。通过尽早将项目各参与方融入项目决策和实施过程，集成各参与方的信息资源，为工程项目的整体优化提供基础。通过 BIM 整合建筑设计、采购、生产、施工、运营各阶段数据信息，协同各参与方共同优化项目实施过程，如设计阶段强化专业协同，提前发现设计缺陷，提高施工效率，控制工程变更，促进工程建设的一体化[14]。

（2）数字化、平台化。项目利益相关方之间建立基于 BIM 的信息共享平台，形成数字化规划、设计、采购、生产、施工的多方协同模式。BIM 数字化平台有利于解决传统模式下工程建设各环节的信息割裂、脱节等问题，减少和消灭项目设计、生产、施工、运营过程中的不确定因素，通过建筑信息模型对项目施工过程进行模拟、分析和优化，从而减少变更。随着项目逐渐增多，可以将组织过程资产以数字化的形式进行积累，持续提升组织效能，形成企业核心竞争力。

（3）协同化合作。建立协作伙伴关系，各参与方组成一个协作、集成、高效的项目团队，形成共担风险，共享收益的协作方式。工程建设是一个复杂和动态的过程，持续时间长，在实施过程中会产生大量的数据信息。利用 BIM 技术形成一个完整的数据信息库，便于各参与方之间进行沟通与交流，减少理解与实际的冲突，提高工作效率。

（4）精益思想。通过建立可视化 4D 模型和成本模型，验证进度安排、资源分配和施工部署等的合理性，结合各参与方的技术与管理能力、经验进行综合优化，避免和消除因不合理因素所导致的项目变更、费用增加和费用赔偿等情况。

3. 管理模式的运行

根据 Macleamy 曲线（图 6-10），设计阶段对投资成本和产品性能具有决定性影响，同时也是解决设计变更的最佳阶段。在传统“设计-招标-施工”模式下，采购、施工和运营方较难参与到项目设计过程中，BIM 仅发挥出其可视化的功能，如在设计阶段生成 3D 可视化模型进行碰撞分析、施工阶段生成 4D 模型模拟施工过程和虚拟样板等，不能最大限度发挥 BIM 在项目全寿命周期的价值。

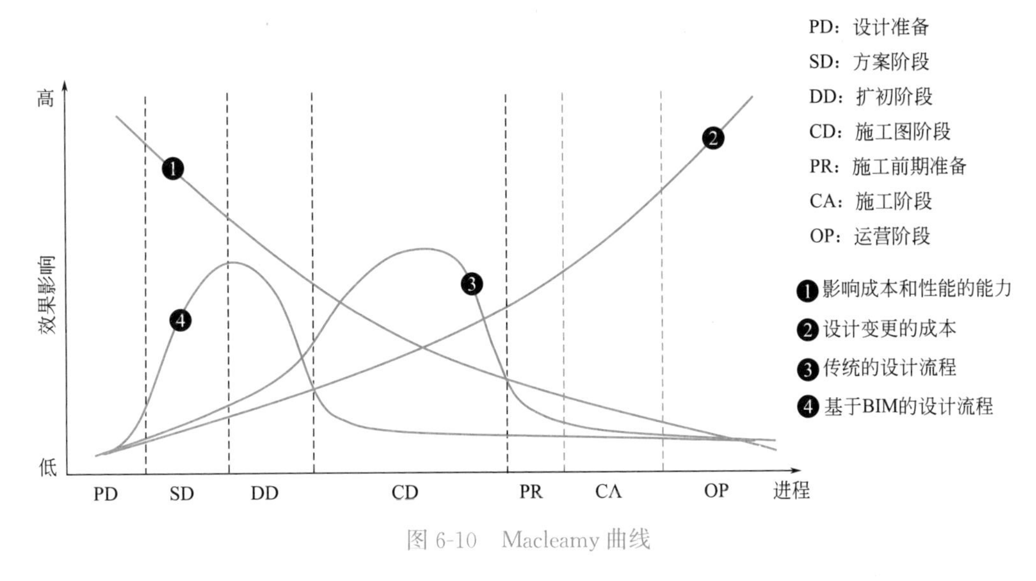

图 6-10　Macleamy 曲线

EPC 模式的出现，促进了项目各参与方在工程实施各阶段的交流沟通，群策群力，收益绑定，只要项目的最终成本低于目标成本，利益就可以在团队成员之间共享，将单方获利与项目成果紧密联系。在 EPC 模式创造的信息充分开放与共享的工程环境下，BIM 作为项目信息、知识和资源的共享平台，有助于项目各参与方在项目初期就能对项目有较深的理解，使各参与方在项目生命周期的不同阶段进行协作，包括信息的输入、提取、更新或者修改，模拟并优化建造过程，使 BIM 技术发挥出最大价值，有助于实现产品价值最大化[14]。基于 BIM 的 EPC 模式作为一种新的项目管理模式，通过改变项目参与方之间的合作关系，促进参与方之间的合作与创新，对协同过程不断进行优化及持续性改进，有助于提升项目的整体利益[11]。基于 BIM 的 EPC 模式与传统模式的比较见表 6-4。

基于 BIM 的 EPC 管理模式与传统模式的比较　　表 6-4

审视角度	传统模式	BIM+EPC
团队/组织	分裂的；参与方在需要时介入；团队内部等级化；命令、指挥、控制	集成化的项目团队；在早期介入项目；开放式合作
过程	过程直线型，且相互分离；各自拥有信息；专家经验只在需要时投入	并行开展；各方知识技能早期投入；参与方尊重互信；信息开放共享
风险	独自管理；最大限度转移风险	共同管理；风险共担
补偿/奖励	各自追求利益最大化；争取最小投入最大回报；优先考虑成本	参与方利益与项目成功紧密关联；基于项目价值考虑
沟通与技术使用	二维图纸	数据化、平台化、可视化；BIM(3D、4D、5D)
合约	强调单方努力；转移风险，无共享	鼓励多方合作、风险共担、利益共享

4. 管理模式建设

基于 BIM 的 EPC 管理模式建设，通常需要在组织模型、实施过程、技术支持、共享机制四个方面给予重点关注。这四个方面也是 EPC 模式区别于传统模式的主要方面。

(1) 组织模型

传统模式中由于各参与方只考虑自身利益最大化，各参与方之间很难高效协作，导致项目管理过程中出现信息割裂和变更频发等现象。在 EPC 模式下，各参与方之间打破边界，充分交流，信息资源开放共享，形成良性工作平台，这也是 EPC 模式的核心优势体现。

(2) 实施过程

建设项目的实施过程分为可研和概念阶段、方案设计、扩初设计、施工图设计、机构审查、施工阶段和项目交付 7 个阶段。在 EPC 项目实施过程中，各参与方介入项目的时间如图 6-11 所示。

在传统模式下，从前期可研和概念设计阶段，直至项目施工图完成，仅有业主和设计方参与，采用二维图纸的线性工作模式，在施工图完成前，成本和工期难以确定。由于设计人员自身专业的局限性，对建筑材料、施工工艺等方面的知识欠缺导致的问题会在施工阶段集中爆发，并通过变更方式进行补救，这影响了项目的成本、进度、质量和安全等。

在基于 BIM 的 EPC 管理模式下，在前期可研和概念阶段，总承包方提前介入，与业主方共同参与项目设计过程，并从各自的专业角度提出优化意见。各参与方提前介入工程设计阶段，共同建立合理的设计目标，集思广益、共同决策，减少了设计变更问题。基于 BIM 的 EPC 管理模式与传统模式相比，设计阶段占用的时间相对较多，但最终可以缩短项目总工期[14]。

(3) 技术支持

由上文 EPC 管理模式的特点可以看出，各参与方想要在项目设计阶段介入到项目中，就需要有共同的工作环境及交流语言。对于 BIM 而言，协同是其核心概念，同一构件元素，只需输入一次，就可以在不同专业中直接调用[15]。基于 BIM 的 EPC 项目信息模型集成了项目的全生命周期信息，包括设计协同模型、系统专项分析模型、施工协同管理模型、成本和进度模型、系统采购专业安装模型、运营期模型等，如图 6-12 所示。

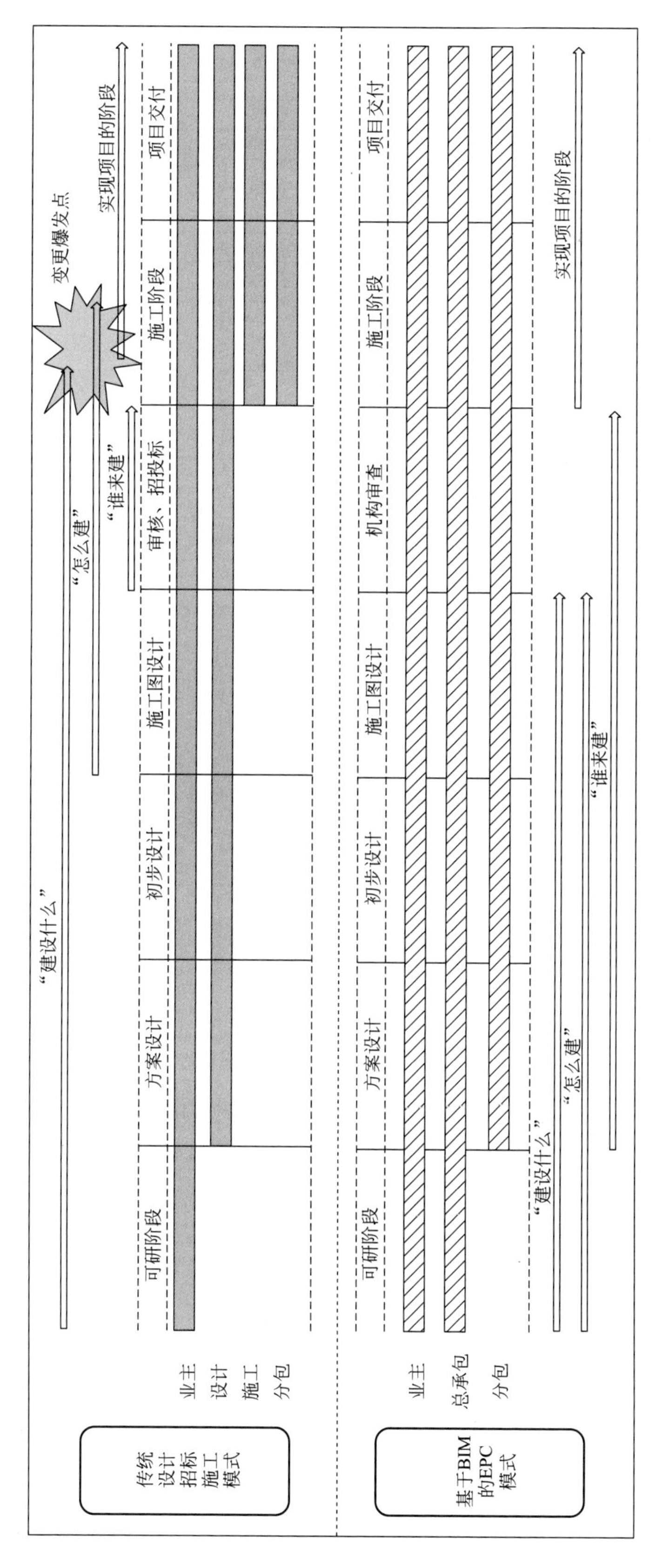

图 6-11　基于 BIM 的 EPC 模式与传统模式各方介入时间对比

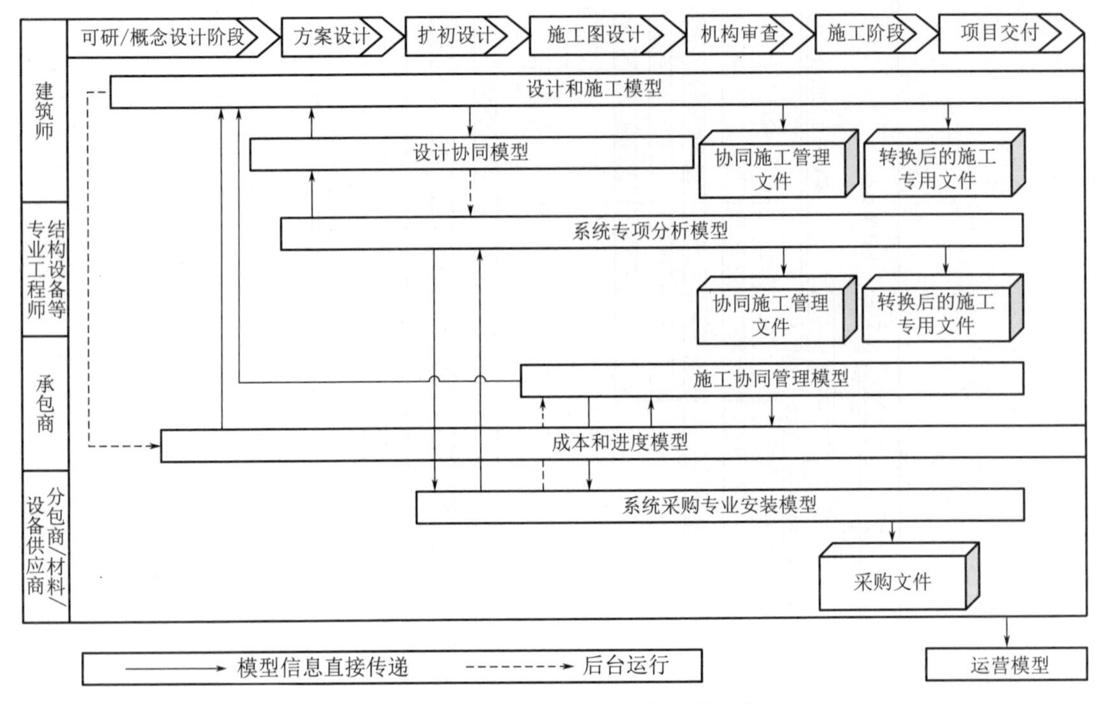

图 6-12　基于 BIM 的 EPC 项目信息模型构成

1）设计和实施文件模型，主要用于设计意图的表达和各专业、各阶段模型的整合；

2）设计协同模型，主要用于设计争议的解决及不同设计平台下模型的整合；

3）系统专项分析模型，主要提供建筑、结构、暖通空调、电气、给水排水等专业的工程技术分析；

4）施工协同管理模型，主要用于施工争议的解决及不同施工平台下模型的整合；

5）成本和进度模型，主要用于支持虚拟施工分析、施工监控和数据跟踪、绩效分析和评价；

6）系统采购专业安装模型，主要用于工程图纸的设计，并为安装工程提供数据支撑；

7）运营期模型，主要用于业主的后期运营维护，未来的改建、翻新等。

BIM 是一种面向对象的多属性模型，不同专业可以建立各自的 BIM 模型，并通过统一的数据标准集成为完整的建筑模型。该模型除了包括建筑物的三维信息外，还包含进度、成本、质量、安全等各种施工信息[15]。EPC 项目实施过程中 BIM 模型的形成过程如图 6-13 所示。

（4）共享机制

利益激励机制的最终目的是实现建设方、总承包方和合伙人的共赢。激励设置可以充分激发 EPC 项目团队成员的潜力，进行技术创新，提高管理效率，最大限度降低工程成本。同时，为防止纯粹追求成本节约而牺牲项目工期、质量，通常可以设置阶段目标达成奖励，促使项目团队兼顾进度、成本、质量和安全等目标。采用先进的管理工具和管理方法，节约项目成本，才是 EPC 项目团队获得激励的根本途径。

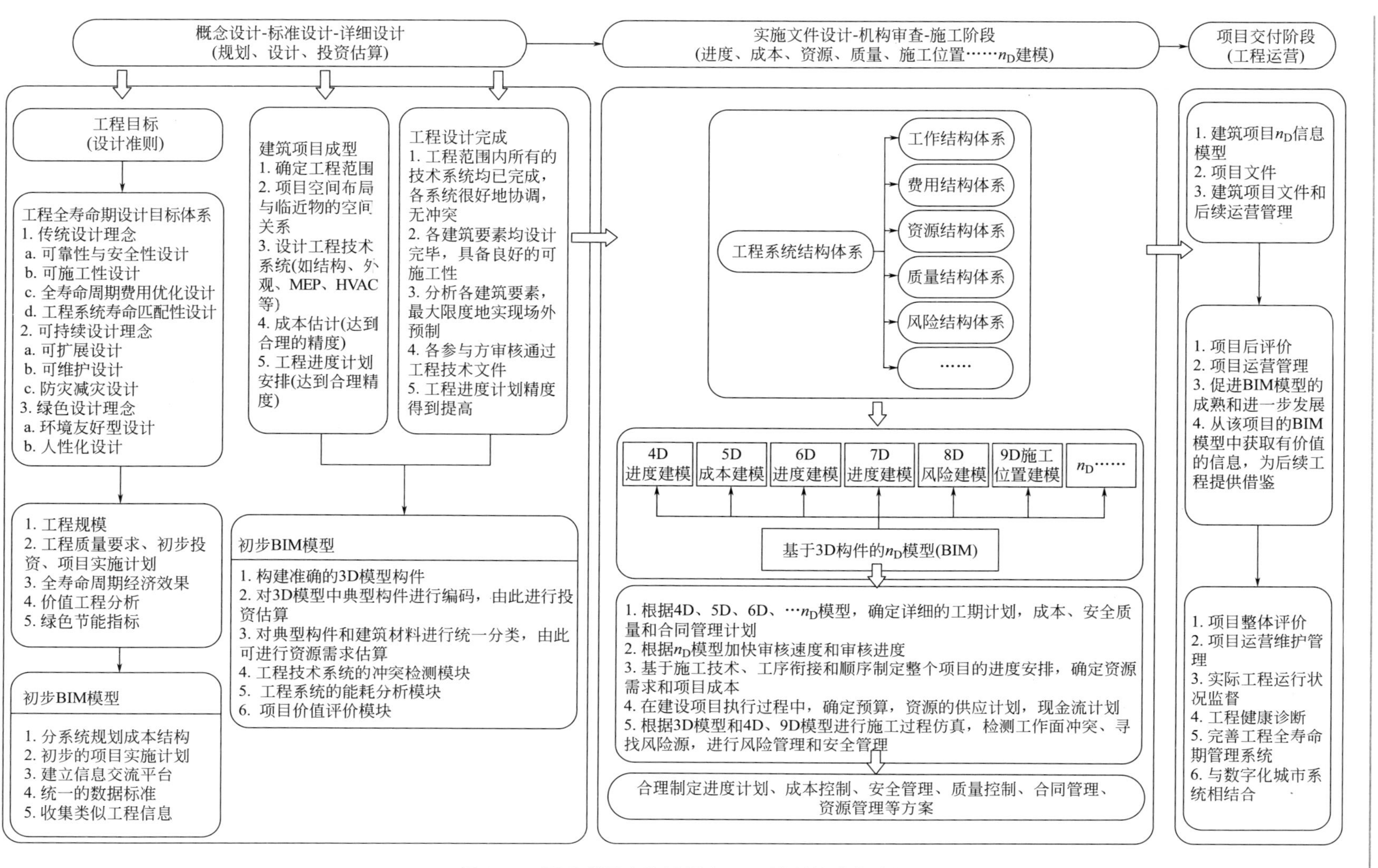

图 6-13　EPC 项目实施过程中 BIM 模型的形成过程

6.2.3 BIM 在 IPD 模式中的应用

集成项目交付（Integrated Project Delivery，简称 IPD）模式是现阶段发展起来的一种新的工程项目交付模式，被业内广泛接受并推广使用。传统的项目交付模式大多以清水房形式进行最终交付，不能满足直接使用的功能需求，不是完整的建筑产品。与传统项目交付模式不同，IPD 模式是以交付完整的建筑产品为目标。在 IPD 模式中，项目各参与方在项目前期就介入到项目中，并在项目全生命周期内高效协作，共担风险和收益，实现项目的整体目标和效益最大化。从 IPD 模式的特征可以看出，IPD 交付模式与基于 BIM 的 EPC 模式相似，都需要实现信息的高度共享以及项目团队的高效协作，这就需要先进的信息技术和工具作为支撑，而 BIM 技术和精益建造技术是其中最为关键的两种技术。

在 IPD 模式下，通过关系型合同创造了一种项目参与者共同分配管理责任、分摊风险、相互激励、努力实现项目整体目标和提升产品价值的合作体系，可确保项目各参与方之间协作关系稳定，为 BIM 的有效实施和项目全生命周期的信息畅通提供了条件。BIM 技术在 IPD 模式中的应用主要体现在以下几个方面。

1）BIM 可提供高效的信息存储和共享服务。在 IPD 模式中，项目各参与方需要在项目前期开始协作，把各自的知识和经验充分运用到项目建设中，相互之间需要及时进行信息沟通。BIM 技术支持开放的环境，通过目前应用广泛的 IFC 标准，可实现信息资源在不同软件系统和不同企业之间的交换，从而能够为 IPD 模式提供信息数据储存和共享服务。

2）BIM 辅助完成设计施工任务。与传统 2D 设计相比，利用 3D 数字技术 BIM 能够直观展示建筑方案的真实效果，把控设计过程中的细节衔接、空间布局以及模型参数等信息，有利于对项目有更清晰的了解，提升工作效率。运用虚拟设计与施工（Virtual Design and Construction，简称 VDC）技术，以 BIM3D 模型为基础对施工全过程进行模拟，检验施工工序和施工方案的可行性，提前解决施工过程中可能遇到的问题。同时，在 BIM3D 模型基础上增加时间维度形成 4D 动态模型，可以直观地对施工过程进行现场管理、进度管理和安全管理。BIM 模型集成了来自参与各方和各阶段的信息，形成一个完整的数据信息库，可减少人为理解错误和工作冲突，有利于 IPD 模式工作效率的提升。

3）BIM 有助于知识产权的界定和组织文化的形成。BIM 模型集成了项目参与各方的技术、知识和信息，通过对模型细节的控制，可以对项目参与各方的专利、技术和经验等知识产权进行准确的识别和界定，有效避免冲突的产生。项目参与各方通过 BIM 对项目目标进行共同决策，合理分配工作任务，实现利益共享和风险共担，有助于形成良好的项目团队组织文化。

6.2.4 BIM 与精益建造的交互应用

BIM 与精益建造作为建筑行业的先进技术，在当前得到了较为全面的推广和应用。虽然两者的理论思想起源于不同时期，有着各自不同的发展背景，但对于建筑项目而言，两者的目标都是为了更好地服务于建筑项目，即减少变更、提高劳动生产率、资源浪费最小化，从而实现建筑产品的成功交付及价值最大化。将 BIM 与精益建造的关键技术相结合，可以更好地提高项目的工作效率和价值目标。

BIM 与精益建造的核心理念都是实现项目价值最大化和浪费最小化，两者之间存在交互和协同作用。精益建造的主要原则包括：减少变更原则、提高灵活度原则、拉动式原则、标准化原则、精简原则、可视化原则、并行工程原则、持续改进原则、增强合作伙伴关系原则等。BIM 具有可视化、信息集成与共享、工作协同、模拟分析、模型集成、标准化族库等主要功能，有助于项目工作的并行开展和持续改进，减少变更，提高灵活度和标准化，可以更好地实现精益建造的原则。因此，在项目管理过程中，可以充分利用两者的协同性，发挥各自的优势，达到减少浪费、改善建筑功能、提高客户价值的目的。

BIM 与精益建造的协同交互作用贯穿建筑的全生命周期，主要体现在精益建造优化 BIM 的应用环境，BIM 促进精益建造的具体实施。在精益建造体系下，有利于设计、采购、生产、施工、运营各阶段的高度协作和深度整合，可充分发挥 BIM 的应用价值，如图 6-14 所示。

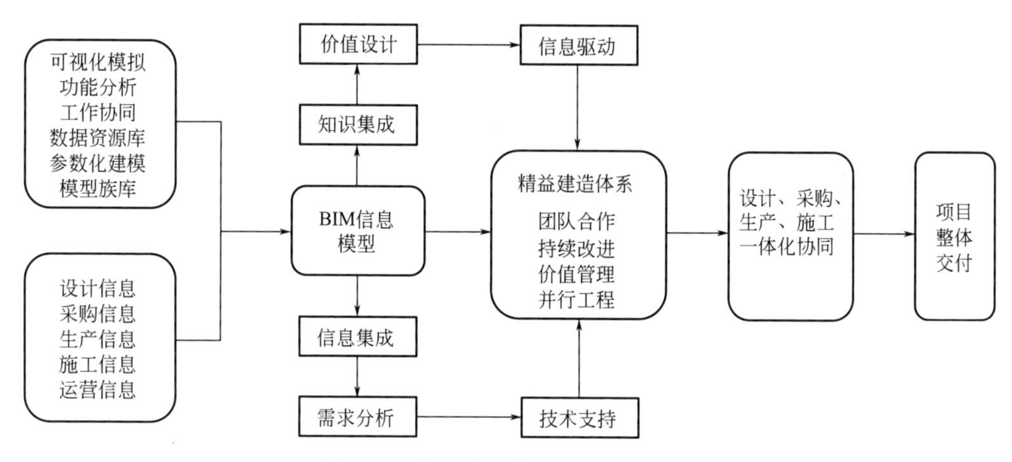

图 6-14　精益建造体系下的 BIM 应用

同时，BIM 与精益建造的协同交互作用有助于实现项目的拉动式生产和并行工程。通过将 BIM 数据库中的构件生产材料清单与供应链数据集成，传递需求信息，形成拉动式生产；通过 BIM 模型整合各专业、各阶段、各参与方的数据信息，可以使多用户同时工作于同一个模型，统筹项目资源，实现真正意义上的并行工程，两者的结合可以为客户提供更好的服务[16]。

6.3　基于数字化信息平台的项目管控

在数字化信息平台运行过程中，通过企业管理信息系统可以实现资源整合与优化，确保项目所需资源的充分保障和合理配置。项目层级的管控主要是通过项目管理信息系统实现的，包括成本管理、进度管理、质量管理、HSE 管理、合同管理等，下文将对项目管理信息系统的相关内容进行介绍。

6.3.1　项目管理信息系统简介

项目管理信息系统（Project Management Information System，简称 PMIS）是辅助项

目管理的技术和工具，通过识别、收集、存储、提取和分析项目实施过程中的有关数据，便于管理人员进行项目的管理和决策，其核心功能是对项目目标进行管理和控制。项目管理信息系统与企业管理信息系统的服务对象和功能不同，通常企业管理信息系统是针对企业中的人、财、物、产、供、销的管理，是辅助企业的管理工作；而项目管理信息系统是针对工程项目成本、进度、质量、安全等目标的规划与控制，是辅助工程项目的管理工作。

项目管理信息系统通过收集、整合和分析项目生命周期的数据，运用动态控制原理，将项目管理的成本、进度和质量方面的实际值与计划值相比较，找出偏差，分析原因并采取措施，从而实现项目的目标控制。项目管理信息系统能够辅助进行成本估算，并收集相关信息进行挣值分析和绘制 S 曲线，能够进行复杂的计划安排和资源调度，还能够辅助进行风险分析和不可预见费用计划等。例如，项目计划图表（包括甘特图、里程碑图、网络计划图）的绘制、项目关键路径的计算、项目成本估算、项目计划的更新和调整、资源配置及资源平衡，成本与进度的综合控制等都可以通过项目管理信息系统实现。项目管理信息系统主要包括项目成本管理、进度管理、质量管理、合同管理和 HSE 管理等功能模块。

通过项目管理信息系统还可以实现以下功能：实现项目管理数据的集中储存；有利于项目管理数据的检索和查询；提高项目管理数据处理的效率；确保项目管理数据分析的准确性；可方便形成各种项目管理需要的报表等。

6.3.2 项目管理信息系统组成

项目管理信息系统的基本结构由系统范围、外部结构、内部结构三部分组成。系统范围、外部结构是项目生命周期在信息管理过程中的工作分解及逻辑展开，内部结构及处理流程是项目管理职能在信息管理过程中的客观反映。

1. 系统范围及外部结构

正确规划项目管理信息系统的范围和外部结构，需要建立项目信息源的总体结构与处理流程。例如，一个较大型工程项目的信息管理范围涵盖了建设单位、规划设计单位、勘察设计单位、主管部门（规划、建设、国土、环保、质监、工商等）、施工单位、设备制造与供应商、材料供应商、监理单位等众多项目参与方，每个项目参与方既是项目信息的供方，也是项目信息的需方，项目管理信息系统的结构和功能会根据每个项目参与方在项目生命周期中的不同阶段有所区别[17]。

2. 内部结构

较大型工程项目管理信息系统的内部结构一般包括：项目进度信息、成本信息、质量信息、安全信息、合同信息、财务信息、物料信息、文档信息等管理系统和管理功能，根据项目生命周期的不同阶段，项目管理信息系统的核心功能和目标会有所侧重和区别。例如，在项目规划设计阶段，数据及图档处理是系统的核心功能和目标；在项目实施阶段，项目进度、质量和成本的计划与控制是系统的核心功能和目标。

6.3.3 项目管理信息系统的运行模式

项目管理信息系统是面向 EPC 工程总承包项目的以管理数据库为核心的开放式、多用户的工程项目管理系统。项目管理信息系统可以同时支持多个项目的运行，也可以只用来对单项目进行管理；既可对项目进行设计、采购、生产、施工和试运行全过程的管理，也可对其中的某个过程单独进行管理；同时将项目的资源和进度作为密不可分的处理对象，在安排进度时不仅规定工作的起止时间，还需确定其资源的分布，从而实现进度、成本的综合控制[18]。

项目管理与控制的对象包括成本、进度、质量和数据管理等，它们是相互联系和相互影响的，在项目开始就需要明确。进度控制是在项目实施过程中充分考虑进度计划的可实施性，同时确保所有费用不超过批准的预算，并按批准的进度使用；成本控制重点是设计阶段和施工阶段的人工时以及采购阶段的资金需求；质量管理需满足公司的质量体系要求，并将质量控制点的确认纳入控制流程；数据管理是项目管理与控制的基础，通过对数据库的建立与维护，确保数据质量。

项目管理信息系统是采用挣值分析为基础的项目管理模式[18]，可以克服对成本和进度实行单独控制的缺点[19]。在统计挣值时，项目管理信息系统还可将质量控制点的检测和质量确认纳入控制流程，对项目数据进行有效的统一管理，从而实现对项目的成本、进度、质量和数据的综合检测。

项目管理信息系统在实施过程中的工作内容一般包括：进行项目工作分解，明确划分工作任务；确定项目编码和代码系统；确定项目的组织分解；明确职责分工；编制工作进度计划；编制估算和预算；制定执行效果测量基准；对以上步骤内容进行审核和批准；测量挣值；记录实际消耗人工时和实际消耗费用值；分析成本与进度偏差；预测项目发展趋势；提出报告与实施监控等。

在进行项目管理和控制时，项目管理信息系统通常按照以下基本流程进行[18]。

1）采用工作分解结构（WBS）将项目任务自上而下地分解至控制账目或工作包，并把每个控制账目的工作任务分配给项目组织分解结构（OBS）中的相应组织。

2）编制项目估算和进度计划，并将经批准的控制估算按项目 WBS 自上而下地分配至记账码或工作包，同时按进度计划分期安排资源。

3）分别按主要控制账目累计生成其计划工作量的预算费用 BCWS 曲线，作为检查执行效果的测量基准，从控制账目按 WBS 逐级向上叠加，即可生成不同结构层级的检测基准和整个项目的总检测基准。

4）在项目实施过程中，定期对实际完成量和实际费用进行检测。实际完成量按事先确立的里程碑来测量，即以实际到达某里程碑的加权值乘以该工作包（或控制账目）的预算值，即可求得挣值。再按检测周期分布的累计值形成曲线，即为已完成工作量的预算费用 EV 曲线，将挣值按项目 WBS 逐级向上叠加，即可生成不同层级的 EV 曲线。

5）实际消耗费用和人工时根据记账凭证和人工时卡按月或按周进行统计，即可生成不同层级的已完工作量的实际费用 AC 曲线。

6）对计划值曲线、挣值曲线和实际值曲线进行分析比较，即可提供反映项目进展情况的进度差异 SV、费用差异 CV、进度执行效果指数 SPI、费用执行效果指数 CPI、完工尚需估算 ETC、竣工差异 ACV 等数据。通过计算机处理将这些数据生成相关报告，便于项目管理人员进行决策和采取相应的措施。

6.4 装配式 EPC 项目的 BIM 应用

6.4.1 装配式建筑 BIM 应用概述

BIM 技术可服务于装配式 EPC 项目设计、生产、施工、运维的全寿命周期，通过可视化设计、数字化模拟、信息共享和协同工作等整合建筑全产业链，集成全过程的信息数据，实现精细化设计、可视化装配、数字化生产等方面的应用。

与传统的建造方式相比，装配式建筑更适合采用 BIM 技术，这是由于：1）装配式建筑具有精益建造的典型特征，预制构件通过工厂专业化生产，再经过标准化的节点连接和拼装，确保了构件的生产和施工质量，过程中的材料消耗、工序流程、工时消耗等均可量化，可通过 BIM 真正实现“所见即所得”；2）装配式建筑需要采用系统集成的设计方法，通过 BIM 模型集成设计、生产、采购、施工、运维等全过程信息，运用信息化协同设计、可视化装配、虚拟建造等，实现全员、全过程、全专业的信息集成；3）数字建造是装配式建筑的必然趋势，BIM 是数字建造的基础，数字化信息通过 BIM 模型进行集成、共享和传递，支撑数字建造的全过程。

装配式建筑的核心是实现建筑、结构、机电、装修等各专业的横向一体化和设计、生产、施工的纵向一体化，通过 BIM 技术可以使项目全过程信息深度共享和集成，进而实现项目建造过程的两个一体化，提升装配式 EPC 项目的管理水平。通过各专业、各阶段的信息共享与交互，以虚拟建造方式真实还原装配现场，实现装配式 EPC 项目设计、生产、施工、运维的数字化和精细化管理，提高项目设计及施工质量和效率，减少变更和返工，确保项目建设工期，节约项目成本。

6.4.2 装配式建筑 BIM 应用情况

随着国家对装配式建筑的大力推广，近年来装配式建筑在各省市已形成一定规模，特别在北京、上海、江苏、湖南等省市已得到较大范围的应用。虽然国内 BIM 技术的应用正在逐步完善，但在装配式建筑中的应用还不够成熟，显现出一些亟待解决的问题。1）预制构件的深化设计普遍采用施工图完成后再进行构件拆分的方法，导致预制构件类型、规格尺寸较多，同时可能出现复杂的异形预制构件，难以实现批量生产和规模效应，增加了预制构件的生产成本和施工安装难度，是造成装配式建筑项目成本普遍偏高的重要因素[20]。采用基于 BIM 的正向设计思路，可在前期策划阶段就确定好装配式建筑的技术路线，在方案设计阶段依据构件拆分原则进行方案设计和创作，避免前后技术经济脱节；2）目前装配式建筑仍较多采用传统的项目管理模式，设计阶段的 BIM 模型仍以翻模为主，未充分集成生产、采购、施工、运维等方面的信息，模型的应用价值大打折扣，同时在传统的项目管理模式下，设计阶段的模型难以有效地传递到生产、施工、运维阶段，无法发挥 BIM 的价值优势；3）BIM 技术在装配式建筑中的应用还存在许多建筑行业的共性问题，例如，BIM 应用在方案报审和投标阶段的占比较大，而在项目实施全过程的应用相对较少；当前 BIM 在运维阶段的应用案例较少，可以作为示范的案例则更少；缺乏具备 BIM 正向设计能力的设计人员，较多的 BIM 从业人员都还以翻模为主，缺乏专业的设计知识和经验等。

6.4.3　基于BIM的装配式建筑设计

在装配式建筑设计阶段，可以通过BIM进行设计方案的模拟分析，将生产、采购、施工和运维等后续环节的要求和需求提前至设计阶段统筹考虑、综合协调，有效避免后续环节的问题，提升项目的整体设计质量。

在设计过程中，各专业以BIM模型为载体进行协同设计，充分实现信息的实时共享，不同于传统二维图纸离散的作业模式，可减少设计错误，提升设计质量和精确度，具体表现在：1）利用BIM可视化模型可提高图纸审查效率，准确查找设计错误，节省协调时间；2）通过BIM模型检查设计中存在的或设计变更可能带来的构件冲突，在施工前找出潜在的问题，减少损失和返工风险，提高施工质量；3）通过BIM模型的信息集成优势进行建筑的性能分析模拟，不断优化设计方案，提高建筑的可持续性和舒适度，实现建筑产品在生态和绿色方面的品质提升。

装配式建筑BIM技术的应用开始于设计阶段，此阶段的BIM应用水平及深度直接影响到装配式EPC项目的施工质量、效率和成本，提高此阶段的BIM应用水平对提高整个项目的综合效益具有重要的意义[21]。本节内容主要从构件分类设计方法、标准化及模块化设计、构件编码系统及设计各阶段的BIM应用几方面进行阐述。

1. 构件分类设计方法

装配式建筑可以认为是由标准和非标准的构件通过一定的原理组合而成。建筑本质上是由结构构件、外围护构件、内装修构件、设备管线构件、装饰构件等组合形成的集合体。其中构件是建筑构成的基本元素，是可见的和可操控的。在此基础上，设计不再仅仅基于专业技能或工程经验，而是理性的、可预测的，甚至是可量化的[22]。构件的组合方式和构件的属性影响了建筑空间的多样性、建筑性能、建筑功能和建筑风格，将建筑设计转换、分解和量化为对构件组合的变化和对构件属性的添加[20]。

构件分类设计方法是对组成建筑的构件根据其功能特征和装配特性进行分类，根据构件的基本功能特征可分为结构构件组、围护构件组、设备部件组、装饰构件组等基本构件组。各构件组之间相互独立、互不交叉，各个构件的功能独立也保证了构件功能的长久可靠[23]。装配式建筑构件分类设计的主要目的是：1）便于设计管理，通过清楚划分构件分类，可实现同步推进，高效率完成设计工作；2）构件编码基础，构件作为建筑的最基本要素，通过构件分类和编码，可实现对构件的追踪、定位和管理；3）便于数据统计和管理，通过对构件进行分类和编码，便于精确地进行进度、成本、工程量的数据统计和管理。

2. 标准化及模块化设计

装配式建筑标准化设计是指在满足建筑使用功能和空间形式的前提下，采用模数化、模块化及系列化的设计方法，遵循少规格、多组合的原则，降低构件种类，提高预制构件和建筑部品的重复利用率。

标准化设计是装配式建筑设计的核心思想，它贯穿于整个设计、生产、施工、运维的整个流程。标准化设计目的是提高建造效率、降低生产成本、提高建筑产品质量。以住宅为例，标准化设计包括空间标准化、户型标准化、楼层标准化和楼栋标准化。

模块化设计是标准化设计的重要基础。模块化是将有特定功能的单元作为通用性模块与其他产品要素进行组合，构成多种功能或性能不同的组合。模块化设计是系统的设计方法，各模块间存在特定的数字关系，能够将产品进行系列化设计，形成鲜明的套系感与空间特征，组合成多种功能形态[24]。以住宅建筑为例，住宅模块化设计是通过对户型的过厅、餐厅、卧室、厨房、卫生间等多个功能模块进行分析，将单个功能模块或多个功能模块进行组合设计，将不同功能模块集成在一个户型中形成多样化的功能空间和户型效果，如图 6-15、图 6-16 所示。

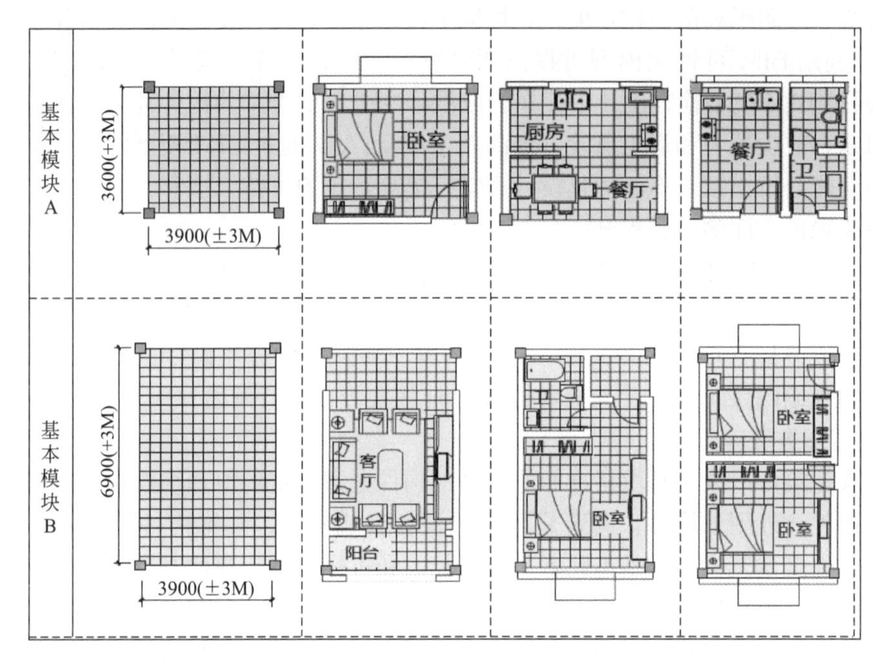

图 6-15　基本功能模块

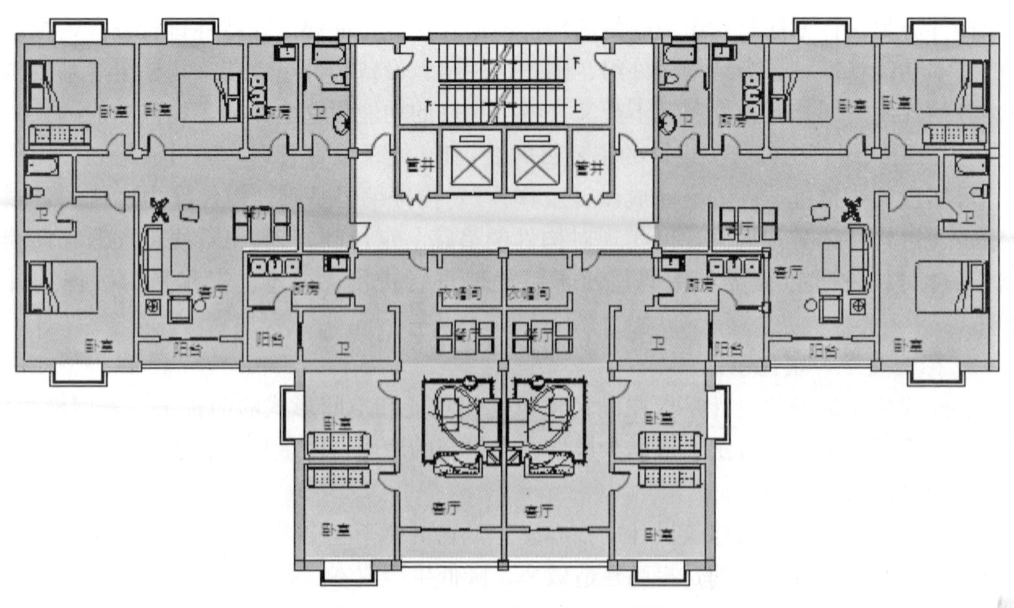

图 6-16　基本功能模块组合效果

通过BIM技术与标准化、模块化设计的结合，建立BIM资源库，集成预制构件、机电设备、内装部品等构件和各种类型的标准化功能模块，进行分类管理，形成虚拟现实的资源库，作为建筑物真实存在的物理特性和功能特性的数字化表达，在后续设计中快速调用，提高装配式建筑的设计效率。

3. 构件编码系统

装配式建筑由不同类型的预制构件和建筑部品拼装而成，相互之间容易混淆。为了识别不同的构件，需要对其进行命名，并准确定义属性信息。信息分类、编码是两项相互关联的工作，先分类后编码，只有进行科学的分类才可能设计出便于识别和处理的编码系统。一套完善的编码规则是实现信息联动的重要手段，需要具有唯一性、合理性、简明性、完整性与可扩展性的特点[20]。完善与统一的编码规则是实现装配式建筑全过程信息管理的基础。

4. 设计各阶段的BIM应用

装配式建筑设计阶段的BIM应用主要体现在方案设计、初步设计、施工图设计、预制构件深化设计等阶段。

(1) 方案设计阶段

1) 模型要求

方案设计阶段的模型要求等级为LOD100，用于项目规划评审报批、建筑方案评审报批和设计估算等，具体应用点见表6-5。

方案设计阶段的BIM应用点　　　　**表6-5**

BIM应用	应用点
可视化分析	场地及周边环境分析、效果表现、虚拟现实等
性能分析	热环境和能耗分析、日照分析、风环境分析、光环境分析等
数据统计	建筑面积明细表统计、总体指标数据表等

2) 场地与周边环境分析

在建筑设计开始前，通过BIM+倾斜摄影技术对场地与周边环境进行分析。倾斜摄影技术是近年来摄影测量领域发展起来的新技术，利用无人机同步采集多个不同视角的高分辨率影像，获得丰富的建筑物与场地顶面及侧面的纹理和位置信息、倾斜摄影模型。倾斜摄影技术不仅能够真实地反映地物情况，还可以结合BIM技术生成真实的三维模型，对于场地和周边环境分析起到重要作用。在项目前期，采用无人机进行项目现场倾斜摄影拍摄，可进行项目模型搭建，指导项目实施过程。通过无人机航拍地表三维影像数据，可以用来进行坐标提取、面积量测、距离量测、填挖方量量测等，如图6-17所示。

可以利用BIM技术进行场地的土石方平衡，利用Civil3D软件自动计算出原始地貌曲面与设计曲面之间的差异，得出挖填方的土方工程量（图6-18和图6-19）。较于传统土方算量采用的"体积法""方格网法"，采用Civil3D的计算准确率高达99.5%。

3) 建筑方案推敲与参数化设计

利用BIM技术的可视化、参数化、可模拟等特点，可以进行建筑方案的推敲和比选。通过BIM软件可以进行建筑形体的参数化建模，通过调整参数快速改变建筑形体，便于选取最佳的设计方案，如图6-20所示。通过BIM技术进行建筑方案推敲和参数化设计，可以提前研究复杂部位、关键节点，对于提升设计质量具有重要意义。

(a) 倾斜摄影模型

(b) 面积测量

(c) 距离测量

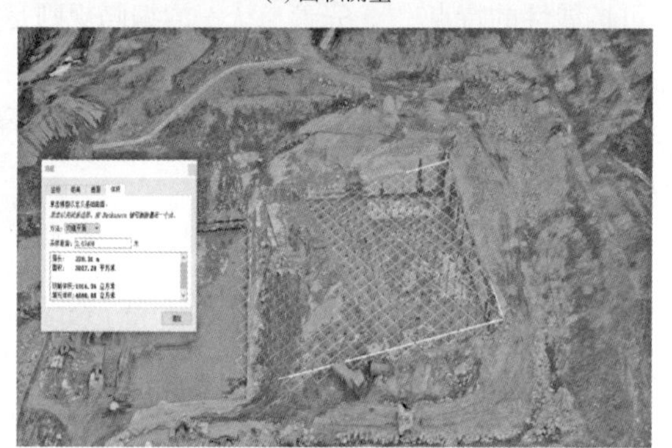

(d) 挖填方测量

图 6-17　倾斜摄影技术的应用

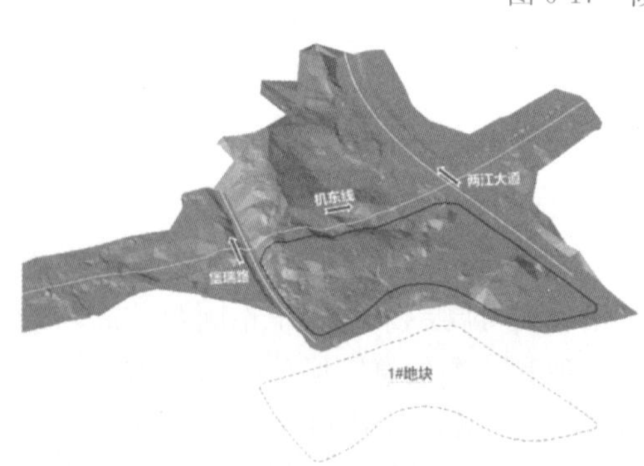

图 6-18　原始地形模型

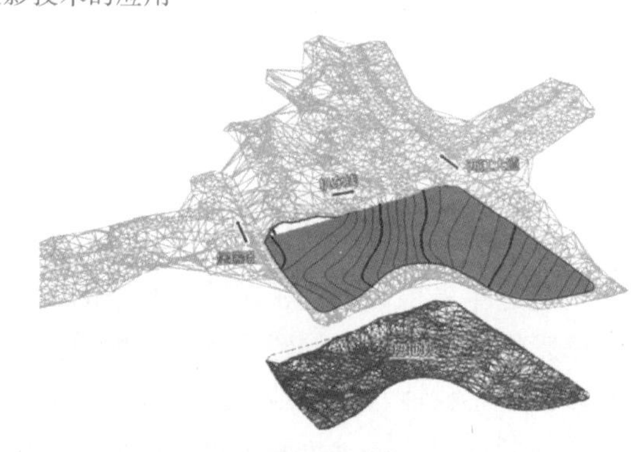

图 6-19　场地土方计算

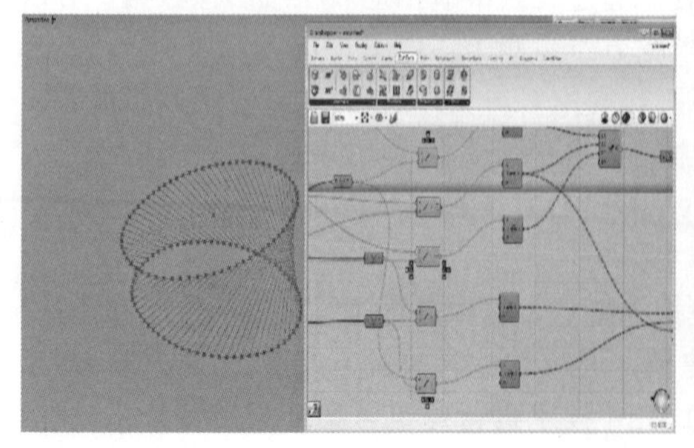

图 6-20　参数化设计

4）建筑性能分析

基于 BIM 的建筑性能分析功能，可以对建筑物及周边的热环境、风环境、光环境和声环境等物理指标进行模拟分析，如图 6-21 所示，对建筑方案进行性能分析和优化，以确保建筑物满足设计规定和绿色建筑的相关要求。

(a) 热环境分析

(b) 场地阴影分析

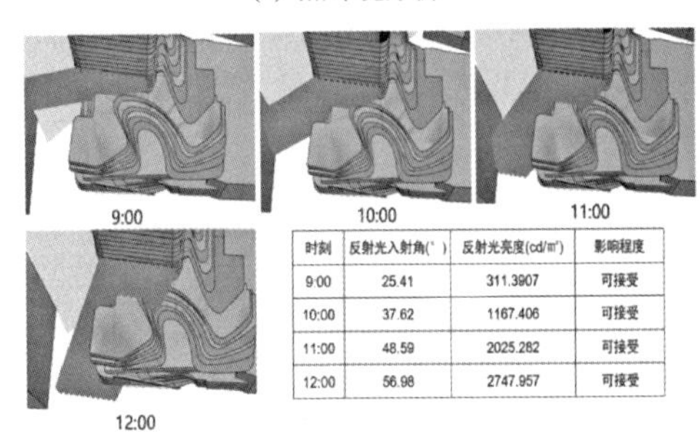

时刻	反射光入射角(°)	反射光亮度(cd/m²)	影响程度
9:00	25.41	311.3907	可接受
10:00	37.62	1167.406	可接受
11:00	48.59	2025.282	可接受
12:00	56.98	2747.957	可接受

(c) 光污染分析

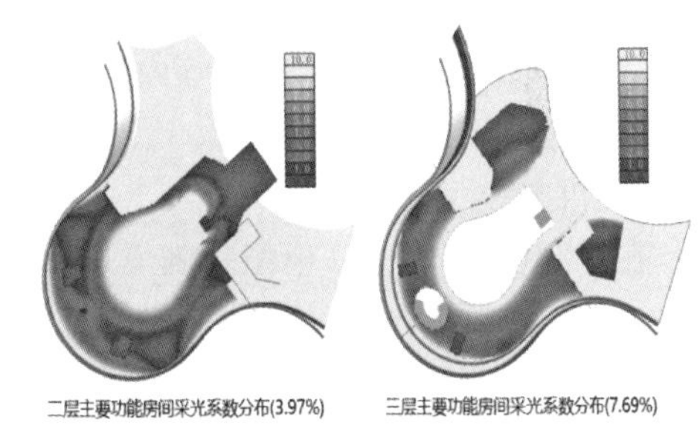

(d) 室内采光分析

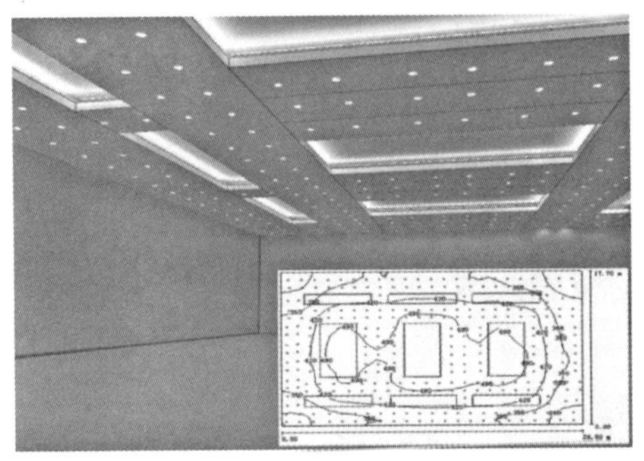

(e) 室内照明分析

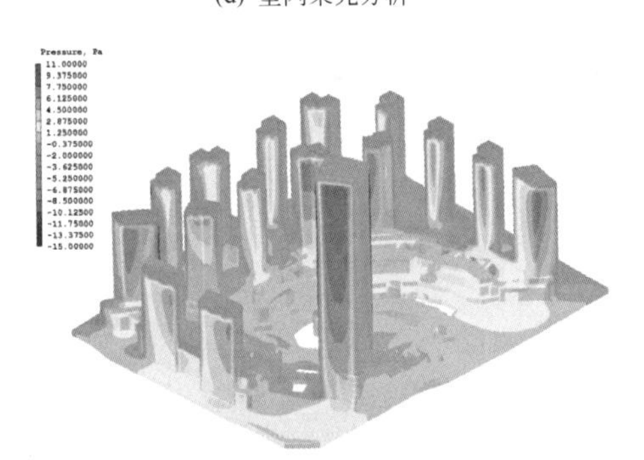

(f) 场地风环境分析

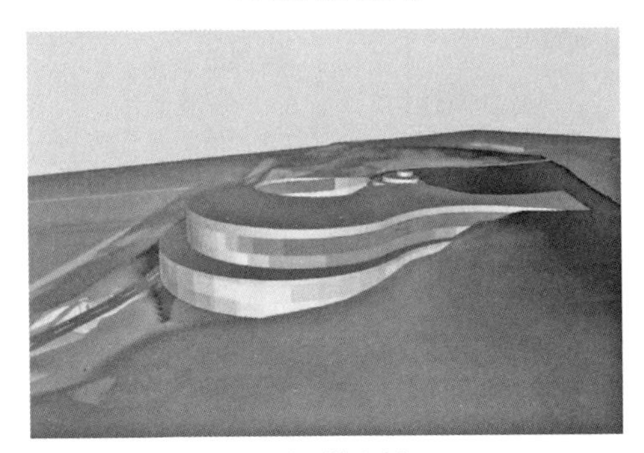

(g) 声环境分析

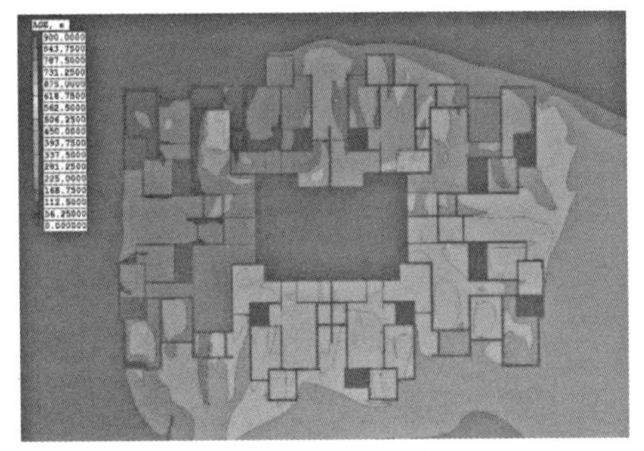

(h) 室内风环境分析

图 6-21　基于 BIM 的建筑性能分析功能

（2）初步设计阶段

1）模型要求

初步设计阶段的模型要求等级为 LOD200，用于专项评审报批、节能初步评估、建筑造价概算等，具体应用点见表 6-6。

初步设计阶段 BIM 应用点　　表 6-6

BIM 应用	应用点
可视化分析	场地分析、构件建模、效果表现、虚拟现实等
性能分析	热环境和能耗分析、日照分析、风环境分析、光环境分析等
数据统计	建筑面积明细表统计、总体指标数据表等
集成调整	管线综合、净高优化、局部优化等

2）土建模型深化

在方案设计的 BIM 模型基础上进行土建部分的详细建模，根据设计进度进行模型的拆解，完善图纸中的构造做法等内容，并按照设计需要提前增加构件信息，使得模型符合初设阶段的标准。

3）机电模型深化

在方案设计的 BIM 模型基础上进行机电专业的详细建模，根据设计进度进行模型的拆解，完善图纸中的系统功能及做法等内容，确定主要设备的使用功能和安装位置，增加构件信息，以满足初设阶段的模型标准。

4）预制构件深化

对预制构件与现浇部分的空间位置进行定位，初步考虑机电管线的预留、预埋位置，按照建筑功能要求和装配率指标要求进行预制构件的选型和合理划分，并进行预制构件的初步拆分和数据统计，具体案例如图 6-22 所示。

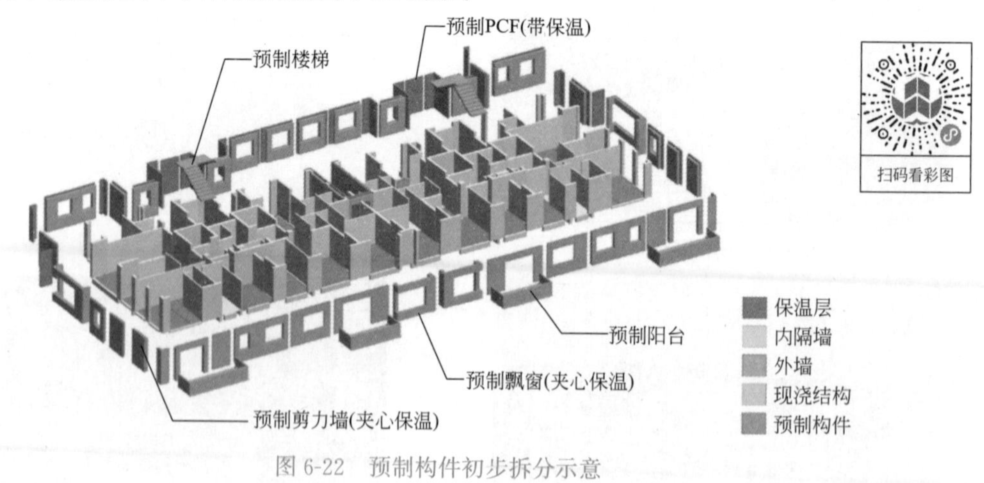

图 6-22　预制构件初步拆分示意

（3）施工图设计阶段

1）模型要求

施工图设计阶段的模型要求等级为 LOD300，用于建筑工程许可审批、施工准备、施工招标投标、工程预算等，具体应用点见表 6-7。

施工图设计阶段BIM应用点　　表6-7

BIM应用	应用点
可视化分析	场地、构件建模与模拟、效果表现、虚拟现实等
性能分析	节能、日照、风环境、热环境、光环境、交通疏散等
数据统计	建筑面积明细表统计、材料设备清单统计、指标数据表等
集成调整	碰撞检测、管线综合、空间局部优化等

2）土建模型深化

在初步设计阶段的BIM模型基础上进行土建部分的详细建模，完善设计图纸中的构造做法，完善构件信息，如构件的几何尺寸、节点大样、配筋等。

3）机电管线综合深化

传统的管线综合深化是将各专业图纸进行简单的叠加，按照一定原则确定各系统的相对位置，进而确定系统标高，再针对关键位置或管线复杂部位绘制局部的剖面图，表现形式单一，难以进行系统性的分析和综合优化调整，深化设计图纸错误率高，常常出现管线碰撞、施工安装错误、预留空间不足等情况。通过BIM整合各专业模型，根据不同专业管线的功能要求和安装要求，结合土建、室内装修设计要求，在满足使用功能的前提下，对管线和设备进行统筹协调，确定最为合理的管线排布方案，减少返工和拆改，达到经济、美观的目的，各区域管综优化如图6-23所示。

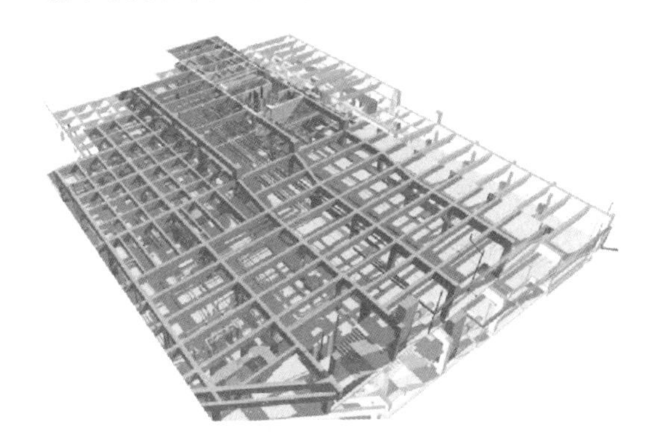

(a) 车库管综优化

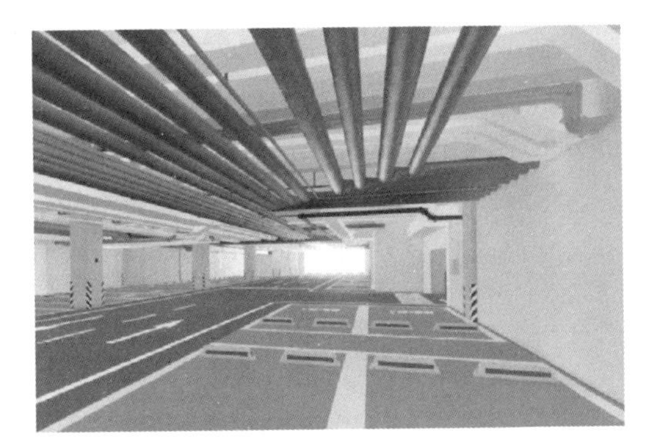

(b) 车库管综优化

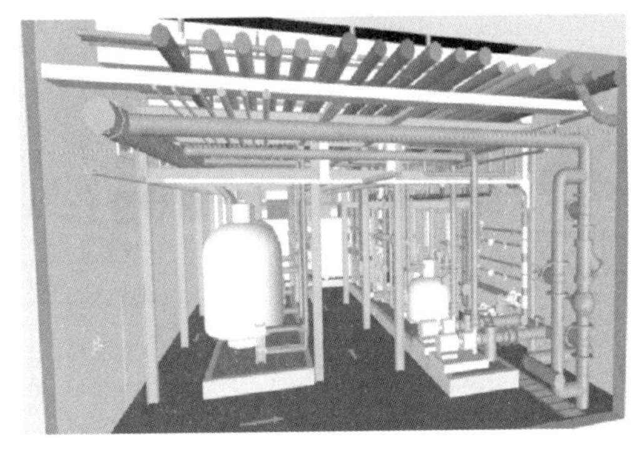

(c) 机房管综优化

(d) 水泵房管综优化

图6-23　管综优化（一）

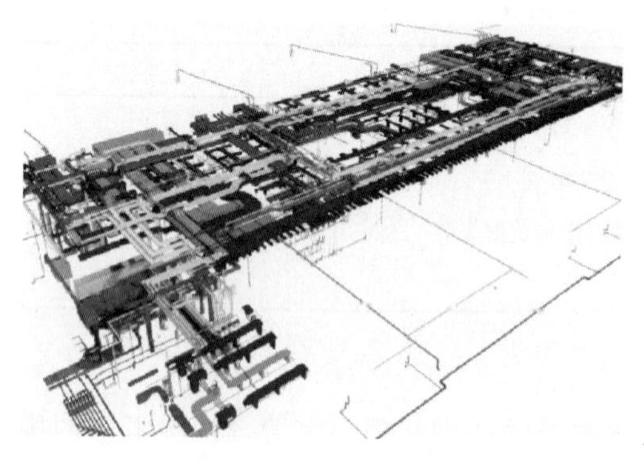

(e) 生产车间管线综合

(f) 公共区域管综优化

图 6-23　管综优化（二）

4）净高分析与优化

建筑中各区域的净高要求不同，在空间较低或较狭窄、管线较密集以及管道进出管道井、进出机房等区域，容易出现净高不足的情况。为保证室内净高满足要求，通常要综合考虑影响室内净高的各种因素，包括层高、梁板高度、机电安装高度、吊顶做法、地面做法、安装误差等[25]。在设计阶段，通过 BIM 进行各区域的净高分析（图 6-24），提前发现问题，及时优化和调整，避免现场变更和拆改。

5）预制构件综合协调

施工图设计阶段需要充分考虑预制构件与预埋件、预埋管线及预留洞口的位置关系，提前对预埋件、管线和洞口进行准确定位，避免现场返工和拆改，同时对预制构件与现浇部分的空间位置进行设计定位，综合考虑生产和施工阶段的各种因素。

6）生成施工图

在施工图设计阶段的 BIM 模型完成后，通过 BIM 模型输出施工图，包括建筑、结构、

(a) 净高优化前

(b) 净高优化后

图 6-24　净高分析与优化（一）

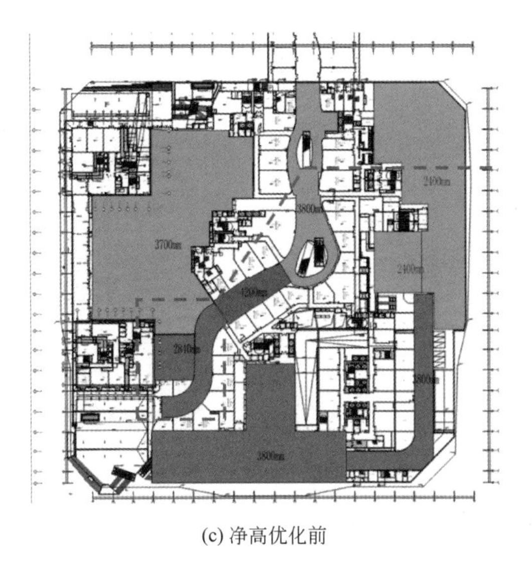

(c) 净高优化前

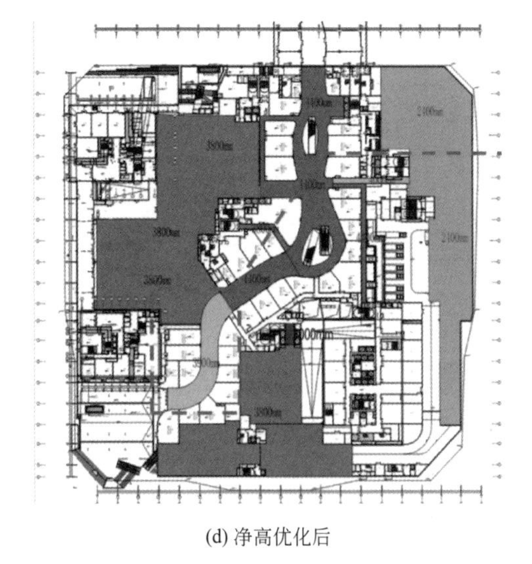

(d) 净高优化后

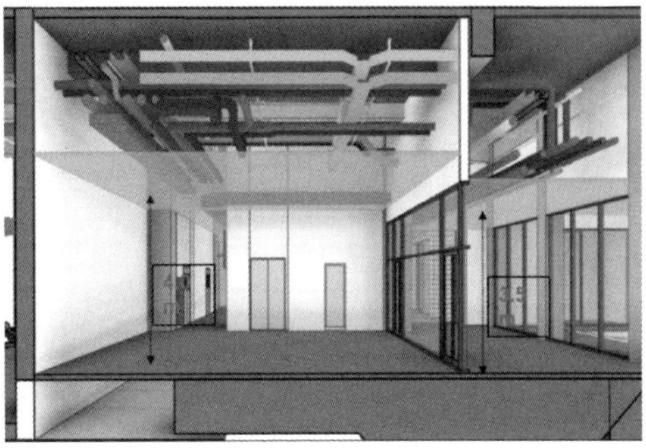

(e) 净高分析

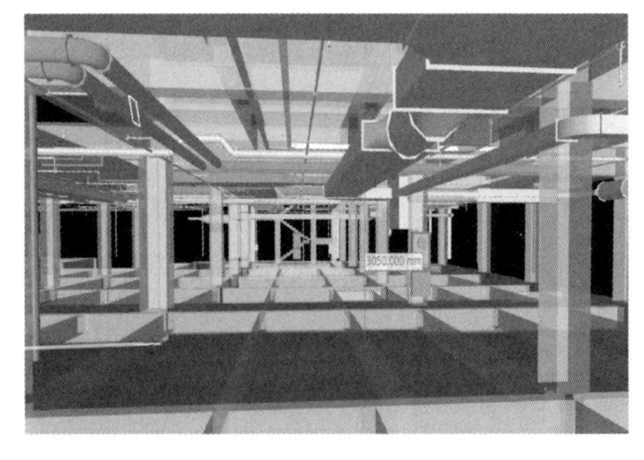

(f) 净高分析

图 6-24　净高分析与优化（二）

暖通、给水排水、电气等各专业图纸，以及各细部构造和节点大样，如图 6-25 和图 6-26 所示。

消防水泵房轴测图一 1:50

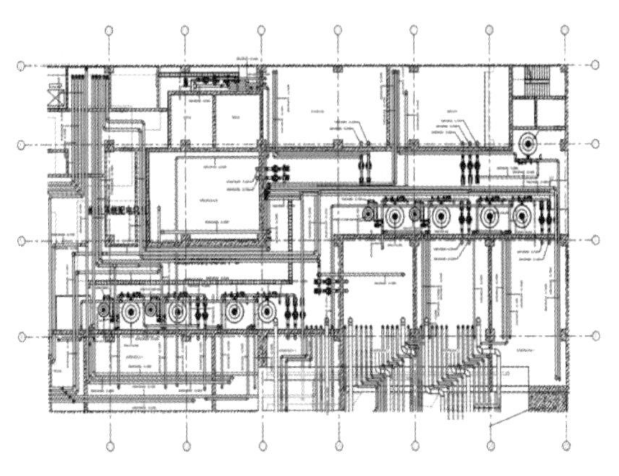

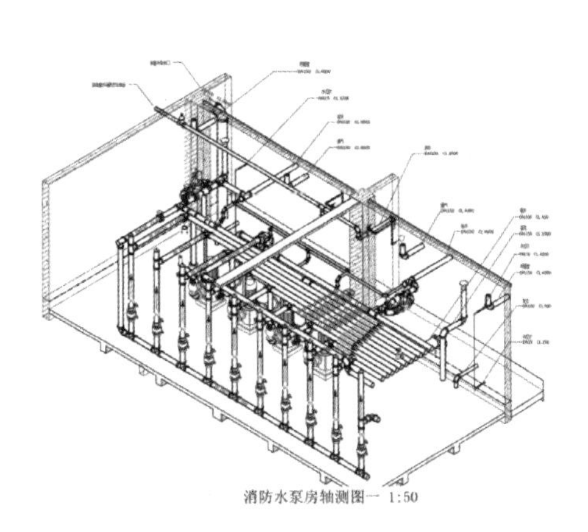

图 6-25　机电深化出图

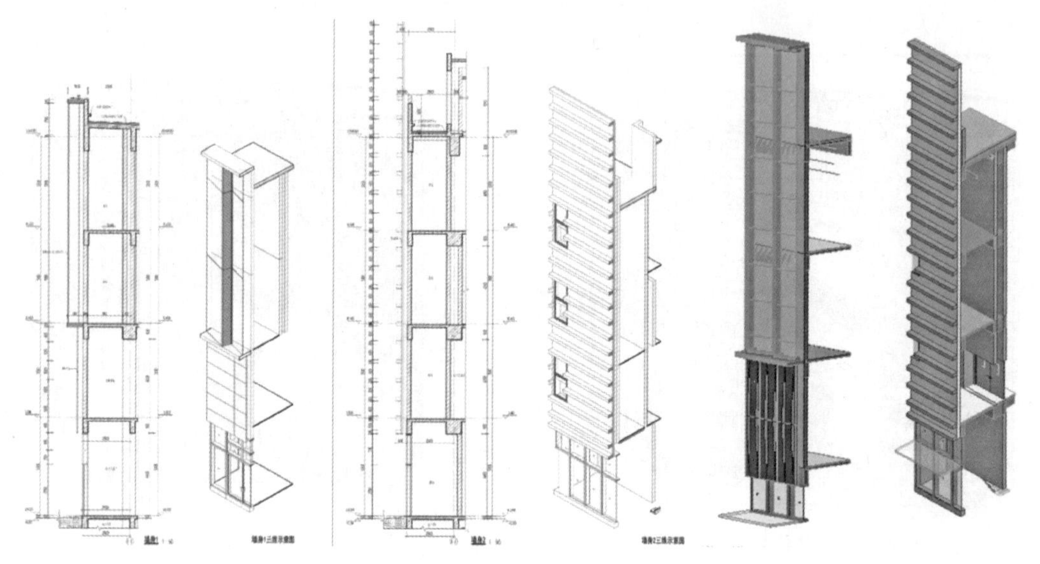

图 6-26　墙身深化出图

（4）预制构件深化设计阶段

1）模型要求

深化设计阶段模型精细度需要满足构件加工生产的要求，一般不低于 LOD400，用于施工招标投标、工程预算、模具生产、构件生产等，具体应用点见表 6-8。

深化设计阶段 BIM 应用点　　表 6-8

BIM 应用	应用点
可视化分析	构件细化、吊装模拟
数据统计	构件数量统计、钢筋用量统计、混凝土用量统计、配件用量统计等
集成调整	钢筋、预埋件、预埋管线、预留孔洞等碰撞检测

2）碰撞检查

预制构件生产完成后难以再进行修改和调整，如果在设计过程中未充分考虑预制构件的碰撞问题和位置关系，可能会导致现场无法安装（图 6-27），对工期和成本造成极大影响。因此，在预制构件深化设计阶段，需要通过 BIM 模型进行碰撞检查，包括预制构件自身预埋件、预留管线、预留洞口之间的碰撞检查；预制构件与现浇结构的碰撞检查；相邻预制构件的碰撞检查等（图 6-28、图 6-29），并进行吊装模拟，提前发现可能存在的问题，及时优化调整。

6.4.4　基于 BIM 的装配式建筑施工

装配式建筑施工阶段是将设计、生产、采购环节转化为建筑物实体的过程，同时与设计、生产、采购环节发生信息交互，也是建筑全生命周期中最为关键和复杂的阶段。通过设计阶段构建的 BIM 模型，利用其可视化、信息共享的特点，便于项目参与各方充分、快速地理解项目的设计意图及施工重难点。在项目施工过程中，利用 BIM 进行施工总平面布置模拟、施工方案模拟、可视化技术交底、辅助施工进度和成本管理等，可以提高施工质量和效率，降低变更风险，节约项目投资，确保项目总体目标的实现。

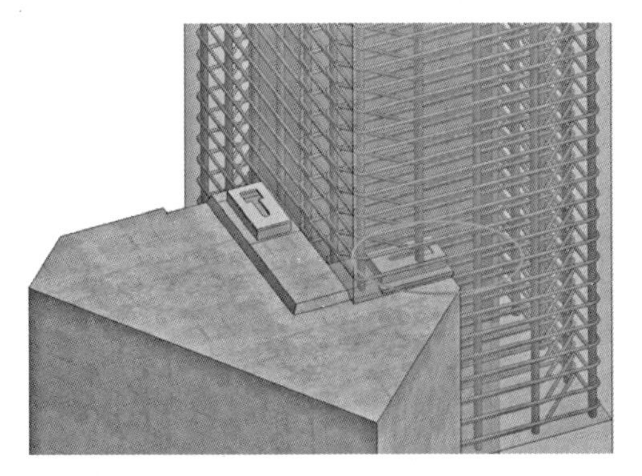

图 6-27　外墙板连接件与结构钢筋冲突

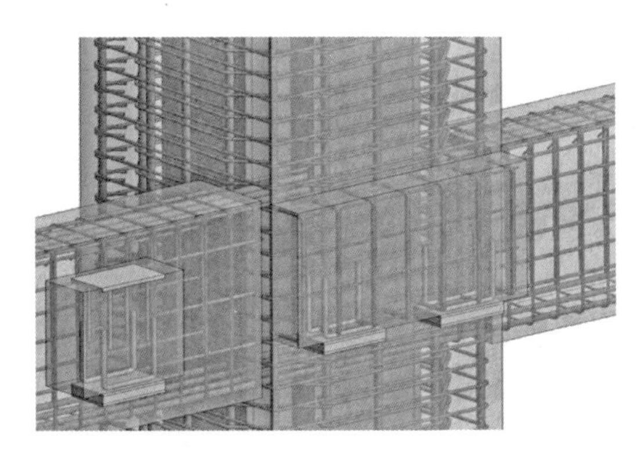

图 6-28　现场预埋件位置核查

图 6-29　预制外墙板与钢结构连接节点核查

1. 施工总平面布置模拟

在进行施工总平面图布置时，由于项目周边环境的复杂性，往往导致施工场地狭小、基坑深度大、与周边建筑物距离近、绿色施工和安全文明施工要求难以达到等问题，造成现场平面布置不断变化。利用 BIM 模型，对施工场地的临建及场区布置进行模拟，考虑不同施工阶段的临建设置、场地布局、交通组织、场地转换等的合理性与施工可行性，生成不同阶段的场地平面布置图，可用于指导实际的场地布置。

装配式建筑施工过程中，构件吊装、现浇作业以及装饰装修作业交叉进行，对项目的组织协调有较高要求。装配式建筑施工总平面布置模拟主要是利用 BIM 技术对项目各施工阶段的场地布置进行施工部署模拟，综合考虑塔式起重机的选型与定位、场内运输、预制构件堆场设置等因素，统筹考虑施工区域和可利用场地面积，尽量减少物料的二次搬运和专业工种之间的交叉作业，直观展示各施工阶段最佳的场地布置方案。通过将施工总平面布置模型和施工进度相结合，对施工场地布置方案中的碰撞冲突进行综合分析，动态优化施工场地的布置方案。施工总平面布置和模拟可参考图 5-6 及图 6-30。

装配式建筑施工总平面布置的主要 BIM 应用点如下：

(1) 临时道路规划

通常在确定了大宗材料、预制构件和工艺设备等的进场运输方式后，再进行临时道路的规划，并将场外交通引入现场。临时道路规划时尽可能利用原有或拟建永久道路，通过

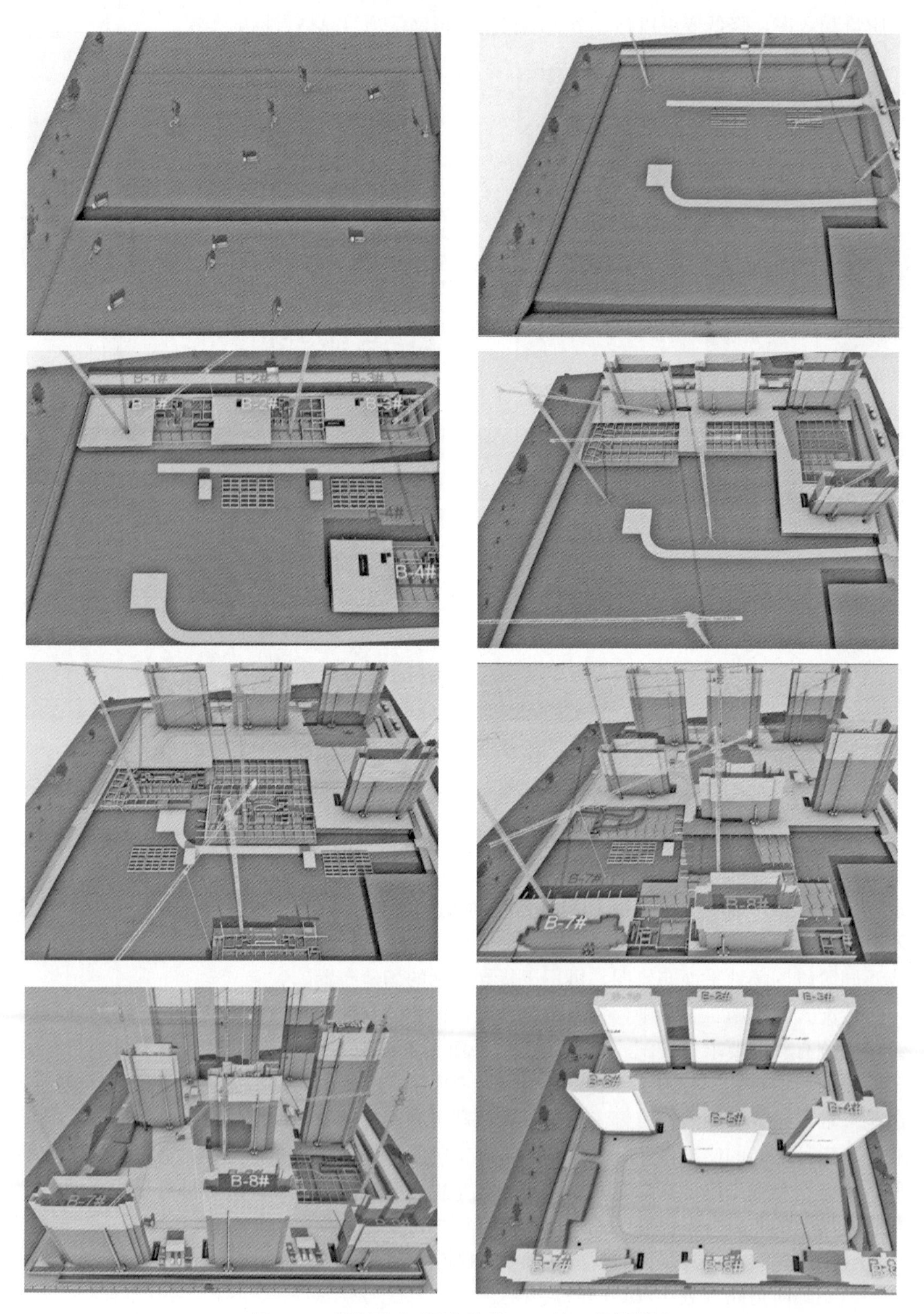

图 6-30　某装配式项目各阶段 BIM 施工部署模拟

BIM模型进行分析，优化确定场内运输道路的主次关系和相互位置，合理安排临时道路与地下管网之间的施工顺序，确定合理的道路宽度以及路面结构[26]。

（2）塔式起重机布置

塔式起重机的工作范围需覆盖主体建筑及预制构件堆场，并且塔式起重机型号和位置的选择应满足运输、装卸、吊装的要求。一般先建立主体结构模型，根据主体结构外部轮廓，综合考虑预制构件重量、运输路线、施工作业区段划分来进行塔式起重机与施工电梯的选型及定位。

根据不同施工阶段的工况以及各楼栋开工竣工时间，运用BIM技术优化塔式起重机、施工电梯的投入数量及使用顺序，实现场内周转，节约总投入成本[27]。

（3）现场堆场布置

堆场的位置应满足场内交通运输的要求，通过BIM模型，优化堆场与场内道路之间的转运路径和转运量，科学合理地选择堆场位置。

通过BIM模拟项目各阶段的总平面布置，可最大限度地优化临时道路、预制构件堆场和塔式起重机布置方案等，为顺利开展施工工作提供了科学的数据支持，实现了项目的精细化管理。

2. 基于BIM的施工方案模拟

施工方案可视化模拟主要是通过运用BIM技术，对施工过程的难点、重点进行虚拟演示、动态仿真，以确定最佳的施工方案和工艺。利用可视化的BIM三维模型直观地展现施工过程，通过对施工全过程中的预制构件运输、堆放、吊装及安装等专项施工工序进行模拟，如图6-31和图6-32所示，验证施工方案和安装工艺的可行性，以便指导施工，提高工程质量，保证施工安全[28]。

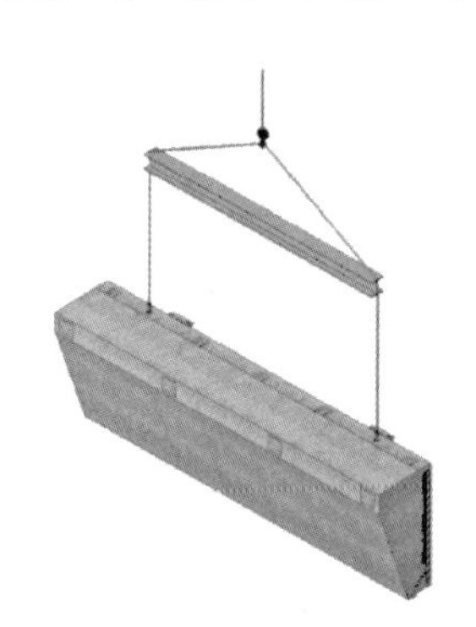
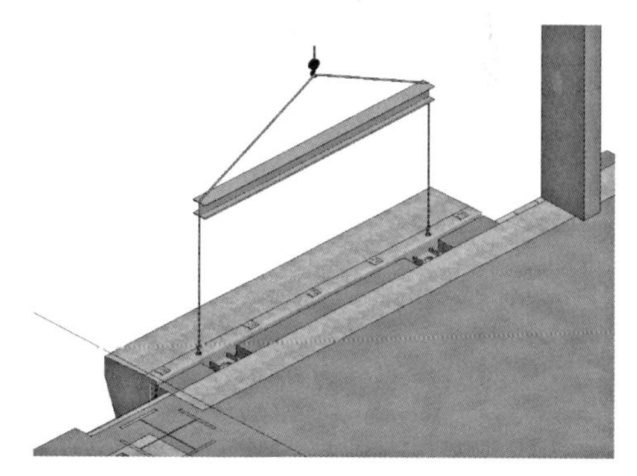

图6-31　预制外挂墙板吊装模拟

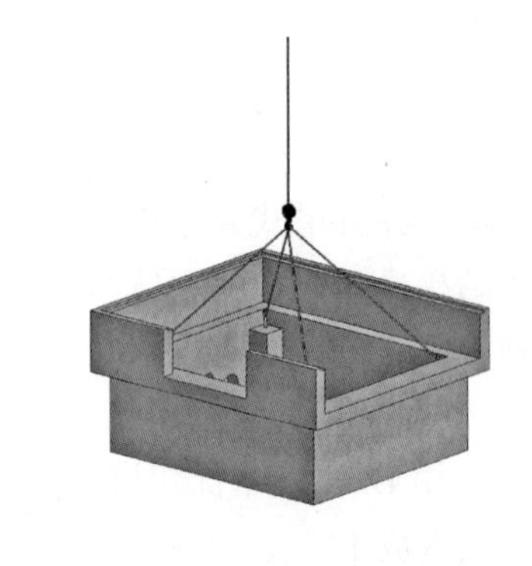
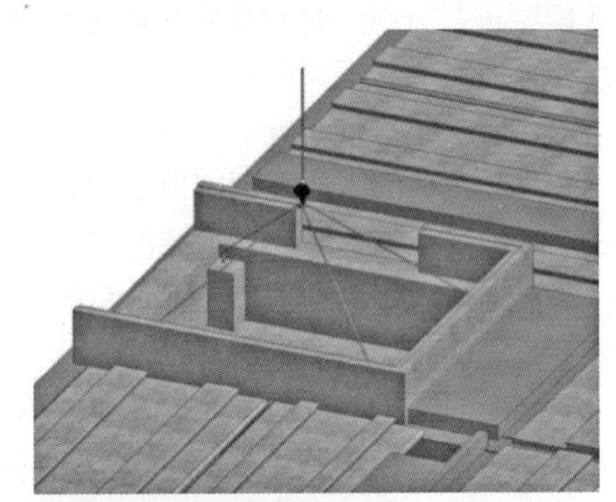

图 6-32　预制卫生间吊装模拟

在进行专项施工方案模拟前应制订方案初步实施计划，明确方案的施工顺序和时间安排，某项目钢结构安装流程的 BIM 模拟如图 6-33 所示。根据需要将施工项目的工序安排、资源组织和平面布置等信息关联到模型中，按施工方案流程进行模拟并输出优化后的施工方案。资源组织模拟通过结合施工进度计划、合同信息以及各施工工艺对资源的需求等，优化资源配置计划。平面布置模拟需结合施工进度安排，优化各施工阶段的塔式起重机布置、堆场布置以及施工道路布置等[29]。

装配式建筑专项施工方案模拟主要包括预制构件运输、堆放、吊装及安装等施工方案的模拟、土方工程施工方案模拟、模板工程施工方案模拟、临时支撑施工方案模拟、大型设备及构件安装方案模拟、复杂节点施工方案模拟、垂直运输施工方案模拟、脚手架施工方案模拟等。其中预制构件运输、堆放、吊装及安装等施工方案的模拟可综合分析构件运输、堆放、吊装、连接件定位、节点连接方式、安装工作空间要求以及安装顺序等因素，检验安装工艺的可行性，并进行可视化展示和交底。

在施工方案模拟过程中需将进度、工作面、劳动力、施工机械等信息与模型关联。在进行施工方案模拟过程中应及时记录工序安排、资源配置、平面布置等方面出现的不合理问题，形成施工方案模拟问题分析报告等指导文件[30]。

3. 基于 BIM 的技术交底

由于装配式建筑构造和各专业设计相对复杂，项目实施过程中的新技术、新工艺和新材料较多，因此让一线施工操作人员正确地理解设计意图十分必要，传统的交底方式难以保证交底效果。为了提高设计交底的效率和准确性，项目管理人员可以通过三维 BIM 模

(a) 从中间开始安装钢桁架

(b) 钢桁架安装完成

(c) 安装提升设备，提升准备工作

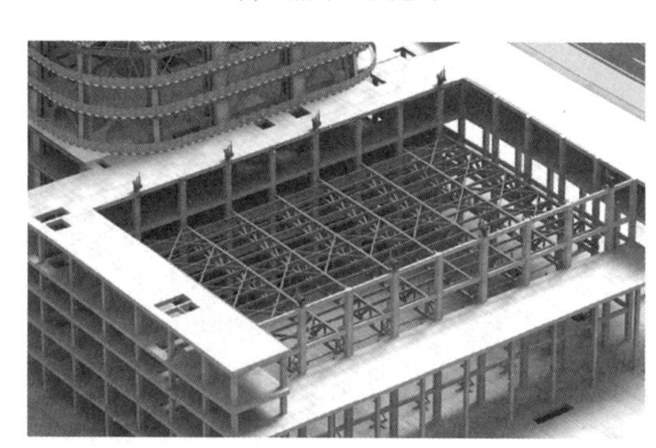

(d) 逐级提升

(e) 提升到位后进行节点安装

(f) 边跨连系梁安装

图 6-33　某项目钢结构安装流程的 BIM 模拟

型，高效浏览建筑模型中的复杂节点和关键部位，对关键节点的工序排布、施工难点进行三维技术交底，让施工人员了解具体的施工步骤和施工要求。BIM 三维可视化交底具有直观、易于理解等优点（图 6-34），可以让现场施工人员更加深入地理解交底内容，提高设计交底的准确性和效率，确保施工质量和效率。

4. 基于 BIM 的施工进度计划辅助管理

通过 BIM 虚拟技术，项目管理者可以通过可视化模拟直观了解项目计划进度的实施过程，从而为编制及优化进度计划提供有效支撑，同时通过二维码/RFID 等物联网技术对现场施工进度进行实时采集，并将实际进度关联到 BIM 进度模型中，从而实现现场可视化的进度管理。

根据项目进度目标进行工作分解（WBS），确定活动的逻辑关系，估算所需资源和持

(a) 钢结构节点BIM可视化

(b) 预制外墙板节点BIM可视化

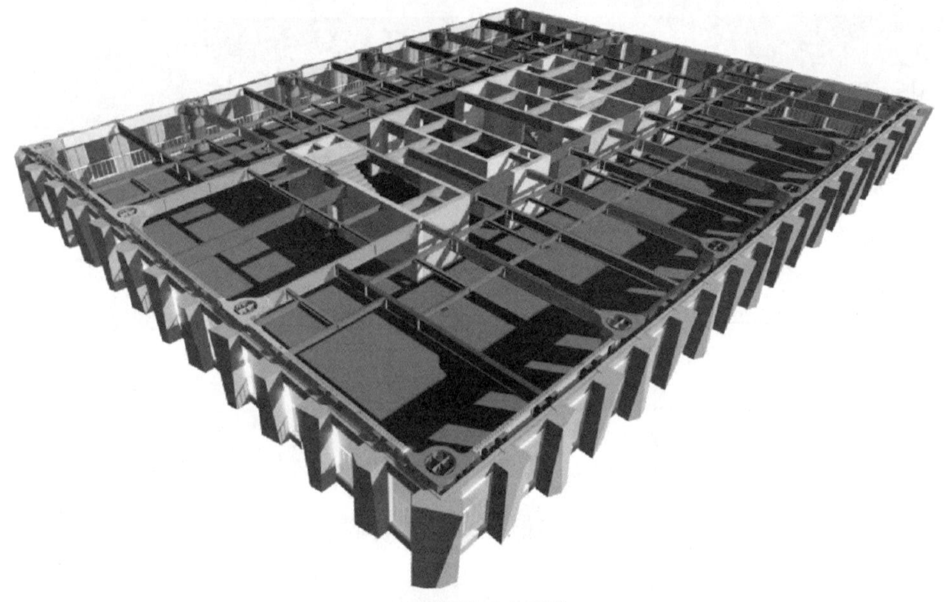

(c) 标准层BIM可视化

图 6-34　BIM 三维可视化交底

续时间，编制和优化项目进度计划，并通过将编制的进度计划与 BIM 模型相关联，形成 4D 进度模型，在三维可视化的环境下检查进度计划的时间参数是否合理，工作之间的逻辑关系是否准确等，从而对项目的进度计划进行可行性验证和优化，最终确定最优的施工进度计划方案。基于进度模拟模型关联实际进度信息，完成计划进度与实际进度的对比分析，并可基于偏差分析结果调整进度模型。

基于 BIM 的施工进度计划管理操作流程如图 6-35 所示。

5. 基于 BIM 的施工成本辅助管理

基于 BIM 的可视化模型，利用清单规范和消耗量定额确定成本计划并创建成本管理模型，同时通过计算合同预算成本和集成进度信息，定期进行成本核算、成本分析、三算对比等工作。利用 5D-BIM 技术将成本与模型结合，在成本分析文件中提供最直观、最形象的可视化建筑模型，实现模型变化与成本变化的同步。基于 BIM 的施工成本辅助管理操作流程如图 6-36 所示。

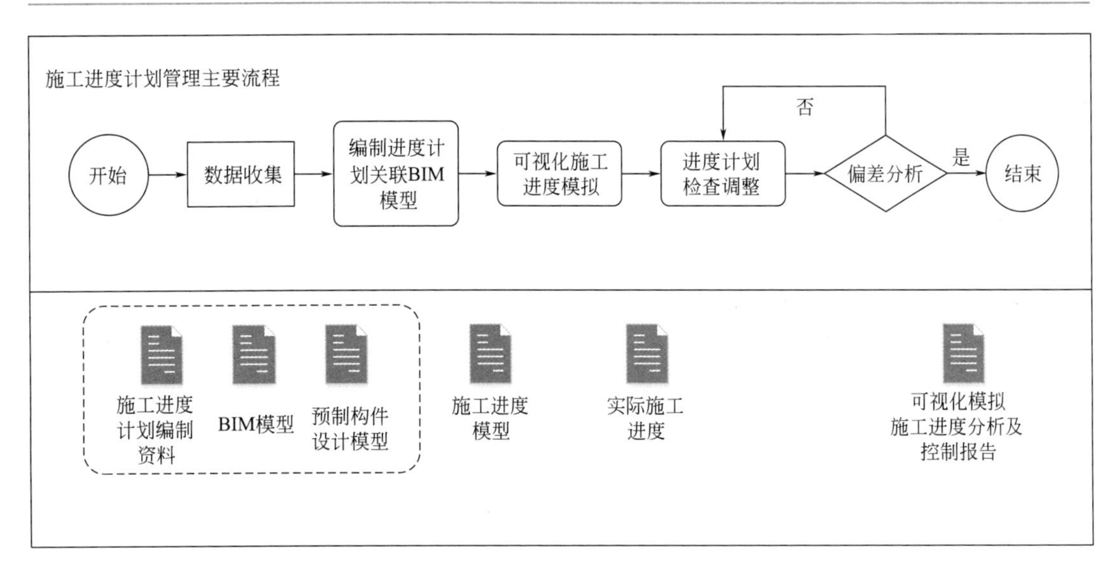

图 6-35　基于 BIM 的施工进度计划管理操作流程

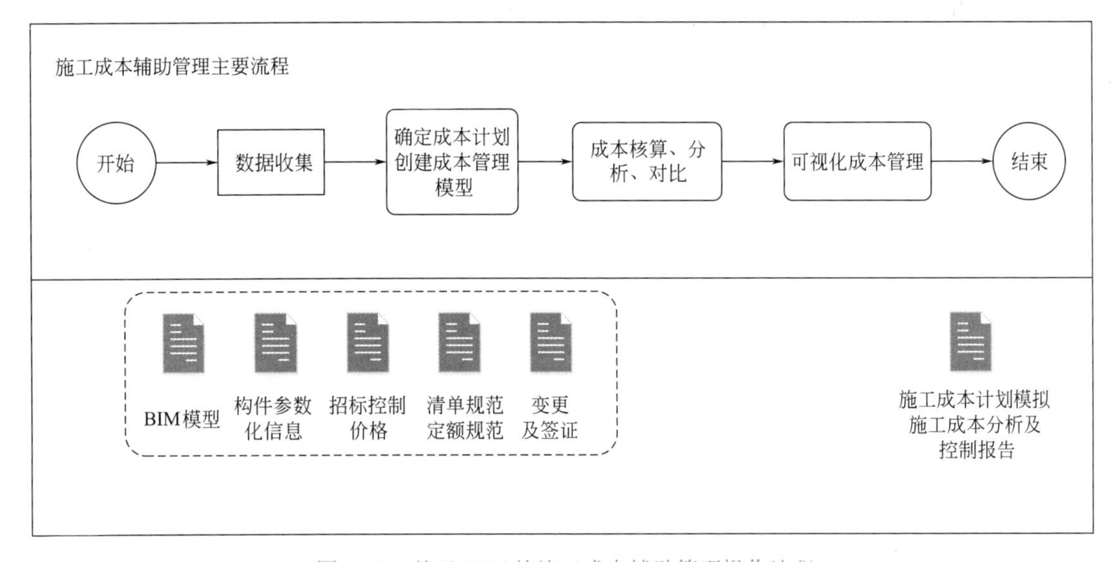

图 6-36　基于 BIM 的施工成本辅助管理操作流程

6.4.5　基于 BIM 的预制构件生产

随着国内装配式建筑的应用程度逐步提高，一些预制构件生产企业也纷纷在各地成立。装配式建筑项目管理中，预制构件的生产管理是其中最重要的环节之一。充分利用 BIM 技术特点及在项目管理中的独特优势，与预制构件生产模式相结合，可提高预制构件的生产效率，控制生产成本，有效保证产品质量。

为了实现预制构件的信息化管理，预制构件生产企业需要建立信息化管理系统。信息化管理系统一般集成了 MES（生产执行系统）、BIM 技术、RFID 技术等功能，具备生产计划、物料管理、进度管理、成本管理、质量管理、堆场管理、发货管理、运输管理、工人管理等功能模块，可实现预制构件生产的进度、成本、质量、安全、合同等的综合管理。以下主要针对预制构件的生产执行过程管理进行阐述。

1. 信息技术的应用

(1) BIM 技术

BIM 技术在预制构件生产管理中的作用主要为：预制构件的加工制作图纸内容理解与交底；预制构件生产资料准备，原材料统计和采购，预留预埋优化；预制构件生产管理流程和人力资源计划；预制构件的质量保证及品控措施；生产过程监督，偏差分析与纠偏等[31]。

BIM 技术在构件生产及运输过程的作用主要为：使用 BIM 技术进行预制构件深化设计，形成构件生产信息模型，与信息管理系统进行链接形成构件生产基础数据库，从而管控生产过程和记录构件运输过程。

(2) RFID 与二维码技术

RFID (Radio Frequency Identification) 技术，又称无线射频识别，是一种物联网技术，可通过无线电信号识别特定目标并读写相关数据，而识别系统无需与特定目标之间建立机械或光学接触[32]。RFID 系统由专用的读写器及 RFID 标签组成，利用频率信号将信息由 RFID 标签传送至读写器。RFID 技术可运用于物流过程中的货物追踪、信息自动采集、商品销售数据的实时统计、生产数据的实时监控、质量追踪和自动化生产等。

在预制构件生产、运输中应用 RFID 系统就是以单个构件为基本管理单元，通过无线射频技术，以预制构件的生产和运输为中心，记录原材料检验、生产配件检验、生产过程质量检验、构件修补、出入库、运输、进场验收等信息的物联网系统。在预制构件中嵌入 RFID 芯片或粘贴二维码 (图 6-37)，相当于配备了唯一的“身份证”，可以通过读取该芯片或二维码所含的信息，及时掌握构件所处的状态，实现构件信息的高效传递和质量可追溯，有助于项目的精细化管理[33]。RFID 系统的操作界面如图 6-38 所示。

图 6-37　预制构件 RFID 芯片或二维码

1) 预制构件生产

在预制构件生产时，通过置入 RFID 电子芯片采集生产过程的信息和数据。RFID 芯片编码必须具有唯一性，同时采集的信息要全面，应包括原材料及配件检测、模具拼装检查、钢筋加工及安装检查、预埋件定位检查、混凝土配合比检查、混凝土浇筑质量、混凝土强度报告、拆模、修补、入库等信息，以便于实现预制构件的质量可追溯[34]。

图 6-38　RFID 系统操作界面

RFID 芯片的编码原则包括：

① 唯一性：在装配式建筑中，每一个预制构件具有唯一的编码，便于信息识别和提取，这也是编码系统中最重要的原则。

② 可扩展性：编码系统要综合考虑构件各方面的属性，并预留扩展区域，可针对不同的项目进行相应的属性扩展。

③ 可读性和简单性：编码系统需要具有可操作性和可阅读性，易于完善和分类。

2）预制构件运输

预制构件生产完成后进行入库码放，在装车发货时，按照施工现场的构件吊装顺序进行装车，并用芯片读写器一一扫描，记录出库的构件及其装车信息。同时通过在运输车辆上安装 GPS，可以实时监控车辆的具体位置和运行状态。构件到达施工现场以后，再次进行扫码记录，并根据吊装顺序进行卸车和码放[33]。通过 RFID 技术，生产工厂可以及时掌握施工现场的构件安装进度，便于动态调整生产计划，有助于实现 JIT 零库存的理想目标；施工方可以快速完成构件的检查，减少了进场验收的工作量；对运输车辆的实时跟踪，能够掌握构件的运输状态，便于及时采取措施降低运输过程中的构件损坏，确保运输的安全性和及时性。

（3）三维激光扫描技术

在构件生产过程中，针对形状复杂的大型构件可利用三维激光扫描技术进行质量检测，如图 6-39 所示，有效解决人工检查的偏差，确保构件质量满足要求，保证出厂合格率，同时也杜绝了施工现场二次处理的情况发生。

2. 基于 RFID 的生产信息系统

RFID 信息系统一般由三个功能模块组成：服务器端、PC 端的应用操作、RFID 超高频手持端的数据采集。基于 MES 管理系统信息平台，实现原材料管理、生产计划管理、预制构件生产实时监控、预制构件质量检查和预制构件库存管理等功能，实现基础数据的多部门、多环节共享，实现可视化精确定位功能、全周期实时监控功能、可追溯协同管理功能和智能化数据分析功能等，如图 6-40 所示。

（1）生产计划

按照项目合同工期、项目现场的构件安装进度需求和原材采购工期等情况，结合生产

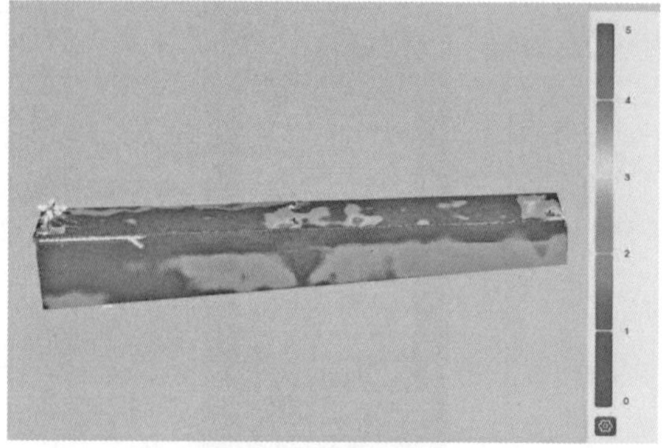

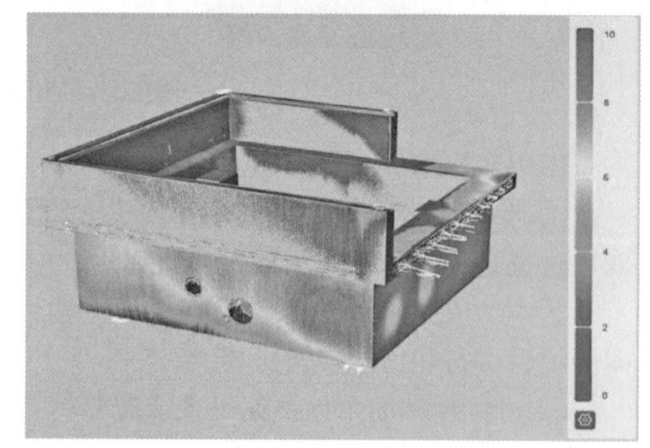

图 6-39　三维激光扫描技术在质量检测中的应用

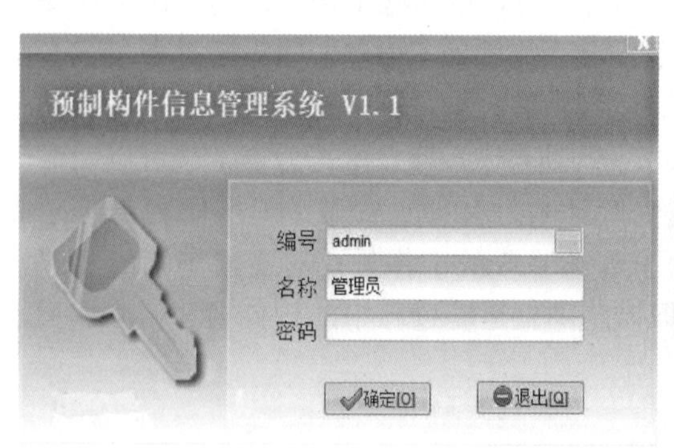

图 6-40　RFID 信息系统示例

任务的工作量，依据工厂的既有产能和生产节拍，合理制定工厂预制构件的生产计划。生产计划包括月计划和周计划，再根据模具加工数量进行日排产，按生产线、项目、楼号、楼层、构件类型，提前下达日生产任务单，并提前领取生产所需物料。预制构件生产计划可根据项目实际进展情况进行动态调整。预制构件生产计划安排如图 6-41 所示。

（2）过程管理

通过 RFID 信息系统进行预制构件生产全过程的质量检查，包括模具拼装—钢筋笼绑扎—保温板安装—预埋件定位—混凝土质量检查—混凝土浇筑—蒸汽养护—脱模检查—成品入库—出厂检验等环节。整个过程通过移动智能终端按工艺顺序进行质量检查，如果某一项检查未合格，将不能进行下一步操作，以上质量检查项目均在系统程序中体现。在检

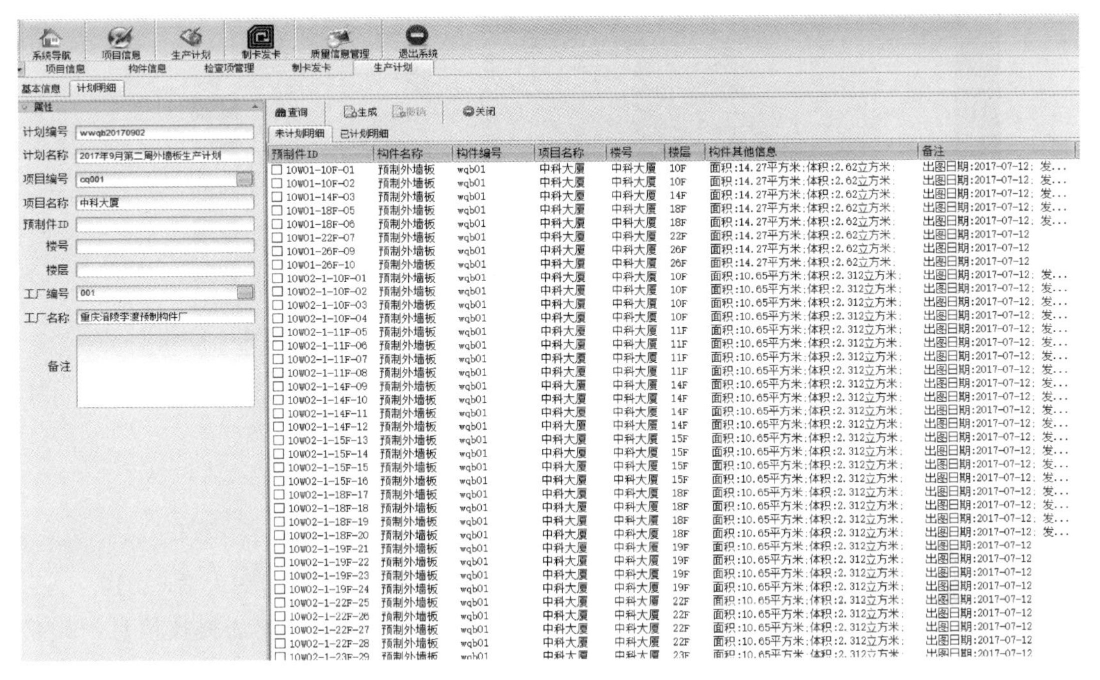

图 6-41　预制构件生产计划安排

查构件生产的相应工序时，采用移动智能终端扫描对应的标签，即可进入质量管理界面进行检查和记录，并且可以拍照上传，同时在 PC 端也能编辑相应的记录。通过全过程检查确保产品质量满足要求，也为质量追溯提供基础数据。预制构件的生产过程检查记录如图 6-42 和图 6-43 所示。

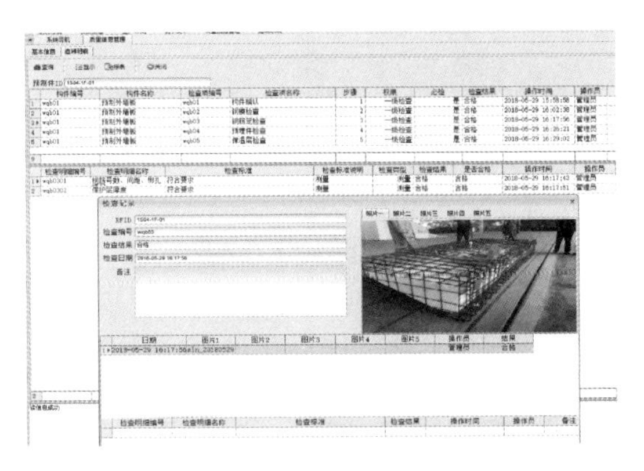

图 6-42　钢筋检查

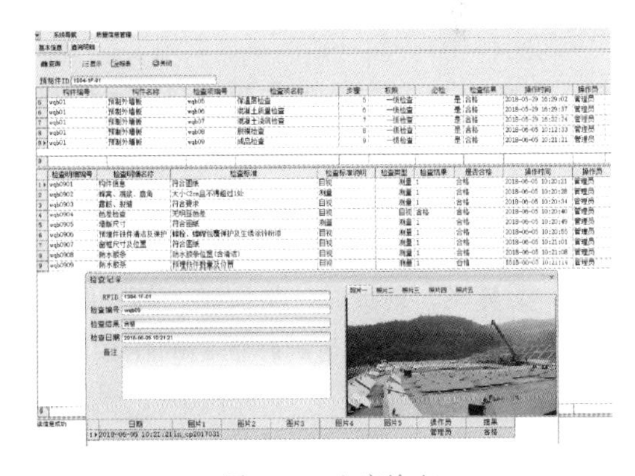

图 6-43　入库检查

（3）全过程跟踪

RFID 信息系统与企业信息化管理系统数据对接后，可以进行实时通信、信息交互和数据存储等，同时具备数据统计、汇总、分析的功能，并保持数据的同步性。采集的数据经过系统处理，在信息化管理系统中准确反馈构件的实时状态，便于预制构件的全过程管控，并为后期运维提供基础条件（图 6-44）。

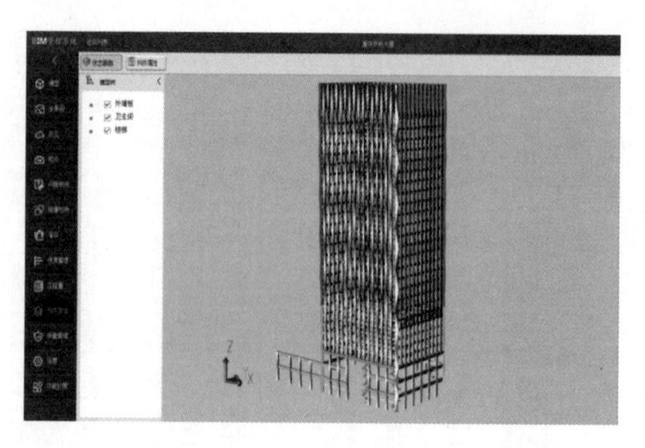

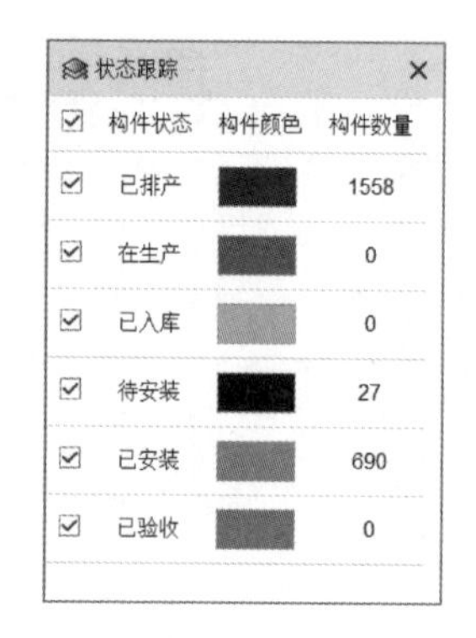

图 6-44　预制构件状态跟踪

参考文献

[1] 陆宁．基于 BIM 技术的施工企业信息资源利用系统研究 [D]. 清华大学，2010.

[2] 陈海燕．浅谈工程总承包管理型企业的信息化建设 [J]. 黑龙江科技信息，2007 (22)：316.

[3] 胡迅诚．混凝土预制构件信息化管理系统的设计与实现 [D]. 北京工业大学，2019.

[4] 杨俊杰，王力尚，余时立．EPC 工程总承包项目管理模板及操作实例 [M]. 北京：中国建筑工业出版社，2014.

[5] 张世杰，杜慧鹏．施工企业信息化建设的先行者——中国水电二局信息化建设探究 [J]. 施工企业管理，2015 (02)：95-97.

[6] 刘海涛，华东一．工程总承包管理型企业的信息化建设思路 [J]. 国际工程与劳务，2004 (3)：46-49.

[7] 邹鹏．基于 BIM 的工程项目成本控制研究 [J]. 招标与投标，2016 (7)：56-58.

[8] 中华人民共和国住房和城乡建设部．建筑信息模型应用统一标准：GB/T 51212—2016 [S]. 北京：中国建筑工业出版社，2016.

[9] 管连斌．基于 BIM 的全过程造价咨询应用研究 [D]. 山东建筑大学，2020.

[10] 梁昊飞，刘禹岐，吴润榕，等．眼界与路程——华南理工大学国际校区 EPC 项目的 BIM 实施案例与国际惯例的比较研究兼谈中国建筑信息化的国际化进程 [J]. 建筑技艺，2020 (3)：111-119.

[11] 徐韫玺，王要武，姚兵．基于 BIM 的建设项目 IPD 协同管理研究 [J]. 土木工程学报，2011，44 (12)：138-143.

[12] 徐韫玺．基于综合项目交付的建设项目协同研究 [D]. 哈尔滨工业大学，2011.

[13] 甘元彦．我国建筑工业化项目质量因素分析及协同管理机制研究——以混凝土结构为例 [D]. 重庆大学，2017.

[14] 杨一帆，杜静．建设项目 IPD 模式及其管理框架研究 [J]. 工程管理学报，2015 (1)：107-112.

[15] 滕佳颖，吴贤国，翟海周，等．基于 BIM 和多方合同的 IPD 协同管理框架 [J]. 土

木工程与管理学报，2013，30（2）：80-84.
[16] 陈丽娟．基于BIM的工程施工质量管理研究［D］．华中科技大学，2015.
[17] 车锋．大型建设项目管理模式的研究及信息化支撑平台的实现［D］．山东大学，2005.
[18] 张良瑾．开发工程项目信息管理系统的探讨［J］．石油化工建设，2009，31（4）：41-43.
[19] 中国化学工程（集团）总公司．工程项目管理实用手册［M］．北京：化学工业出版社，1998.
[20] 张宏，刘沛，周超，等．装配式木结构建筑全生命周期构件分类编码与数据协同研究［J］．建筑技术，2021，52（3）：319-323.
[21] 江苏省住房和城乡建设厅，江苏省住房和城乡建设厅科技发展中心．装配式建筑总承包管理［M］．南京：东南大学出版社，2021.
[22] 罗佳宁．建筑工业化视野下的建筑构成秩序的产品化研究［D］．东南大学，2018.
[23] 罗申．产品模式下的建筑设计方法初探——以C-House建筑产品为例［D］．东南大学，2019.
[24] 樊则森．从设计到建成［M］．北京：机械工业出版社，2018.
[25] 马骁，陶海波．BIM深化设计五部曲［M］．北京：中国建筑工业出版社，2020.
[26] 中建科技有限公司，中建装配式建筑设计研究院有限公司，中国建筑发展有限公司．装配式混凝土建筑设计［M］．北京：中国建筑工业出版社，2017.
[27] 梁涛．BIM技术在施工现场总平面布置中的应用［J］．科学与信息化，2018（4）：9-10.
[28] 叶浩文，周冲，樊则森，等．装配式建筑一体化数字化建造的思考与应用［J］．工程管理学报，2017，31（5）：85-89.
[29] 吴鹏．基于BIM的铂骊酒店项目管理研究［D］．青岛理工大学，2017.
[30] 吴鹏．基于BIM的某项目钢框架施工目标管理研究［D］．青岛理工大学，2018.
[31] 樊骅．信息化技术不在PC建筑生产过程中的应用［J］．住宅科技，2014，34（6）：68-72.
[32] 胡迅诚．混凝土预制构件信息化管理系统的设计与实现［D］．北京工业大学，2019.
[33] 陈刚，王文珠，张丙凯．信息化技术在装配式建筑中应用研究［J］．建筑技术，2018，49（S1）：47-48.
[34] 张金树，王春长．装配式建筑混凝土预制构件生产与管理［M］．北京：中国建筑工业出版社，2017.